普通高等教育"十一五"国家级规划教材

材料化学

第 2 版

朱光明　秦华宇　编著
张国鼎　高胜利　审

机 械 工 业 出 版 社

本书为普通高等教育“十一五”国家级规划教材。全书共分9章，主要内容包括材料的化学组成及结构方面的基础知识、材料相变的化学热力学理论，以及金属材料、非金属材料、高分子材料、复合材料的制备过程、结构特性与使用性能之间的关系。

本书可供材料学相关专业的本科高年级学生、研究生作为教材使用，也可供从事材料研究与生产的工程技术人员参考。

图书在版编目（CIP）数据

材料化学/朱光明，秦华宇编著. —2版. —北京：机械工业出版社，2009.6（2023.12重印）

普通高等教育“十一五”国家级规划教材

ISBN 978-7-111-26833-8

Ⅰ.材… Ⅱ.①朱…②秦… Ⅲ.材料科学—应用化学—高等学校—教材 Ⅳ.TB3

中国版本图书馆CIP数据核字（2009）第055827号

机械工业出版社（北京市百万庄大街22号 邮政编码100037）

责任编辑：冯春生 版式设计：霍永明 责任校对：申春香

封面设计：王伟光 责任印制：张 博

北京雁林吉兆印刷有限公司印刷

2023年12月第2版第8次印刷

184mm×260mm · 17.75印张 · 434千字

标准书号：ISBN 978-7-111-26833-8

定价：49.00元

电话服务	网络服务
客服电话：010-88361066	机 工 官 网：www.cmpbook.com
010-88379833	机 工 官 博：weibo.com/cmp1952
010-68326294	金 书 网：www.golden-book.com
封底无防伪标均为盗版	机工教育服务网：www.cmpedu.com

第2版前言

因应材料科学与工程相关专业的教学急需，我们结合自己的教学、科研实践编写了《材料化学》一书。该书自2003年出版以来，许多院校将其作为教材或教学参考书使用，也有一些院校和研究机构将其列为研究生考试的指定参考书。2006年，《材料化学》第2版被列入“十一五”国家级规划教材（教高［2006］9号文件）。这些既是对我们编写本书所付出劳动的充分肯定，也是对我们编写工作的鼓励和鞭策。它使我们深刻意识到我们有责任把本书进一步编好，以不辜负读者们的殷切期望。

借这次入选“十一五”国家级规划教材的机会，我们对本书第1版进行了全面修订，对在使用过程中所发现的一些不足之处进行了修改和充实，例如本书第1版第九章，仅仅讨论了有关复合材料界面涉及的化学问题，有关复合材料的内容不够完整。在第2版里，我们对该章内容进行了重新编写，增加了专门章节，对复合材料重要组成部分的树脂基体和增强纤维进行讨论，这有利于读者从整体上对复合材料知识的学习与掌握。

本书第2版的前言，第一、五、六、七、八、九章由朱光明教授编写；第二、三、四章由秦华宇教授编写。西北工业大学教务处的李辉、郭金香老师为该书的出版给予了大力支持并付出了许多辛勤的劳动，对此一并表示衷心感谢。

作　者

于西安

第1版前言

材料是人类赖以生存的重要物质基础之一，材料的有效性总体上取决于三个层次的结构因素：

1）分子结构：属于原始基础结构，决定材料所具有的潜在功能。

2）分子聚集态结构：决定材料所具有的可表现的实际功能。

3）构筑成材料的外形结构：决定材料具有某种特定的有效功能。

例如，贝壳的基本性质由构成它的碳酸钙和多糖基质的结构决定，但是二者通过有序组装构成的复合材料决定了它的基本材料性质，而且只有当这种材料构成一定形状的壳状结构时，它才能起贝壳的作用。同样是碳酸钙和多糖基质构成的蛋壳，就因为有不同的组装方式和不同外形而有不同的功能。

在分子结构层次上研究材料的合成、制备、理论，以及分子结构和聚集态结构、材料性能之间关系的科学，属于材料化学的研究范畴。

在分子聚集态结构的基础上研究分子的聚集态结构和材料工艺、材料性能之间关系的规律性，以及材料宏观性能的结构物理学基础的科学，属于材料物理的研究范畴。

研究材料的外形结构与使用性能之间关系的科学，属于材料工程的研究范畴。

这三个层次综合起来都属于材料科学的研究领域，并构成材料学的核心内容。材料学本身就是在物理、化学、数学、工程等学科的基础上发展和成长起来的一个交叉学科。材料化学也不例外，也是一个交叉性很强的边缘学科。近年来，许多院校为材料相关专业的学生开设了材料化学课程，但有关材料化学的定义及内容的设置分歧很大，我们认为其间有许多是不规范的，也不符合科学的规律，鉴于此并基于我们对材料化学的上述认识，编写了这本《材料化学》。这本书的内容主要由两部分内容组成，第一部分主要讨论材料的制备、结构、性能方面所涉及的基础化学理论和方法，包括热力学基础、相图、表面现象、胶体等内容。这部分内容与《物理化学》的内容虽有所重复，但作为材料化学中指导材料制备和结构研究的基础知识，我们认为还是必要的。当然，也不是简单的重复，而是从材料的角度出发，对有关的内容进行了新的编排和论述。第二部分主要讨论金属材料、非金属材料、高分子材料、复合材料在合成、制备、使用过程中所涉及的化学问题，并对分子结构、聚集态结构以及结构和性能之间的关系进行了适当的分析和介绍。

本书的前言，第一、五、六、七、八、九章由朱光明教授编写；第二、三、四章由秦华宇教授编写。西北大学张国鼎、高胜利教授审阅了全书，并提出了许多中肯的意见；西北工业大学教材科的李辉老师为该书的出版给予了大力支持并付出了许多辛勤的劳动，对此编者一并表示衷心感谢。

由于成书时间仓促，书中难免会有错误之处，请读者批评指正。

编　者

2002.6

目　　录

第一章　绪　　论

第一节　材料的发展历史及在现代社会中的重要地位

人类社会发展的历史证明，材料是人类生存和发展、征服自然和改造自然的物质基础，也是人类社会现代文明的重要支柱。纵观人类利用材料的历史可以清楚地看到，每一种重要的新材料的发现和应用，都把人类支配自然的能力提高到一个新的水平。材料科学技术的每一次重大突破，都会引起生产技术的革命，大大加速社会发展的进程，并给社会生产和人们生活带来巨大的变化。因此，材料也成为人类历史发展过程的重要标志。

在遥远的古代，人类的祖先是以石器为主要工具的，他们在寻找石器的过程中认识了矿石，并在烧陶生产中发展了冶铜术，开创了冶金技术。公元前 5000 年，人类进入青铜器时代。公元前 1200 年左右，人类进入铁器时代，开始使用的是铸铁，后来炼钢工业迅速发展，成为产业革命的重要内容和物质基础。人类社会进入 20 世纪中叶以来，科学技术突飞猛进、日新月异，迎来了以硅材料的应用为基础的信息技术革命时代。可以预见，在 21 世纪，作为“发明之母”和“产业粮食”的新材料研制将会更加活跃，新的材料的发展和利用仍将会成为新时代的标志。

当今国际社会公认，材料、能源和信息技术是现代文明的三大支柱。而且，从现代科学技术发展的过程可以看到，每一项重大的新技术发现，都有赖于新材料的发展。例如，半导体材料的出现促进了电子工业的迅速发展，基于硅、锗等半导体材料的大型集成电路的问世，使计算机的运算速率大大加快，而体积和质量却大大减少。目前，在大型集成电路中，生产上使用的单晶硅其直径已达到几十毫米，几乎无晶体缺陷（位错）和不含氧杂质。再比如，自 1986 年超导材料的研究有了重大的突破，使超导温度升高到 95～100K，达到液氮温度以上，这样，超导的实际应用已指日可待。现在，世界各国都在致力于超导的生产应用，人类不仅可以实现可控的核聚变反应，生产更加丰富的能源，而且可以大大减少电力运输上的消耗。例如按美国的计算，若用超导电缆输电，全美每年就可节约电能 750 亿 kW，价值 50 亿美元。用超导线圈制造的磁悬浮列车也已试验成功，时速可达 500km/h 以上。可以说，没有黑色金属材料的发展就没有现代汽车工业；没有有色金属材料和先进复合材料（一般指比强度大于 $4\times10^6 m^2/s^2$，比模量大于$4\times10^8 m^2/s^2$ 的结构复合材料）的发展，就没有现代航空、航天事业。新材料使新技术得以产生和应用，而新技术又促进新工业的出现与发展，从而促进人类社会文明的进步。

第二节　材料的分类及基本概况

材料的分类方法有多种，若按照材料的使用性能来看，可分为结构材料与功能材料两类。结构材料的使用性能主要是力学性能；功能材料的使用性能主要是光、电、磁、热、声等功能性能。从材料的应用对象来看，它又可分为建筑材料、信息材料、能源材料、航空航天材料等。在通常情况下，是以材料所含的化学物质的不同将材料分为四类：金属材料、非金属材料、高分子材料及由此三类材料相互组合而成的复合材料。

一、金属材料

金属材料包括两大类，黑色金属材料和有色金属材料。有色金属主要包括铝合金、钛合金、铜合金、镍合金等。金属材料的使用历史是非常悠久的，我国在殷商时期就有青铜器，汉时就开始冶炼铁。而更大规模的金属材料的开发和使用则是 19 世纪，在工业革命的推动下，黑色金属材料得到大规模生产。到 20 世纪 30～50 年代，就世界范围来说，黑色金属材料达到了最鼎盛时期。那时，黑色金属也是整个材料科学的中心。虽然现在各种材料层出不穷，但黑色金属仍是目前用量最大、使用最广的材料。在汽车制造业中，黑色金属占 72%，铝合金占 5.3%。在其他机械制造业中（如农业机械、化工设备、电力机械、纺织机械等），黑色金属材料占 90%，有色金属约占 5%。由于其他材料的兴起，黑色金属工业虽已走过了它最辉煌的年代，但还不能说是“夕阳工业”。

在有色金属中，铝及铝合金用得最多。虽然铝合金的力学性能远不如钢，但如果设计者把减轻质量放在性能要求的首位，最合适的就是铝合金，因为铝合金的密度小，质量轻，仅有钢的 1/3，因此在现代飞机工业中具有重要的地位。例如，波音 767 飞机所用材料的 81% 都是铝合金。此外，铝合金耐大气腐蚀，因此，在美国 25% 的铝用来制作容器和包装品，20% 的铝用作建筑结构，如门窗、框架、滑轨等，还有 10% 的铝用作导电材料。钛合金的高温强度比铝合金好，但钛的价格比铝的价格高将近五倍。在美国，钛合金也主要用于航空、航天领域。

二、非金属材料

非金属材料的主要品种是无机非金属陶瓷材料，是由粘土、长石、石英等成分组成，主要作为建筑材料使用。而新型的结构陶瓷材料，其主要成分是 Al_2O_3、SiC、Si_3N_4 等，具有耐高温、硬度高、质量轻、耐化学腐蚀等特性，因此，在现代高新技术领域具有重要的应用价值。例如航天飞机在进入太空和返回大气层时，要经受剧烈的温度变化，在几分钟内温度由室温改变到 1260℃，所以用陶瓷作为热绝缘材料，保护机体不受损伤。图 1-1 为航天飞机上所用的先进结构陶瓷。

非金属材料在现代电子工业领域也具有非常突出的重要地位。例如，半导体、光纤、电子陶瓷、敏感元件、磁性材料、超导材料等，都是由无机非金属材料制成的功能材料。可以说，没有这些无机非金属功能材料的成功开发，就没有现代电子工业及计算机信息产业。

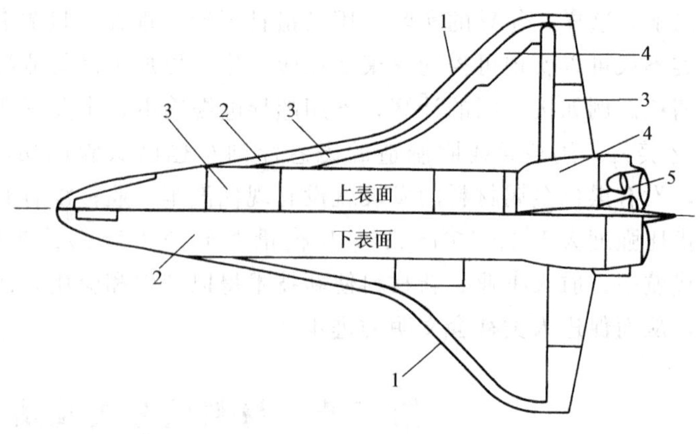

图 1-1 航天飞机上所用的先进结构陶瓷

1—增强的碳-碳材料 2—高温再用的表面绝缘材料 3—Nomex 涂层 4—低温再用的表面绝缘材料 5—金属或玻璃

三、高分子材料

人类活动与高分子或称聚

合物有着密切的关系，在漫长的岁月里，无论是人类用于充饥的淀粉或蛋白质，还是御寒用的皮、毛、丝、麻、棉，都是天然的高分子材料。但在相当长的历史长河中，人类对高分子材料的科学认识远远落后于实践。直到20世纪30年代前后，随着科学技术的发展，科学家才可能用物理化学和胶体化学的方法去研究天然的和实验室合成的高分子物质的结构与特性。其中德国化学家斯陶丁格（Staudinger）首先提出了聚合物（Polymer）的概念，即高分子物质是由具有相同化学结构的单体（Monimer）经过化学反应（聚合）靠化学键连接在一起的大分子化合物，由此奠定了现代高分子材料科学的基础。

高分子材料一般是由碳、氢、氧、氮、硅、硫等元素组成的相对分子质量足够高的有机化合物。之所以称为高分子，就是因为它的相对分子质量高，常用高分子材料的相对分子质量在几千到几百万之间。高相对分子质量对化合物性质的影响，就是使它具有了一定的强度，从而可以作为材料使用。因为高分子化合物具有长链结构，许多线形分子纠缠在一起就构成了具有无规线团结构的聚集状态，这就是高分子化合物具有较高强度、可以作为结构材料使用的根本原因。另一方面，人们还可以通过各种手段，用物理的或化学的方法使高分子化合物成为具有某种特殊性能的功能高分子材料，例如导电高分子、磁性高分子、高分子催化剂、高分子药物等。通用高分子材料包括塑料、橡胶、纤维、涂料、粘合剂等。其中被称为现代高分子三大合成材料的塑料、橡胶、合成纤维已成为国防建设和人民生活中必不可少的重要材料。

四、复合材料

金属、陶瓷、聚合物自身都各有其优点和缺点，如把两种材料结合在一起，发挥各自的长处，又可在一定程度上克服它们固有的弱点，这就产生了复合材料。复合材料的种类主要有：聚合物基复合材料、金属基复合材料、陶瓷基复合材料及碳-碳复合材料等。工业上用得最多的是聚合物基复合材料。因为玻璃纤维有高的弹性模量和强度，并且成本低，而聚合物容易加工成型，所以，早在20世纪40年代末就产生了用玻璃纤维增强树脂的材料，俗称玻璃钢，这是第一代复合材料。在日本有42%的玻璃钢用于建筑，25%用于造船，日本有一半以上的渔船用玻璃钢制造；1981年美国通用汽车公司用玻璃纤维增强环氧基体的材料制作后桥的叶片弹簧，只用了一片质量为3.6kg的复合材料代替了10片总质量为18.6kg的钢板弹簧。到20世纪70年代碳纤维增强聚合物的第二代复合材料开始应用，这类材料在战斗机和直升飞机上使用量较多，此外在体育娱乐方面，如高尔夫球棒、网球拍、划船桨、自行车等也多用此类材料制造。

为改变陶瓷的脆性，将石墨、碳化硅或聚合物纤维等包埋在陶瓷中，制成的陶瓷基复合材料韧性好，不易碎裂，且可在极高的温度下使用。这类复合材料可作为汽车、飞机、火箭发动机的新型结构材料和宇宙飞行器的蒙皮材料。由硼纤维增强SiC陶瓷作成的陶瓷瓦片，用粘合剂贴在航天飞机身上，使航天飞机能安全地穿越大气层回到地球上。

金属基复合材料目前也应用在航天领域中，如使用了硼纤维增强铝基体的复合材料。美国的航天飞机整个机身桁架支柱均用B-Al复合材料管材，与原设计的铝合金桁架支柱相比，质量减轻44%。值得注意的是，在民用汽车工业上，20世纪80年代初，日本丰田汽车公司用SiC短纤维和Al_2O_3颗粒增强的铝基材料制造发动机的活塞，大大提高了寿命并降低了成本。总的来说，复合材料可实现材料性能的最佳结合或者具有显著的各向异性，且作为先进的结构材料来说，在航空、航天等高技术领域具有重要的用途，因此，这是个重点开发的领域。

近年来也将生物医学材料单独列为一类。生物分子构成生物材料，再由生物材料构成生物部件。生物体内各种材料和部件有各自的生物功能。它们是活的，也是被整体生物控制的。生物材料中有的是结构材料，包括骨、牙等硬组织材料和肌腱、皮肤等软组织材料；还有许多功能材料所构成的功能部件，如眼球晶状体是由晶状体蛋白包在上皮细胞组织的薄膜内形成的无散射、无吸收、可连续变焦的广角透镜。生物材料可以通过生物工程如克隆技术或组织工程（由细胞培养组织）来制得，也可以由材料学的方法模拟生物材料制造人工材料。这些人工材料除具备各种生物功能之外，还必须具有生物相容性，可以作为各种生物部件的代替物，如人工瓣膜、活性人工骨骼、人工关节、人造血浆、人造皮肤、人造血管等。生物材料的人工模拟制造是材料化学的重要发展方向之一。

第三节 材料化学的任务

材料是人类赖以生存的物质基础，每种材料的实际功能和用途取决于由分子构成的宏观物体的状态和结构，但其原始基础在于构成它们的功能分子的种类及其结构。材料化学在研究开发新材料中的作用，就是用化学理论和方法来研究功能分子以及由功能分子构筑的材料的结构与功能关系，使人们能够设计新型材料。另外，材料化学提供的各种化学合成反应和方法使人们可以获得具有所设计结构的材料。总结 20 世纪材料化学所取得的巨大进展，可以证明化学是新型材料的源泉，也是材料科学发展的推动力。从硝酸纤维到尼龙、涤纶，直到现在的各种各样的合成纤维，从硅、锗到砷化镓、磷化铟……每一步进步都有一个相同的经过：先是针对已有的问题谋求改进，总结已知材料的结构，设计新的结构，研究新的化学反应，又经过不同原料的选择，找出可行的工艺。在 21 世纪，人类对各种特殊功能的先进材料的需求会越来越大，尽管利用的是材料的物理性质，但这些物理性质都是由材料的化学组成和结构决定的，不仅功能分子要用化学方法合成，高级结构也必须通过化学过程来构筑。分子结构—分子聚集体高级结构—材料结构—理化性质—功能之间的关系、合成功能分子与构筑高级结构的理论与方法、生物材料形成过程及结构的模拟仍是材料化学所面临的极大挑战。所以，材料化学在指导新材料的研究与开发工作中仍将发挥不可替代的重要作用。

材料化学是研究材料的制备、组成、结构、性质及其应用的一门科学。它既是材料科学的一个重要分支，也是材料科学的核心内容，同时又是化学学科的一个组成部分，因此材料化学具有明显的交叉学科、边缘学科的性质。材料化学的主要内容包括材料的化学组成及结构方面的基础知识、材料相变的化学热力学理论，以及金属材料、非金属材料、高分子材料、复合材料的合成过程、结构特性与使用性能之间的相互关系。材料化学知识对于材料学专业的学生及从事材料研究与制备的工程技术人员来说是一门重要的基础知识，学习材料化学对于培养材料专业的技术人员从化学角度提出问题、分析问题、解决问题的能力具有重要的意义。

第二章 化学热力学基础

热力学是自然科学中的一个重要分支学科。它是人类长期经验的总结，是从能量的观点出发去研究宏观平衡体系性质间的关系，从而建立起有关平衡态的各种规律的学科。热力学研究的对象是宏观体系中大量粒子的集合体，其研究方法的特点是：不考虑物质的内部结构，不涉及化学反应的速率和机理，只研究大量分子或原子表现的集体行为。热力学的全部内容是建立在它的三个定律的基础之上，是经过严密的逻辑推理和数学演绎得出的推论和原理，已形成了较完善的理论体系，具有高度的可靠性。

化学热力学是用热力学的三个定律来研究化学现象以及和化学现象有关的物理现象的学科。利用热力学第一定律可以研究变化过程中各种能量相互转化的关系；利用热力学第二定律可以研究在一定条件下过程自动进行的方向和限度，以及相平衡和化学平衡中的有关问题；利用热力学第三定律可以研究低温下物质的运动状态，并阐明标准熵的数值，为各种物质的热力学函数的计算提供科学方法。在原则上只要有了这些定律就可以从热化学的数据中解决有关化学平衡的计算问题，可以帮助人们预测在理想情况下实验所能达到的预期结果和限度，并可设计出高生产率的最佳工艺条件。

化学热力学虽然能解决许多化学问题，但它也有一定的局限性。首先，在化学热力学研究的变量中不包括时间，所以它不能确定化学反应的快慢（这是化学动力学研究的主要问题）。其次，化学热力学研究的对象是足够大量微粒的体系，即物质的宏观性质，对于物质的微观性质，即个别或少数原子、分子的行为，热力学无能为力（这是在原子及分子结构中将阐述的问题）。

第一节 热力学函数的性质及其重要关系式

一、热力学函数的定义

1. 热力学能

体系的内部能量总称为热力学能，用符号 U 表示。热力学能包括了体系中一切形式的能量，如分子的移动能、转动能、振动能、分子内电子运动的能量以及原子核能等。热力学能的绝对值是无法测量的。对热力学来说，重要的不是热力学能的绝对值，而是热力学能的变化值。对于孤立体系的热力学能变化值，可用热力学第一定律表示为

$$\Delta U = U_{终} - U_{始} = 0 \quad 或 \quad \Sigma U = 常数 \tag{2-1}$$

热力学能是体系的性质，是状态函数，如果用 U_1 代表体系在始态时的热力学能，U_2 代表体系在终态时的热力学能，则体系由始态变到终态，其热力学能的变化可表示为

$$\Delta U = U_2 - U_1$$

对于一个宏观静止而又不考虑外力场（电磁场、重力场等）作用的封闭体系，体系与环境之间有能量交换，其热力学能变化值可用热力学第一定律表示为

$$\Delta U = Q - W = Q - (W_{体} + W') \tag{2-2a}$$

式中，$W_{体}$ 为体积功；W'为非体积功；Q 为热。可见，热力学第一定律不仅说明了热力学能、热和功可以互相转化，又表述了它们转化时的定量关系。

若体系在某过程中，只做体积功而不做其他功，热力学第一定律表示为

$$\Delta U = Q - W_{体} \tag{2-2b}$$

对于恒容条件下发生的过程，由于 $\Delta V=0$，上式又表示为

$$\Delta U = Q_V \tag{2-2c}$$

若体系状态仅发生一无限小量的变化，则其热力学能变化在数学上可用全微分 $\mathrm{d}U$ 表示为

$$\mathrm{d}U = \delta Q - \delta W \tag{2-3}$$

式中功和热的无限小量变化用 δ 表示，因为它们与热力学能不同，都不是状态函数。

由上述可知，热力学第一定律实质上就是将能量的守恒和转换定律应用于热现象领域中的一个定律。在热力学中，体系与环境之间由于温度差而交换的能量被称为热。热的取值规定为体系吸热 Q 取正值，放热则取负值。除热以外，其他各种形式传递的能量都称做功，功的类型很多，如体积功、电功和机械功等。通常把气体膨胀或压缩所做的功称为体积功（$W_{体}$）。体积功以外的其他形式的功均称为非体积功（W'）。体积功的计算公式为：$\delta W = p_{外}\,\mathrm{d}V$，膨胀功和压缩功均按此式计算。当体系膨胀时，体系对环境做功，$\mathrm{d}V>0$，所以 $\delta W>0$；反之，体系被压缩时，环境对体系做功，$\mathrm{d}V<0$，所以 $\delta W<0$。注意，计算体积功时必须用外压（即环境压力），体系本身的压力仅仅决定变化的方向是膨胀还是被压缩，是体系对环境做功还是环境对体系做功而已。

2. 熵

由卡诺定理导出熵的定义为

$$\mathrm{d}S = \left(\frac{\delta Q}{T}\right)_R \tag{2-4}$$

式中，δQ 为可逆过程的热效应。当体系由状态Ⅰ变到状态Ⅱ时，其熵变 ΔS 可表示为

$$\Delta S = S_2 - S_1 = \int_1^2 \mathrm{d}S = \int_1^2 \left(\frac{\delta Q}{T}\right)_R \tag{2-5a}$$

或

$$\Delta S = \sum_i \left(\frac{\delta Q_i}{T_i}\right)_R \tag{2-5b}$$

上式表明，当体系的状态发生变化时，其熵的改变量等于由始态到终态的任一可逆过程的热温商之和。

由于在始、终态确定后，可逆过程吸收的热大于不可逆过程吸收的热，故有

$$\mathrm{d}S > \left(\frac{\delta Q}{T}\right)_{IR} \tag{2-6}$$

$$\Delta S > \sum_i \left(\frac{\delta Q_i}{T_i}\right)_{IR} \tag{2-7}$$

即体系经过一不可逆变化时，其熵变 ΔS 总是大于体系在该过程中的热温商之和。

将式（2-4）与式（2-6）、式（2-5b）与式（2-7）分别合并，得

$$\mathrm{d}S \geqslant \left(\frac{\delta Q_i}{T_i}\right) \tag{2-8}$$

$$\Delta S \geqslant \sum_i \left(\frac{\delta Q_i}{T_i}\right) \tag{2-9}$$

式（2-8）和式（2-9）是热力学第二定律在封闭体系中的数学表达式。式中等式表示可逆过程，不等式表示不可逆过程。δQ 是实际过程中的热效应，T_i 是环境温度，在可逆过程中，环境温度等于体系的温度。

对于绝热体系中所发生的变化，$\delta Q=0$，故

$$\mathrm{d}S \geqslant 0 \quad 或 \quad \Delta S \geqslant 0 \tag{2-10}$$

式中等号表示可逆，不等号表示不可逆。上式表明，在绝热体系中只可能发生 $\Delta S \geqslant 0$ 的变化。在绝热过程中，若过程是可逆的，则体系的熵不变；若过程是不可逆的，则体系的熵增加，体系不可能发生 $\Delta S<0$ 的变化。即一个封闭体系由一个平衡态出发，经过绝热过程达到另一个平衡态，它的熵不减少。换句话说，在绝热条件下，趋向于平衡的过程使体系的熵增加，即绝热不可逆过程向熵增加的方向进行，当达到平衡时熵达到最大值。

应该指出，不可逆过程可以是自发过程，也可以是非自发过程（如绝热封闭体系中环境对体系做功时，体系熵值也增加）。

对于一个隔离体系，体系与环境之间既没有热交换也没有功交换，因此上述结论可以推广到隔离体系中，亦即一个隔离体系的熵永远不减少，可表示为

$$\mathrm{d}S_{隔离} \geqslant 0 \quad 或 \quad \Delta S_{隔离} \geqslant 0$$

上式为等号时是可逆过程或平衡态；$\Delta S_{隔离}>0$ 时是自发过程，而 $\Delta S_{隔离}<0$ 是不能发生的。

由于在通常情况下体系都与环境有着相互的联系，如果把与体系密切有关的部分（环境）包括在一起当作一个隔离体系，则应有

$$\Delta S_{隔离} = (\Delta S_{体系} + \Delta S_{环境}) \geqslant 0 \tag{2-11}$$

从微观角度讲，熵具有统计意义，它是描述体系混乱度或热力学概率（即实现某种状态的微观状态数目）的物理量。在隔离体系中，一切不可逆过程都是由体系的混乱度小或概率小（即熵函数小）的状态向着混乱度大或概率大（即熵函数大）的方向进行。在热力学过程中，体系混乱度的增减与体系熵的增减是同步的，二者的函数关系为

$$S = k\ln\Omega \tag{2-12}$$

式（2-12）称为玻耳兹曼公式。式中，k 为玻耳兹曼常数；Ω 为热力学概率。熵是宏观物理量，而概率是一个微观量。这个公式成为联系宏观量与微观量的一个重要桥梁，它可使热力学与统计热力学发生联系，奠定统计热力学的基础。

式（2-12）之所以是对数的关系，是因为熵是容量性质具有加和性，而根据概率定理可知，复杂事件的概率等于各个简单的、相互独立的事件概率的乘积。

当体系吸热和放热时，其内部粒子的能级分布发生了变化，即 Ω 发生了变化，熵也发生变化。这种因温度的变化引起体系的熵变称为热熵变化，又称热混乱度。当体系内部粒子在空间因构型的不同，或者是在空间有效位置进行不同配置时，也会因出现微观状态数的改变而引起熵的改变，这种熵称为构型熵，它通常与温度无关。

3．辅助函数

在实验和生产中的物理化学过程，通常都是在恒温恒压和恒温恒容条件下进行的，为了便于处理热化学中的问题，人为地引进焓的概念，其定义为

$$H = U + pV \tag{2-13}$$

式中，H 为焓；p 为体系的压力；V 为体系的体积。当体系在等压条件下，只做体积功，且由状态Ⅰ变到状态Ⅱ时，其焓的改变值 ΔH 为

$$\Delta H = Q_p \tag{2-14}$$

在利用 ΔS 判断自发过程进行的方向时，必须用孤立体系的 $\Delta S_{孤}$，判断时必须把研究的封闭体系和周围环境作为一个总体系（即孤立体系）一起考虑，这样应用起来就很不方便。为此又引进亥姆霍兹自由能 F 和吉布斯自由能 G 两种状态函数，其定义分别为

$$F = U - TS \tag{2-15}$$

$$G = H - TS \tag{2-16}$$

式中，亥姆霍兹自由能 F 又称亥姆霍兹函数；吉布斯自由能 G 亦称吉布斯函数，二者均是状态函数。

二、热力学函数的性质

前面已介绍了五个热力学函数 U、H、S、F 和 G，其中热力学能和熵是最基本的，其余三个函数是衍生的。这五个热力学函数有许多共性，即：

1）它们都是体系的容量性质，都是状态函数，其增量只与始态、终态有关，而与变化途径无关。

2）除规定熵外，其他函数的绝对值均不可知，但当体系状态改变时，其改变量即相对值可通过计算而知。

3）除熵的单位为（$J \cdot K^{-1}$）外，其余函数的单位均为能量单位 J。

4）在封闭体系可逆过程中和一定限制条件下，它们的改变量可表示体系可能做的最大非体积功，其关系式为

$$-(\mathrm{d}U)_{S,V} = \delta W'_{\max} \qquad -(\Delta U)_{S,V} = W'_{\max} \tag{2-17}$$

$$-(\mathrm{d}H)_{S,p} = \delta W'_{\max} \qquad -(\Delta H)_{S,p} = W'_{\max} \tag{2-18}$$

$$-(\mathrm{d}F)_{T,V} = \delta W'_{\max} \qquad -(\Delta F)_{T,V} = W'_{\max} \tag{2-19}$$

$$-(\mathrm{d}G)_{T,p} = \delta W'_{\max} \qquad -(\Delta G)_{T,p} = W'_{\max} \tag{2-20}$$

上述关系式是在限定条件下四个热力学函数的物理意义。

5）在封闭体系中，一定条件限制和不做体积功时，可推导出用于判别变化方向和平衡条件的判据为

$$S\ 判据 \quad (\mathrm{d}S)_{U,V} \geqslant 0 \quad 或(\Delta S)_{U,V} \geqslant 0 \tag{2-21}$$

$$U\ 判据 \quad (\mathrm{d}U)_{S,V} \leqslant 0 \quad 或(\Delta U)_{S,V} \leqslant 0 \tag{2-22}$$

$$H\ 判据 \quad (\mathrm{d}H)_{S,p} \leqslant 0 \quad 或(\Delta H)_{S,p} \leqslant 0 \tag{2-23}$$

$$F\ 判据 \quad (\mathrm{d}F)_{T,V} \leqslant 0 \quad 或(\Delta F)_{T,V} \leqslant 0 \tag{2-24}$$

$$G\ 判据 \quad (\mathrm{d}G)_{T,p} \leqslant 0 \quad 或(\Delta G)_{T,p} \leqslant 0 \tag{2-25}$$

式中等号表示可逆，不等号表示不可逆。

由上述得知，热力学第一和第二定律所涉及的五个热力学函数 S、U、H、F、G，在特定条件下均可以成为判据。其中以 G 判据最为重要，因为定温定压是最常遇到的过程。其次是 F 判据，因为定温定容也较为常见。再其次是 S 判据，这是因为孤立体系的情况也时会遇到。对于 U 和 H 的判据，则很少使用，这是由于恒熵恒容、恒熵恒压的情况很少碰到。使用判据时要特别注意它的限制条件，若过程做了非体积功或与下标要求不符，就不能使用该判据。

三、热力学函数间的关系

U、S、H、F 和 G 五个热力学函数之间有如下几个定义式

$$H = U + pV$$

$$F = U - TS$$

$$G = U + pV - TS = H - TS = F + pV$$

这些定义式之间的关系可用线段长度来表示，如图 2-1 所示。

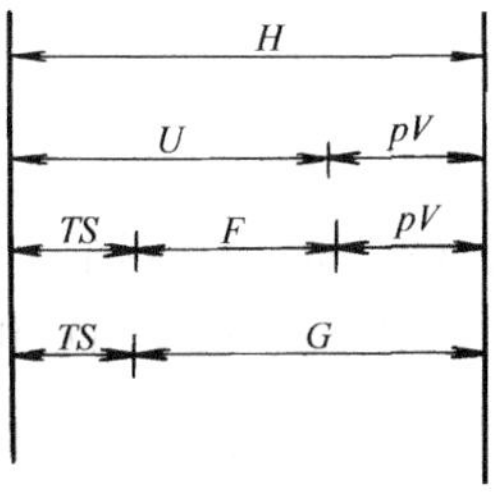

在封闭体系的可逆过程中，将具有能量量纲的四个热力学函数 U、H、F 和 G 的定义式，经过数学演绎可得到以下关系式。

在可逆过程中，由热力学第一定律 $\mathrm{d}U = \delta Q_{可逆} - p\mathrm{d}V - \delta W'_{可逆}$ 和热力学第二定律 $\delta Q_{可逆} = T\mathrm{d}S$，有

$$\mathrm{d}U = T\mathrm{d}S - p\mathrm{d}V - \delta W'_R \tag{2-26a}$$

对 H、F 和 G 的定义式微分后代入式 (2-26a)，得

$$\mathrm{d}H = T\mathrm{d}S + V\mathrm{d}p - \delta W'_R \tag{2-26b}$$

$$\mathrm{d}F = - S\mathrm{d}T - p\mathrm{d}V - \delta W'_R \tag{2-26c}$$

$$\mathrm{d}G = - S\mathrm{d}T + V\mathrm{d}p - \delta W'_R \tag{2-26d}$$

图 2-1　n 个热力学函数之间的关系

式 (2-26a～d) 四个式子称为热力学函数的基本关系式，或称为热力学基本方程。若只做体积功，即 $\delta W'_R = 0$ 时，这些式子可变成

$$\mathrm{d}U = T\mathrm{d}S - p\mathrm{d}V \tag{2-27a}$$

$$\mathrm{d}H = T\mathrm{d}S + V\mathrm{d}p \tag{2-27b}$$

$$\mathrm{d}F = - S\mathrm{d}T - p\mathrm{d}V \tag{2-27c}$$

$$\mathrm{d}G = - S\mathrm{d}T + V\mathrm{d}p \tag{2-27d}$$

在热力学函数基本关系式 (2-27a～d) 中，当 S 和 V、S 和 p、T 和 V 及 T 和 p 的独立状态变数时，U、H、F、Q 依次为相应状态变数的特征函数。当相应的独立状态变数固定不变时，特征函数的变化值可用来判断变化过程的方向和限度，如式 (2-22) ～式 (2-25) 所示，特征函数与判据下标符合。

热力学函数基本关系式，适于体系总量恒定、只做体积功、恒定组成和聚集状态不变的可逆过程。它们虽是借助于可逆过程推导出来的，但在求不可逆过程的 U、H、F 和 Q 的改变量时也可使用，此时要虚拟一个与其始态、终态相同的可逆过程来进行处理。

由于状态函数的微小变量是全微分，可写成某两个变量微分之和。对于状态函数 U、H、F 和 G，各自选它们为判据时所需恒定的两个参量为变量，可推导出下列式子

$$\mathrm{d}U = \left(\frac{\partial U}{\partial S}\right)_V \mathrm{d}S + \left(\frac{\partial U}{\partial V}\right)_S \mathrm{d}V \tag{2-28a}$$

$$\mathrm{d}H = \left(\frac{\partial H}{\partial S}\right)_p \mathrm{d}S + \left(\frac{\partial H}{\partial p}\right)_S \mathrm{d}p \tag{2-28b}$$

$$\mathrm{d}F = \left(\frac{\partial F}{\partial T}\right)_V \mathrm{d}T + \left(\frac{\partial F}{\partial V}\right)_T \mathrm{d}V \tag{2-28c}$$

$$\mathrm{d}G = \left(\frac{\partial G}{\partial T}\right)_p \mathrm{d}T + \left(\frac{\partial G}{\partial p}\right)_T \mathrm{d}p \tag{2-28d}$$

式 (2-28a～d) 与式 (2-27a～d) 相比较，相同改变量的对应系数应相同，因此可得到下列

关系式

$$\left(\frac{\partial U}{\partial S}\right)_V=\left(\frac{\partial H}{\partial S}\right)_p=T \tag{2-29a}$$

$$\left(\frac{\partial U}{\partial V}\right)_S=\left(\frac{\partial F}{\partial V}\right)_T=-p \tag{2-29b}$$

$$\left(\frac{\partial F}{\partial T}\right)_V=\left(\frac{\partial G}{\partial T}\right)_p=-S \tag{2-29c}$$

$$\left(\frac{\partial G}{\partial p}\right)_T=\left(\frac{\partial H}{\partial p}\right)_S=V \tag{2-29d}$$

式（2-29a～d）四个等式统称为对应系数关系式，它们在解决实际问题和解题时用处较大。

对于式（2-29a）和式（2-29b），求二阶偏导后有

$$\frac{\partial^2 U}{\partial S\partial V}=\frac{\partial^2 U}{\partial V\partial S}$$

可得出

$$\left(\frac{\partial T}{\partial V}\right)_S=-\left(\frac{\partial p}{\partial S}\right)_V \tag{2-30a}$$

同理有等式 $\frac{\partial^2 H}{\partial p\partial S}=\frac{\partial^2 H}{\partial S\partial P}$、$\frac{\partial^2 F}{\partial T\partial V}=\frac{\partial^2 F}{\partial V\partial T}$ 和 $\frac{\partial^2 G}{\partial p\partial T}=\frac{\partial^2 G}{\partial T\partial p}$，相应可得关系式如下

$$\left(\frac{\partial T}{\partial p}\right)_S=\left(\frac{\partial V}{\partial S}\right)_p \tag{2-30b}$$

$$\left(\frac{\partial p}{\partial T}\right)_V=\left(\frac{\partial S}{\partial V}\right)_T \tag{2-30c}$$

$$-\left(\frac{\partial S}{\partial p}\right)_T=\left(\frac{\partial V}{\partial T}\right)_p \tag{2-30d}$$

式（2-30a～d）称为麦克斯韦关系式。运用麦克斯韦关系式，可将一些实验易测量的量代替那些难于直接测量的量来解决一些问题。例如，对热力学基本关系式（2-27a）和式(2-27b)求偏导后有

$$\left(\frac{\partial U}{\partial V}\right)_T=T\left(\frac{\partial S}{\partial V}\right)_T-p \tag{2-31a}$$

$$\left(\frac{\partial H}{\partial p}\right)_T=T\left(\frac{\partial S}{\partial p}\right)_T+V \tag{2-31b}$$

再将麦克斯韦关系式（2-30c）和式（2-30d）代入上两式中可得

$$\left(\frac{\partial U}{\partial V}\right)_T=T\left(\frac{\partial p}{\partial T}\right)_V-p \tag{2-31c}$$

$$\left(\frac{\partial H}{\partial p}\right)_T=-T\left(\frac{\partial V}{\partial T}\right)_p+V \tag{2-31d}$$

式（2-31a）和式（2-31b）的 $\left(\frac{\partial S}{\partial V}\right)_T$ 和 $\left(\frac{\partial S}{\partial p}\right)_T$ 在实验中不易测量，而 $\left(\frac{\partial p}{\partial T}\right)_V$ 和 $\left(\frac{\partial V}{\partial T}\right)_p$ 在实验中或在系统状态方程中都较容易获得。

另外，由式（2-29c）可得

$$\left(\frac{\partial\ \Delta G}{\partial\ T}\right)_p=-\Delta S$$

式中左方表示反应的 ΔG 在定压条件下随温度的变化率。又已知在温度 T 时

$$\Delta G=\Delta H-T\Delta S \quad 或 \quad -\Delta S=\frac{\Delta G-\Delta H}{T}$$

代入上式得

$$\left(\frac{\partial\ \Delta G}{\partial\ T}\right)_p=\frac{\Delta G-\Delta H}{T} \tag{2-32}$$

将式（2-32）写成易于积分的形式为

$$\frac{1}{T}\left(\frac{\partial\ \Delta G}{\partial\ T}\right)_p-\frac{\Delta G}{T^2}=-\frac{\Delta H}{T^2}$$

上式的左方是 $\left(\frac{\Delta G}{T}\right)$ 对 T 的微商，故

$$\left[\frac{\partial\ (\Delta G/T)}{\partial\ T}\right]_p=-\frac{\Delta H}{T^2} \tag{2-33}$$

同理，可以推导出以下关系式

$$\left[\frac{\partial\left(\frac{G}{T}\right)}{\partial\ T}\right]_p=-\frac{H}{T^2} \tag{2-34}$$

或

$$\left[\frac{\partial\ (\Delta F/T)}{\partial\ T}\right]_V=-\frac{\Delta U}{T^2} \tag{2-35}$$

和

$$\left[\frac{\partial\left(\frac{F}{T}\right)}{\partial\ T}\right]_V=-\frac{U}{T^2} \tag{2-36}$$

式（2-32）～式（2-36）均称为吉布斯-亥姆霍兹方程式，该方程在以后学习溶液的性质及化学平衡等知识时都要用到。

第二节　化学反应热效应与标准热力学函数

一、化学反应热效应

在热化学中，当体系的始态和终态温度相同，而且在反应过程中只做体积功时，发生化学反应所吸收或放出的热称为此过程的反应热效应，通常也称为反应热。

反应热效应一般分为两种：在恒容条件下的反应热称为恒容热效应，用 Q_V 表示，由热力学第一定律知，$Q_V=\Delta_r U$；在等压条件下的反应热称为等压热效应，用 Q_p 表示，由热力学第一定律知，$Q_p=\Delta_r H$。恒容热效应与等压热效应二者之间的关系可通过下列过程来讨论。

反应物 A 和 B 的生成产物 G 和 D，其反应式为

$$aA+bB=gG+dD$$

该反应可设计为如下过程：

$$\begin{array}{ccc} aA+bB & \xrightarrow[\text{(1)}]{\text{恒容反应 } Q_V=\Delta_r U_{m,1}} & gG+dD \\ (T_1 p_1 V_1) & & (T_1 p_2 V_1) \\ \text{等压反应}\ Q_p=\Delta_r H_{m,2}\ \downarrow\text{(2)} & & \uparrow\text{(3)}\ \text{恒温变化} \\ & gG+dD\ (T_1 p_1 V_2) & \end{array}$$

上述过程（1）是恒容条件下进行的反应，有 $Q_V=\Delta_r U_{m,1}$；过程（2）是等压条件下进行的反应，$Q_p=\Delta_r H_{m,2}$；过程（1）和（2）所达到的终态是不一样的（产物虽同，但 p、V 不同）。可以经由过程（3）使产物压力回复到 p_1。

由上述过程知，因为 ΔU 是状态函数的改变量，所以有

$$\Delta_r U_{m,1} = \Delta_r U_{m,2} - \Delta_r U_{m,3} \tag{2-37}$$

过程（3）是恒温非化学变化，通常将 $\Delta U_{m,3}$ 近似视为零，此时

$$\Delta_r U_{m,1} \approx \Delta_r U_{m,2}$$

若产物 G 和 D 均为理想气体，则其热力学能仅是温度的函数，且与压力和体积无关，此时 $\Delta_r H_{m,3}=0$，式（2-37）变为

$$\Delta_r U_{m,1} = \Delta_r U_{m,2}$$

在 $\Delta_r U_{m,1}=\Delta_r U_{m,2}$ 条件下，等压热效应 $\Delta_r H_{m,2}$ 与恒容热效应 $\Delta_r U_{m,1}$ 之差为

$$\begin{aligned} Q_p - Q_V &= \Delta_r H_{m,2} - \Delta_r U_{m,1} \\ &= \Delta_r U_{m,2} + \Delta(pV)_2 - \Delta_r U_{m,1} \\ &= (p\Delta V)_2 \end{aligned} \tag{2-38}$$

对于反应物及产物中没有气体的所谓凝聚相反应来说，$(p\Delta V)_2\approx 0$，因此

$$Q_p = Q_V \quad \text{或} \quad \Delta_r H_{m,2} = \Delta_r U_{m,1} \tag{2-39}$$

对于反应物及产物中有气体的反应，把气体视为理想气体，同时忽略液态及固态物质的体积，可有如下结果

$$\begin{aligned} (p\Delta V)_2 &= p\Delta[\nu(\mathrm{g})RT/p]_2 = RT\Delta\nu(\mathrm{g}) \\ &= \Sigma_B \nu_B(\mathrm{g})RT \end{aligned}$$

式中，$\nu_B(\mathrm{g})$ 是气态反应物或产物在反应方程式中的化学计量数，对于产物 ν_B 取正值，反应物 ν_B 取负值；$\Sigma_B\nu_B(\mathrm{g})$ 是气态产物与气态反应物化学计量数的代数和。将上式代入式（2-38）得

$$Q_p - Q_V = \Delta_r H_{m,2} - \Delta_r U_{m,1} = \Sigma_B \nu_B(\mathrm{g})RT \tag{2-40a}$$

或

$$Q_p = Q_V + \Sigma_B \nu_B(\mathrm{g})RT \tag{2-40b}$$

若 Q_p 与 Q_V 已知其中一个，则可运用式（2-40）计算另一个。在实验中，通常是使指定反应在容积恒定的“弹式量热器”中进行，直接测出 Q_V，然后用式（2-40）换算出 Q_p。

二、反应进度

为了正确表达反应热效应，需要引进一个重要的物理量——反应进度，用 ξ 表示。此量是由德唐德（T. de Donder）首先引入的，后经 IUPAC（International Union of Pure and Applied Chemistry 即国际纯粹和应用化学联合会）推荐进而在热化学、化学平衡和反应速

率的表达式中被普遍采用。

对任何一个化学反应，都可用下列一般形式的方程表示

$$O = \Sigma_B \nu_B B$$

式中，B 表示任一物质 B 的化学式；ν_B 是物质 B 的化学计量数。对于反应物 ν_B 取负值，而产物 ν_B 取正值。ν_B 是量纲为一的纯数。反应进度的定义为

$$\xi = \frac{n_B - n_B^0}{\nu_B} = \nu_B^{-1} \Delta n_B \tag{2-41}$$

式中，n_B^0 是任一组分 B 在反应起始时的物质的量；n_B 是组分 B 在反应进度为 ξ 时的物质的量。ξ 的单位是摩尔（mol）。当有 $a$molA 及 $b$molB 消耗，同时有 $g$molG 及 $d$molD 生成时，ξ=1mol，此时称该反应按下式

$$aA + bB = gG + dD$$

完成了 1mol 反应进度。换句话说，当 ξ=1mol 时，表示各物质的量的变化在数值上正好等于各自的化学计量数。若 ξ=0，则表示反应没有进行。

在定温定压下，化学反应的热效应是依赖于物质的量的变化，是反应进度 ξ 的函数，其关系如下

$$\Delta_r H = \Delta_r H_m \Delta\xi \tag{2-42a}$$

或

$$\Delta_r H_m = \frac{\Delta_r H}{\Delta\xi} = \frac{\nu_B \Delta_r H}{\Delta n_B} \tag{2-42b}$$

式中，$\Delta_r H$ 是所测量的焓变；$\Delta_r H_m$ 是摩尔焓变，即按所给化学反应方程式进行了 ξ=1mol 的反应时的焓变，亦即表示每一基本单位反应的定压热效应，其单位为 kJ·mol^{-1}，其中 mol 是由反应进度 ξ 引进的。在反应体系中，各物质的物质的量都取决于反应进度，因此 ξ 也就成为描述物质所处状态的变量。

三、盖斯定律

1840 年盖斯（Hess）通过大量实验总结出一条重要定律："一个化学反应无论是一步完成还是多步完成，其热效应总值是一定的"，或"反应热仅取决于反应的始态和终态，而与反应的路线无关"。盖斯定律可用图 2-2 示意。

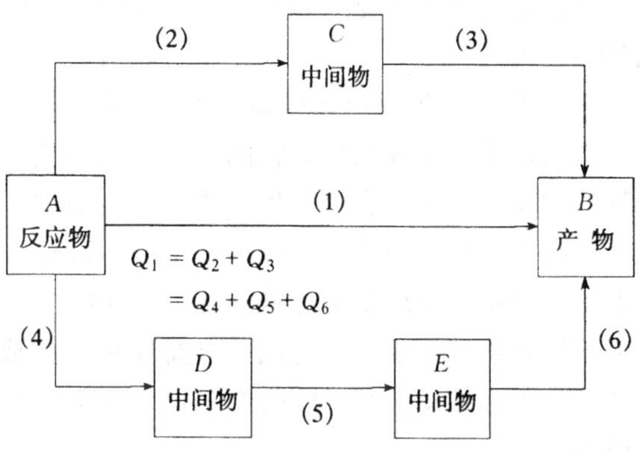

图 2-2 盖斯定律示意图

由图 2-2 看出，反应物 A 与产物 B 之间存在着 3 个不同的反应途径，即（1）、（2）+（3）和（4）+（5）+（6）。由盖斯定律知，不同途径的反应热效应总值相等，即

$$Q_1 = Q_2 + Q_3 = Q_4 + Q_5 + Q_6$$

热力学第一定律建立之后，给盖斯定律做出了很圆满的理论解释。盖斯当时所做测定反应热的实验，是在恒容、无其他功，或等压、无其他功条件下进行的，因此可用热力学第一定律的语言把盖斯定律的内容更准确地描述如下：一个化学反应，若满足

恒容、无其他功或等压、无其他功的条件，则反应无论经过怎样不同的具体步骤，其总的反应热效应的值一定都是相同的。

盖斯定律奠定了热化学的基础，其重大作用和意义在于，能从一些已知热效应的反应来求得另一些未知热效应反应的热效应，特别是能计算出实验测量有困难的热效应值，能预言尚不能实现的反应的热效应。

运用盖斯定律求未知热效应反应的热效应，一般有两种方法，即图解法（如图 2-2 所示方法）和代数运算法。例如，已知下列反应及其热效应值：

(1) $Zn(s)+\frac{1}{2}O_2(g)=ZnO(s)\quad \Delta_r H_m^\theta(1)=-350.5kJ\cdot mol^{-1}$

(2) $S(s)+O_2(g)=SO_2(g)\quad \Delta_r H_m^\theta(2)=-296.8kJ\cdot mol^{-1}$

(3) $SO_2(g)+\frac{1}{2}O_2(g)=SO_3(g)\quad \Delta_r H_m^\theta(3)=-98.9kJ\cdot mol^{-1}$

(4) $ZnO(s)+SO_3(g)=ZnSO_4(s)\quad \Delta_r H_m^\theta(4)=-236.6kJ\cdot mol^{-1}$

求反应（5）：$Zn(s)+S(s)+2O_2(g)=ZnSO_4(s)$ 的热效应。

因反应（5）是反应（1）、（2）、（3）、（4）之和，故根据盖斯定律有

$$\begin{aligned}\Delta_r H_m^\theta(5)&=\Delta_r H_m^\theta(1)+\Delta_r H_m^\theta(2)+\Delta_r H_m^\theta(3)+\Delta_r H_m^\theta(4)\\&=(-350.5-296.8-98.9-236.6)kJ\cdot mol^{-1}\\&=-982.8kJ\cdot mol^{-1}\end{aligned}$$

四、生成热与反应热

1. 热力学标准态

为了建立一套通用的基础热数据，人们规定了固体、液体和气体纯物质在温度 T 时的标准状态（简称标准态）如下：

纯固体的标准态：压力为 p^θ（$p^\theta=100kPa$）的纯固体。

纯液体的标准态：压力为 p^θ 的纯液体。

气体的标准态：压力为 p^θ 的纯理想气体。

上述标准压力 p^θ，过去规定为 101.325kPa，现在规定为 100kPa。对于气体物质的标准态，不管是纯气体还是气体混合物，均指纯物质在标准压力 p^θ 下表现出理想气体特征的（假想）状态。

2. 标准摩尔生成焓和标准摩尔反应焓

由稳定单质生成某化合物的反应称为该化合物的生成反应。由稳定单质生成 1mol 某化合物的焓变称为该化合物的生成焓（或生成热）。因为焓变还与始、终态的温度、压力和聚集状态有关，所以又规定了标准态下的生成焓。热力学规定，某温度下，由处于标准态的各元素的最稳定的单质生成标准态下单位物质的量（1mol）某纯物质的热效应，称为这种温度下该纯物质的标准摩尔生成焓（简称标准生成焓），其符号为 $\Delta_f H_m^\theta$，单位为 $kJ\cdot mol^{-1}$。同理，处于标准态下某反应的摩尔焓变称为该反应的标准摩尔反应焓（热），符号为 $\Delta_r H_m^\theta$，单位为 $kJ\cdot mol^{-1}$。

显然，对物质的标准生成焓作如上定义，意味着已将各种稳定单质的标准生成焓规定为零。若某纯物质的固体有两种以上的晶体时，例如碳单质有石墨和金刚石两种晶态，人们则选择具有最小焓值的石墨作为参考物质，并规定其 $\Delta_f H_m^\theta(T)\equiv 0$，而金刚石的 $\Delta_f H_m^\theta$

(298.15K) $=1.897kJ\cdot mol^{-1}$。硫单质有正交和单斜两种晶态，硫（正交）是硫的稳定状态，其 $\Delta_f H_m^\theta$ (298.15K) ≡0；而硫（单斜）的 $\Delta_f H_m^\theta$ (298.15K) $=0.30kJ\cdot mol^{-1}$。

需要注意的是，在定义物质的标准生成热时，只规定了压力条件，即 $p=p^\theta$，而未规定具体温度。各种稳定单质的标准生成热在不同温度之下都被规定为零，但同一化合物的标准生成焓在不同温度下有不同值。在化学手册中所列的 $\Delta_f H_m^\theta$ 值均是 298.15K 的数据，为书写方便，常用符号"Φ"表示 298.15K，如金刚石的 $\Delta_f H_m^\theta$ (Φ) $=1.897kJ\cdot mol^{-1}$。

各种物质的标准生成焓数据是如何得到的呢？有些是直接由实验测得的，如一些简单化合物（H_2O、CO_2 等）的标准生成焓就是直接由实验测定的。但大多数化合物的标准生成焓，是利用盖斯定律而间接测定的，如 $ZnSO_4$ 的标准生成焓就是利用上述盖斯定律的代数运算法而得到的。

对于任一化学反应，若虚设将反应物先分解为组成该反应物的单质，然后再组合这些单质反应形成生成物，根据盖斯定律并利用 $\Delta_f H_m^\theta$，可推导出计算标准摩尔反应热（焓）$\Delta_r H_m^\theta$ (Φ)（又称标准摩尔焓变）的公式如下

$$\begin{aligned}\Delta_r H_m^\theta(\Phi) &= \Sigma_B(\nu_B\Delta_f H_m^\theta)_{生成物} - \Sigma_B(|\nu_B|\Delta_f H_m^\theta)_{反应物}\\ &= \Sigma_B\nu_B\Delta_f H_m^\theta(B)\end{aligned}\tag{2-43}$$

式（2-43）的含义为：任一反应的标准热效应，等于产物的标准生成热（焓）总和与反应物的标准生成热（焓）总和之差值。利用生成热数据来计算反应热效应的前提条件，是反应物和产物所包含的元素种类及其原子数量相同；否则，上述方法将不能使用。如放射性元素的蜕变，反应前后系统所含元素不一样，因此不能用上述公式。

3. 标准摩尔燃烧热（焓）

在标准压力和某温度下，单位物质的量的某有机物被完全氧化（燃烧），使所含的各元素生成指定的稳定产物时的定压热效应，称为该有机物的标准摩尔燃烧热，以符号 $\Delta_c H_m^\theta$ 表示，单位为 $kJ\cdot mol^{-1}$。定义中"完全氧化"是指该物质分子中的组成元素都被氧化成最稳定的高价氧化物。如有机物中的 C、H、S、N、Cl 等元素完全氧化的产物分别被指定为 CO_2 (g)、H_2O (l)、SO_2 (g)、N_2 (g)、HCl (aq)，aq 表示水溶液。

大多数有机化合物的热效应都可由实验测定，例如 298.15K 时，测得下列反应的标准反应热

$$CH_4(g)+2O_2(g)=CO_2(g)+2H_2O(l),\Delta_r H_m^\theta(\Phi)=-890.3kJ\cdot mol^{-1}$$

由标准摩尔燃烧热定义知，CH_4 (g) 的标准摩尔燃烧热 $\Delta_c H_m^\theta$ (Φ) $=-890.3kJ\cdot mol^{-1}$。

根据标准摩尔燃烧热定义，燃烧产物 $CO_2(g)$、$N_2(g)$、$H_2O(l)$、$SO_2(g)$、HCl(aq) 等的燃烧热值为零，即它们的 $\Delta_c H_m^\theta(\Phi)=0$。

标准摩尔燃烧热数值除可以直接测定外，还可用有关反应的热效应根据盖斯定律计算而得。具体方法是把任意一个有机物等温反应，拟定反应物和生成物完全燃烧作为它们的归宿，再根据盖斯定律和标准摩尔燃烧热数值可求得该反应的热效应，其公式为

$$\begin{aligned}\Delta_r H_m^\theta(\Phi) &= \Sigma_B(|\nu_B|\Delta_c H_m^\theta)_{反应物} - \Sigma_B(\nu_B\Delta_c H_m^\theta)_{生成物}\\ &= -\Sigma_B\nu_B\Delta_c H_m^\theta(B)\end{aligned}\tag{2-44}$$

该式的含义为，任一反应的热效应等于反应物标准摩尔燃烧热总和减去生成物标准摩尔燃烧热总和。

例 2-1　已知 C_2H_4 (g)、H_2 (g)、C_2H_6 (g) 的 $\Delta_c H_m^\theta$ ($kJ\cdot mol^{-1}$) 数值依次为

-1411.0、-285.8 和 -1559.9，求下列反应的 $\Delta_r H_m^\theta$（Φ）。

$$C_2H_4(g) + H_2(g) \longrightarrow C_2H_6(g)$$

解：
$$\begin{aligned}\Delta_r H_m^\theta(\Phi) &= \Delta_c H_m^\theta(C_2H_4, g, \Phi) + \Delta_c H_m^\theta(H_2, g, \Phi) - \Delta_c H_m^\theta(C_2H_6, g, \Phi) \\ &= [(-1411.0) + (-285.8) - (-1559.9)] \text{kJ} \cdot \text{mol}^{-1} \\ &= -136.9 \text{kJ} \cdot \text{mol}^{-1}\end{aligned}$$

五、反应热与温度的关系

前面介绍的是根据盖斯定律并用生成热或标准摩尔燃烧热数据计算出的热效应，是一个指定温度下的热效应。化学手册中列出的通常是 298.15K 的数据，则计算结果是 298.15K 的热效应。实际上，在定压下，同一化学反应分别在两个不同的温度 T_1 和 T_2 下进行，所产生的热效应是不同的，温度和热效应的关系可通过下述方法求得。

设定压下某反应的 $\Delta_r H_m$（T_1）为已知，求 $\Delta_r H_m$（T_2）。

$$\begin{array}{ccc} T_1: aA + eE + \cdots & \xrightarrow{\Delta_r H_m(T_1)} & gG + dD + \cdots \\ \downarrow \Delta H_m(1) & & \uparrow \Delta H_m(2) \\ T_2: aA + eE + \cdots & \xrightarrow{\Delta_r H_m(T_2)} & gG + dD + \cdots \end{array}$$

由上述变化过程可见：

$\Delta_r H_m$（T_1）是在温度 T_1 时发生化学反应的热效应。

ΔH_m（1）是反应物 aA、eE 等的温度由 T_1 变到 T_2 时的热效应。

$\Delta_r H_m$（T_2）是在温度 T_2 时发生化学反应的热效应。

ΔH_m（2）是生成物 gG、dD 等的温度由 T_2 变到 T_1 时的热效应。

因为焓是状态函数，与变化途径无关，所以

$$\Delta_r H_m(T_1) = \Delta H_m(1) + \Delta_r H_m(T_2) + \Delta H_m(2)$$

或

$$\Delta_r H_m(T_2) = \Delta_r H_m(T_1) - [\Delta H_m(1) + \Delta H_m(2)] \tag{2-45}$$

由等压热容关系式知

$$\Delta H_m(1) = a\int_{T_1}^{T_2} c_{p,m}(A)\mathrm{d}T + e\int_{T_1}^{T_2} c_{p,m}(E)\mathrm{d}T + \cdots$$

$$\Delta H_m(2) = g\int_{T_1}^{T_2} c_{p,m}(G)\mathrm{d}T + d\int_{T_1}^{T_2} c_{p,m}(D)\mathrm{d}T + \cdots$$

代入式（2-45）得

$$\Delta_r H_m(T_2) = \Delta_r H_m(T_1) + \int_{T_1}^{T_2} \Sigma_B \nu_B c_{p,m}(B)\mathrm{d}T \tag{2-46}$$

式（2-46）称为基尔霍夫（Kirchhoff）定律的积分形式，式中 $\Sigma_B \nu_B c_{p,m}(B) = [gc_{p,m}(G) + dc_{p,m}(D) + \cdots] - [ac_{p,m}(A) + ec_{p,m}(E) + \cdots]$。使用该式时应注意在 T_1 到 T_2 区间内，反应物或产物没有聚集状态的变化。若有聚集状态变化，由于 $c_{p,m}$ 值是不连续的，因此应分段计算 ΔH 值。如 H_2O（l）由 25℃变化到 150℃，此变化过程有

$$\underset{25℃}{H_2O\ (l)} \xrightarrow{\Delta H_1} \underset{100℃}{H_2O\ (l)} \xrightarrow{\Delta H_2} \underset{100℃}{H_2O\ (g)} \xrightarrow{\Delta H_3} \underset{150℃}{H_2O\ (g)}$$

式中，ΔH_1 和 ΔH_3 是变温热；ΔH_2 是相变热。此过程的总热效应为

$$\Delta H = \Delta H_1 + \Delta H_2 + \Delta H_3$$

若根据热容定义式也可推导出基尔霍夫定律公式，方法如下：

已知等压热容为

$$\left(\frac{\partial H}{\partial T}\right)_p = c_p \tag{2-47a}$$

有

$$\left(\frac{\partial \Delta_r H}{\partial T}\right)_p = \Sigma_B \nu_B c_{p,m}(B) \tag{2-47b}$$

式（2-47b）称为基尔霍夫定律的微分公式，将此式移项并积分后就可得到式（2-46）。若对各物质的等压摩尔热容采取 $c_{p,m}=a+bT+cT^2$ 的形式，代入式(2-46)得

$$\begin{aligned}\Delta_r H_m(T_2) &= \Delta_r H_m(T_1) + \int_{T_1}^{T_2}(\Delta a + \Delta bT + \Delta cT^2)\mathrm{d}T \\ &= \Delta_r H_m(T_1) + \Delta a(T_2 - T_1) + \frac{1}{2}\Delta b(T_2^2 - T_1^2) + \frac{1}{3}\Delta c(T_2^3 - T_1^3)\end{aligned} \tag{2-48}$$

式（2-48）称为基尔霍夫公式的定积分形式。

若对式（2-47b）作不定积分，则得

$$\Delta_r H_m(T) = \int \Delta_r c_p \mathrm{d}T + 常数 \tag{2-49}$$

代入 $c_{p,m}=a+bT+cT^2$ 后得

$$\Delta_r H_m(T) = \Delta aT + \frac{1}{2}\Delta bT^2 + \frac{1}{3}\Delta cT^3 + 常数 \tag{2-50}$$

式（2-50）称为基尔霍夫公式的不定积分形式。式中，$\Delta a = \Sigma_B \nu_B \mathrm{d}(B)$；$\Delta b = \Sigma_B \nu_B b(B)$；$\Delta c = \Sigma_B \nu_B c(B)$。通过查表可以求得 298.15K 时的反应热 $\Delta_r H_m^\theta(\Phi)$，代入式（2-50）即可求得积分常数。该公式把反应热表示为温度的函数，只要给定一个温度 T，就能求出该温度下的反应热。

例 2-2 298K 时反应 $N_2(g) + 3H_2(g) = 2NH_3(g)$ 的等压热效应 $\Delta_r H_m(298\mathrm{K}) = -92.38\mathrm{kJ \cdot mol^{-1}}$，查得反应物及产物的热容关系式中经验常数值如下：

	$a/(\mathrm{J \cdot mol^{-1} \cdot K^{-1}})$	$b/(10^{-3}\mathrm{J \cdot mol^{-1} \cdot K^{-2}})$	$c/(10^{-6}\mathrm{J \cdot mol^{-1} \cdot K^{-3}})$
N_2	27.9	4.27	0
H_2	29.07	−0.84	2.012
NH_3	25.4	33.0	−3.046

1）计算此反应在 398K 的热效应 $\Delta_r H_m(398\mathrm{K})$。

2）求该反应的 $\Delta_r H_m(T) = f(T)$ 关系式，并由此式计算 $\Delta_r H_m(498\mathrm{K})$。

解：1）$\Delta a = (2 \times 25.4 - 27.9 - 3 \times 29.07)\mathrm{J \cdot mol^{-1} \cdot K^{-1}}$

$= -64.31\mathrm{J \cdot mol^{-1} \cdot K^{-1}}$

$\Delta b = [2 \times 33.0 - 4.27 - 3 \times (-0.84)] \times 10^{-3}\mathrm{J \cdot mol^{-1} \cdot K^{-2}}$

$= 64.52 \times 10^{-3}\mathrm{J \cdot mol^{-1} \cdot K^{-2}}$

$\Delta c = [2 \times (-3.046) - 3 \times 2.012] \times 10^{-6}\mathrm{J \cdot mol^{-1} \cdot K^{-3}}$

$= -12.128 \times 10^{-6}\mathrm{J \cdot mol^{-1} \cdot K^{-3}}$

将 Δa、Δb、Δc 代入式（2-48），得

$$\Delta_r H_m(398\text{K}) = \Big[-92380 - 64.31 \times (398 - 298) + \frac{1}{2} \times 64.52 \times 10^{-3} \times (398^2 - 298^2) - \frac{1}{3} \times 12.128 \times 10^{-6} \times (398^3 - 298^3)\Big] \text{J} \cdot \text{mol}^{-1}$$
$$= -96.72 \text{kJ} \cdot \text{mol}^{-1}$$

2）由式（2-50）得

$$\text{积分常数} = \Delta_r H_m(T) - \Delta a T - \frac{1}{2}\Delta b T^2 - \frac{1}{3}\Delta c T^3$$
$$= \Big(-92380 + 64.31 \times 298 - \frac{1}{2} \times 64.52 \times 10^{-3} \times 298^2 + \frac{1}{3} \times 12.128 \times 10^{-6} \times 298^3\Big) \text{J} \cdot \text{mol}^{-1}$$
$$= -75.96 \text{kJ} \cdot \text{mol}^{-1}$$

则 $\Delta_r H_m(T) = f(T)$ 的关系式为

$$\Delta_r H_m(T)/(\text{J} \cdot \text{mol}^{-1}) = -7.596 \times 10^4 - 64.31(T/\text{K}) + 32.26 \times 10^{-3}(T/\text{K})^2 - 4.047 \times 10^{-6}(T/\text{K})^3$$

按此式可得

$$\Delta_r H_m(498\text{K}) = (-75960 - 64.31 \times 498 + 32.26 \times 10^{-3} \times 498^2 - 4.047 \times 10^{-6} \times 498^3) \text{J} \cdot \text{mol}^{-1}$$
$$= -100.5 \text{kJ} \cdot \text{mol}^{-1}$$

上述是通过基尔霍夫公式计算不同温度下反应热的方法，同样适用于不同温度相变潜热（如蒸发热、升华热、熔化热等）或溶解热、冲淡热的计算。另外，在基尔霍夫公式的推导中没有考虑 $T_1 \sim T_2$ 温度范围内参加反应各物质聚集状态的变化，若其中有物质发生聚集状态的变化和 $c_{p,m}$变化，则要分段计算，或者虚拟变化过程来进行处理。

六、标准摩尔熵及熵变的计算

1. 标准摩尔熵

1906 年，能斯特（W. Nernst）根据理查兹（T. W. Richards）测得的可逆电池电动势随温度变化的数据来假设：随着热力学温度的趋于零，而凝聚体系定温反应的熵趋于零。后人称之为能斯特热定理，亦称热力学第三定律。1927 年，普朗克（M. Planck）进一步假设：凝聚态纯物质在 0K 的熵值为零，即

$$S(0\text{K}) = 0 \tag{2-51}$$

此式亦称为热力学第三定律。普朗克假设中将能斯特热定理原来说法中的凝聚态修正为凝聚态纯物质（即不包括固态混合物）。后人对能斯特热定理及普朗克假设的叙述都作了一些修正，最后对热力学第三定律给出了令人满意的表述：“在 0K 时，一切纯物质完美晶体的熵值为零”。在 0K 时，粒子没有转动能和平动能，而进入最低的振动能级，成为微观上高度有序的状态，这时只有一个微观状态，热力学概率 $\Omega=1$，由式（2-12）可得

$$S_0 = k\ln\Omega = k\ln 1 = 0 \tag{2-52}$$

应该指出，这个规定仍然是相对的，因为它没有考虑核的运动。从同位素角度讲，任何纯物质仍是同位素的混合物，但由物理化学过程看，此规定应是正确的。

应用普朗克假设

$$S(T)-S(0\mathrm{K})=S(T)$$

根据热力学第二定律有

$$S(T)-S(0\mathrm{K})=\int_{0\mathrm{K}}^{T}\frac{\mathrm{d}Q_r}{T}$$

或

$$S(T)=\int_{0\mathrm{K}}^{T}\frac{\mathrm{d}Q_r}{T} \tag{2-53}$$

此式的熵是假设 S（0K）=0 时得到的，它是相对值而非绝对值，通常称为规定熵，但也有人叫它绝对熵。某物质单位物质的量的熵，又称摩尔熵，符号为 S_m。在标准状态下，单位物质的量的物质 B 在 T 时的熵值叫标准摩尔熵，符号为 S_m^θ（T），单位为 $\mathrm{J\cdot mol^{-1}\cdot K^{-1}}$。化学手册中通常列有一些物质在 298.15K 时的标准摩尔熵值。标准状态下的熵和标准摩尔熵的关系是

$$S^\theta=nS_m^\theta$$

式中，n 是物质的量，单位为 mol；S^θ 是标准状态下的熵，单位为 $\mathrm{J\cdot K^{-1}}$。

若对体系加热或冷却，使其温度发生变化，则体系的熵值也发生变化。从热容的定义知

$$\delta Q=c\mathrm{d}T$$

因此

$$\mathrm{d}S=\left(\frac{\delta Q}{T}\right)_R=c\frac{\mathrm{d}T}{T}$$

在定容过程中

$$\mathrm{d}S=c_V\frac{\mathrm{d}T}{T}\qquad \Delta S=\int\frac{c_V}{T}\mathrm{d}T \tag{2-54}$$

在定压过程中

$$\mathrm{d}S=c_p\frac{\mathrm{d}T}{T}\qquad \Delta S=\int\frac{c_p}{T}\mathrm{d}T \tag{2-55}$$

纯物质在任何状态下的熵可由下述方法计算而得

晶体（0K，p）→晶体（T_f，p）→液体（T_f，p）
↓
气体（T，p）←气体（T_b，p）←液体（T_b，p）

由 0K→T 时的熵差关系式为

$$S_m(\mathrm{g},T,p)=\int_{0\mathrm{K}}^{T_f}\frac{c_{p,m}(\mathrm{s})}{T}\mathrm{d}T+\frac{\Delta_{fus}H_m}{T_f}+\int_{T_f}^{T_b}\frac{c_{p,m}(\mathrm{l})}{T}\mathrm{d}T+\frac{\Delta_{vap}H_m}{T_b}+\int_{T_b}^{T}\frac{c_{p,m}(\mathrm{g})}{T}\mathrm{d}T \tag{2-56}$$

式中，T_f 是该纯液体的正常熔化点（即凝固点）；T_b 是其正常沸点；$c_{p,m}$（s）、$c_{p,m}$（l）和 $c_{p,m}$（g）分别是该物质的固态、液态和气态的摩尔定压热容；$\Delta_{fus}H_m$ 和 $\Delta_{vap}H_m$ 分别是该物质的摩尔熔化热和蒸发热。如果在 0K～T_f 之间有晶型转变，则应加上晶型转变熵和考虑不同晶型引起的热容突变；若压力有变化，则需加上熵随压力的变化值；若气体压力不低时，还需对气体非理想性进行校正。

2. 熵变的计算

熵是状态函数，所以熵变为

$$\Delta S = S_2 - S_1 = \int_1^2 \mathrm{d}S = \int_1^2 \frac{\mathrm{d}Q_R}{T} \tag{2-57}$$

式中，$\mathrm{d}Q_R$ 是系统在可逆过程中吸的热。若过程是不可逆的，则不能用该过程中吸收的热计算 ΔS，此过程的 ΔS 计算应设计一可逆途径与原过程的始、终态相同，用这一可逆途径中吸收的热及吸热时的温度，再按式（2-57）计算 ΔS。

物质的单纯态变和相变虽然多种多样，但在计算熵变时，一般可先分成以下几种简单情况，最后再进行组合。

（1）绝热可逆过程　对于绝热可逆过程，$\mathrm{d}Q_R=0$，由式（2-57）知

$$\Delta S = 0 \tag{2-58}$$

即绝热可逆过程中熵不变。对于绝热不可逆过程，虽然 $Q=0$，但不是 $Q_R=0$，则不能得出 $\Delta S=0$ 的结论，应是由式（2-10）得出 $\Delta S>0$。

（2）恒温可逆过程

$$\Delta S = \int_1^2 \frac{\mathrm{d}Q_R}{T} = \frac{1}{T}\int_1^2 \mathrm{d}Q_R = \frac{Q_R}{T} \tag{2-59}$$

式（2-58）和式（2-59）对于 p、V、T 变化、相变及化学反应时均可适用。

如果是理想气体，其物质的量为 n，定温条件下由 p_1V_1 变到 p_2V_2，由于 $\Delta U=0$（理想气体的热化学能仅是温度的函数），则 $Q_R=W_R$，而理想气体的可逆膨胀功为

$$W_R = \int_{V_1}^{V_2} p_{外}\,\mathrm{d}V = \int_{V_1}^{V_2} (p-\mathrm{d}p)\mathrm{d}V = \int_{V_1}^{V_2} p\mathrm{d}V$$

此式忽略了二级无穷小 $\mathrm{d}p\mathrm{d}V$ 的积分。将理想气体状态方程式代入上式后得

$$W_R = \int_{V_1}^{V_2} nRT\mathrm{d}V/V = nRT\ln\frac{V_2}{V_1} = nRT\ln\frac{p_1}{p_2} \tag{2-60}$$

式中，n 为物质的量；R 为摩尔气体常数；T 为热力学温度。

将式（2-60）代入式（2-59），得

$$\Delta S = \frac{Q_R}{T} = \frac{W_R}{T} = \frac{nRT\ln(V_2/V_1)}{T}$$

$$= nR\ln\frac{V_2}{V_1} = nR\ln\frac{p_1}{p_2} \tag{2-61}$$

如果是正常相变点时，物质发生相变的过程是定温定压条件下的可逆过程，其熵变公式为

$$\Delta S = \frac{Q_R}{T} = \frac{\Delta_{trs}H}{T_{trs}} = \frac{n\Delta_{trs}H_m}{T_{trs}} \tag{2-62}$$

式中，$\Delta_{trs}H_m$ 是物质的摩尔相变热；T_{trs} 是正常相变温度。

反之，若是在非平衡温度、压力下的相变，则

$$\alpha(T_1, p_1) \longrightarrow \beta(T_2, p_2)$$

α 和 β 为两种相，T_1、p_1 和 T_2、p_2 是非平衡温度和压力。此过程可设计出可逆途径为

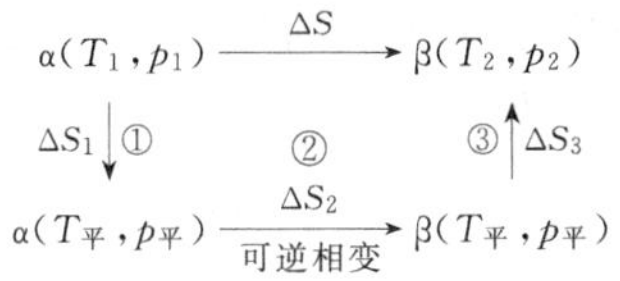

$$\begin{array}{ccc} \alpha(T_1, p_1) & \xrightarrow{\Delta S} & \beta(T_2, p_2) \\ \Delta S_1 \downarrow ① & ② & ③ \uparrow \Delta S_3 \\ \alpha(T_平, p_平) & \xrightarrow[\text{可逆相变}]{\Delta S_2} & \beta(T_平, p_平) \end{array}$$

其中途径①、③是 p、U、T 变；$T_平$、$p_平$ 为 α 相和 β 相处于平衡态时的温度和压力。由设计途径可知

$$\Delta S = \Delta S_1 + \Delta S_2 + \Delta S_3$$

（3）定压单纯变温的可逆过程　假设有温度 T_1，$T_1 + \mathrm{d}T$，$T_1 + 2\mathrm{d}T$，…，$T_2 - \mathrm{d}T$，T_2 等无限多个温度，各相差 $\mathrm{d}T$ 的热源，在等压条件下体系依次与这些热源接触，使温度由 T_1 变到 T_2，此过程可认为是可逆的传热过程，因此熵变为

$$\Delta S = \int_{T_1}^{T_2} \frac{\delta Q_R}{T} = \int_{T_1}^{T_2} \frac{c_p}{T} \mathrm{d}T$$

若定压热容 c_p 与温度 T 无关，上式可积分得

$$\Delta S = c_p \ln \frac{T_2}{T_1} = n c_{p,m} \ln \frac{T_2}{T_1} \tag{2-63}$$

若 c_p 与 T 有关，需要把 c_p 与 T 的具体关系式代入后再进行积分。

例 2-3　已知在压力为101.3kPa条件下苯的凝固点为 5℃，凝固点时熔化热为 9.916 kJ·mol^{-1}，在 −5～5℃ 温度区间内，液态苯和固态苯的平均摩尔定压热容分别为 126.8 J·mol^{-1}·K^{-1}及 122.6J·mol^{-1}·K^{-1}。求在 101.3kPa 及 −5℃ 条件下 1mol 过冷液态苯变为固态苯的 ΔS。

解：在压力为 101.3kPa 条件下，−5℃不是苯的正常相变点，而凝固点 5℃是正常相变点。因此，过冷液态苯的凝固是一个不可逆过程。可在始、终态间设计如下可逆过程：

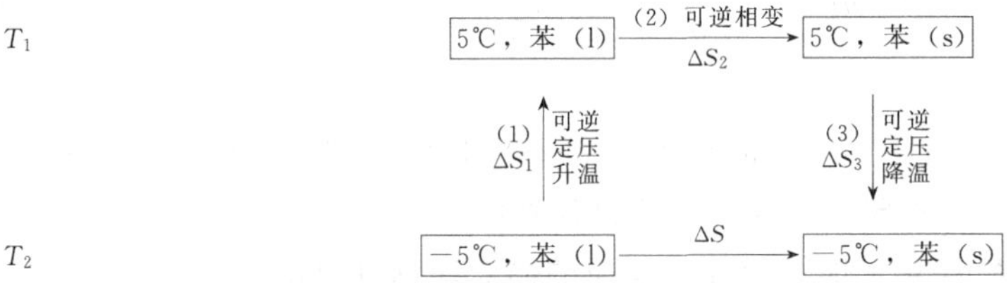

$$\begin{array}{llcl} T_1 & \boxed{5℃，苯（l）} & \xrightarrow[\Delta S_2]{(2)\ 可逆相变} & \boxed{5℃，苯（s）} \\ & (1)\ \Delta S_1 \uparrow 可逆定压升温 & & (3)\ \Delta S_3 \downarrow 可逆定压降温 \\ T_2 & \boxed{-5℃，苯（l）} & \xrightarrow{\Delta S} & \boxed{-5℃，苯（s）} \end{array}$$

$$\begin{aligned} \Delta S &= \Delta S_1 + \Delta S_2 + \Delta S_3 \\ &= c_{p,m(l)} \ln \frac{T_2}{T_1} + \frac{\Delta_{fus} H_m}{T_2} + c_{p,m(s)} \ln \frac{T_1}{T_2} \\ &= \left[126.8 \ln \frac{278}{268} + \left(-\frac{9916}{278} \right) + 122.6 \ln \frac{268}{278} \right] \mathrm{J \cdot K^{-1}} \\ &= 35.5 \mathrm{J \cdot K^{-1}} \end{aligned}$$

（4）定容单纯变温的可逆过程　如果某可逆过程中定容，但温度改变，其熵变为

$$\Delta S = \int_{T_1}^{T_2} \frac{c_V}{T} \mathrm{d}T$$

式中，c_V 是与 T 无关的常数。对上式积分得

$$\Delta S = c_V \ln \frac{T_2}{T_1} = n c_{V,m} \ln \frac{T_2}{T_1} \tag{2-64}$$

式（2-63）和式（2-64）可适用于非相变时的气态、液态或固态物质的熵变计算。

（5）理想气体的 p、V、T 同时改变过程　p、V、T 同时变化时有

$$dS = \frac{dQ_R}{T} = \frac{dU + pdV}{T}$$

而理想气体的 $dU = nc_{V,m}dT$，$pV = nRT$，代入上式得

$$dS = \frac{nc_{V,m}dT}{T} + \frac{nRdV}{V} \tag{2-65a}$$

将 $pV = nRT$ 两边求对数并微分，可得

$$\frac{dp}{p} + \frac{dV}{V} = \frac{dT}{T}$$

把上式及关系式 $c_{p,m} - c_{V,m} = R$ 代入式（2-65a）可得

$$dS = \frac{nc_{p,m}dT}{T} - \frac{nRdp}{p} \tag{2-65b}$$

$$dS = \frac{nc_{V,m}dp}{p} + \frac{nc_{p,m}dV}{V} \tag{2-65c}$$

如果 $c_{V,m}$ 和 $c_{p,m}$ 是不随 T 变化的常数，对式（2-65a）、式（2-65b）和式（2-65c）进行积分得

$$\Delta S = nc_{V,m}\ln\frac{T_2}{T_1} + nR\ln\frac{V_2}{V_1} \tag{2-66a}$$

$$\Delta S = nc_{p,m}\ln\frac{T_2}{T_1} - nR\ln\frac{p_2}{p_1} \tag{2-66b}$$

$$\Delta S = n\left(c_{V,m}\ln\frac{p_2}{p_1} + c_{p,m}\ln\frac{V_2}{V_1}\right) \tag{2-66c}$$

3. 化学反应的熵变计算

对于任意的化学反应 $0 = \Sigma_B \nu_B B$，在标准压力 p^θ 和 298.15K 条件下进行时，其熵变为

$$\Delta_r S_m^\theta(\Phi) = \Sigma_B \nu_B S_m^\theta(B, \Phi) \tag{2-67}$$

如果压力仍为 p^θ，温度为任意温度 T 时，该化学反应的熵变计算可根据下式

$$S(T) = S(\Phi) + \int_{298K}^{T} \frac{c_p}{T}dT$$

推导出温度 T 时的熵变计算公式

$$\Delta_r S_m^\theta(T) = \Delta_r S_m^\theta(\Phi) + \int_{298K}^{T} \frac{\Sigma_B \nu_B c_{p,m}^\theta(B)}{T}dT \tag{2-68}$$

例 2-4　计算下列反应

$$CH_4(g, p^\theta) + 2O_2(g, p^\theta) \longrightarrow CO_2(g, p^\theta) + 2H_2O(g, p^\theta)$$

在标准压力和温度为 398K 时的 $\Delta_r S_m^\theta$ 值（假设 $c_{p,m}^\theta$ 值是与 T 无关的常数）。

解：由化学手册查表（298.15K）知

	$CH_4(g, p^\theta)$ +	$2O_2(g, p^\theta)$ ⟶	$CO_2(g, p^\theta)$ +	$2H_2O(g, p^\theta)$
$S_m^\theta/(J \cdot mol^{-1} \cdot K^{-1})$	188.0	205.14	213.7	188.83
$c_{p,m}^\theta/(J \cdot mol^{-1} \cdot K^{-1})$	35.31	29.35	37.1	33.58

由式（2-67）有

$$\Delta_r S_m^\theta(\Phi)=\Sigma_B \nu_B S_m^\theta(B,\ \Phi)$$
$$=(213.7+2\times188.83-188.0-2\times205.14)\mathrm{J\cdot mol^{-1}\cdot K^{-1}}$$
$$=-6.92\mathrm{J\cdot mol^{-1}\cdot K^{-1}}$$

由式（2-68）有

$$\Delta_r S_m^\theta(398)=\Delta_r S_m^\theta(\Phi)+\int_{298\mathrm{K}}^{398\mathrm{K}}\frac{\Sigma_B \nu_B c_{p,m}^\theta(B)}{T}\mathrm{d}T$$
$$=\left[-6.92+(37.1+2\times33.58-35.31-2\times29.35)\ln\frac{398}{298}\right]\mathrm{J\cdot mol^{-1}\cdot K^{-1}}=-3.96\mathrm{J\cdot mol^{-1}\cdot K^{-1}}$$

七、标准摩尔吉布斯函数及其改变量的计算

1. 标准生成吉布斯函数变和标准摩尔吉布斯函数变

标准生成吉布斯函数变定义为，在标准状态下和给定温度时，由稳定状态单质生成单位物质的量的物质 B 时过程的吉布斯函数变，称为该物质的标准生成吉布斯函数变，用符号 $\Delta_f G_m^\theta$ 表示，单位为 $\mathrm{kJ\cdot mol^{-1}}$。若在 298.15K 时物质 B 的 $\Delta_f G_m^\theta$，则表示为 $\Delta_f G_m^\theta$（B，Φ）。根据定义，稳定单质的标准生成吉布斯函数变均为零。可以从多种化学手册中查找物质的 $\Delta_f G_m^\theta$ 数据。

标准摩尔吉布斯函数变定义为，在标准状态和定温条件下，每单位反应进度变化（即 $\Delta\xi=1\mathrm{mol}$）的某反应的吉布斯函数变，称为该反应的标准摩尔吉布斯函数变，用符号 $\Delta_r G_m^\theta$ 表示。其定义式为

$$\Delta_r G_m^\theta = \Delta_r G^\theta/\Delta\xi \tag{2-69}$$

从式中看出，$\Delta_r G_m^\theta$ 的单位为 $\mathrm{kJ\cdot mol^{-1}}$。式（2-69）也可写成

$$\Delta_r G^\theta = \Delta_r G_m^\theta \Delta\xi = \Delta_r G_m^\theta \frac{\Delta n}{\nu}$$

由上式看出，$\Delta_r G^\theta$ 与参加反应的物质的量有关。

2. 吉布斯函数判据

根据公式 $-(\Delta G)_{T,p} = W'_R$ 可知，定温定压下，过程自发性判据为

$$(\Delta G)_{T,p} \leqslant 0$$

上式表明，定温定压下，不论体系是否做其他功，自发过程总是朝着吉布斯函数减少的方向进行，直到吉布斯函数达到最小值，即达到平衡状态为止。反之，$\Delta G>0$ 的过程是不可能发生的。亦即

$(\Delta G)_{T,p} < 0$　自发过程的标志

$(\Delta G)_{T,p} = 0$　平衡状态或自发过程已达到限度的标志

$(\Delta G)_{T,p} > 0$　不可能自动发生的过程标志

上述各式为自发过程方向和限度的判据，称为吉布斯函数判据。

3. 吉布斯函数变的计算

计算吉布斯函数变的基本公式仍是其定义式，即

$$\Delta G = \Delta H - \Delta(TS) \tag{2-70a}$$

由于 G 是状态函数，所以在确定始、终态之后，ΔG 即为定值。在实际计算中，通常需要拟定始、终态相同的可逆途径方可计算 ΔG。以下是常见的几种计算 ΔG 的方法。

（1）定温变化的 ΔG 计算　由定义式

$$G = H - TS \qquad \Delta G = \Delta H - \Delta(TS)$$

可以看出，定温过程的 ΔG 为

$$\Delta G = \Delta H - T\Delta S \tag{2-70b}$$

将定义式 $H=U+pV$ 代入 G 定义式得

$$G = U + pV - TS$$

对上式微分后得

$$\mathrm{d}G = \mathrm{d}U + p\mathrm{d}V + V\mathrm{d}p - T\mathrm{d}S - S\mathrm{d}T$$

若过程是只做体积功的可逆过程，有

$$\mathrm{d}U = \delta Q_R - p\mathrm{d}V = T\mathrm{d}S - p\mathrm{d}V$$

将此式代入上式，得

$$\mathrm{d}G = V\mathrm{d}p - S\mathrm{d}T$$

在定温时，$\mathrm{d}T=0$，上式变为 $\mathrm{d}G=V\mathrm{d}p$，积分后得

$$\Delta G = \int_{G_1}^{G_2}\mathrm{d}G = \int_{p_1}^{p_2}V\mathrm{d}p \tag{2-71a}$$

对于理想气体，恒温时，将 $V=\dfrac{n}{p}RT$ 代入上式，得

$$\Delta G = \int_{p_1}^{p_2}\frac{n}{p}RT\mathrm{d}p = nRT\ln\frac{p_2}{p_1} = nRT\ln\frac{V_1}{V_2} \tag{2-71b}$$

例2-5　在300K时，1mol理想气体在真空中由10^6 Pa 定温膨胀到 10^5 Pa，求此过程的 W、Q、ΔU、ΔH、ΔS 和 ΔG。

解：由于理想气体的 U 和 H 仅是 T 的函数，所以定温时有

$$\Delta U = \Delta H = 0$$

又由于向真空膨胀，$p_{外}=0$，所以

$$W = -p_{外}\Delta V = 0$$

由 $\Delta U=Q+W$ 知，$\Delta U=0$，$W=0$，则

$$Q = 0$$

$$\Delta S = nR\ln\frac{p_1}{p_2} = \left(1\times 8.314\times\ln\frac{10^6}{10^5}\right)\mathrm{J\cdot K^{-1}}$$

$$= 19.14\mathrm{J\cdot K^{-1}}$$

$$\Delta G = nRT\ln\frac{p_2}{p_1} = \left(1\times 8.314\times 300\ln\frac{10^5}{10^6}\right)\mathrm{J}$$

$$= -5.743\mathrm{kJ}$$

对于纯液体和固体的定温变化过程，由于其体积随压力变化极小，所以在定温变化计算 ΔG 时，常把它们的体积看成常量，由式（2-71a）得

$$\Delta G = \int_{p_1}^{p_2}V\mathrm{d}p = V(p_2 - p_1) \tag{2-71c}$$

压力变化不是很大时，纯液体或固体的 ΔG 也不会很大，每摩尔液体或固体的 ΔG 为

$$\Delta G(\text{l 或 s}) \ll \Delta G(\text{g})$$

因此，在既有气体又有液体或固体时，常把液体或固体的 ΔG 忽略不计。

（2）相变过程的 ΔG 计算　正常相变时，始态和终态两相处于平衡状态，此过程为定温定压的可逆过程，由吉布斯函数判据知

$$(\Delta G)_{T,p} = 0$$

若过程为定温定压的不可逆过程，即始态和终态两相不平衡时，$(\Delta G)_{T,p} \neq 0$。此时应设计一个与始态、终态相同的可逆过程来计算 ΔG。

例 2-6　已知在298K及标准压力下

	金刚石	石墨
S_m^θ/（$\text{J}\cdot\text{mol}^{-1}\cdot\text{K}^{-1}$）	2.45	5.71
ΔcH_m^θ/（$\text{kJ}\cdot\text{mol}^{-1}$）	−395.4	−393.5
ρ/（$\text{kg}\cdot\text{dm}^{-3}$）	3.513	2.26

试求：

1）在 p^θ、298K 和无其他功时，石墨变成金刚石的 $\Delta_{trs}G_m^\theta$，并判断过程是否自发。

2）加压时能否使稳定晶型变成不稳定晶型？若可能，需要压力多少？

解：石墨⟶金刚石

1）$\Delta_{trs}H_m^\theta = \Delta cH_m^\theta$（石墨）$-\Delta cH_m^\theta$（金刚石）

$$= [-393.5-(-395.4)]\ \text{kJ}\cdot\text{mol}^{-1}$$

$$= 1.900\text{kJ}\cdot\text{mol}^{-1}$$

$\Delta_{trs}S_m^\theta = S_m^\theta$（金刚石）$-S_m^\theta$（石墨）

$$= (2.45-5.71)\ \text{J}\cdot\text{mol}^{-1}\cdot\text{K}^{-1}$$

$$= -3.26\text{J}\cdot\text{mol}^{-1}\cdot\text{K}^{-1}$$

$$\Delta_{trs}G_m^\theta = \Delta_{trs}H_m^\theta - T\Delta_{trs}S_m^\theta$$

$$= [1900-298\times(-3.26)]\ \text{J}\cdot\text{mol}^{-1}$$

$$= 2.872\text{kJ}\cdot\text{mol}^{-1}$$

因为 $\Delta_{trs}G_m^\theta > 0$，所以在 p^θ 和 298K 及无其他功时，石墨不能转变为金刚石，即石墨更稳定。

2）根据对应系数关系 $\left(\dfrac{\partial G}{\partial p}\right)_T = V$，有

$$\left(\frac{\partial \Delta G}{\partial p}\right)_T = \left[\frac{\partial G_m(\text{金刚石})}{\partial p}\right]_T - \left[\frac{\partial G_m(\text{石墨})}{\partial p}\right]_T$$

$$= V_m(\text{金刚石}) - V_m(\text{石墨})$$

$$(\Delta G)p_2 - (\Delta G)p^\theta = \int_{p^\theta}^{p_2} [V_m(\text{金刚石}) - V_m(\text{石墨})]\,\text{d}p$$

当 $(\Delta G)\ p_2 \leqslant 0$ 时，压力 p_2 为开始实现上述转变的转变压力，因此有

$$\int_{p^\theta}^{p_2} [V_m(\text{金刚石}) - V_m(\text{石墨})]\,\text{d}p \leqslant -(\Delta G)p^\theta$$

而上式左边为

$$\int_{p^\theta}^{p_2}\left[\left(\frac{12.00}{3.513}-\frac{12.00}{2.26}\right)\times 10^{-6}\text{m}^3\right]\text{d}p = [-1.894\times 10^{-6}(p_2-p^\theta)]\text{m}^3\cdot\text{mol}^{-1}$$

上式右边为

$$(\Delta G)p^{\theta} = 2.872\text{kJ} \cdot \text{mol}^{-1}$$

所以

$$-1.894 \times 10^{-6}(p_2 - p^{\theta})\text{m}^3 \cdot \text{mol}^{-1} \leqslant -2.872\text{kJ} \cdot \text{mol}^{-1}$$

解得

$$p_2 \geqslant 1.5 \times 10^9 \text{Pa}$$

由结果看出，在 298K 时，需要压力为 1.5×10^9Pa（约相当于大气压的 15000 倍）以上才能实现石墨向金刚石的转变。近年来，人们在高压下已经实现了上述转变。

(3) 化学反应的 ΔG 计算　对于化学反应过程，由于 G 是状态函数，所以标准状态和 298K 的 $\Delta_r G_m^{\theta}$ 计算公式为

$$\Delta_r G_m^{\theta}(\Phi) = \Sigma_B \nu_B \Delta_f G_m^{\theta}(B,\Phi) \tag{2-72}$$

在温度为 T 时可根据 G 的定义计算 ΔG，即

$$\Delta_r G_m^{\theta}(T) = \Delta_r H_m^{\theta}(T) - T\Delta_r S_m^{\theta}(T) \tag{2-73}$$

式中，$\Delta_r H_m^{\theta}$ (T) 和 $\Delta_r S_m^{\theta}$ (T) 分别由前述式 (2-46) 和式 (2-57) 计算而得。

第三节　敞开体系的热力学关系式

前面讨论的热力学基本方程是对封闭体系而言的，若体系和环境由于物质交换引起组成变化、不可逆化学反应或体系内部不可逆相变时，这些基本方程就不适用了。要解决这一问题，就必须研究敞开体系的情况。

关于外参量假设仅有一个（如体积），但去掉封闭性的限制及内部没有不可逆化学变化的限制，仍假设体系是均匀的，即内部各处都无温度、压力或浓度差别，这样的体系为敞开体系。它可与外界发生物质交换，也可在内部有不可逆化学变化。为研究问题简便起见，先讨论单相敞开体系中的基本关系式，然后再推广到多相体系中。

一、化学势

此处的单相敞开体系是组成可变动的单相体系，在研究处于热力学平衡、只做体积功过程时，必须描述体系的大小和组成的变量。假设某体系的热力学能与熵、体积及各组分的物质的量 n ($n=1, 2, \cdots, j$) 有关，j 为组分数。当体系的物质的量 n、体积 V 和热力学能 U 增加 t 倍时，体系的熵 S 也增加 t 倍。换言之，若体系物质的量、体积和熵增加 t 倍，其热力学能也增加 t 倍。由此可见，热力学能是熵、体积和各组分物质的量的一次齐次函数。状态函数的这种性质称为容量性质，表示如下

$$U = U(S, V, n_1, n_2, \cdots, n_j)$$

$$U(tS, tV, tn_1, tn_2, \cdots, tn_j) = tU(S, V, n_1, n_2, \cdots, n_j)$$

当状态有微小变化时，热力学能变量可对上式求全微分而得

$$\text{d}U = \left(\frac{\partial U}{\partial S}\right)_{V,\sum_B n_B} \text{d}S + \left(\frac{\partial U}{\partial V}\right)_{S,\sum_B n_B} \text{d}V + \Sigma_B \left(\frac{\partial U}{\partial n_B}\right)_{S,V,n_j(j\neq B)} \text{d}n_B \tag{2-74}$$

式中的各下标表示该量为固定；其中 $\sum_B n_B$ 表示所有组分的物质的量固定；n_j 表示除指定的物质 B 外，其他物质的量固定。上式的前两项保持了组成恒定，由式 (2-29) 知，$\left(\frac{\partial U}{\partial S}\right)_V = T$

和$\left(\frac{\partial U}{\partial V}\right)_S=-p$。第三项中的偏微分是组分 B 的化学势，令

$$\mu_B=\left(\frac{\partial U}{\partial n_B}\right)_{S,V,n_j(n_j\neq B)} \tag{2-75}$$

式中，μ_B 为组分 B 的化学势，它是两个容量性质即 dU 与 dn_B 的比值，其本身是相应条件下物质交换的强度因素。其含义为：当熵、体积及除 B 组分外其他各物质的量（n_j）均不变时，增加 dn_B 的 B 种物质则相应地增加内能 dU。

将式（2-75）及$\left(\frac{\partial U}{\partial S}\right)_V=T$、$\left(\frac{\partial U}{\partial V}\right)_S=-p$ 代入式（2-74）得

$$dU=TdS-pdV+\Sigma_B\mu_B dn_B \tag{2-76a}$$

另外，将 H 的定义式 $H=U+pV$ 微分得：$dH=dU+pdV+Vdp$，再把式（2-76a）代入后得

$$dH=TdS+Vdp+\Sigma_B\left(\frac{\partial U}{\partial n_B}\right)_{S,V,n_j(j\neq B)}dn_B \tag{2-76b}$$

由 $H=H$（S，p，n_1，n_2，…，n_j）代入，得

$$dH=\left(\frac{\partial H}{\partial S}\right)_{p,\sum_B n_B}dS+\left(\frac{\partial H}{\partial p}\right)_{S,\sum_B n_B}dp+\Sigma_B\left(\frac{\partial H}{\partial n_B}\right)_{S,p,n_j(j\neq B)}dn_B \tag{2-76c}$$

由式（2-29）可知

$$\left(\frac{\partial H}{\partial S}\right)_p=T \qquad \left(\frac{\partial H}{\partial p}\right)_S=V$$

于是有

$$dH=TdS+Vdp+\Sigma_B\left(\frac{\partial H}{\partial n_B}\right)_{S,p,n_j(j\neq B)}dn_B \tag{2-76d}$$

再由式（2-76b）和式（2-76d）可见

$$\left(\frac{\partial H}{\partial n_B}\right)_{S,p,n_j(j\neq B)}=\left(\frac{\partial U}{\partial n_B}\right)_{S,V,n_j(j\neq B)}=\mu_B$$

因此式（2-76d）可写成

$$dH=TdS+Vdp+\Sigma_B\mu_B dn_B \tag{2-76e}$$

同理，可以得到

$$dF=-SdT-pdV+\Sigma_B\mu_B dn_B \tag{2-77}$$

$$dG=-SdT+Vdp+\Sigma_B\mu_B dn_B \tag{2-78}$$

式（2-76）～式（2-78）统称为单相敞开体系的热力学基本方程。由此给出了化学势的另外一些形式的定义

$$\mu_B=\left(\frac{\partial V}{\partial n_B}\right)_{S,V,n_j}=\left(\frac{\partial H}{\partial n_B}\right)_{S,p,n_j}=\left(\frac{\partial F}{\partial n_B}\right)_{T,V,n_j}=\left(\frac{\partial G}{\partial n_B}\right)_{T,p,n_j(j\neq B)} \tag{2-79}$$

式中四个偏微商均称为化学势，这些是化学势的广义说法。其下标是原来判据限制条件加上其他成分不变的条件。从上式可看出，化学势是从各种判据中抽象出来的一种强度性质，在本质上它代表了引起物质交换的势能。在实际中，定温定压是常见的限制条件，故常用的化学势是 $\mu_B=\left(\frac{\partial G}{\partial n_B}\right)_{T,p,n_j(j\neq B)}$。

二、偏摩尔量

在定温定压和恒定组成的单相多组分体系中，若体系的任何容量性质如 V、U、H、S、F 和 G 等均用 X 表示，则该容量性质对组分 B 物质的量的偏微商称为组分 B 的偏摩尔量，其定义式为

$$X_{B,m}=\left(\frac{\partial X}{\partial n_B}\right)_{T,p,n_j(n_j\neq B)} \tag{2-80}$$

物质 B 的偏摩尔量 $X_{B,m}$ 可以是偏摩尔体积 $V_{B,m}$、偏摩尔焓 $H_{B,m}$、偏摩尔热力学能 $U_{B,m}$ 或偏摩尔吉布斯自由能 $G_{B,m}$，其表示式如下

$$V_{B,m}=\left(\frac{\partial V}{\partial n_B}\right)_{T,p,n_j(n_j\neq B)} \qquad H_{B,m}=\left(\frac{\partial H}{\partial n_B}\right)_{T,p,n_j(n_j\neq B)}$$

$$U_{B,m}=\left(\frac{\partial U}{\partial n_B}\right)_{T,p,n_j(n_j\neq B)} \qquad G_{B,m}=\left(\frac{\partial G}{\partial n_B}\right)_{T,p,n_j(n_j\neq B)}$$

组分 B 的各偏摩尔量，实际就是定温定压下加入 1mol 组分 B 于大量的均匀体系中该量的增加。用“大量的均匀体系”目的是保证使均匀体系浓度不会因加入 1mol 组分 B 而发生变化。所有容量性质的偏摩尔量均是强度性质，其数值与 T、p 及浓度有关，但与均匀体系的总量多少无关。这里应注意的是：

1）偏摩尔量的下标条件是定温定压，如 $\left(\frac{\partial U}{\partial n_B}\right)_{T,p,n_j}$ 和 $\left(\frac{\partial U}{\partial n_B}\right)_{S,V,n_j}$，前者是偏摩尔热力学能，而后者是物质 B 的化学势，不是偏摩尔量，只有 $\left(\frac{\partial G}{\partial n_B}\right)_{T,p,n_j}$ 既是偏摩尔量也是化学势。

2）只有体系的容量性质才有偏摩尔量，而强度性质没有，因为只有容量性质才与体系中物质的量有关。

3）偏摩尔量定义于多组分体系，对一种组分的纯物质，偏摩尔量就是摩尔量。通常情况下，同一种物质在多组分体系中的偏摩尔量不等于它处于纯态时的摩尔量。这是因为，在多组分体系中分子间作用与纯态中的同种分子间作用力不同，如水中加入乙醇后，水的偏摩尔体积与纯水的摩尔体积不同。但是，在理想气体混合物或理想液体混合物中，其偏摩尔体积与纯态时的摩尔体积相等，这是因为理想气体混合物中不存在分子间作用力，且分子不占有体积，而理想液体混合物中各分子间作用力与同种分子间作用力相等。

偏摩尔量的概念在数学上是偏导数，也可用图形表述。如已知某一定量溶剂中含不同数量溶质时的体积（对二组分体系常用 A 表示溶剂，B 表示溶质），则可构成 V-n_B 图（图2-3）。由数据可得到一条实验曲线，当浓度为 m 时，曲线斜率为

$$\text{斜率}=\left(\frac{\partial V}{\partial n_B}\right)_{T,p,n_j}=V_{B,m}$$

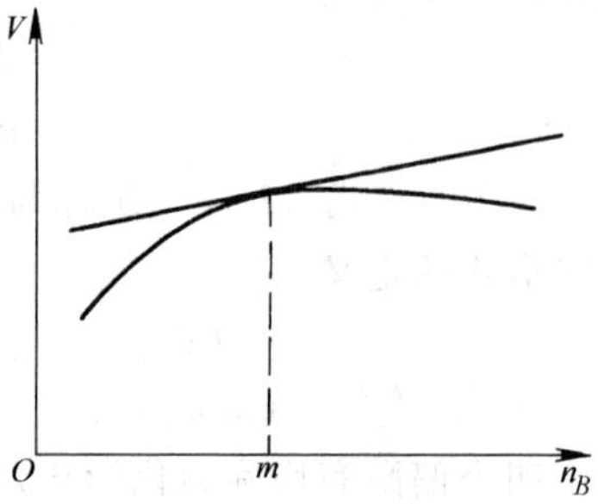

图 2-3 物质 B 的偏摩尔体积

即曲线在该点的正切（斜率）是浓度为 m 时体系中物质 B 的偏摩尔体积，这也是偏摩尔量的求法之一。

三、偏摩尔量的集合公式

单组分体系中某容量性质 X 数量上等于其摩尔量 X_m 与物质的量 n 的乘积，即 $X=nX_m$。而对于多组分的单相体系，其关系式可推导如下：

设有一均相体系由组分 1，2，…，j 组成，该多组分体系的容量性质是温度 T、压力 p 及各组分的量 n_B 的函数，其函数形式为

$$X = X(T,p,n_1,n_2,\cdots,n_j)$$

若温度、压力及组成有微小的变化时，其 X 也相应地有微小的改变，即

$$\mathrm{d}X = \left(\frac{\partial X}{\partial T}\right)_{p,\Sigma n_B}\mathrm{d}T + \left(\frac{\partial X}{\partial p}\right)_{T,\Sigma n_B}\mathrm{d}p + \left(\frac{\partial X}{\partial n_1}\right)_{T,p,n_2,n_3,\cdots,n_j}\mathrm{d}n_1 + \left(\frac{\partial X}{\partial n_2}\right)_{T,p,n_1,n_3,\cdots,n_j}\mathrm{d}n_2 + \cdots + \left(\frac{\partial X}{\partial n_j}\right)_{T,p,n,n_2,\cdots,n_{j-1}}\mathrm{d}n_j$$

在定温定压下，上式可写为

$$\mathrm{d}X = \Sigma_B\left(\frac{\partial X}{\partial n_B}\right)_{T,p,n_j(j\neq B)}\mathrm{d}n_B$$

式中，$\left(\frac{\partial X}{\partial n_B}\right)_{T,p,n_j(j\neq B)}=X_{B,m}$，代入上式得

$$\begin{aligned}\mathrm{d}X &= X_{1,m}\mathrm{d}n_1 + X_{2,m}\mathrm{d}n_2 + \cdots + X_{j,m}\mathrm{d}n_j \\ &= \Sigma_B X_{B,m}\mathrm{d}n_B\end{aligned} \tag{2-81a}$$

式中，$X_{B,m}$是物质 B 某容量性质的偏摩尔量，它是强度性质，与混合物的浓度有关，而与混合物的总量无关。若保持原始溶液中各物质的比例，在溶液中同时加入物质 1，2，…，j，直到加入各物质的量为 n_1，n_2，…，n_j 时为止。由于是按比例同时加入的，所以在过程中溶液的浓度没有变化，各组分的偏摩尔量 $X_{B,m}$数值也不变。对式（2-81a）积分得

$$\begin{aligned}X &= X_{1,m}\int_0^{n_1}\mathrm{d}n_1 + X_{2,m}\int_0^{n_2}\mathrm{d}n_2 + \cdots + X_{j,m}\int_0^{n_j}\mathrm{d}n_j \\ &= n_1X_{1,m} + n_2X_{2,m} + \cdots + n_jX_{j,m} = \Sigma_B n_B X_{B,m}\end{aligned} \tag{2-81b}$$

式（2-81b）称为偏摩尔量的集合公式。它的含义是：多组分体系的任一容量性质 X 的值，等于各组分相应偏摩尔量 $X_{B,m}$与物质的量 n 乘积的总和。或者说，它表示体系的某个容量性质是各组分对体系该性质贡献的总和。例如，X 为体积 V 时，$V=\Sigma_B n_B V_{B,m}$，X 为亥姆霍兹自由能 F 时，$F=\Sigma_B n_B F_{B,m}$等。应该注意的是，多组分体系的容量性质 X 数值上并不等于各纯组分的该性质摩尔量 X_m 与物质的量 n 乘积的总和，即

$$X \neq \sum_{i=1}^{j}(X_m n)_i$$

但偏摩尔量的集合公式表明，各组分的偏摩尔量 $X_{B,m}$与物质的量 n 的乘积却有加和性。由此也可看出讨论多组分体系性质时引用偏摩尔量概念的重要意义。

在多组分单相体系中，任一组分的热力学函数的偏摩尔量之间存在着类似于纯物质的关系式。例如，对定义式 $G=H-TS$，在定温定压下对组分 B 求导可得

$$\left(\frac{\partial G}{\partial n_B}\right)_{T,p,n_j} = \left(\frac{\partial H}{\partial n_B}\right)_{T,p,n_j} - T\left(\frac{\partial S}{\partial n_B}\right)_{T,p,n_j}$$

亦即

$$G_{B,m} = H_{B,m} - TS_{B,m} \tag{2-82a}$$

用同样方法可推导出下面关系式

$$H_{B,m} = U_{B,m} + pV_{B,m} \tag{2-82b}$$

$$F_{B,m} = U_{B,m} - TS_{B,m} \tag{2-82c}$$

四、吉布斯-杜亥姆公式

由于偏摩尔量的值是随体系中各组分的浓度不同而不同的，因此定温定压下在单相多组分体系中，不按比例添加各组分时，溶液的浓度改变，n_1，n_2，…，n_j 改变，偏摩尔量 $X_{1,m}$，$X_{2,m}$，…，$X_{j,m}$也同时改变。在定温定压下对式（2-81b）微分得

$$\mathrm{d}X = n_1\mathrm{d}X_{1,m} + X_{1,m}\mathrm{d}n_1 + \cdots + n_j\mathrm{d}X_{j,m} + X_{j,m}\mathrm{d}n_j$$

将此式与式（2-81a）比较后可得

$$n_1\mathrm{d}X_{1,m} + n_2\mathrm{d}X_{2,m} + \cdots + n_j\mathrm{d}X_{j,m} = 0$$

或写成

$$\Sigma_B n_B \mathrm{d}X_{B,m} = 0 \tag{2-83a}$$

若将式（2-83a）除以体系总的物质的量可得

$$X_1\mathrm{d}X_{1,m} + X_2\mathrm{d}X_{2,m} + \cdots + X_j\mathrm{d}X_{j,m} = 0$$

或

$$\Sigma_B x_B \mathrm{d}X_{B,m} = 0 \tag{2-83b}$$

式中，x_B是组分 B 的摩尔分数。

式（2-83a）和式（2-83b）均称为吉布斯-杜亥姆公式（Gibbs-Duhem's Equation）。公式表明，在定温定压条件下各组分偏摩尔量所发生的变化不是彼此孤立的，而是相互关联且彼此制约的。如一个二组分体系关系式为

$$n_1\mathrm{d}X_{1,m} + n_2\mathrm{d}X_{2,m} = 0$$

亦即

$$\frac{\mathrm{d}X_{1,m}}{\mathrm{d}X_{2,m}} = -\frac{n_2}{n_1}$$

若组分 1 的 $X_{1,m}$上升时，$\mathrm{d}X_{1,m}$为正值，但组分 2 的 $X_{2,m}$一定下降，$\mathrm{d}X_{2,m}$定为负值，$X_{1,m}$与 $X_{2,m}$决不会同时上升或同时下降。

例 2-7 A 和 B 两种液体形成某溶液，其组成为 $x_A = 0.2$，$x_B = 0.8$。在定温定压下，将无限小量的 A 或 B，或二者加入溶液中，求由此而引起的偏摩尔量体积的增量之间的关系。

解：二组分体系的吉布斯-杜亥姆公式为

$$x_A\mathrm{d}X_{A,m} + x_B\mathrm{d}X_{B,m} = 0$$

对于偏摩尔体积上式写为

$$x_A\mathrm{d}V_{A,m} + x_B\mathrm{d}V_{B,m} = 0$$

代入 x_A 和 x_B 值后得

$$0.2\mathrm{d}V_{A,m} + 0.8\mathrm{d}V_{B,m} = 0$$

$$\mathrm{d}V_{A,m} = -\frac{0.8}{0.2}\mathrm{d}V_{B,m} = -4\mathrm{d}V_{B,m}$$

五、多相敞开体系的基本关系式

对于组成有变化的多相敞开体系，若不做非体积功且各相处于热力学平衡态时，则体系的每一个容量性质等于各相中此种性质的加和值。如某多个相的敞开体系，设 S^2、V^2、G^2 分别

为任一个项的熵、体积和吉布斯自由能，则整个多相体系的容量性质 S、V 和 G 分别如下

$$S=\sum_{2}S^{2}\quad V=\sum_{2}V^{2}\quad G=\sum_{2}G^{2}$$

代入单相敞开体系的基本方程 $dG=-SdT+Vdp+\Sigma_{B}\mu_{B}dn_{B}$ 后可得

$$\begin{aligned}dG&=\sum_{2}dG^{2}=\sum_{2}-S^{2}dT+\sum_{2}V^{2}dp+\sum_{2}\Sigma_{B}\mu_{B}^{\alpha}dn_{B}^{\alpha}\\&=-SdT+Vdp+\sum_{2}\Sigma_{B}\mu_{B}^{\alpha}dn_{B}^{\alpha}\end{aligned}\tag{2-84a}$$

当体系在定温定压条件下时，上式变为

$$dG=\sum_{2}\Sigma_{B}\mu_{B}^{\alpha}dn_{B}^{\alpha}\tag{2-84b}$$

式（2-84a）和式（2-84b）为多相敞开体系的热力学基本方程。由此式看出，当体系为单相时，该方程就是单相敞开体系的方程。

敞开体系的基本方程也适用于组成发生变化的封闭体系，因为由各个局部的敞开体系或敞开相构成的总体系实际上仍是一个封闭体系。如含有多种物质（物质间有不可逆化学反应）或含有多个相（相之间有物质交流）的体系，对每种物质和每个相而言是敞开体系、敞开相；但对整个化学反应体系而言要服从质量守恒定律，对整个相变而言要服从物质不灭定律，即在这一相消失而在另一相中出现。

对于组成变化的多相敞开体系，在定温定压、只做体积功时，其热力学判据类似于封闭体系的判据，可用化学势作为判据，即

$$\sum_{2}\Sigma_{B}\mu_{B}^{\alpha}dn_{B}^{\alpha}\leqslant 0\qquad\begin{matrix}\text{自发过程}\\\text{平衡状态}\end{matrix}\tag{2-85}$$

上式中“<”是自发过程；“=”指体系处于平衡状态。

在单相化学反应中，定温定压时式（2-78）为

$$(dG)_{T,p}=\Sigma_{B}\mu_{B}dn_{B}=\Sigma_{B}\mu_{B}\nu_{B}d\xi_{B}$$

或

$$\left(\frac{\partial G}{\partial\xi}\right)_{T,p}=\Sigma_{B}\nu_{B}\mu_{B}\tag{2-86a}$$

对于任意一化学反应来说，有下列情况

$$\left(\frac{\partial G}{\partial\xi}\right)_{T,p}<0\text{ 时},\Sigma_{B}\nu_{B}\mu_{B}<0$$

则　$\Sigma_{B}\nu_{B}\mu_{B}$（反应物）$>\Sigma_{B}\nu_{B}\mu_{B}$（产物）　正向反应自发进行　(2-86b)

$$\left(\frac{\partial G}{\partial\xi}\right)_{T,p}>0\text{ 时},\Sigma_{B}\nu_{B}\mu_{B}>0$$

则　$\Sigma_{B}\nu_{B}\mu_{B}$（反应物）$<\Sigma_{B}\nu_{B}\mu_{B}$（产物）　逆向反应自发进行　(2-86c)

$$\left(\frac{\partial G}{\partial\xi}\right)_{T,p}=0\text{ 时},\Sigma_{B}\nu_{B}\mu_{B}=0$$

则　$\Sigma_{B}\nu_{B}\mu_{B}$（反应物）$=\Sigma_{B}\nu_{B}\mu_{B}$（产物）　化学反应处于平衡态　(2-86d)

式中，ν_{B} 为物质 B 的化学计量数；ξ 为反应进度；$\left(\frac{\partial G}{\partial\xi}\right)_{T,p}$ 是定温定压条件下反应体系的总吉布斯自由能 G 随反应进度 ξ 的变化率，或是在无限大量体系中发生单位反应（ξ=1mol）

时引起体系吉布斯自由能的改变量。

式（2-86b）表明：在定温定压下，只做体积功时，化学反应总是由参加反应的各物质化学势总和较高的一方朝着各物质化学势总和较低的一方进行，当二者相等时体系达到平衡状态。或者说物质总是由化学势高的一方流向化学势低的一方。亦即在定温定压下，物质传递的推动力是化学势。上述结论均可用于多相化学反应体系中。

六、气态物质的化学势表达式

化学势可以作为多组分体系化学变化和相变化中物质迁移方向及限度的判据。但在现实中，人们无法知道化学势 μ 的绝对值，故人们通常采用选择相对起点的办法来表达各种物质化学势 μ 的高低，即对气体、液体、混合物组分、溶液组分等各种不同形态的物质，各选定一定标准态作为相对起点，此时的化学势则称为“标准态化学势”。在其他状态下，物质的化学势将表达为标准态化学势的比较关系式，下面将介绍气态物质的化学势表达式。

1. 理想气体的化学势表达式

理想气体的化学势实际上就是它的摩尔吉布斯函数（或称摩尔吉布斯自由能）G_m。由式 $\left(\frac{\partial G}{\partial p}\right)_T=V$ 可知 $\left(\frac{\partial \mu}{\partial p}\right)=V_m$，式中 V_m 下标“m”表示 1mol，故 $V_m=RT/p$，代入前式后，并对此式从标准态压力 $p^\theta=100\text{kPa}$ 到气体所处的压力 p 作定积分，即

$$\int_{p^\theta}^{p}\mathrm{d}\mu=\int_{p^\theta}^{p}V_m\mathrm{d}p=\int_{p^\theta}^{p}=\frac{RT}{p}\mathrm{d}p$$

$$\mu^*_{(T,p)}=\mu_{(T,p^\theta)}+RT\ln\frac{p}{p^\theta}$$

或写成

$$\mu^*=\mu^\theta_{(T)}+RT\ln\frac{p}{p^\theta}\tag{2-87a}$$

式（2-87a）就是理想气体的化学势表达式，μ^* 是温度为 T、压力为 p 时理想气体的化学势，它是温度和压力的函数。这里把压力 $p^\theta=100\text{kPa}$ 和温度 T 的状态定为理想气体的标准态，故上式 $\mu^\theta_{(T)}$ 就是标准态的化学势。

对于理想气体混合物，由于理想气体分子间不存在相互作用力，且分子本身不占有体积，所以其中任一组分的热力学性质不受其他种类分子存在的影响，因此它的化学势表达式与它处于纯态时一样，即

$$\mu_B=\mu_B^*=\mu^\theta_{B(T)}+RT\ln\frac{p_B}{p^\theta}\tag{2-87b}$$

式中，p_B 为气体 B 的分压；$\mu^\theta_{B(T)}$ 为组分 B 处于标准状态（$p_B=100\text{kPa}$ 和温度为 T 的理想状态）的化学势。分压 p_B 与理想气体混合物总压 p 的关系可由道尔顿分压定律知

$$p_B=x_Bp$$

式中，x_B 为组分 B 在混合气体中所占有的摩尔分数。将上式代入式（2-87b）得

$$\begin{aligned}\mu_B&=\mu^\theta_{B(T)}+RT\ln\frac{x_Bp}{p^\theta}=\left[\mu^\theta_{B(T)}+RT\ln\frac{p}{p^\theta}\right]+RT\ln x_B\\&=\mu^*_{B(T,p)}+RT\ln x_B\end{aligned}\tag{2-87c}$$

式（2-87c）给出理想气体混合物中组分 B 的化学势与其摩尔分数 x_B 的关系。式中 $\mu^*_{B(T,p)}$ 为

纯组分 B 在其压力等于混合气体总压力 p 时的化学势，它是温度和压力的函数，这个状态显然不是标准态。

2. 实际气体的化学势表达式

对于单组分实际气体，由 $\left(\frac{\partial \mu}{\partial p}\right)_T=V_m$ 出发，从规定的标准态压力 p^θ 到气体所处的压力 p 进行定积分后可得

$$\int_{p^\theta}^{p}\mathrm{d}\mu=\int_{p^\theta}^{p}V_m\mathrm{d}p$$

对于任一实际气体，其状态方程十分复杂，使用起来很不方便。在历史上，路易斯曾提出了一个简便易行的表达实际气体化学势的方法，即让实际气体化学势的表达式不取与理想气体化学势表达式相同的形式，同时把理想气体的标准态选为实际气体的标准态，而把同温同压下实际气体与理想气体化学势的差异集中地体现在对实际气体的压力 p 的校正上，对实际气体压力乘一校正因子 γ，校正后的 γp 是有效压力，称为“逸度”，用符号 f 表示。因此，实际气体的化学势为

$$\mu=\mu^\theta_{(T)}+RT\ln\frac{f}{p^\theta}=\mu^\theta_{(T)}+RT\ln\frac{\gamma p}{p^\theta}$$
$$=\mu^\theta_{(T)}+RT\ln\frac{p}{p^\theta}+RT\ln\gamma \tag{2-87d}$$

式中，逸度 $f=\gamma p$，其单位和压力相同，均为 Pa；γ 称为逸度系数，它包括了实际气体全部非理想的影响，标志着该气体与理想气体偏差的程度，其数值不仅与气体的特性有关，还与气体所处的温度和压力有关。为了在 $p\to 0$ 时，实际气体的公式能还原为理想气体的公式，还要求函数 f 符合 $\lim\limits_{p\to 0}\frac{f}{p}=1$，此时 $\gamma=1$，实际气体与理想气体的行为趋于一致。

式（2-87d）的含义有如下几点：实际气体的化学势表达式采取与理想气体化学势表达式同样的形式；所选的实际气体的标准态是 $T=T^\theta$、$p=p^\theta$ 时表现出理想气体性质的假想状态，这样选取的优点是令所有的实际气体当它们处于各自标准态时，具有同一个理想的特征，消除了由于各自实际气体本性不同而带来的标准上的差异。

3. 化学反应的标准平衡常数表达式

对于任一理想气体的化学反应

$$aA+eE\rightleftharpoons gG+dD$$

或

$$0=\Sigma_B\nu_B B$$

式中，B 为参加反应的各物质；ν_B 为化学反应式中各物质 B 前面的化学计量数。当反应达到平衡时，根据公式 $\Delta_r G_m=\Sigma_B\nu_B\mu_B=0$ 应有

$$g\mu_G+d\mu_D-a\mu_A-e\mu_E=0$$

设平衡时任一组分 B 的分压为 p_B，将式（2-87b）任一组分 B 的化学势 $\mu_B=\mu^\theta_{B(T)}+RT\ln\frac{p_B}{p^\theta}$ 代入到 $\Delta_r G_m=\Sigma_B\nu_B\mu_B=0$ 式后，可得

$$\Delta_r G_m=\Sigma_B\nu_B\mu_B=\Sigma_B\nu_B\mu^\theta_B+RT\ln\Pi\left(\frac{p_B}{p^\theta}\right)^{\nu_B}=0 \tag{2-88a}$$

式中，$\Sigma_B\nu_B\mu_B^\theta$ 为反应各组分均处于标准状态时反应的摩尔吉布斯自由能变化，称为反应的标准摩尔吉布斯自由能变化，用 $\Delta_r G_m^\theta$ 表示，即

$$\Delta_r G_m^\theta = \Sigma_B\nu_B\mu_B^\theta \tag{2-88b}$$

上式代入式（2-88a）后并移项得

$$\Delta_r G_m^\theta = \Sigma_B\nu_B\mu_B^\theta = -RT\ln\Pi\left(\frac{p_B}{p^\theta}\right)^{\nu_B} \tag{2-88c}$$

或

$$\ln\Pi\left(\frac{p_B}{p^\theta}\right)^{\nu_B} = -\frac{1}{RT}\Sigma_B\nu_B\mu_B^\theta = -\frac{1}{RT}\Delta_r G_m^\theta$$

上式中因为等式右边各项只是温度的函数，在温度一定时，右边应为一常数，故左边 $\left(\frac{p_B}{p^\theta}\right)^{\nu_B}$ 为常数，令

$$\left(\frac{p_B}{p^\theta}\right)^{\nu_B} = \frac{(p_G/p^\theta)^g\,(p_D/p^\theta)^d}{(p_A/p^\theta)^a\,(p_E/p^\theta)^e} = K_{(T)}^\theta \tag{2-88d}$$

式中，$K_{(T)}^\theta$ 称为标准平衡常数。将式（2-88d）代入式（2-88c）得

$$\Delta_r G_m^\theta = -RT\ln K^\theta$$

或写成

$$K^\theta = \exp\left(\frac{-\Delta_r G_m^\theta}{RT}\right) \tag{2-88e}$$

上式是标准平衡常数的热力学定义式，它不仅适于理想气体的化学反应，而且适用于其他任何类型的化学反应，但在不同的反应体系中，K^θ 的表达式有区别。$K_{(T)}^\theta$ 是一个描述反应体系平衡特性的量，其大小可作为反应能达到的限度的标志，即在指定反应条件下，K^θ 值越大，说明反应的平衡组成越倾向于产物一边，则反应完成的程度越大；反之，K^θ 越小，反应完成的程度越小。

若上述理想气体的化学反应在定温定压下进行，其中各气体分压 p'_B 是任意的而不是平衡时的分压，则（2-88a）式应写为

$$\Delta_r G_m = \Sigma_B\nu_B\mu_B = \Sigma_B\nu_B\mu_B^\theta + RT\ln\Pi\left(\frac{p'_B}{p^\theta}\right)^{\nu_B} \tag{2-89a}$$

令

$$\Pi\left(\frac{p'_B}{p^\theta}\right)^{\nu_B} = \frac{(p'_G/p^\theta)^g\,(p'_D/p^\theta)^d}{(p'_A/p^\theta)^a\,(p'_B/p^\theta)^b} = Q_p \tag{2-89b}$$

式中，Q_p 称为压力商，若反应中各物质为溶液时，则将相对分压换成相对浓度表示。将式（2-88b）和式（2-89b）代入式（2-89a）得

$$\Delta_r G_m = \Delta_r G_m^\theta + RT\ln Q_p \tag{2-89c}$$

或

$$\Delta_r G_m = -RT\ln K^\theta + RT\ln Q_p = RT\ln\frac{Q_p}{K^\theta} \tag{2-89d}$$

除标准平衡常数外，还有经验平衡常数，如压力平衡常数 K_p 和用物质的摩尔分数表示的平衡常数 K_x 及物质的量表示的平衡常数 K_n，它们的表达式分别为

$$K_p=\prod_B(p_B)^{\nu_B}、K_x=\prod_B(x_B)^{\nu_B}、K_n=\prod_B(n_B)^{\nu_B}$$

式中，$x_B=p_B/p_总=n_B/n_总$。K_p、K_x 和 K_n 均是理想气体反应的经验平衡常数，它们与标准平衡常数 K^θ 的关系为

$$K^\theta=K_p\left(\frac{1}{p^\theta}\right)^{\sum_B\nu_B}=K_x\left(\frac{p_总}{p^\theta}\right)^{\sum_B\nu_B}=K_n\left(\frac{p_总}{n_总\ p^\theta}\right)^{\sum_B\nu_B} \tag{2-90}$$

当 $\sum_B\nu_B=0$ 时，即反应前后总物质的量不变时有

$$K^\theta=K_p=K_x=K_n$$

例 2-8　在298K 和 p^θ 时，有理想气体反应

$$4HCl(g)+O_2(g)\rightleftharpoons 2Cl_2(g)+2H_2O(g)$$

求该反应的标准平衡常数 K^θ 及平衡常数 K_p 和 K_x。已知 298K 时 $\Delta_rG_m^\theta=-76.134kJ\cdot mol^{-1}$。

解：由式（2-88e）有

$$K^\theta=\exp\left(-\frac{\Delta_rG_m^\theta}{RT}\right)=\exp\left(\frac{76.134\times10^3J\cdot mol^{-1}}{8.314J\cdot K^{-1}mol^{-1}\times298K}\right)=2.216\times10^{13}$$

由式（2-90）有

$$\begin{aligned}K_p&=K^\theta(p^\theta)^{[(2+2)-(4+1)]}=K^\theta(p^\theta)^{-1}\\&=\frac{2.216\times10^{13}}{100\times10^3Pa}=2.187\times10^8Pa^{-1}\\K_x&=K^\theta(p^\theta/p)^{-1}=K^\theta(p^\theta/p^\theta)^{-1}\\&=2.216\times10^{13}\times\left(\frac{100kPa}{100kPa}\right)=2.216\times10^{13}\end{aligned}$$

第四节　固体热力学理论简介

固体物质通常是由分子、原子或离子等粒子组成。在这些粒子之间，由于存在着相互间的作用力，如化学键或分子间力，使得它们按一定的方式排列，只能在一定的平衡位置上振动。因此，固体具有一定的体积、形状和刚性。根据结构和性质的不同，可以把固体分为晶体（内部微粒有规则排列）和非晶体（内部微粒无规则排列）两大类。绝大多数无机物和金属都是晶体。由 X 射线研究发现，晶体中的微粒（原子、分子或离子）在三维空间是周期性重复排列，构成了一个热力学体系，晶体的各种宏观性质都可以从热力学定律出发，通过适当的数学方法得以表征。晶体的宏观物理性质是由宏观可观测量之间的关系来定义的。如果晶体中某一宏观量的变化可引起另一宏观量变化，则这两个物理量之间一定存在着某种关系，此关系对应于晶体的一种物理性质（或物理效应）。实际上晶体的各种物理性质之间并不是孤立无关的，而是互相关联的。本节将介绍处于平衡态及可逆变化过程中晶体热力学系统的有关概念和公式，以便进一步分析晶体的各种物理效应。

一、状态参量

若对给定体系的宏观物理性质进行研究，就必须选择适当的参量来描述体系的状态。把定量描述体系状态的可观测的宏观物理量称为体系的状态参量，如压力、温度和体积是描述理想气体状态的三个宏观参量，即体系的状态参量。在这里将讨论由均匀电解质晶体构成的

热力学体系。

对于弹性电解质，其状态可用表现体系力学、电学和热学性质的三对共轭参量来描述，即应力 σ 与应变 ε_λ（$\lambda=1$，2，…，6）、电场强度 E_i 与电位移矢量 D_i（$i=1$，2，3）、温度 T 与熵 S。

在这里，应力和应变是二阶张量，电场强度和电位移矢量为一阶量（矢量），温度和熵为零阶张量（标量）。考虑到各阶张量的独立分量个数，体系的状态可以由六个状态参量共 20 个热力学坐标来描述。

处于平衡状态（体系状态不随时间变化）的热力学体系具有确定的状态参量。由实验知，描述平衡体系的状态参量不是完全独立的，通常只需少数几个状态参量就可以完全描述，这些状态参量称为独立参量。对于弹性电介质，从表示体系的力学、电学和热学性质的三对状态参量中各取一个（必须而且只需各取一个）参量即可以描述该体系，因此用它们可作为描述该体系的独立参量。

体系的平衡状态是指体系与外界之间的平衡，因此在描述体系处于平衡状态下的状态参量时，必须包含有描述外部约束条件的宏观物理量。为便于表述，常把描述体系的状态参量分为两类：一类是描述加在体系上的外部约束条件，称之为约束参量；另一类是用描述体系在所加约束下产生的响应，称之为响应参量。实践表明，外加约束一定，则体系在平衡状态下的响应也一定，即二者之间存在某种联系。

通常，人们总是用约束参量作为描述体系的独立参量（又称自变量）。在状态参量中，用哪些作约束参量或哪些作响应参量不是绝对的，从状态参量中任选一组独立参量均可作为约束参量。在一种情况下体系的响应参量，在另一情况下可以是约束参量，它们各自都包含了对体系的完整描述，其区别在于实验的难易程度不同或是在应用上的方便程度不同。

二、状态方程及热力学势函数

在这里，将研究的体系是由仅与外界有机械能、电能及热能交换的单位体积的均匀晶体所构成的热力学体系。

假设体系针对某一平衡态有一无限小的态的变化，即从外界吸收热量 dQ，同时外界对它做功为 dW，根据热力学第一定律，其热力学能的微小变化 dU 为

$$dU = dQ + dW$$

若体系处于无限缓慢变化的过程中，即使体系时刻都处于平衡状态（又称为准静态过程），则外界所做的机械功及静电功之和为

$$dW = \sigma_\lambda d\varepsilon_\lambda + E_i dD_i \tag{2-91a}$$

据热力学第二定律知

$$dQ \leqslant TdS$$

对于可逆过程（不含非保守力做功的准静态过程），上式取等号；对不可逆过程，上式取不等号。此处只讨论可逆过程，因而由上面三个关系得

$$dU = TdS + \sigma_\lambda d\varepsilon_\lambda + E_i dD_i \tag{2-91b}$$

式（2-91b）中右边各项均具有能量的量纲。按热力学定义，人们常把三对代表体系热学、力学和电学性质的共轭参量（T，S）、（σ_λ，ε_λ）及（E_i，D_i）中的 T、σ_λ、E_i 三个量称为广义力，把 ε_λ、D_i 及 S（即比熵，是单位体积的熵）三个量称为广义位移。因此，式（2-91b）可理解为外界对体系的广义功之和等于体系热力学能的增加。

由函数 U（S，ε_λ，D_i）的全微分性质并与式（2-91b）比较后可得

$$T=\left(\frac{\partial U}{\partial S}\right)_{\varepsilon,D}$$

$$\sigma_\lambda=\left(\frac{\partial U}{\partial \varepsilon_\lambda}\right)_{S,D} \tag{2-91c}$$

$$E_i=\left(\frac{\partial U}{\partial D_i}\right)_{S,\varepsilon}$$

式（2-91c）称为状态方程。式中 T、σ_λ 和 E_i 是自变量（即约束变量）S、ε_λ 和 D_i 的函数，称为状态函数（又称响应函数）。

由上述可见，选用广义位移三个量（S，ε_λ，D_i）作为独立变量可以完全描述体系的性质。此时热力学能 U 及广义力 σ_λ、T 和 E_i 都是 S、ε_λ 及 D_i 的状态函数。由于函数 U 具有能量的量纲，故又称为势函数，从势函数出发可得到体系的各种宏观性质。

若从三对互为共轭的状态参量（T，S）、（σ_λ，ε_λ）及（E_i，D_i）中每一对中任选一个作为独立的自变量来描述体系，而另一个则是非独立的应变量。这种独立变量的选择共有 8 种方式，每一种选择都对应有一个势函数，即相应地有 8 个热力学函数把各自变量和应变量联系起来，它们是

热力学能　$U(S,\varepsilon,D)$　(2-92a)

亥姆霍兹自由能　$F=U-TS$　(2-92b)

焓　$H=U-\sigma_\lambda\varepsilon_\lambda-E_iD_i$　(2-92c)

弹性焓　$H_1=U-\sigma_\lambda\varepsilon_\lambda$　(2-92d)

电焓　$H_2=U-E_iD_i$　(2-92e)

吉布斯自由能　$G=U-TS-\sigma_\lambda\varepsilon_\lambda-E_iD_i$　(2-92f)

弹性吉布斯自由能　$G_1=U-TS-\sigma_\lambda\varepsilon_\lambda$　(2-92g)

电吉布斯自由能　$G_2=U-TS-E_iD_i$　(2-92h)

对式（2-92a～h）全部求微增量，可得出各势函数的微分形式为

$$\mathrm{d}U=T\mathrm{d}S+\sigma_\lambda\mathrm{d}\varepsilon_\lambda+E_i\mathrm{d}D_i \tag{2-93a}$$

$$\mathrm{d}F=-S\mathrm{d}T+\sigma_\lambda\mathrm{d}\varepsilon_\lambda+E_i\mathrm{d}D_i \tag{2-93b}$$

$$\mathrm{d}H=T\mathrm{d}S-\varepsilon_\lambda\mathrm{d}\sigma_\lambda-D_i\mathrm{d}E_i \tag{2-93c}$$

$$\mathrm{d}H_1=T\mathrm{d}S-\varepsilon_\lambda\mathrm{d}\sigma_\lambda+E_i\mathrm{d}D_i \tag{2-93d}$$

$$\mathrm{d}H_2=T\mathrm{d}S+\sigma_\lambda\mathrm{d}\varepsilon_\lambda-D_i\mathrm{d}E_i \tag{2-93e}$$

$$\mathrm{d}G=-S\mathrm{d}T-\varepsilon_\lambda\mathrm{d}\sigma_\lambda-D_i\mathrm{d}E_i \tag{2-93f}$$

$$\mathrm{d}G_1=-S\mathrm{d}T-\varepsilon_\lambda\mathrm{d}\sigma_\lambda+E_i\mathrm{d}D_i \tag{2-93g}$$

$$\mathrm{d}G_2=-S\mathrm{d}T+\sigma_\lambda\mathrm{d}\varepsilon_\lambda-D_i\mathrm{d}E_i \tag{2-93h}$$

式（2-93a～h）可以简化为

$$\mathrm{d}\,(\text{势函数})=\sum_{\text{热力电}}\pm\,(\text{自变量的共轭量})\,\mathrm{d}\,(\text{自变量})$$

上式中自变量为广义位移时取“+”，为广义力时则取“−”。

由势函数出发，不仅可以讨论体系宏观参量之间的关系，而且可讨论体系在给定约束下的稳定性以及约束发生变化时体系的相变过程。亦即体系的各种宏观性质，原则上都可由势函数出发而得以表征。

在处理定温（dT=0）过程体系的热力学行为时，通常采用亥姆霍兹自由能 F 和吉布斯自由能 G、G_1 和 G_2，它们的热力学自变量分别为（T，ε_λ，D_i）、（T，σ_λ，E_i）、（T，σ_λ，D_i）、（T，ε_λ，E_i）。由于它们是状态函数，对弹性电介质用三个变量来描述（一个与热有关，两个与功有关），其微小改变量具有全微分的性质，因此在封闭体系中是 3 个偏微分项之和，类似于前面讨论的对应系数关系式处理方法，并与式（2-93b）和式（2-93f）～式（2-93h）比较得

$$S=-\left(\frac{\partial F}{\partial T}\right)_{\varepsilon,D}\quad \sigma_\lambda=\left(\frac{\partial F}{\partial \varepsilon_\lambda}\right)_{T,D}\quad E_i=\left(\frac{\partial F}{\partial D_i}\right)_{T,\varepsilon} \tag{2-94a}$$

$$S=-\left(\frac{\partial G}{\partial T}\right)_{\sigma,E}\quad \varepsilon_\lambda=-\left(\frac{\partial G}{\partial \sigma_\lambda}\right)_{T,E}\quad D_i=-\left(\frac{\partial G}{\partial E_i}\right)_{T,\sigma} \tag{2-94b}$$

$$S=-\left(\frac{\partial G_1}{\partial T}\right)_{\sigma_\lambda,D}\quad \varepsilon_\lambda=-\left(\frac{\partial G_1}{\partial \sigma_\lambda}\right)_{T,D}\quad E_i=\left(\frac{\partial G_1}{\partial D_i}\right)_{T,\sigma} \tag{2-94c}$$

$$S=-\left(\frac{\partial G_2}{\partial T}\right)_{\varepsilon,E}\quad \sigma_\lambda=\left(\frac{\partial G_2}{\partial \varepsilon_\lambda}\right)_{T,E}\quad D_i=-\left(\frac{\partial G_2}{\partial E_i}\right)_{T,\varepsilon} \tag{2-94d}$$

式（2-94a～d）统称为固体热力学对应系数关系式。

三、线性状态方程物性参数

选择广义力（σ，E，T）为独立参量来描述体系时，与该约束类型对应的势函数为吉布斯自由能 G。由势函数出发，可得到各响应参量即前面的式（2-94b）。式中各响应参量是对应约束参量（T，E）的函数，单从热力学理论出发不能确定这些状态方程的具体形式。

当外界约束参量相对于始态发生一个无穷小变化 dσ、dE、dT 时，则体系状态也发生了一无穷小的偏离后又达到新平衡态，因此可以严格地写出式（2-94b）的线性微分形式为

$$\mathrm{d}S=\left(\frac{\partial S}{\partial \sigma_\mu}\right)_{E,T}\mathrm{d}\sigma_\mu+\left(\frac{\partial S}{\partial E_j}\right)_{\sigma,T}\mathrm{d}E_j+\left(\frac{\partial S}{\partial T}\right)_{\sigma,E}\mathrm{d}T \tag{2-95a}$$

$$\mathrm{d}\varepsilon_\lambda=\left(\frac{\partial \varepsilon_\lambda}{\partial \sigma_\mu}\right)_{E,T}\mathrm{d}\sigma_\mu+\left(\frac{\partial \varepsilon_\lambda}{\partial E_j}\right)_{\sigma,T}\mathrm{d}E_j+\left(\frac{\partial \varepsilon_\lambda}{\partial T}\right)_{\sigma,E}\mathrm{d}T \tag{2-95b}$$

$$\mathrm{d}D_i=\left(\frac{\partial D_i}{\partial \sigma_{\mu i}}\right)_{E,T}\mathrm{d}\sigma_\mu+\left(\frac{\partial D_i}{\partial E_j}\right)_{\sigma,T}\mathrm{d}E_j+\left(\frac{\partial D_i}{\partial T}\right)_{\sigma,E}\mathrm{d}T \tag{2-95c}$$

式（2-95a～c）称为线性微分状态方程。其中，将联系约束参量与所对应的响应参量之间的系数称为物性参数（即表征晶体物理性质的参数），又称响应参数，它们提供了状态参量之间线性耦合的一个量度。

由式（2-94b）和（2-95a～c）可看出：物性参数是所对应约束下的势函数对约束变量的二阶微商，利用二阶微商可交换求导顺序的性质得出下列关系式

$$\left(\frac{\partial \varepsilon_\lambda}{\partial E_i}\right)_{\sigma T}=\left(\frac{\partial D_i}{\partial \sigma_\lambda}\right)_{ET}=-\left(\frac{\partial^2 G}{\partial \sigma_\lambda\,\partial E_i}\right)_T \tag{2-96a}$$

$$\left(\frac{\partial \varepsilon_\lambda}{\partial T}\right)_{\sigma E}=\left(\frac{\partial S}{\partial \sigma_\lambda}\right)_{ET}=-\left(\frac{\partial^2 G}{\partial \sigma_\lambda\,\partial T}\right)_E \tag{2-96b}$$

$$\left(\frac{\partial D_i}{\partial T}\right)_{\sigma E}=\left(\frac{\partial S}{\partial E_i}\right)_{\sigma T}=-\left(\frac{\partial^2 G}{\partial E_i\,\partial T}\right)_\sigma \tag{2-96c}$$

式（2-96a～c）称为固体的麦克斯韦关系式。这些式子的用处在于用易测定的物理量代替那些不易测定的物理量。

应该注意，上述的热力学函数是在封闭体系的可逆过程中推导出的，但对那些不可逆过程也是有用的，可适用于没有相变化和化学变化的物理变化过程。

固体热力学函数的另一个重要作用是判断过程的变化方向和限度。在 S、ε 和 D 恒定时的变化过程，由式 $dU \leqslant TdS + E_i dD_i + \sigma_\lambda d\varepsilon_\lambda$ ［此式在可逆过程时即式（2-91b）］可得

$$(dU)_{S,D,\varepsilon} \leqslant 0 \tag{2-97}$$

式中下标，表示当热力学能 U 变化时这些变量保持不变。由上式可见，在 ε、D 和 S 恒定的自发过程中热力学能不可能增加。此时，由于 ε 和 D 恒定，所以对晶体不做功；又因 S 恒定，所以 $dQ \leqslant 0$（因为 $dQ \leqslant TdS$）。

将式 $dU \leqslant TdS + E_i dD_i + \sigma_\lambda d\varepsilon_\lambda$ 移项，可得

$$dU - TdS - E_i dD_i - \sigma_\lambda d\varepsilon_\lambda \leqslant 0$$

再由吉布斯自由能定义式（2-92f）和上式可得

$$(dG)_{T,\sigma,E} \leqslant 0 \tag{2-98}$$

此式含义为：在定温、恒应力和恒电场条件下，过程的自发性必须是吉布斯自由能减小；或者说，要使吉布斯自由能增加的变化过程是不可能的。在实际相变中，通常是无外力和外电场条件下发生的，因此用式（2-98）来讨论给定条件下的稳定相是很有意义的。

第三章 相　图

描述由一种或数种物质所构成的相平衡体系的性质（如蒸气压、溶解度等）与条件（如温度、压力）及组成等的函数关系的图，称为相平衡状态图，简称相图。

表示相平衡体系的性质与条件和组成等的关系，通常可用表格法、解析法和图解法。表格法是表述实验结果最直接的方法，但其规律性不明显；解析法易于分析和运算，但在复杂情况下有关方程式难确定；图解法清晰、直观、形象，是广泛使用的方法，也是本章的重点。在绘制相图时，是以实验为依据，以相律为指导。相律是物理化学中最具普遍性的规律之一，它是表达相平衡体系中相数（ϕ）、独立组分数（c）和自由度数（f）及影响平衡的外界因素的定量关系式。

相律和相图对科学研究和生产实践均有着重要的指导意义。如合金的成分、结构及性能关系的研究，天然或人工合成的熔盐体系的开发利用，非金属材料的研制等均用到这方面知识。

第一节 相　律

一、几个重要概念

1. 相和相数

在体系内部，凡物理性质和化学性质完全相同、均匀一致（用肉眼或普通显微镜观察）的部分称为一个相。在多相体系中，相与相之间有明显的物理界面，越过相界面时物理或化学性质会发生突变。各相可以用机械方法将它们分开。体系中所具有相的总数被称为相数，用符号 ϕ 表示。相与物质的种类多少无关，也与物质是否连续无关。多种物质可形成一个相，一种物质也可以因物理状态不同而形成多相。通常任何气体均能无限混合，所以体系内不管有多少种气体都只有一个气相。液体则按其互溶程度可分为一相、两相或三相共存。对于固体，通常是有一种固体便有一个相（而不论其大小和质量）。一般讲，晶体结构相同的固体是一个相；晶体结构不同的同种单质或化合物，则成为不同的相，如单斜硫和正交硫为两个相。若不同种固体分散达到分子程度的均匀混合，则形成固溶体（如合金），便是一个相。

在体系内部，只有一个相的体系称为单相（均相）体系；若含有两个或两个以上的相的体系称为多相（非均相）体系。没有气相的体系称为凝聚体系。但实际上，有时虽有气相存在，但可不予考虑（即不列入体系范围内），此体系亦称凝聚体系。

相的上述定义在无外场（重力场和电磁场等）存在时是充分的。相的更广泛定义是：体系内存在的这样的一种独立区域，其中各部分的每种强度性质或完全相同，或虽不同但是连续变化。如有一个直立的气体圆柱，其密度因重力场影响而随高度发生变化，但此变化为连续性的，故该体系仍为一个相。由于重力影响很小，所以可忽略不计。

2. 物种数和独立组分数

物种数是体系中含有的化学物质的种类数，以符号 s 表示。同一种物质在不同聚集状态时仍是一种物质，即 s 为 1。独立组分数（简称组分数）是足以确定热力学平衡体系中所有各相的组成所需的最少物种数，以符号 c 表示。此处提到的热力学平衡体系，是指体系的诸性质不随时间而改变的平衡状态，它包含了热平衡、力学平衡、相平衡和化学平衡，则相应有四种平衡条件。独立组分数和物种数是两个不同的概念，但有时两者却又是一致的。如在体系中没有化学反应，则独立组分数等于物种数，即 $c=s$。若在一定条件下发生化学反应并达到平衡，如由任意量的 N_2、H_2 和 NH_3 组成的体系有化学平衡，$N_2+3H_2 \rightleftharpoons 2NH_3$，此时体系为二组分体系。因为三种物质之间有一个化学平衡式，三种物质的分压（或浓度）受平衡常数关系式的制约，所以只需任意确定两种物质，第三种物质可通过该反应平衡式而得，且其浓度（或分压）受平衡常数的制约不能任意改变，因此独立组分数是 2 而不是 3。

由上述可见，在有化学平衡的体系中，独立组分数和物种数的关系为

独立组分数（c）＝物种数（s）－独立化学平衡数（R）

在上式中 R 是体系中的独立化学平衡数，这里要注意“独立”二字。因为体系中的化学反应并不全是独立的，例如体系中若有

$$CO + H_2O = CO_2 + H_2 \tag{1}$$

$$CO + \frac{1}{2}O_2 = CO_2 \tag{2}$$

$$H_2 + \frac{1}{2}O_2 = H_2O \tag{3}$$

三个反应同时存在，但只有两个是独立的，其中式（2）可由式（3）加式（1）而得，故 R 是 2 而不是 3。在一般情况下，多相体系内有 R 个独立的化学反应，提供 R 个化学平衡条件。

$$\sum_{\alpha}\sum_{B}\nu_{Bj}\mu_B^{\alpha} = 0 \quad j = 1,2,3,\cdots,R \tag{3-1}$$

式中，上标 α 是相的号数；下标 B 表示物质种类；下标 j 表示反应的编号；ν_{Bj} 是物质 B 的第 j 个化学反应中的化学计量数；μ_B^{α} 为物质 B 在 α 相中的化学势，它是 α 相的温度、压力和组成的函数。

在平衡体系中，除存在化学平衡式外，有时还有特殊的浓度限制条件。如 NH_3 在高温下分解并达到平衡式为

$$2NH_3 \rightleftharpoons N_2 + 3H_2$$

在体系中的三种物质间存在一个化学平衡式，即 $R=1$。又因为此体系中 N_2 与 H_2 的摩尔比为 1∶3（因为 N_2 和 H_2 由 NH_3 分解而得），则 $p_{H_2}=3p_{N_2}$，这就是特殊的浓度限制条件。所以，只需指定 NH_3 的量，便可确定该平衡体系的组成。此处，体系的独立组分数为 $c=3-1-1=1$。

特殊的浓度限制条件并非是化学平衡条件的要求，它是与化学平衡的浓度无关的浓度限制。在含有化学平衡及独立浓度限制条件的体系中，独立组分数为

独立组分数＝物种数－独立化学平衡数－浓度限制条件数

即

$$c = s - R - R' \tag{3-2}$$

式中，R' 表示独立浓度限制条件数。应注意，浓度限制条件必须是几种物质处于同一相中，

且浓度之间存在着一定的比例关系，才能作为限制条件计入 R' 中。不同相之间不存在此种限制条件。例如 $BaCO_3$ 的分解，虽然分解产物的物质的量相同，即 $n_{CO_2}=n_{BaO}$，但由于 CO_2 为气相，BaO 为固相，不存在浓度限制条件，故 $c=3-1-0=2$。

此处应指出，一个体系的物种数是可以随考虑问题的出发点不同而变化的，但在平衡体系中，组分数却是固定不变的。在物质间既无化学反应又无浓度关系的平衡体系中，组分数就是物种数。

3. 自由度

在不引起平衡体系中原有相数及相的形态发生改变的条件下，可以在一定范围内独立变动的强度性质的数目，称为体系的自由度，以符号 f 表示。也可以这样理解，自由度是热力学平衡体系的状态所需最少的独立强度性质的数目。例如，对于单相的液态水来说，可以在一定的范围内任意改变液态水的温度，同时任意地改变其压力，仍能保持水的单相（液相）。因此说该液态体系有两个独立可变的因素，即自由度 f 为 2。若要保持水与水蒸气两相平衡共存，体系的压力必须等于指定温度下水的饱和蒸气压，压力过大将使气相消失，压力太小将使液相消失，这是因为水的饱和蒸气压 p 与温度 T 具有特定的函数关系，即在温度与压力两个强度性质之间只有一个可以独立变动的，另一个随之变化，所以说该体系的自由度 f 为 1。

由此可见，体系的自由度是指体系的独立可变因素（如温度、压力和浓度等）的数目。这些可变因素的数值，可在一定范围内任意地改变而不会引起相的数目改变。

二、相律的推导及应用

在任何多相平衡体系中，组分数 c、相数 ϕ 及自由度 f 三者之间均是相互关联，相互制约的，且总是遵循一定的数量关系——相律。

由体系的自由度定义可知：

f＝描述平衡体系的总变数－平衡时变量之间的独立关系数

若考虑一个有 s 个物种和 ϕ 个相的多相体系，设各相有均匀的温度、压力和浓度，且各相间建立了热平衡和力学平衡，每一相中都有 s 个物种，体系仅受温度、压力两个外界因素的影响。下面先来分析描述该平衡体系所需的总变量数。每一种物质在它存在的每一个相中有一个浓度。因每一相中 s 种物质的摩尔分数之和为 1，即 $x_1+x_2+\cdots=1$，故在每一相中只需确定（$s-1$）个浓度变量。ϕ 个相中共需确定 $\phi(s-1)$ 个浓度变量。

每一个相中均有一个温度和一个压力，则 ϕ 个相的体系中共有 ϕ 个温度和 ϕ 个压力。

综上所述，描述该体系的状态所需的总变量数为：$2\phi+\phi(s-1)$。

现在再来分析平衡体系中各变量之间的独立关系数。由于该体系是热力学平衡体系，必须满足热平衡、力学平衡、相平衡及化学平衡条件，故各变量之间有以下关系：

1）热平衡各相温度相等，即

$$T^{(1)}=T^{(2)}=\cdots=T^{(\phi)}$$

共有（$\phi-1$）个独立的关系式。

2）力学平衡时各相压力相等，即

$$p^{(1)}=p^{(2)}=\cdots=p^{(\phi)}$$

共有（$\phi-1$）个独立关系式。

3）相平衡时，每种物质在各相中的化学势相等，即

$$\mu_1^{(1)} = \mu_1^{(2)} = \mu_1^{(3)} = \cdots = \mu_1^{(\phi)}$$
$$\mu_2^{(1)} = \mu_2^{(2)} = \mu_2^{(3)} = \cdots = \mu_2^{(\phi)}$$
$$\vdots$$
$$\mu_s^{(1)} = \mu_s^{(2)} = \mu_s^{(3)} = \cdots = \mu_s^{(\phi)}$$

式中，化学势 μ 的下标 1，2，3，…，s 表示某一种物质。对每一种物质来讲，化学势间的独立关系式有（$\phi-1$）个，体系中有 s 种物质，且 s 种物质分布于 ϕ 个相中，故体系中总共有 $s(\phi-1)$ 个独立的关系式。因为纯物质的化学势是 T、x、p 的函数，溶液各组分的化学势是 T、p、x 之间的关系。或者说，化学势间的关系也反映了物质在各相中浓度之间的关系，因此，在该体系中存在着 $s(\phi-1)$ 个浓度关系式。

4）化学平衡时，在 s 种物质之间有 R 个独立的化学平衡，则有 R 个平衡常数关系式，存在 R 个独立的浓度关系式。

5）此外，还存在 R' 个独立于相平衡和化学平衡以外的限制条件。

所以，平衡体系确立的各变量间关系式的数目总共有

$$[(\phi-1)+(\phi-1)+s(\phi-1)+R+R'] \text{个}$$

于是，体系的自由度为

$$\begin{aligned} f &= [2\phi+\phi(s-1)]-[2(\phi-1)+s(\phi-1)+R+R'] \\ &= [2\phi+\phi s-\phi]-[2\phi-2+s\phi-s+R+R'] \\ &= 2-\phi+s-R-R' \end{aligned}$$

因为独立组分数 $c=s-R-R'$，故

$$f = c-\phi+2 \tag{3-3a}$$

式（3-3a）是相律的普遍形式。相律又称吉布斯相律，它表达了体系的自由度、相数和组分数之间的关系。式（3-3a）中的“2”，是由于假定外界条件只有温度和压力可以影响体系的平衡状态而来的。对于凝聚体系，外压对相平衡体系影响不大，即指定了压力，则式(3-3a)可写为

$$f = c-\phi+1$$

设 $f^*=f-1$，常把 f^* 称为“条件自由度”。

在有些体系中，除 T、p 外，考虑到其他因素（如电场、磁场、重力场等）的影响，则可用“n”代替“2”，n 是影响体系平衡状态的外界因素的数目，因此相律可写成更普遍的形式

$$f = c-\phi+n \tag{3-3b}$$

由相律的推导可见，相律是一定性但非定量的规律，只给数目，不给数值，且所给数目具体是什么变量也不能由它确定，而需根据具体条件来确定。因此说，相律具有普遍性和广泛的指导作用。

此外，根据相律可推断：一切自由度相同的体系，不管相数和组分数多少及性质如何（物理的、化学的或物理-化学的平衡），都只能在某个特定温度下才能建立平衡。因此，相律不仅提供了一种确定自由度的简明方法，而且把许多孤立的、表面上看来显然不同的平衡现象通过自由度归纳成类。相律可以推断出最大的共存相数，检验相图是否合理，预言新物质的存在等。

例 3-1　碳酸钠与水可组成下列几种水合物：$Na_2CO_3 \cdot H_2O$；$Na_2CO_3 \cdot 7H_2O$；

$Na_2CO_3 \cdot 10H_2O$。试说明：

1）在 p^θ 压力下，与碳酸钠水溶液及冰共存的含水盐最多有几种？

2）在 30℃时，与水蒸气平衡共存的含水盐最多可有几种？

解：该体系有 Na_2CO_3 和 H_2O 两种物质，组分数 $c=2$。

1）在 $p=p^\theta$ 时，相律表达式为

$$f = c - \phi + 1 = 2 - \phi + 1 = 3 - \phi$$

当 $f=0$ 时，$\phi=3$，由相数为 3 可看出，与碳酸钠水溶液及冰共存的含水盐最多只有一种。

2）在温度为 30℃时，相律表达式为

$$f = c - \phi + 1 = 2 - \phi + 1 = 3 - \phi$$

当 $f=0$ 时，$\phi=3$，此时与水蒸气平衡共存的含水盐最多可有两种。

例 3-2 求出下列体系的组分数和自由度：

1）$NaCl+H_2O$ 所组成的平衡体系。

2）一个水溶液中共有 s 种物质，其摩尔分数为 x_1、x_2、…、x_s。用一个只允许水出入的半透膜将此溶液与水分开。在平衡时，水面上的压力是 p_w，溶液上面的压力为 p_s。

解：1）体系中有 NaCl 和水两个独立物种，两个相（液相和固相），即

$$c = s = 2 \qquad \phi = 2$$

若考虑到 H_2O 的化学平衡，NaCl 的溶解和电离，且已过饱和，可取 6 种物种：H_2O，NaCl(s)，H^+，OH^-，Na^+，Cl^-。水和 NaCl 电离满足下列平衡条件

$$H_2O = H^+ + OH^- \qquad K_w = C(H^+) \cdot C(OH^-)$$

$$NaCl = Na^+ + Cl^- \qquad K_{NaCl} = C(Na^+) \cdot C(Cl^-)$$

四种离子浓度同时受到两组制约条件为

$$L(H^+) = L(OH^-)$$

$$L(Na^+) = L(Cl^-)$$

因此组分数 $c=s-R-R'=6-2-2=2$，即 c 仍为 2，因此，自由度

$$f = c - \phi + 2 = 2 - 2 + 2 = 2$$

2）由于 $R=R'=0$，所以组分数 $c=s$。纯水与溶液两相平衡，$\phi=2$。

因为 $p_w \neq p_s$，即该体系共有 T、p_w、p_s 三个影响相平衡的外界因素，故自由度为

$$f = c - \phi + n = c - \phi + 3$$

$$= s - 2 + 3 = s + 1$$

例3-3 生产上可利用相律来研究工艺条件的控制。试用相律分析，对两组分溶液进行精馏，为了控制冷凝液的组成（即精馏塔顶蒸气的组成）要控制哪些生产条件？

解：由相律 $f=2-2+2=2$，可见只要塔顶温度、压力两条件固定下来，则在塔顶成平衡的气、液两相组成就都有确定值了。所以，在精馏时，只要控制好塔顶温度就能控制冷凝液的组成。

例 3-4 用 $n_{N_2} : n_{H_2} = 1 : 3$，且含 NH_3 的原料气反应达到平衡时，在恒温、恒压下 x_{NH_3} 有定值，与原料气中原来含有的 NH_3 多少无关，试用相律分析得出这个结论。

解：物种数 $s=3$(NH_3，H_2，N_2)，独立化学平衡反应数 $R=1$（$N_2+3H_2=2NH_3$），独立浓度关系数 $R'=1$（$x_{N_2} : x_{H_2} = 1 : 3$），$\phi=1$（气相）。

该体系的相律表达式为

$$f=(s-R-R')-\phi+2$$
$$=3-1-1-1+2=2$$

可见在一定温度、压力下的平衡体系中，NH_3、N_2 和 H_2 的 x 均有定值，亦即原料气中 NH_3 越多，则反应生成的 NH_3 就越少。因此，在合成氨生产中，从反应器出来的混合气要通过冷凝把 NH_3 尽量除去，然后将仍含少量 NH_3 的 N_2 与 H_2 混合气再送回反应器中。

第二节 相 变

同一种物质在不同温度、压力等外界条件下，可具有不同的内部结构。在外界条件发生变化时，某物质由一种状态或结构转变成为另一种状态或结构的过程称为相变。例如，液态的水在不同的温度和压力下变成气态的水蒸气及固态的冰，在不同温度和压力下水蒸气及冰又可转变为液态的水，这都是物质状态变化的相变。而在另一条件下，冰可能会转变为不同结构的冰，这是物质结构发生变化的固态相变。固态相变是固态物质经常发生的现象。相变有可逆相变和不可逆相变两种情况。如石英晶体在常压下升温到 573℃，吸收了一定的热量后，晶体由“低温石英的 α 相”转变为“高温石英的 β 相”。温度下降时，β 相在 573℃时，放出热量，又转变为 α 相。像这种当外界条件恢复到起始状态时，相状态随之恢复到原先的相状态的相变过程称为可逆相变，如图 3-1 所示。但另有一些物质，当外界条件复原时，观察不到这种在某一特定条件相互转变的现象。如文石型的 $CaCO_3$（正交晶系），在 450℃时转变为方解石型的 $CaCO_3$（三角晶系），但在温度降低到 450℃以下时，方解石型的 $CaCO_3$ 并不转变为文石型的 $CaCO_3$，这种只单相转变的现象称为不可逆相变，如图 3-2 所示。

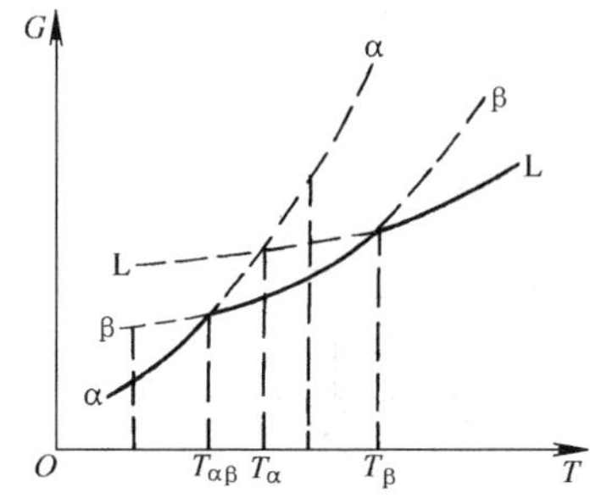

图 3-1 可逆相变

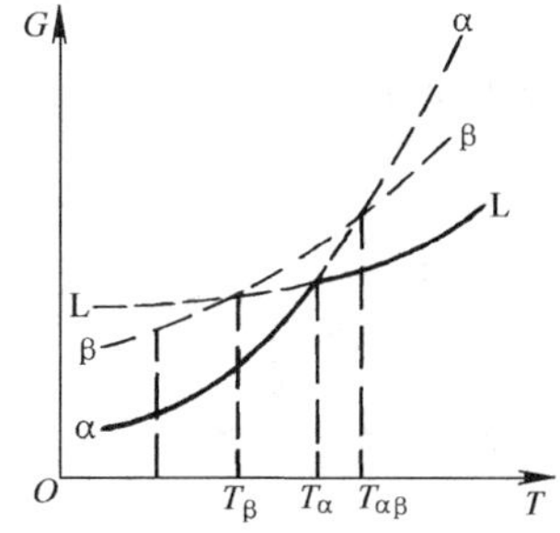

图 3-2 不可逆相变

图 3-1 所示为吉布斯自由能 G 与温度 T 的关系曲线，这是可逆过程，由图可知 α 为低温相，β 为高温相，L 为液相，实线为稳定状态，虚线为不稳定状态。在 $T<T_{\alpha\beta}$时，α 相吉布斯自由能小于 β 相，故 α 相为稳定相。当 $T>T_{\alpha\beta}$时，β 相吉布斯自由能小于 α 相，则 β 相稳定。当 $T>T_\beta$ 时，体系转变为液相。此处 T_β 为 β 相的熔点，T_α 为过冷熔体 L 的凝固点。

图 3-2 所示亦为吉布斯自由能 G 与温度 T 的关系曲线，这是不可逆过程。由图可知，在固态存在的温度范围内 β 相吉布斯自由能始终大于 α 相，故 α 相为稳定相。若获得 β 相，须先将 α 相熔化，再快冷方可能得到不稳定的 β 相。

由热力学概念知，体系在某条件下稳定存在的状态所具有的吉布斯自由能最低。每一状态的吉布斯自由能是外界条件温度、压力等的函数。当两相处于平衡状态时，吉布斯自由能相等，即处于两状态的吉布斯自由能温度关系曲线的相交点。对应的外界条件为相变点，如相变温度和相变压力等。

一、一级相变和二级相变

当物质发生相变时，体系的吉布斯自由能保持连续变化，但其他热力学函数如熵、体积、比热容等发生不连续变化。艾伦费斯特根据发生不连续变化的热力学参数与吉布斯自由能函数之间的关系对固态相变进行分类。他把发生相变时热力学参数不连续变化所相应的吉布斯自由能系数的级数称为相变的级数。当处于平衡状态的两相，其吉布斯自由能对 p 或 T 的一级导数不相等的相变称为一级相变。若两相的吉布斯自由能对温度或压力的一级导数相等，但二级导数发生不连续变化的相变称为二级相变。

由式（2-29）看出，当压力和温度分别不变时有

$$\left(\frac{\partial G}{\partial T}\right)_p = -S \quad 和 \left(\frac{\partial G}{\partial p}\right)_T = V$$

当发生一级相变时，热力学函数熵和体积要发生不连续的变化。在相变过程中，气相、液相与固相间的转变如蒸发、熔化、升华等，有相变热（也称潜热）和比体积的突变，$\Delta V \neq 0$，$\Delta S \neq 0$，即化学势（或吉布斯自由能）的一级偏微商不等于零。在相变中，因为 $\Delta G = 0$，则 $\Delta H = T\Delta S$，而 $\Delta H \neq 0$，所以 $\Delta S \neq 0$。上述相变可用公式表示如下

$$相(\text{Ⅰ}) \xrightleftharpoons{T,p} 相(\text{Ⅱ})$$

$$G_1 = G_2$$

$$V_1 \neq V_2，即 \quad \left(\frac{\partial G_1}{\partial p}\right)_T \neq \left(\frac{\partial G_2}{\partial p}\right)_T$$

$$S_1 \neq S_2，即 \quad \left(\frac{\partial G_1}{\partial T}\right)_p \neq \left(\frac{\partial G_2}{\partial T}\right)_p$$

上面的一级相变也可用图 3-3 表示，图中 T_ϕ 为相变温度。

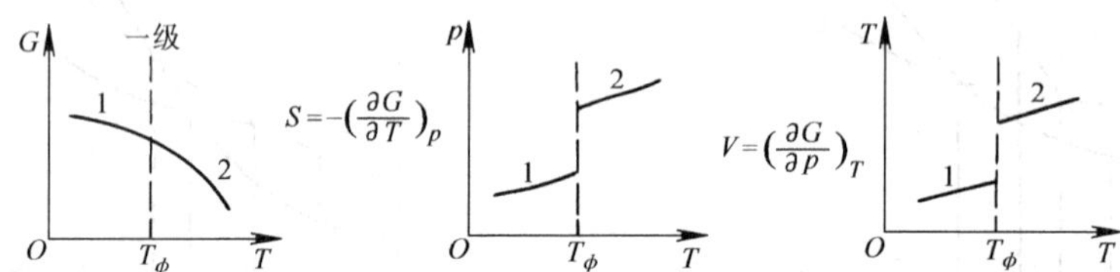

图 3-3　物质的一级相变

若对于单组分体系，在一定的温度和压力下，某物质的两相呈平衡。若温度改变 $\mathrm{d}T$，压力相应地改变 $\mathrm{d}p$ 时，两相仍呈平衡。上述变化情况可表示如下

$$相(\text{Ⅰ}) \rightleftharpoons 相(\text{Ⅱ})$$

$$\begin{array}{cccc} T & p & G_1 & G_2 \\ T+\mathrm{d}T & p+\mathrm{d}p & G_1+\mathrm{d}G_1 & G_2+\mathrm{d}G_2 \end{array}$$

因为在定温定压下平衡时 $\Delta G=0$，所以 $G_1=G_2$，且 $\mathrm{d}G_1=\mathrm{d}G_2$。又根据热力学的基本公式 $\mathrm{d}G=-S\mathrm{d}T+V\mathrm{d}p$ 可得

$$-S_1\mathrm{d}T + V_1\mathrm{d}p = -S_2\mathrm{d}T + V_2\mathrm{d}p$$

整理后为

$$\frac{\mathrm{d}p}{\mathrm{d}T} = \frac{S_2 - S_1}{V_2 - V_1} = \frac{\Delta H}{T\Delta V} \tag{3-4}$$

把式（3-4）称为克拉贝龙方程式，它可适于任何物质的两相平衡体系。例如，对于气-液两相平衡，ΔH 为汽化热 $\Delta_{vap}H$，式（3-4）为

$$\frac{\mathrm{d}p}{\mathrm{d}T}=\frac{\Delta_{vap}H}{T\Delta_{vap}V}$$

对于液-固相平衡，ΔH 为熔化热 $\Delta_{fus}H$，上式可写为

$$\frac{\mathrm{d}p}{\mathrm{d}T}=\frac{\Delta_{fus}H}{T\Delta_{fus}V}$$

对于有气相参加的两相平衡，固体和液体的体积与气体相比，前者可忽略不计，克拉贝龙方程式可进一步简化。如气-液两相平衡，假定蒸气是理想气体，则

$$\frac{\mathrm{d}p}{\mathrm{d}T}=\frac{\Delta_{vap}H}{TV(g)}=\frac{\Delta_{vap}H}{T\left(\dfrac{nRT}{p}\right)}$$

当 n 为 1mol 时，上式移项后得

$$\frac{\mathrm{d}\ln p}{\mathrm{d}T}=\frac{\Delta_{vap}H_m}{RT2} \tag{3-5}$$

式（3-5）称为克劳修斯-克拉贝龙方程式，式中 $\Delta_{vap}H_m$ 是该液体的摩尔蒸发热。

在实验中人们发现，在另一类相变中，既没有相变潜热，也没有体积变化，但物质的体膨胀系数 α_V、等温压缩率 κ_T 和比定压热容 c_p 却发生变化，由热力学关系式知

$$\alpha_V=\frac{1}{V}\left(\frac{\partial V}{\partial T}\right)_p=\frac{1}{V}\left[\frac{\partial\left(\dfrac{\partial G}{\partial p}\right)_T}{\partial T}\right]_p$$

$$\kappa_T=-\frac{1}{V}\left(\frac{\partial V}{\partial p}\right)_T=-\frac{1}{V}\left(\frac{\partial^2 G}{\partial p^2}\right)_T$$

$$c_p=\left(\frac{\partial H}{\partial T}\right)_p=-T\left(\frac{\partial^2 G}{\partial T^2}\right)_p$$

这类相变的特点可表示如下

$$G_2=G_1$$

$V_2=V_1$，即 $\left(\dfrac{\partial G_2}{\partial p}\right)_T=\left(\dfrac{\partial G}{\partial p}\right)_T$

$S_2=S_1$，即 $\left(\dfrac{\partial G_2}{\partial T}\right)_p=\left(\dfrac{\partial G_1}{\partial T}\right)_p$

$\alpha_{V,2}\neq\alpha_{V,1}$，即 $\left[\dfrac{\partial}{\partial T}\left(\dfrac{\partial G_2}{\partial p}\right)_T\right]_p\neq\left[\dfrac{\partial}{\partial T}\left(\dfrac{\partial G_1}{\partial p}\right)_T\right]_p$

$\kappa_{T,2}\neq\kappa_{T,1}$，即 $\left(\dfrac{\partial^2 G_2}{\partial p^2}\right)_T\neq\left(\dfrac{\partial^2 G_1}{\partial p^2}\right)_T$

$c_{p,2}\neq c_{p,1}$，即 $\left(\dfrac{\partial^2 G_2}{\partial T^2}\right)_p\neq\left(\dfrac{\partial^2 G_1}{\partial T^2}\right)_p$

由上述关系可看出，吉布斯自由能的二级偏导所代表的性质发生了突变。

在二级相变过程中，$\Delta H=0$，$\Delta V=0$，克拉贝龙方程失去意义，其相变过程中的压力和温度的关系可由二级相变的现象（$V_1=V_2$，$S_1=S_2$）出发推导如下：

当两相在压力 p 和温度 T 时达到平衡，此时有

$$V_1=V_2=V$$

在 $p+\mathrm{d}p$ 和 $T+\mathrm{d}T$ 条件下达到平衡，有

$$V_1+\mathrm{d}V_1=V_2+\mathrm{d}V_2$$

即

$$\mathrm{d}V_1=\mathrm{d}V_2$$

因为 V 是 T、p 的函数，即 $V=f(T,p)$，有

$$\begin{aligned}\mathrm{d}V_1&=\left(\frac{\partial V_1}{\partial T}\right)_p\mathrm{d}T+\left(\frac{\partial V_1}{\partial p}\right)_T\mathrm{d}p\\&=\alpha_1V_1\mathrm{d}T-\kappa_1V_1\mathrm{d}p\\\mathrm{d}V_2&=\left(\frac{\partial V_2}{\partial T}\right)_p\mathrm{d}T+\left(\frac{\partial V_2}{\partial p}\right)_T\mathrm{d}p\\&=\alpha_2V_2\mathrm{d}T-\kappa_2V_2\mathrm{d}p\end{aligned}$$

由于 $\mathrm{d}V_1=\mathrm{d}V_2$，将上述两式合并整理得

$$\frac{\mathrm{d}p}{\mathrm{d}T}=\frac{\alpha_2-\alpha_1}{\kappa_2-\kappa_1}\tag{3-6}$$

同样，当两相平衡时，$\mathrm{d}S_1=\mathrm{d}S_2$，又因为

$$S=f(T,p)$$

所以

$$\mathrm{d}S_1=\left(\frac{\partial S_1}{\partial T}\right)_p\mathrm{d}T+\left(\frac{\partial S_1}{\partial p}\right)_T\mathrm{d}p=\frac{c_{p,1}}{T}\mathrm{d}T-\alpha_1V_1\mathrm{d}p$$

$$\mathrm{d}S_2=\left(\frac{\partial S_2}{\partial T}\right)_p\mathrm{d}T+\left(\frac{\partial S_2}{\partial p}\right)_T\mathrm{d}p=\frac{c_{p,2}}{T}\mathrm{d}T-\alpha_2V_2\mathrm{d}p$$

将两式合并整理得

$$\frac{\mathrm{d}p}{\mathrm{d}T}=\frac{c_{p,2}-c_{p,1}}{TV(\alpha_2-\alpha_1)}\tag{3-7}$$

把式（3-6）和式（3-7）称为埃伦菲斯特（Ehrenfest）方程式，它们是二级相变的基本方程式。

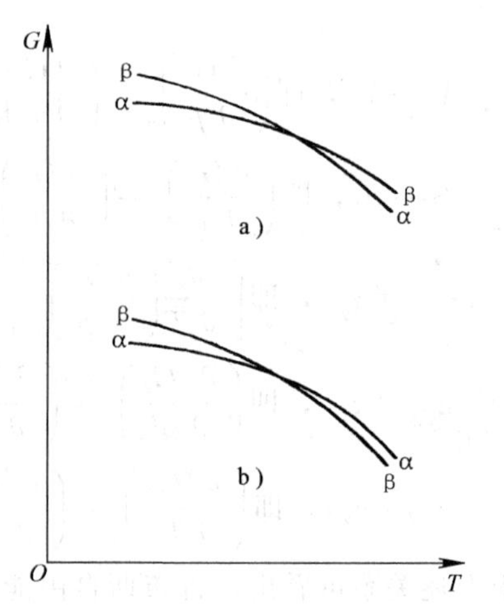

图 3-4　二级相变吉布斯自由能对温度 T 的关系曲线

二级相变的假想 G-T 曲线如图 3-4 所示。由于在相变点两条 G-T 曲线的斜率必须相等，因此在相变温度不能期望两条 G-T 曲线有一个真正的交点。但是在相变温度两条 G-T 曲线若斜率不同，因体积和熵变化是连续的，则两相没有可想象的平衡，这可由图 3-4 说明。若图 3-4a 是二级相变的 G-T 曲线，两条 G-T 曲线相切于相交点。在任何温度时，G_α 均小于 G_β，则无法发生相变。若图 3-4b 是二级相变的 G-T 曲线，则只有当吉布斯自由能为三级导数时才出现不连续的变化，所以它应是三级相变。由此看来，似乎不可能真正有二级相变。但皮帕德（Pippard）认为埃伦菲斯特

(Ehrenfest) 按吉布斯自由能的导数来区分相变类型本质上是正确的，因为两相的 G-T 曲线在相变点的延续部分是不应有的。因而从理论上讲，在稍低于相变温度时出现两条 G-T 曲线相切是有可能的，此时 G_β 曲线相当于过冷状态。在现实中，某些金属当温度降低到某一值 T_0 时，其电阻突然消失，金属由普通状态转变为超导状态。转变温度 T_0（又称零电阻温度）与磁场强度有关。在没有磁时，正常态到超导态的转变没有潜热放出来，这种相变是二级相变。

二、"λ" 型与混合型相变

在许多固态物质中，发生的相变是"λ"型转变。在这种相变中，当比定压热容对温度作图在相变温度 T_ϕ（或称临界温度）时比定压热容趋于无限。"λ"型相变就是得名于发生相变时比定压热容温度曲线的形状，如图 3-5 是晶态石英"λ"相变的 c_p-T 曲线。又如，在 β-黄铜的体心点阵中，低温时铜原子在晶胞的体中心，锌原子在晶胞的角顶。在温度升高到 T_ϕ（称为居里点）时，这种相变亦是"λ"型相变。

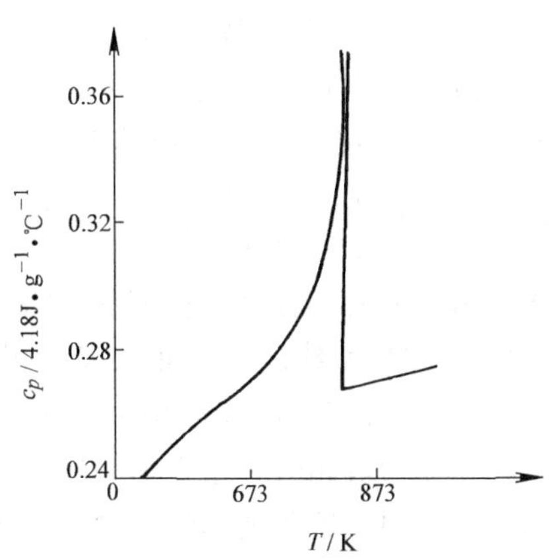

图 3-5 石英晶体比定压热容 c_p 随温度 T 的变化

在许多情况下，一些物质的相变不能严格地归属于上述的一级、二级和"λ"型相变中的任何一种，如碱金属硫酸盐的相变是二级相变的行为叠加在一级相变上；$BaTiO_3$ 相变具有二级相变的特征，但也出现微小的潜热。有些相变可明显地观察到热效应，但其他性质的变化是连续的，这些相变实际上都是混合型的相变。

第三节 相 图 分 析

相图是处于平衡状态下物质的组分、物相和外界条件相互关系的几何描述，是一个物质体系相平衡图示的总称，它又称为相平衡图或状态图。实际上，相图可用成分及任何外界条件作为变量来绘制，但通常是用成分、温度及压力的变量来绘制。这是因为在一般情况下，除温度和压力以外的其他外界条件（电场、磁场等）对复相平衡影响甚小而被忽略。相图可以提供有关相平衡的信息，是研究相平衡的基本工具。相图研究的物质对象涉及各个工业及技术领域，是材料科学的重要组成部分，对合理选择材料成分、制订热处理工艺及估计生产品的性能等都具有重要指导意义。

根据独立组分数，相图可分为单组分体系（简称单元系）相图和多组分体系（简称多元系）相图。当独立组分数为 1 时，称单元系相图；当独立组分数为 2 时，称二元系相图；当独立组分数为 3 时，称三元系相图。在单元系相图中，在该状态下吉布斯自由能最小的相是稳定相，两相吉布斯自由能曲线的交点是两相平衡的条件。在多元系相图中，相图的形态与外界条件、各组分之间的相互作用及各个相吉布斯自由能曲线的形状均有关系。在某一温度下，各相吉布斯自由能 G 随组分数 c 变化，曲线的公切线上的切点即为两相平衡时的组分。

一、单组分体系相图

在单组分体系中，由相律 $f=1-\phi+2=3-\phi$ 看出，$\phi=1$ 时，$f=2$。能影响相平衡的两个变量是温度和压力。在此体系中，相图就是温度压力平衡图，或称 t-p 相图。如图 3-6 是水的部分相图，在图中固态冰的多形性相变没有标出。图中三条曲线 OA、OB、OC 将图分割为三个区域，每个区域代表一个相，即固相、液相及气相三个相。两相之间的曲线表示两相平衡存在的条件，如 OA 线是固相与液相共存的熔化和凝固的平衡过程，OB 线是液相与气相共存的蒸发和凝聚的平衡过程，OC 线是固相与气相共存的升华和凝固的平衡过程。两相平衡线的斜率可由克劳休斯-克拉贝龙方程来确定，它与相变热和体积变化有关。由克拉贝龙方程 $\frac{\mathrm{d}p}{\mathrm{d}T}=\frac{\Delta H}{T\Delta V}$ 看出，当由液相变为气相或固相变为气相时，体系吸热且体积增大，因此液-气相和固-气相平衡线斜率为正。又因升华热大于蒸发热，所以固-气相平衡线斜率大于液-气相平衡斜率。当由固相变为液相时，相变热 ΔH 大于零，但体积变化有增大和减小两种情况。如大部分金属元素，固体熔化吸热的同时，体积增大，所以，固-液相平衡线斜率为正。但对于冰变为水的过程，体积要减小，故冰-水相共存线的斜率为负。

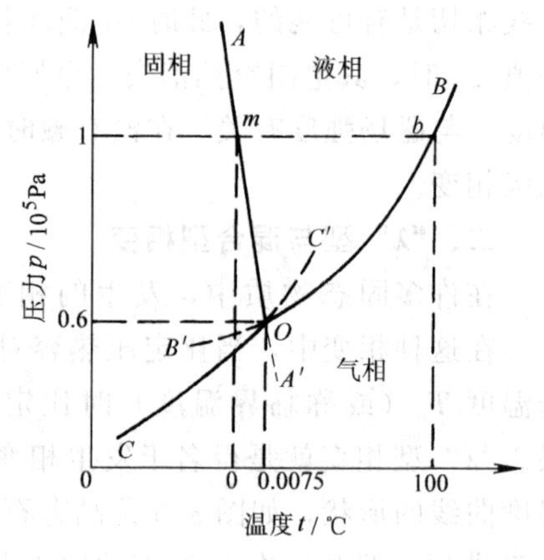

图 3-6　t-p 相图

在水、冰和水蒸气三个区域中，体系均为单相，即 $\phi=1$，$f=2$。在该区域内可以有限度地独立改变温度和压力，而不会引起相的改变。只有在同时指定温度和压力，体系状态才可完全确定。在两相平衡时，即两个区域的交界线 OA、OB 和 OC，在线上 $\phi=2$，$f=1$，只能独立地改变压力和温度中的一个变量，另一个则随之而定。如指定了温度就不能任意指定压力，压力应由体系自定。三条线的交点 O，称为三相点，在该点有固、液、气三相共存。三相点的温度和压力都是固定值，温度为 273.16K，压力为 610.62Pa，此值是由体系自定的。

图 3-6 中 OA'、OB'、OC' 虚线表示亚稳平衡。所谓亚稳平衡，是指只要在所考虑的时间内，这个体系脱离平衡的反应还未发展到可观察的程度，它一方面可看作平衡，而另一方面又不是平衡的体系。而所谓稳定平衡的体系，是指在一定温度及压力下吉布斯自由能为可能的最低值的体系。例如水的过冷现象就是一种亚稳平衡，液态的纯水能过冷至冰点以下 20℃而不致产生固相。若把这些数据描绘在 t-p 相图上，则是稳定液相的气压曲线的延续，即 OB' 虚线。这一类现象具有普遍性。每一条单变曲线通过不变点的延续代表亚稳平衡，通常用虚线表示。图中 OA' 虚线表示固相在熔点以上的过热现象。总之，在一定条件下是否可以存在亚稳平衡，这要由实验来确定。如果亚稳态实际存在，则相应的曲线一定是稳定平衡曲线的顺滑延伸。由图 3-6 可见，单变曲线围绕着不变点所出现的次序是，稳定曲线和亚稳曲线交替地出现。

又如硫的相图也是单组分体系相图，如图 3-7 所示。此图表示着气相、液相和两个固相间的平衡关系。图中 $ABEF$ 曲线以上是正交晶系固相 S 稳定的区域；$ABCD$ 曲线以下是气相 S 稳定的区域；$FECD$ 曲线内是液相 S 稳定的区域；BEC 三角形式的区域是单斜 S 稳定的区域。曲线 AB 和 BC 分别表示正交 S 和单斜 S 的气压曲线；曲线 BE 是压力对正交 S 和单斜 S 转变温度的影响；AB、BC、BE 三曲线交于 B 点，是正交 S、单斜 S 和气相 S 的三相平衡时的三相点。曲线 EF 是压力对正交 S 熔点的影响；CE 是压力对单斜 S 熔点的影响；CD 是液相 S 的气压曲线；C 点为单斜 S、液相 S 和气相 S 平衡共存的三相点。

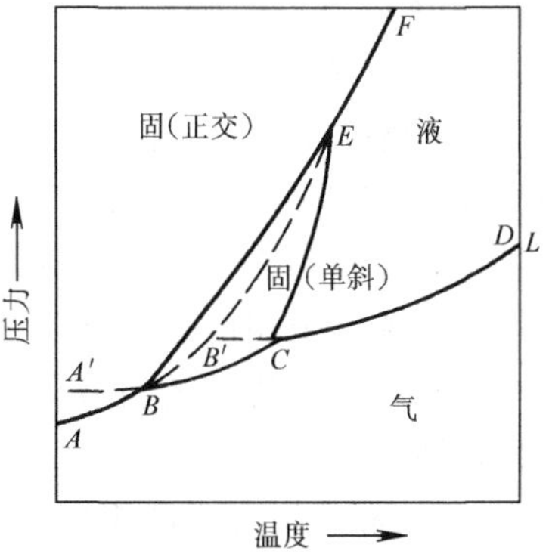

图 3-7　硫的 t-p 相图

图中虚线代表亚稳平衡。虚线 BB' 是 AB 线的延续，代表在转变点 B 以上的亚稳正交 S 气压曲线，此线是正交 S 快加热到 B 点（95.5℃）以上时产生的。虚线 BA' 是在转变点 B 以下亚稳单斜 S 的气压曲线，如单斜 S 急速冷却。虚线 CB' 是在转变点 C（115℃）以下的亚稳液态 S 的气压曲线；$B'E$ 是亚稳正交 S 的熔解曲线。

由图 3-7 可见，一种物质 S 可因压力和温度不同而存在两种（有些物质存在两种以上）不同晶体结构，此性质称为多形性。若多形性的物质是一种元素，则称这种多形性为同素异构性，如正交硫和单斜硫就是同素异构体。多形体的化学性质完全相同，但由于晶体结构不同，所以在相图中占据不同的相区。

二、二组分体系相图

将吉布斯相律应用于二组分体系，则

$$f = 2 - \phi + 2 = 4 - \phi$$

$$\text{当 } \phi = 1 \text{ 时，} f = 3$$
$$\phi = 2 \text{ 时，} f = 2$$
$$\phi = 3 \text{ 时，} f = 1$$
$$\phi = 4 \text{ 时，} f = 0$$

上述结果表明，二组分体系最多只能四相平衡，而自由度数最大为 3，即最多有 3 个独立强度变量。这三个独立的强度变量除了温度、压力外，还有体系的组成（液相组成 x 或气相组成 y）。显然，这样的体系需要用三维空间的坐标图。但要将温度、压力二者中固定一个，就可用平面坐标图来描述体系的相平衡状态，如定温定压下的蒸气压-组成相图，即 p-$x(y)$ 相图。对于凝聚体系，通常是固定压力，作 T-x 相图来讨论凝聚体系的平衡和组成的关系。这是因为在凝聚体系中，压力对平衡的影响甚微，而且凝聚相的变化过程常常都是在标准压力下进行的。

二组分体系相图的类型很多，有些相当复杂，但任何复杂的相图都是由若干基本类型的相图复合而成，所以只要掌握基本类型相图的知识和分析方法，就能看懂复杂相图的含义。本节介绍一些典型类型的相图。

1. 二组分液态完全互溶体系的相图

两个组分在液态时任意比例混合都能完全互溶时，这样的体系称为液态完全互溶体系。在固定温度或压力时，二组分体系的相律 $f' = 3 - \phi$，所以在蒸气压-组成相图和沸点-组成图中，最多只能有三个相平衡共存。

蒸气压-组成相图通常有两种情况：一种是曲线没有极大值和极小值的情况；另一种是有极大值和极小值的情况。例如 $C_6H_5CH_3(A)$-$C_6H_6(B)$ 体系的相图，就是前一种情况，由实验测得该体系在不同组成时溶液的蒸气压数据（包括纯 A 及纯 B 的蒸气压），再以溶液的蒸气总压 p 为纵坐标，以组成（液相组成 x_B，气相组成 y_B）为横坐标绘制出蒸气压-组成曲线，即 $p\text{-}x(y)$ 相图，如图 3-8 所示。

图中 p_A^* 和 p_B^* 分别为一定温度（79.70℃）时纯甲苯及纯苯的饱和蒸气压。$p_A^*Lp_B^*$ 线为液相线，该线以上为液相区；$p_A^*Gp_B^*$ 线为气相线，该线以下为气相区；两线之间为气、液两相平衡共存区。在液和气两相平衡区，表示体系的平衡态同时需要两个相点。相点是用来表示一个相的压力和组成（x_B 和 y_B，T 一定）的点。体系的组成是两相组成的平均值，即

x_B =（气相量×y_B＋液相量×x_B）/体系量

平衡时，体系的压力及两相的组成是一定的，所以两个相点和体系点的联系必定是与横坐标平行的线。例如图 3-8 中物系点（M）的气、液两相的组成分别由 L（液相点）和 G（气相点）表示，$\overline{LG}$线称连结线，简称结线。

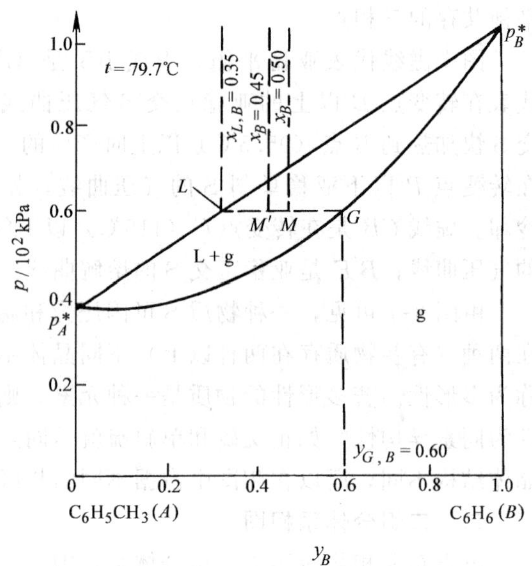

图 3-8 $C_6H_6CH_3(A)\text{-}C_6H_6(B)$ 体系蒸气压-组成相图

在图 3-8 中，只要给出物系点，从物系点在图中的位置即可知道该体系的组成 x_B、压力、平衡相的相数、各相的聚集态及组成等。如在图 3-8 中物系点为 M，其总组成 $x_B=0.5$，$p=0.6\text{kPa}$，$\phi=2$（液相和气相）；液相组成 $x_{L,B}=0.35$；气相组成 $y_{G,B}=0.60$。由相律知，在同一连结线上的任何一个物系点，其总组成虽不同，但相组成却相同。如$\overline{LG}$线上的 M' 物系点，其组成 $x_B=0.45$，但液相和气相组成仍是 $x_{L,B}=0.35$ 和 $y_{G,B}=0.60$。

又如 H_2O（A）-C_3H_6O（B）体系在 25℃时的 $p\text{-}x(y)$ 关系如图 3-9 所示。由图可见，此体系的液相线为曲线，但图 3-8 中液相线为直线（这是理想液体混合物特征）。两图曲线形状不同，但识图方法相同。二者的共同点是，各种浓度溶液的蒸气压介于两纯组分蒸气压之间，而且易挥发组分 B 在气相中的含量大于液相中的含量，即 $y_B>x_B$。

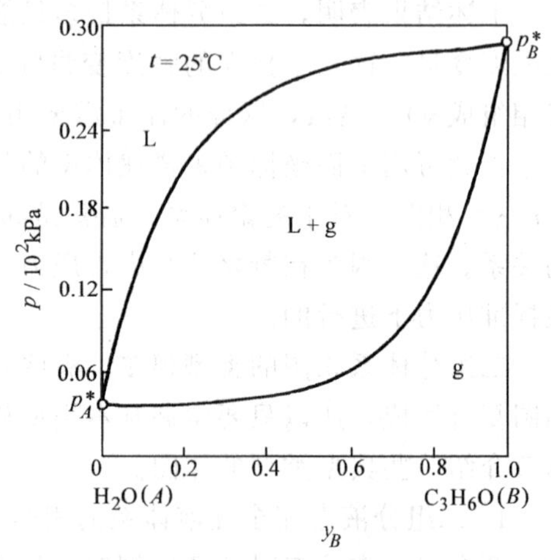

图 3-9 $H_2O(A)\text{-}C_3H_6O(B)$ 体系蒸气压-组成相图

上述两例中，由图可见两个体系的 $p\text{-}x$ 曲线中均不出现极大值或极小值的情况，即均属于第一种情况。以下介绍第二种情况。例如 $H_2O(A)$-C_2H_5OH（B）体系和 $CHCl_3(A)$-C_3H_6O（B）体系蒸气压-组成相图，如图 3-10 所示。

图 3-10 的特点是：a 图曲线有极大值，在极大值处气相线与液相线相交，$y_B=x_B$。极大值两侧一边是 $y_B>x_B$，另一边是 $y_B<x_B$；b 图曲线有极小值，极小值处 $y_B=x_B$，即该液相线与气相线相切，极小值一侧为 $y_B<x_B$，另一侧为 $y_B>x_B$。

二组分液态完全互溶体系的沸点-组成相图也各有无极大值或极小值类型和有极大值或极小值类型两种情况。

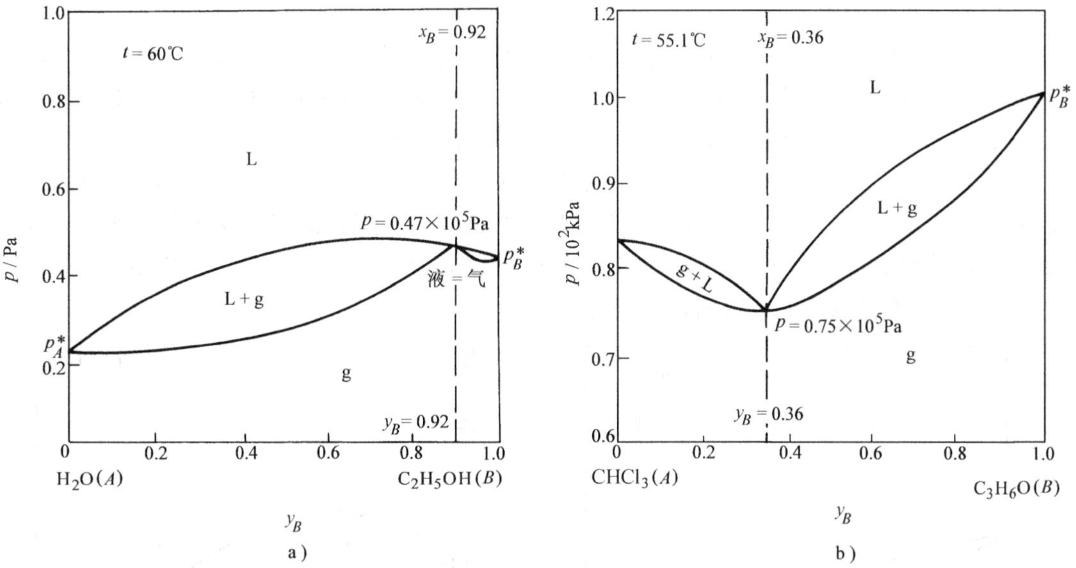

图 3-10 蒸气压-组成相图

a) $H_2O(A)$-$C_2H_5OH(B)$体系蒸气压-组成相图

b) $CHCl_3(A)$-$C_3H_6O(B)$体系蒸气压-组成相图

当溶液的蒸气压等于外压时，溶液开始沸腾，此时的温度即为该溶液的沸点。显然，蒸气压越高的溶液，其沸点越低；反之，蒸气压越低的溶液，其沸点越高。在 $C_6H_5CH_3$（A）-C_6H_6（B）体系的沸点-组成相图（图 3-11）中，t_A^*、t_B^* 分别是 A 和 B 物质的沸点，因为 $p_A^* < p_B^*$，所以 $t_A^* > t_B^*$。$t_A^* G t_B^*$ 曲线是气相线，表示溶液的沸点与气相组成的关系；$t_A^* L t_B^*$ 曲线是液相线，表示溶液的沸点与液相组成的关系。气相线以上为气相区，液相线以下为液相区，两相中间为气、液两相平衡区。两相区内物系点 M 的总组成为 $x_B = 0.50$，过 M 点作平行于横坐标的恒温线分别与液相、气相线交于 L 点和 G 点，$\overline{LG}$线称为连结线，其液相组成 $x_{L,B} = 0.41$，气相组成 $y_{G,B} = 0.62$。若将物系点 N 的气体混合物恒压冷却到 N_1 点，开始液化出现液珠，则 N_1 点称为露点，所以气相线又称为露点线。产生第一个液珠的组成为 $x_{1,B}$。若将物系点 N_3 的溶液加热到 N_2 点，开始沸腾起泡，故 N_2 点又称泡点，而液相线又称泡点线。产生第一个气

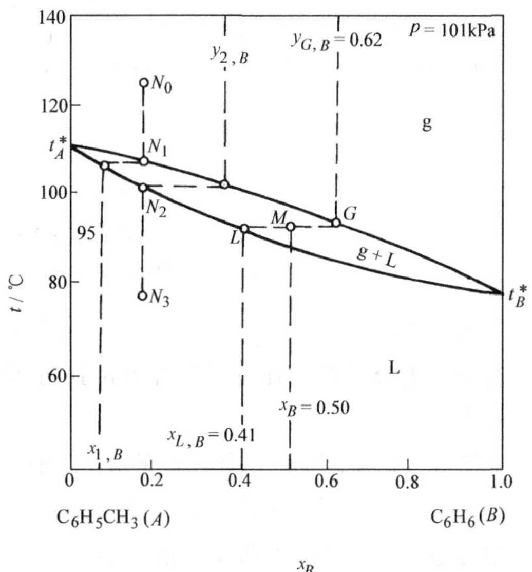

图 3-11 $C_6H_5CH_3(A)$-$C_6H_6(B)$体系沸点-组成相图

泡的组成为 $y_{2,B}$。由 N_2 点降温到 N_3 点时或反向改变时，体系的总组成不变，但在两相平衡区的两相组成将随温度改变而改变。由图 3-11 看出，甲苯和苯体系的 t-x 相图中曲线是无极大值或极小值的类型相图。

沸点-组成曲线有极小值和极大值类型的例子是有的，如 $H_2O(A)$-$C_2H_5OH(B)$ 和 $CHCl_3(A)$-$C_3H_6O(B)$ 体系，如图 3-12 所示。图 3-12a 为 $H_2O(A)$-$C_2H_5OH(B)$ 体系，其沸点-组成相图有最低点，最低点温度 $t=78.15$℃称为最低恒沸点。

图 3-12b 为 $CHCl_3(A)$ -$C_3H_6O(B)$ 体系，其沸点-组成相图有最高点，最高点温度 $t=64.4$℃，称为最高恒沸点。在最高恒沸点与最低恒沸点处，气、液相组成相等，即 $y_B=x_B$，其数值叫恒沸组成，如图 3-12a 和图 3-12b 的恒沸组成分别为 $x_B=y_B=0.897$ 和 $x_B=y_B=0.215$，具有恒沸组成的混合物叫恒沸混合物。

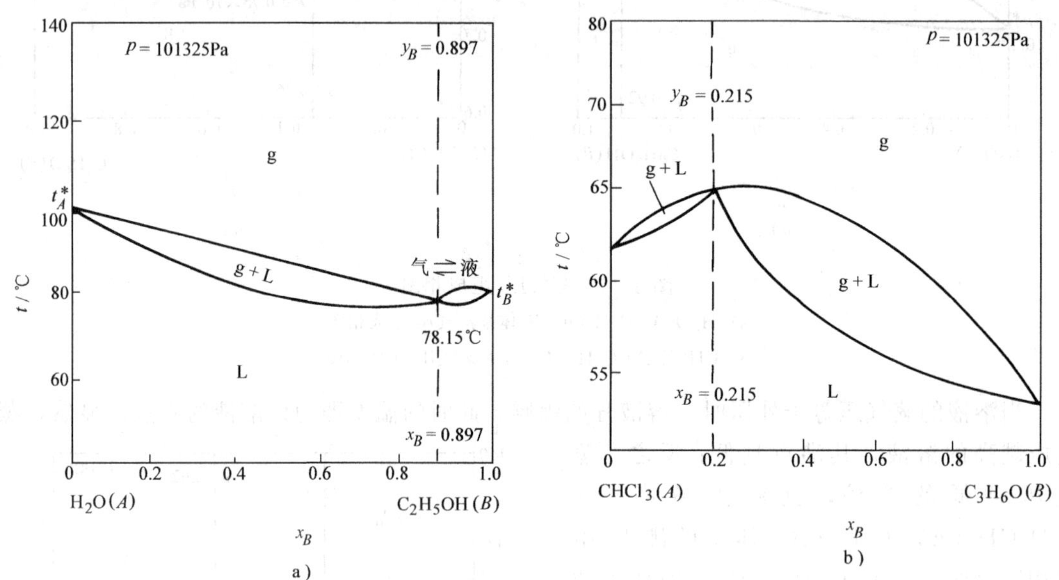

图 3-12 沸点-组成相图

a) $H_2O(A)$-$C_2H_5OH(B)$体系沸点-组成相图

b) $CHCl_3(A)$-$C_3H_6O(B)$体系沸点-组成相图

2. 杠杆规则

对于二组分体系，在一定条件下达到两相平衡时，两相区中的各相的相对含量可按杠杆规则计算。

如图 3-13 是定压下一个典型的 T-x 相图。在气-液两相平衡区（$T_{b,B}ET_{b,A}D$）内，两相的组成可分别由水平线 DE 连结线的两端读出。设 n_A 的 A 物质和 n_B 的 B 物质混合后，A 的摩尔分数为 x_A。气-液两相平衡区中，体系点的温度为 T_1，其两相组成分别为 x_1（液相）和 x_2（气相）。A、B 的总物质的量分别为 $n_{气}$ 和 $n_{液}$。对组分 A 讲，原来溶液中 A 的总物质的量为 $n_{总}\ x_A$，平衡时在液相中 A 的物质的量为 $n_{液}\ x_1$，在气相中 A 的物质的量为 $n_{气}\ x_2$，其关系为

$$n_{总}\ x_A = n_{液}\ x_1 + n_{气}\ x_2$$

将 $n_{总}=n_{液}+n_{气}$ 代入上式，得

$$(n_{液}+n_{气})x_A = n_{液}\ x_1 + n_{气}\ x_2$$

$$n_{液}(x_A - x_1) = n_{气}(x_2 - x_A)$$

由图 3-13 可见，连结线的长度$\overline{CD}=x_A-x_1$，$\overline{CE}=x_2-x_A$，代入上式后得

$$n_{液}\overline{CD} = n_{气}\overline{CE}$$

或

$$\frac{n_{气}}{n_{液}} = \frac{\overline{CD}}{\overline{CE}} \tag{3-8a}$$

式（3-8a）表明，相互平衡的气、液两相的量比，可由相图中连结两相点的两段连结线的长度之比（$\overline{CD}/\overline{CE}$）求得。也可把图中的 DE 看作是一个以 C 点为支点的杠杆，液相的物质的量乘以$\overline{CD}$，等于气相的物质的量乘以$\overline{CE}$，故此关系称为杠杆规则。若线段$\overline{CD}$为零时，气相消失，即 $n_{气}=0$，此时只有液相存在。若作图时横坐标用质量分数表示，杠杆规则关系式则写为

$$\frac{w_{气}}{w_{液}} = \frac{\overline{CD}}{\overline{CE}} \tag{3-8b}$$

杠杆规则可适用于各种二组分相图的任意两相平衡共存区。

3. 蒸馏和精馏原理

如果要把完全互溶的二组分混合液分离成两个纯组分，可将混合液进行蒸馏和精馏处理。如图 3-14a 所示，原始溶液的组成为 x_1，加热到 T_1 时开始沸腾，此时共存气相的组成为 y_1。在气相中，含沸点低的组分 B 较多，一旦有气相生成，液相的组成将沿 OA 线上移，相应的沸点也升高。当温度升至 T_2 时，共存气相的组成为 y_2。若用一贮器接收 $T_1\sim T_2$ 区间的馏分，则馏出物组成在 $y_1\sim y_2$ 之间，且比原始溶液含组分 B 要多。而在蒸馏瓶中，所剩的溶液中含沸点较高的组分 A（不易挥发）要比原始溶液多。这是简单蒸馏的原理，它只能粗略地把多组分体系相对分离但不能完全分离。要使混合液得到较完全的分离，必须采取精馏方法。

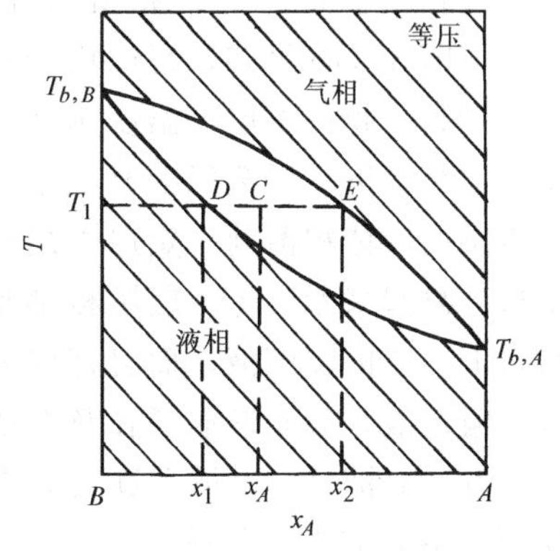

图 3-13　杠杆规则在 T-x 相图中的应用

精馏方法实际上是多次简单蒸馏的组合，如图 3-14b 所示。溶液组成为 x 的物系点 O，在温度为 T_4 时，气、液两相的组成分别为 x_4 和 y_4。在气相中，若把组成为 y_4 的气相冷却到 T_3，则气相将部分地冷凝为液体，得到组成为 x_3 的液相和组成为 y_3 的气相。再将组成为 y_3 的气相冷凝到 T_2，又得到组成为 x_2 的液相和组成为 y_2 的气相。继续冷凝组成为 y_2 的气相，可得组成为 x_1 的液相和 y_1 的气相。由图 3-14b 可见，$y_4<y_3<y_2<y_1$，即易挥发组分 B 的含量不断提高。如此进行多次的部分冷凝，最后所剩的组分可以是纯的易挥发组分 B。在液相部分中，对 x_4 的液相加热到 T_5 时，液相部分蒸发，可得到组成为 y_5 的气相和组成为 x_5 的液相。将组成为 x_5 的液相再升温汽化，可得到组成为 y_6 的气相和 x_6 的液相，由图 3-14b 可知，$x_6<x_5<x_4<x_3$，即液相组成沿液相线上升，经多次反复蒸发液相，最后得到难挥发组分纯 A。

由此可见，对二组分体系讲，把气相部分地冷凝，或把液相部分地蒸发，均可起到在气相中浓集易挥发组分和在液相中浓集难挥发组分的作用。经过多次反复地部分冷凝和部分蒸

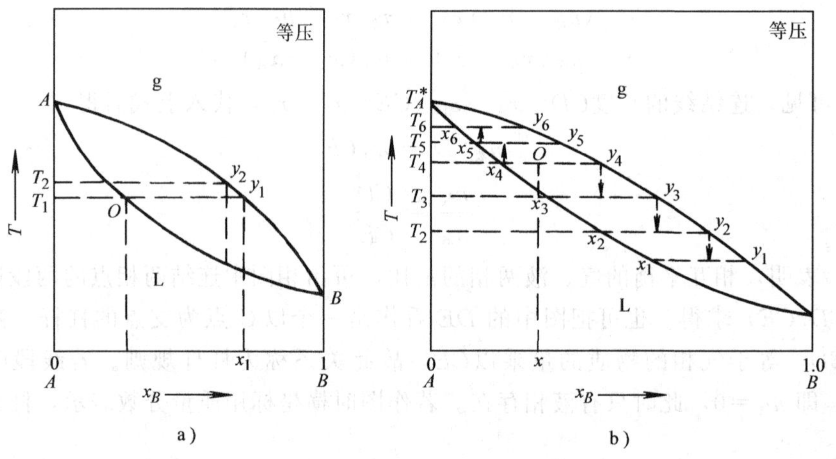

图 3-14 蒸馏与精馏组分图

a）简单蒸馏的 T-x 相图 b）精馏分馏原理

发，最后得到纯 B 和纯 A，这就是精馏分离原理。

在工业上，是用精馏塔来把二组分混合液分成两个纯组分。在精馏塔内，液体的部分汽化和蒸气的部分冷凝是多次地连续式进行的。精馏塔如图 3-15 所示，其结构分为塔底、塔身和塔顶。

塔底位于塔的最底部，是一个加热釜，加热时可使釜内液体沸腾，致使蒸气向上逸。

塔身位于塔中部，内装有一层层的塔板，每层塔板上都盛有不同组成的混合液体，在各层混合液体的上方，有与之相接触的蒸气。同一层中的气-液两相之间近似处于相平衡状态，大致相当于沸点-组成相图上同一温度之下平衡共存的两相。根据图 3-14b 可知，精馏塔中各层塔板上温度不同，底层温度最高，越往上层，温度越低。每一层塔板上都有两个开口：一个是下一层蒸气上升到本层来时所经过的入口；一个是本层的液体积攒到一定厚度之后向下一层溢流时所经过的出口。总起来看，每一层塔板都是接受来自下一层的蒸气和来自上一层的溢流液，而且都向上一层提供蒸气和向下一层提供溢流液，如此形成了在整个塔身之内有蒸气自下而上逐层上升，有液体自上而下逐层溢流的局面。在塔身之内的各层塔板上，蒸气越往上升，所含易挥发组分 B 的含量越大，只要塔板层数足够多，蒸气到达顶层时，已成为纯的组分 B。液体越往下流，所含难挥发组分 A 的含量越大，只要塔板层数足够多，液体到达底层时，已成为纯的组分 A。

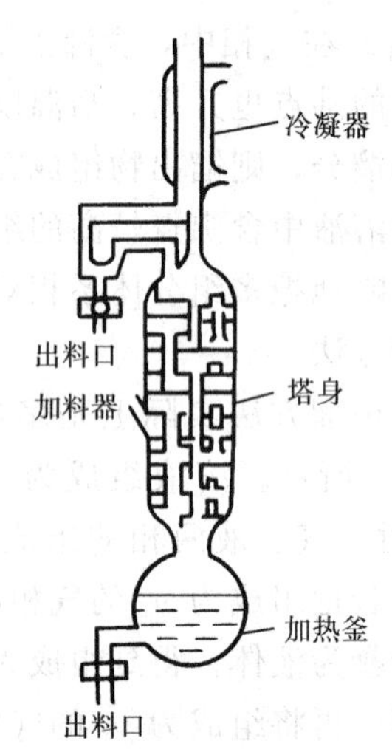

图 3-15 精馏塔

塔顶位于塔的顶部，在塔顶上有一个冷凝器，可以把上升到塔顶的易挥发纯组分 B 蒸气冷凝成液体。所得冷凝液一部分作为产品经出料口放出塔外，另一部分作为“回流液”放回到最上一层塔板中。这是因为，如果最上层塔板得不到回流液，它就没有多余的液体向下一层溢流，结果会造成塔身之内的各层塔板均无液体向下溢流。由于上层来的溢流液比本层液体所含易挥发组分 B 更加丰富，因此，得不到上层溢流液将会造成各层塔板上易挥发组

分 B 的含量逐渐下降，塔身将不能保持各层组成及温度均不随时间而变化的稳定状态，在塔顶上也不能再得到纯的易挥发组分。

对于具有最低或最高恒沸点的两组分体系，用简单精馏方法不能将两组分完全分离，而只能得到其中某一纯组分和恒沸混合物。在图 3-16a 中，若被分离的混合液的原组成在 A 与 C 之间，则精馏时塔底得到纯的难挥发组分 A，塔顶得到最低恒沸物 C，而得不到易挥发的纯组分 B。若被分离的混合液原组成在 C 与 B 之间，则塔底得到易挥发组分 B，塔顶得到最低恒沸物 C，而得不到纯的难挥发组分 A。同理，在图 3-16b 中，若被分离的混合液原组成在 A 与 C 之间，精馏时可得到易挥发组分 A 和最高恒沸物 C，得不到难挥发组分 B。若在 C 与 B 之间，则得到的是纯的难挥发组分 B 和最高恒沸物 C，而没有易挥发的纯组分 A。

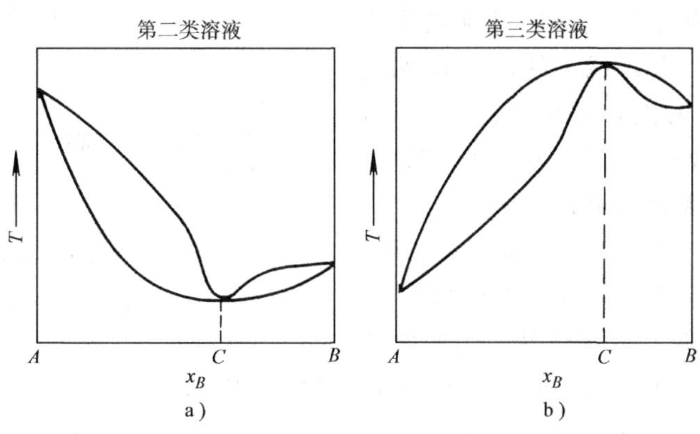

图 3-16 精馏组分图

4. 二组分液态完全不互溶体系的气、液平衡相图

其实，两种液体绝对不互溶的情况是没有的，但是现实中有两种组分之间相互溶解的程度非常小，以致完全可以忽略不计，我们称这样两种液体组成的混合物体系为“完全不互溶体系”。例如汞和水、烷烃与水、芳香烃与水等均是完全不互溶体系。

由于 A、B 两个液态部分互不相溶，当它们共存时，每个组分的性质与其单独存在时完全一样（因为 A、B 两液层都是纯物），所以不论两液相的相对质量比例如何，在一定温度下每一种液体的蒸气压都等于它们的纯态饱和蒸气压 p_A^* 和 p_B^*。因此，混合物的总蒸气压 $p_{总}$ 为

$$p_{总}=p_A^*+p_B^*$$

由此可见，在指定温度之下，A、B 混合液的蒸气压比任一纯组分的蒸气压都高，所以在定压下 A、B 混合液的沸点比任一组分 A 或 B 的沸点都低。人们通常利用这一事实来进行“水蒸气蒸馏”的操作。对于一些与水完全不互溶的有机液体，常用“水蒸气蒸馏”法来除去非挥发性杂质。因为有机液体在温度较高时不够稳定，升温时还未达到沸点之前就分解而遭破坏，因此不能用一般的单组分物质蒸馏的方法来提纯它们以除去非挥发性杂质。采用“水蒸气蒸馏”的具体操作方法是：将待提纯的有机液只加热到不足 100℃的较低温度，然后让水蒸气以气泡的形式通过有机液，形成二组分完全不互溶体系，此时有机液在低于 100℃的温度下，借助于水蒸气压力的帮助向水蒸气气泡的空间中挥发。将混合蒸气引出并冷凝静置，即可得到很容易分离的有机液层和水层。这样就在不足 100℃的较低温度下提纯了有机物，去除了非挥发性杂质，同时避免了有机物的受热分解。

例如，H_2O（A）-C_6H_6（B）体系的沸点-组成相图如图 3-17 所示。当 A、B 混合体系的蒸气总压等于外压（101.325kPa）时，液体开始沸腾，此时温度即沸点为 343.1K（69.9℃）。A、B 混合液体的沸点数值与两液体的相对数量无关，只与液体种类有关。由图 3-17 可见，混合物液体沸点比纯水沸点（100℃，101.325kPa）和纯苯的沸点（80.1℃，101.325kPa）都低。图中 t_A^*、t_B^* 分别为水和苯的沸点，CED 线为恒沸点线（即任何比例的水和苯的混合物其沸点均为 69.9℃），体系点在 CED 线上的 C 与 D 两点之间（不含 C、D 两点）时出现三相平衡，即水（液）、苯（液）及蒸气（$y_B=0.724$）。在 t_A^*E 线上，蒸气对苯饱和而对水不饱和。

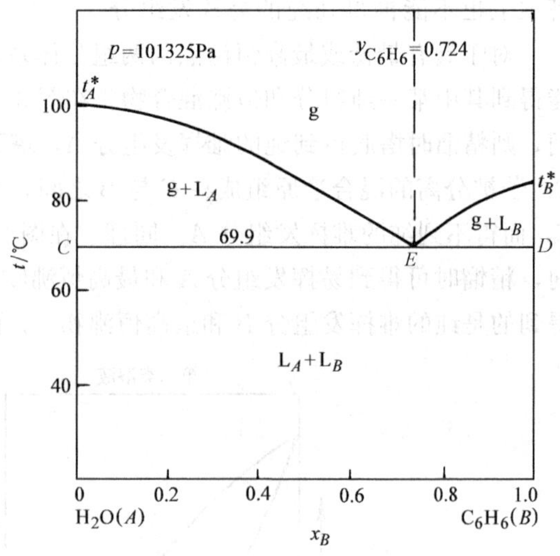

图 3-17 $H_2O(A)$-$C_6H_6(B)$ 体系沸点-组成相图

若已知在 69.9℃（沸点）时，$p^*(C_6H_6)=73.3593\text{kPa}$，$p^*(H_2O)=27.9657\text{kPa}$，则根据分压定律计算出两液体与它们的蒸气在 69.9℃（沸点）平衡共存时的气相组成，即

$$y_{C_6H_6}=\frac{p^*(C_6H_6)}{p^*(C_6H_6)+p^*(H_2O)}=\frac{73.3593\text{kPa}}{73.3593\text{kPa}+27.9657\text{kPa}}$$
$$=0.724$$

利用水蒸气蒸馏方法蒸出一定质量的有机物 m（有）所需蒸气的量，可根据分压与物质的量的关系来计算。因为共沸点时

$$p^*(\text{水})=p_{\text{总}}\,y(\text{水})=p\frac{n(\text{水})}{n(\text{水})+n(\text{有})}$$

$$p^*(\text{有})=p_{\text{总}}\,y(\text{有})=p\frac{n(\text{有})}{n(\text{水})+n(\text{有})}$$

式中，p^*（水）和 p^*（有）分别为在水蒸气蒸馏的温度（共沸温度）下纯水和纯有机物的饱和蒸气压；y(水)、y(有）分别为气相中水和有机物的摩尔分数；n(水)、n(有）为它们的物质的量。将上述二式相除可得

$$\frac{p^*(\text{水})}{p^*(\text{有})}=\frac{n(\text{水})}{n(\text{有})}=\frac{m(\text{水})/M(\text{水})}{m(\text{有})/M(\text{有})} \tag{3-9a}$$

式中，m 为物质的质量；M 为物质的摩尔质量。由上述公式看出，要蒸出有机物的质量为 m（有）时所需的水蒸气的质量 m（水）为

$$m(\text{水})=\frac{m(\text{有})M(\text{水})p^*(\text{水})}{M(\text{有})p^*(\text{有})} \tag{3-9b}$$

5. 二组分液态部分互溶体系的液、液平衡相图

当两种液体性质差别较大时，液态混合时仅在一定比例和温度范围内互溶，而在另外的情况下只能部分互溶，形成两个液相，这样的体系叫做液态部分互溶体系，或称为二组分部

分互溶双液系。

例如，水-酚体系的溶解度图如图 3-18 所示。图中 KA 为酚在水中的饱和溶解度曲线，KB 为水在酚中的饱和溶解度曲线。在定温 t_1 下，向水中加入纯酚，开始时全部溶于水成均匀的不饱和溶液。继续加酚，物系点沿水平线 FC 向右移动，当移到 C 点时，酚在水中的溶液的溶解达到饱和。FC 段为单相，由相律知，$f=c-\phi+0=2-1=1$，即定温定压下只有组成可变动，体系是单一液相。继续加酚，此时酚的含量超过其溶解度(C)，开始出现一个新的液相，此液相是水在酚中的饱和溶液，其相点是 E（从 E 点坐标可读出新液相中酚的组成）。再继续加酚，物系点由 C 向 E 移动，两液层的组成保持不变，但组成为 C 的液层（富水层）的量逐渐减少，而组成为 E 的液层（富酚层）的量逐渐增加，两相的量比可由杠杆规则计算。CE 段体系是两相平衡共存，定温定压下二组分两相平衡体系的自由度 $f=2-2+0=0$，即在 CE 线上，平衡两相的组成固定不变，但平衡两相的相对量却随体系的总组成而变。另一是水在酚中的饱和溶液，这两个组成不变的相互平衡的液层，称为共轭溶液。若再继续加酚，使物系点到达 E 时，富水层消失。再加酚，体系又变成单一液相，此液相是水在酚中的不饱和溶液，$f=2-1+0=1$，即组成可以变动，温度和压力为定值，体系为单一液相。

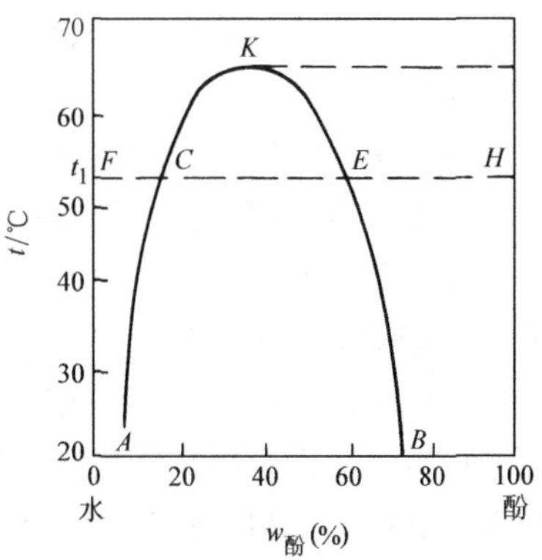

图 3-18 水-酚体系的溶解度图

当体系温度升高时，水和酚的相互溶解度增大，酚在水中的溶解度及水在酚中的溶解度分别沿 AK 和 BK 曲线向上移，两个共轭溶液的组成逐渐接近。当体系温度升至 K 点（此处温度为 t_K）时，两个共轭溶液的组成相同，此时两相合成均匀一相。在 t_K 温度以上，水和酚可按任意比例互溶形成均匀的单一相。温度 t_K 称为会溶温度或临界溶解温度，图中 K 点称为会溶点或临界溶解点。若临界溶解点越低，即临界溶解温度越小，所得图中 AKB 面积越小，说明两液体间的互溶性越好。

图 3-18 中，溶解度曲线 AKB 把图分为两个相区，线以外为单相区，其 $f=2-1+1=2$，即温度和组成均可在一定范围内变动；该线之内为两相共存区，$f=2-2+1=1$，即温度和组成（两个相点的含量）两个变量中只有一个能独立变动。在一定压力下会溶点 K 点是无变点，其温度和组成均为固定值。

由图 3-18 看出，水-酚的二组分体系相图曲线有上临界会溶点，而其他的双组分液态部分互溶体系还有下临界会溶点，如 $H_2O(A)$-$C_6H_{15}N(B)$体系的相图，如图 3-19 所示。此外，还有一些是同时具有上、下临界会溶点的体系。

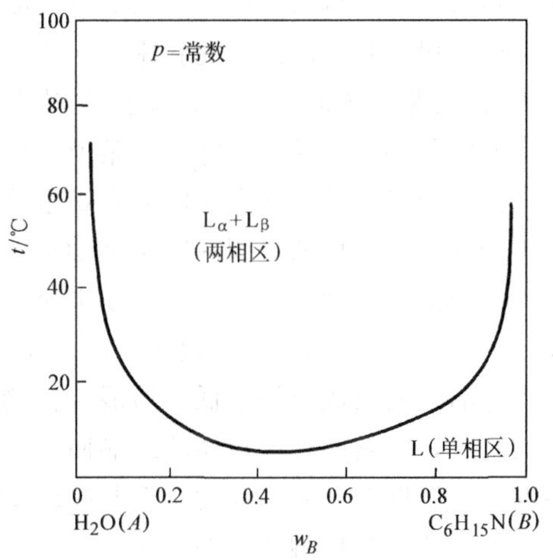

图 3-19 $H_2O(A)$-$C_6H_{15}N(B)$ 体系相图

6. 二组分固态完全不互溶体系——简单低共熔体系

这类体系的温度-组成相图的绘制方法一般有两种：对合金体系常使用的“热分析法”和对水盐体系常使用的“溶解度法”。

采用“热分析法”制合金体系的相图时，通常进行以下操作：对要研究的二组分体系配制出总组成递变的一系列样品，将它们加热至全部熔化为液态，再放在环境中自然缓慢冷却。记录样品温度随时间的变化关系，描绘出温度-时间相图（步冷曲线）。根据各条步冷曲线，再进一步绘制出体系的相图。

这里介绍 Bi-Cd 二组分合金体系相图的绘制方法。配制 w_{Cd} 分别为 0%、20%、40%、70%、100%的五个样品，把它们加热至完全熔化，置于一定温度的环境中自行冷却。随时记录各个样品的温度随时间变化的数据，由这些数据可作温度随时间的变化曲线如图 3-20a 所示，此曲线即为步冷曲线。

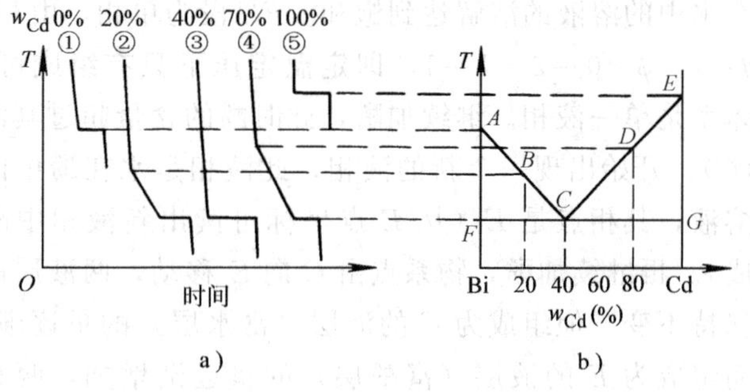

图 3-20　Bi-Cd 二组分合金体系

a）步冷曲线　b）温度-组成相图

纯 Bi 和纯 Cd 的步冷曲线编号分别为①和⑤，它们在定压下，$f=1-\phi+1=2-\phi$。当温度 T 大于凝固点时，$\phi=1$（液态），$f=2-1=1$，即温度是变量。由于周围空气的吸热，体系均匀地降温，可呈现出平滑曲线。当 T 降到凝固点时，开始析出固相，此时固、液两相共存，$f=1-2+1=0$，即无变点，所以体系保持凝固点温度而不变化（这是由于放出的凝固热补偿了散失的热量），步冷曲线出现平台段。待液体全部凝固后，温度又开始下降，此时 $f=1-1+1=1$，即单相，温度改变。步冷曲线①和⑤的平台段对应的温度分别是纯 Bi 和纯 Cd 的凝固点。根据这一温度，在图 3-20b 上画出纯 Bi 和纯 Cd 的两相平衡点 A 和 E。

步冷曲线②和④，其相律表达式为 $f=2-\phi+1$。在体系冷却到某一温度之前，体系为单一液相，$f=2-1+1=2$，表现为平滑曲线。当液体冷却到某温度时，有一种金属已饱和，开始析出这种金属的纯固体，形成固-液两相平衡，$f=2-2+1=1$，温度仍可继续下降。在这里由于析出固体时体系要放出凝固潜热，仅部分地抵偿了环境吸去的热，所以使冷却速度变慢，步冷曲线上的斜率发生改变，出现了折点，此即体系刚开始析出固体金属而呈现固-液两相平衡的温度。将此折点对应的温度和组成描绘在图 3-20b 上，即得 B 点和 C 点。若将②和④样品继续降温到某值，第二种金属达饱和状态，并开始析出第二种纯金属固体，此时形成了两种纯金属固体和熔融液三相共存状况，$f=2-3+1=0$，无变点，温度固定不变（二者放出的凝固热完全补偿了体系散失的热量），故在步冷曲线上出现平台段，平台段对应的温度就是体系的最低共熔点。当熔融液全部凝固之后，体系中仅剩下两相纯固体，$f=2-2+1=1$，即温度又可继续下降。

样品③的组成恰等于低共熔混合物的组成，因此在降温过程中不会出现某一种金属先析出的情况，而是两种纯金属的结晶同时析出（共晶），形成了低共熔混合物（共晶体）。共晶体的结晶温度叫做共晶温度，在共晶温度时曲线③出现一水平线段，此时 $f=2-3+1=0$，即温度不变。当熔融液全部固化之后，$f=2-2+1=1$，温度又可继续下降。由水平台段温度和该样品的组成数据，描绘在图 3-20b 中得到 C 点。

根据各试样步冷曲线的折点或水平台的温度和组成，可绘制得到图 3-20b 中的 A、B、

C、D、E 点。连接 A、B 和 C 点，可得金属 Bi 的溶解度曲线 AC；连接 E、D 和 C 点，可得金属 Cd 的溶解度曲线 EC；根据各个二组分样品三相共存时的平台段所对立的温度，画出共熔点水平线 FCG，此线为三相线，又称为固相线或共晶线。

图 3-20b 即为 Bi-Cd 合金体系的温度-组成相图。在曲线 ACE 以上是熔融金属混合液单相区，$f=2-1+1=2$，温度和组成均可独立改变。在 ACF（或 ECG）区域是纯 Bi（或纯 Cd）固体与熔融液两相平衡共存区，$f=2-2+1=1$，温度和组成只能一个独立改变。在直线 FCG 下方是纯 Bi 固体与纯 Cd 固体共存区，$f=2-2+1=1$，只有温度可自由变动，此区域内的 Bi 和 Cd 混合较致密，是两种晶体的机械混合物。在相图的两相平衡共存区中，均可运用杠杆规则计算。

如果所配制的组成递变的样品数越多，得到的相图精度就越高。若采用加热曲线和冷却曲线同时配合使用来制作相图，则可提高结果的可靠性。

对于许多水-盐体系，它们具有最低共溶点，此类体系的相图通常采用溶解度法制作。制作方法是，通过不同温度下测得的某盐类在水中的溶解度数据，以温度为纵坐标，溶解度（组成）为横坐标，绘制成水-盐相图。如图 3-21 是 $H_2O(A)$ - $(NH_4)_2SO_4(B)$ 体系的固、液平衡相图。图中曲线 FE 是水中溶有 $(NH_4)_2SO_4$ 后的冰点下降曲线，曲线 NE 为 $(NH_4)_2SO_4$ 在水中的溶解度曲线，两条线交于 E 点，E 点为冰、晶体硫酸铵和具有共晶组成 W_E 的硫酸铵水溶液的三相共存点。通过 E 点画出的水平线 CED 则是三相平衡线，在此线上 $f=2-3+1=0$，没有自由度，即温度和三个相的组成均为固定值。

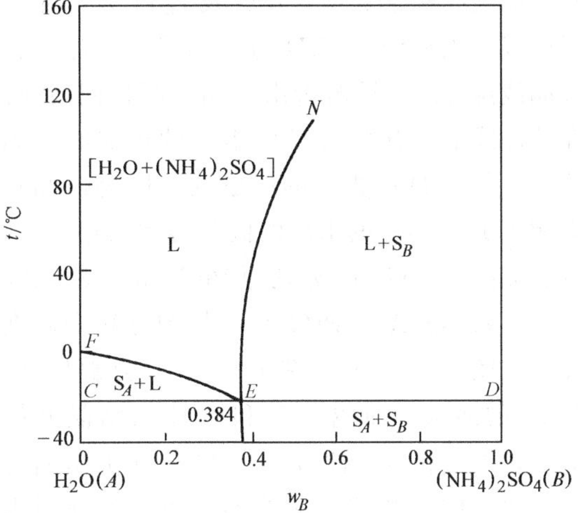

图 3-21　$H_2O(A)$-$(NH_4)_2SO_4(B)$ 体系固、液平衡相图

7. 二组分固、液态完全互溶体系的平衡相图

两种组分在液相中完全互溶，在固相中也能完全互溶的体系称为固-液相完全互溶体系。在该体系中不论两组分相对含量如何，固相都是单一固溶体，例如 Bi-Sb 体系的相图。如图 3-22 所示，该图与完全互溶二组分气-液体系相图十分相似。在图上方是熔融液单相区，相律表达式为 $f=2-1+1=2$；图下方是固溶体单相区，$f=2-1+1=2$；图中间的梭形区域是熔融液与固溶体两相共存区，$f=2-2+1=1$。梭形区域的上界线是液相线，又称"凝点线"；梭形区域的下界曲线是固相线，又称"熔点线"。当物系点处于两相区内，平衡共存的两相的相点就是过物系点水平线与凝点线和熔点线的交点，两相的质量比遵守杠杆规则。

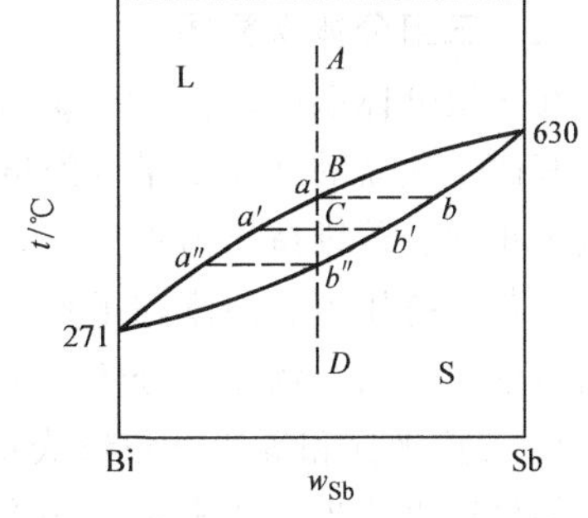

图 3-22　Bi-Sb 体系温度组成相图

8. 二组分固态部分互熔，液态完全互溶体系的液、固平衡相图

双组分液态完全互溶而固态部分互溶的体系相图主要分为两种：低共熔点类型和转变温度类型。

例如 Sn(*A*)-Pb(*B*) 体系的相图属于低共熔点类型，如图 3-23 所示。图中 t_A^*、t_B^* 分别为 Sn 和 Pb 的熔点；α 是 Pb 溶在 Sn 中的固溶体（即 Sn 多 Pb 少）；β 是 Sn 溶在 Pb 中的固溶体（即 Pb 多 Sn 少）。t_E 为低共熔点，其组成 $w_{Pb}=0.261$。t_A^*E 及 t_B^*E 为结晶开始曲线或称液相线，t_A^*C 及 t_B^*D 为结晶终了曲线或固相线。*CED* 为共晶线，当冷却到共晶线温度时，同时析出 α 和 β 两种固溶体。在共晶线上，有相点 *C* 所指示的组成的 α 固溶体、相点 *D* 所指示的组成的 β 固溶体和具有相点 *E* 所指示的组成的低共熔体三相共存，$f=2-3+1=0$，即温度和三个相的组成均不变。曲线 *GC* 和 *FD* 分别为 Pb 溶解在 Sn 中和 Sn 溶解在 Pb 中的溶解度曲线。

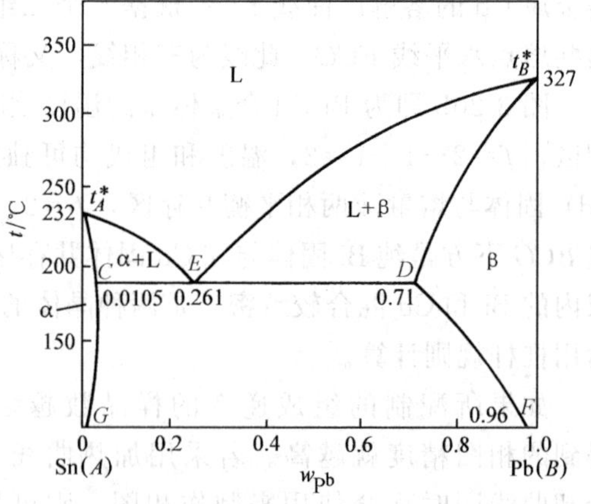

图 3-23 Sn(*A*)-Pb(*B*) 体系相图

体系 Ag(*A*) -Pt(*B*) 的相图是转变温度类型如图 3-24 所示。图中 t_A^*、t_B^* 分别是 Ag 和 Pt 的溶点。曲线 t_A^*E 和 t_B^*E 为结晶开始曲线，即液相线，曲线 t_A^*C 和 t_B^*D 为结晶终了曲线，即固相线，曲线 *GC* 和 *FD* 分别为 Ag 及 Pt 的相互溶解度曲线。*ECD* 线为 *LE*（具有相点 *E* 所指示的组成的液态）与 α 固态和 β 固态三相共存的平衡线。由图可见，在 1200℃时，*C* 点固溶体（S_α）在恒温下转变为 *D* 点固溶体（S_β）和 *E* 点低共熔体，即

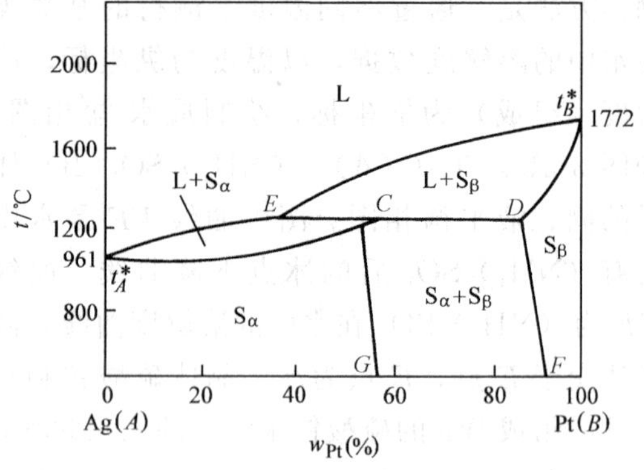

图 3-24 Ag(*A*)-Pt(*B*) 体系相图

$$S_\alpha \xlongequal{1200℃} S_\beta + S_E$$

此式变化称为转晶反应，温度 1200℃称为 α、β 两固溶体的转变温度。

三、三组分体系相图

在三组分体系中，$f=3-\phi+2=5-\phi$，显然相数最多可为 5，自由度最大为 4，则体系最多有四个独立的强度变量（温度、压力及两个含量）。用三维空间的立体模型已不足以表示这种相图。若维持压力不变，$f=3-\phi+1=4-\phi$，f 最大为 3，可用三维立体图形表示其相图。若保持压力、温度均不变，$f=3-\phi+0=3-\phi$，f 最多为 2，其相图可用二维平面坐标图表示。下面介绍三组分体系平面坐标图的表示法。

1. 直角坐标和等边三角形表示法

如果用直角坐标法表示三组分体系，如图 3-25 所示。图中横坐标轴与二组分体系 *A*、*B* 的组成横坐标轴一样，*A* 点为 100%的 *A* 组分，*B* 点为 100%*B* 组分。纵坐标与二组分 *A*、*C* 的组成纵坐标轴一样。假设体系点为 *P*，则从其横坐标 *b* 和纵坐标 *c* 分别可读出含 *b*%的 *B*，*c*%的 *C*，而 *A* 的量由 100%～（*b*%+*c*%）计算而得。

用平面坐标图表示三组分体系常用的是等边三角形表示法，如图 3-26 所示。三角形的三个顶点分别代表纯组分 A、B 和 C。AB 线、BC 线及 AC 线上的点依次代表 A 和 B、B 和 C 及 A 和 C 分别形成的二组分体系。将三角形的每一条边 10 等分，两种组分的相对含量由所在边被该点分成的两线段长度之比来决定。如图中 D 点代表含 B 为 70%，含 C 为 30%；E 点代表含 B 和 C 各为 50%。在三角形内部，任何一点代表三组分体系，如体系点 P 的各组分相对含量确定方法为：过 P 点作 AB、AC 两边的平行线，交第三边 BC 于 D、E 两点。D、E 将 BC 边分为三段。中段 DE 长度代表对角组分 A 的含量，左段 DB 长度代表右顶角组分 C 的含量，右段 EC 长度代表左顶角组分 B 的含量。由图 3-26 看出，P 点代表含 A20%，含 B50%和含 C30%的三组分体系。

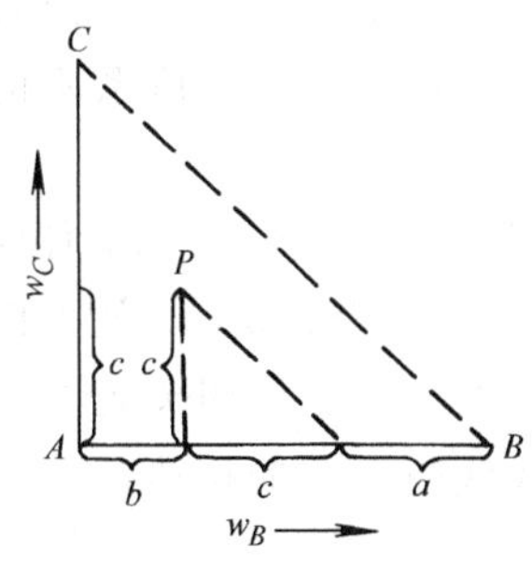

图 3-25 直角坐标表示法

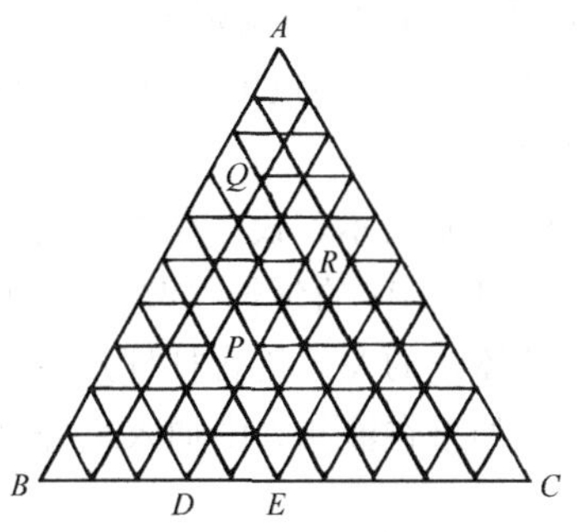

图 3-26 等边三角形表示法

用等边三角形坐标图表示三组分体系的组成，有以下特点：

1）如果有一组体系，其组成位于平行于三角形某一边的直线上，则这一组体系所含由顶角所代表的组分的质量分数都相等。如图 3-27 所示，代表三个不同体系的 d、e、f 三点都位于平行于底边 BC 的线上，这些体系中所含 A 的质量分数都相同。

2）凡位于通过 A 的任一直线上的体系，如图 3-27 中的 D 和 D' 两点所代表的体系，D 和 D' 含 A 的量不同，而其他两组分 B 和 C 的质量分数之比却相同，这可由图中的几何关系来证明。因为图中 $\Delta AED'$ 与 ΔAFD 相似，梯形 $ED'GB$ 和 $FDHB$ 均为等腰梯形。故可证明组分 B 和 C 的质量分数之比相同。

3）如果有两个三组分体系 D 与 E 所构成的新体系，如图 3-28 所示，新体系点 O 点必位于 D、E 两点之间的连线上。若新体系中含 E 量越多，则 O 点位置越靠 E 点。O 点位置

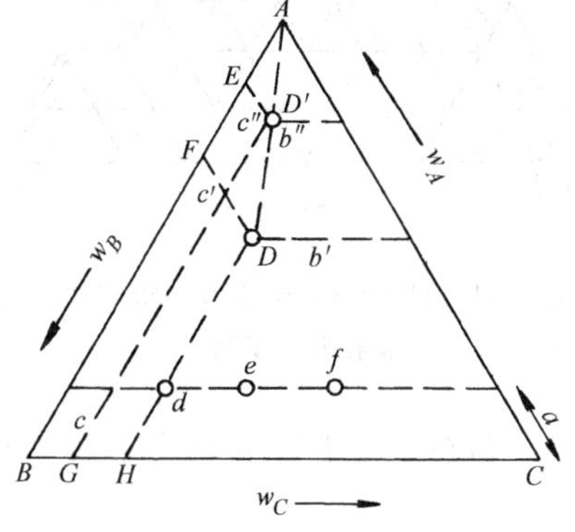

图 3-27 三组分体系组成表示法

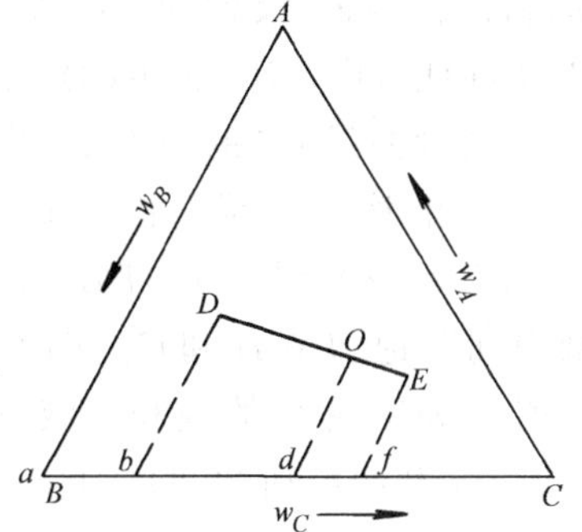

图 3-28 三组分体系的杠杆规则

可由杠杆规则确定，即 D 的量×OD=E 的量×OE。

4）若由三个三组分体系 D、E、F 混合而成的混合物，如图 3-29 所示，其体系点可由下述方法求得：先由杠杆规则求出 D 和 E 两个三组分体系所构成混合物的体系点 G，再由杠杆规则求出 G 和 F 构成的新体系点 H，则 H 点就是 D、E、F 三个组分体系所构成的新的混合物的物系点。

5）如图 3-30 所示，设 s 点为三组分体系，若从液体相 s 中析出纯组分 A 的晶体时，则剩余液相的组成将沿 As 的延长线改变。如果在结晶过程中液相的含量变为 b 点，则此时晶体 A 的量与剩余液体量的关系符合杠杆规则，即晶体 A 的量×sA 线段=b 的量（剩余液体的量）×sb 线段。反之，如果在液相 b 中加入组分 A，则体系点将沿着 bA 线向 A 方向移动。

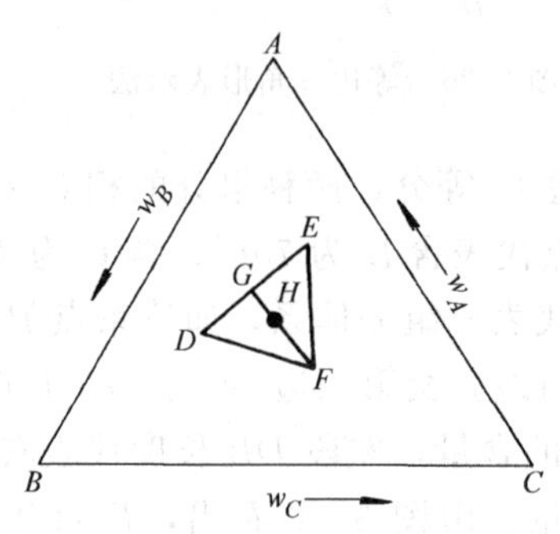

图 3-29 三组分体系的重心规则

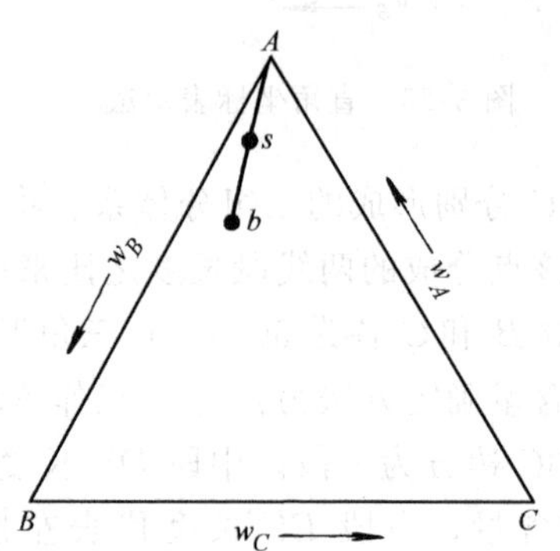

图 3-30 三组分体系的杠杆原则

2. 三组分体系的盐类溶解度图

三组分体系 $H_2O(A)$-$KCl(B)$-$NaCl(C)$ 的溶解度图描绘在等边三角形的坐标上，如图 3-31 所示。图中 c 点为 NaCl 在水中的溶解度，cE 线是水中溶有 KCl 后 NaCl 在其中的溶解度曲线，同理 bE 曲线为水中溶解 NaCl 时 KCl 的溶解度曲线。在溶解度曲线上 $f=3-2+0=1$。在 $AcEb$ 区内，是 NaCl 和 KCl 在水中的不饱和溶液，$\phi=1$，$f=3-1+0=2$，即在该相区内两种盐的含量均可在一定范围内独立改变。bEB 区是 KCl 结晶和含有 NaCl 及饱和 KCl 的水溶液，若体系点 P 落在此区内，B（纯 KCl）和 P 的连结线与 KCl 溶解度曲线 bE 的交点 q，即表示与 KCl 平衡的饱和溶液的组成。由杠杆规则知，KCl（B）量/溶液（q）量$=\overline{qP}/\overline{PB}$。$E$ 点是三相点，溶液中同时饱和了 B 和 C。EBC 区中是固态纯 B、纯 C 和组成 E 的饱和溶液三相共存（此时溶液同时被 B 和 C 所饱和），此时 $f=3-3+0=0$，即在一定温度和压力下每个相的组成都是固定的。

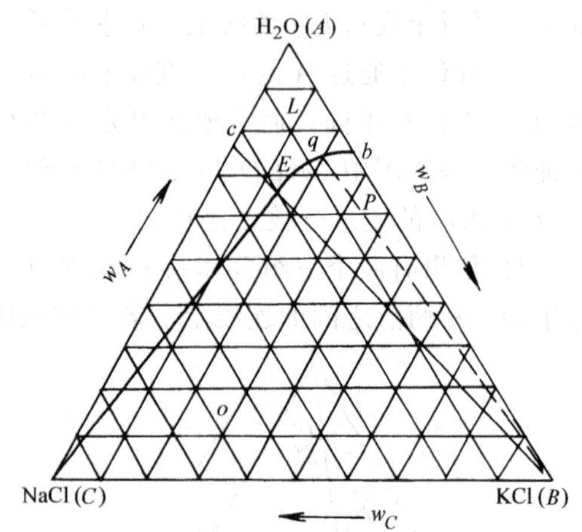

图 3-31 $H_2O(A)$-$KCl(B)$-$NaCl(C)$ 体系溶解度图

3. 部分互溶液体的三组分体系

A、B、C 三种液体可两两地组成三个液对：$A—B$、$B—C$ 及 $C—A$。例如两个液对完全互溶，一个液对部分互溶的甲苯、水和醋酸的三组分体系，如图 3-32 所示。甲苯与水之间部分互溶，而水与醋酸和甲苯与醋酸之间完全互溶。图中 AB 边代表甲苯和水构成的二组分体系。当甲苯中含水很少时或水中含甲苯很少时，体系是均匀的一相。当甲苯中的水饱和之后再加水时或水中的甲苯饱和之后再加甲苯时，体系将分成 a、b 两个液层平衡共存，a 为水在甲苯中的饱和溶液的组成，b 为甲苯在水中的饱和溶液的组成。平衡共存的两个液层称为“共轭溶液”。由图 3-32 可见，若在物系点 d 处的甲苯-水二组分体系中逐渐加入醋酸，物系点将由 d 点出发沿着 dc 直线向 c 趋近。随着醋酸的加入，甲苯在水中的溶解度及水在甲苯中的溶解度都逐渐有所增加，即图中平衡共存的两个共轭溶液的相点 a_1、b_1，a_2、b_2，…在逐渐靠近。又由于平衡共存的两层溶液中醋酸的含量并不一样，所以连结各对共轭溶液相点的直线 a_1b_1、a_2b_2、…并不与底边平行，且最后缩为一点 k，该点叫会溶点（会溶点并不在曲线上的最高处）。超过 k 点，体系不再分层，三个组分已完全互溶。显然曲线以内的相区为两相平衡区，遵守杠杆规则；曲线以外的相区为单相平衡区。

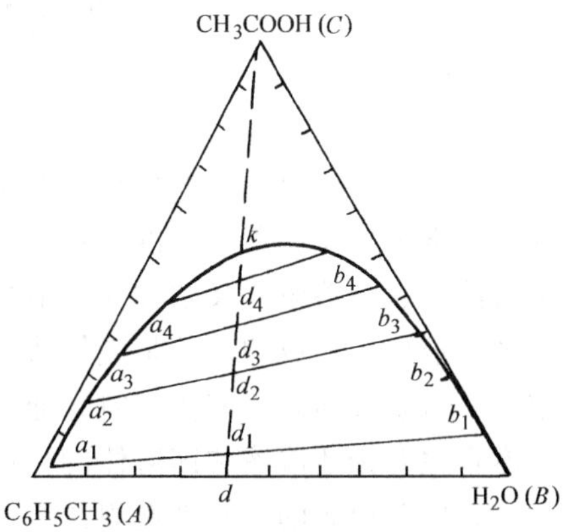

图 3-32　甲苯（A）、水（B）、醋酸（C）三组分体系相图

如果三组分体系中有两对液体部分互溶，可得相图如图 3-33a 所示；若三对液体均为部分互溶，可得相图如图 3-33b 所示。在图 3-33a、b 中，曲线以外是单一液相区。

相图的类型很多，这里不可能一一介绍。通过以上对典型相图的分析，应了解绘制相图的方法，能看懂一些相图，并能初步了解如何利用相图来解决一些实际问题。

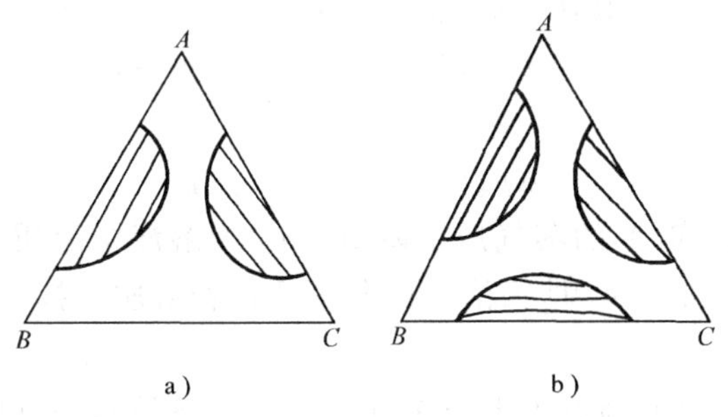

图 3-33　三组分相图

a）两对液体部分互溶　b）三对液体部分互溶

第四章　溶液与固溶体

多组分（含二组分）的均相体系称为混合物或溶体，在需要区分溶质和溶剂时常用溶体概念。根据聚集状态不同，混合物可分为气态混合物、液态混合物和固态混合物，而溶体可分为气溶体、液溶体（又常称为溶液）和固溶体。在溶液中，通常是由气体、固体和液体分别溶解在液体中形成的。若是气体或固体溶解在液体中时，把气体或固体称为溶质，液体称为溶剂；若是液体溶于液体中时，通常含量较多的一种称为溶剂，较少的一种称为溶质。

本章主要论述溶液和固溶体的一些性质，如蒸气压、热力学能、熵、化学势等与其组成的关系，以及得到的一些平衡规律等；论述固溶体生成的热力学条件和经验规律等，从而解决实际溶液或固溶体中存在的一些问题。

第一节　拉乌尔定律和亨利定律

一、拉乌尔定律

1987 年拉乌尔（Raoult）根据大量的实验结果总结出一个重要定律：溶液中溶剂的蒸气压，等于纯溶剂在同一温度下的蒸气压乘以溶液中溶剂的摩尔分数，此定律称为拉乌尔定律。其数学表达式为

$$p_A = p_A^* x_A \tag{4-1}$$

式中，p_A 为溶液中溶剂 A 的蒸气压；p_A^* 为纯溶剂 A 在同一温度下的蒸气压；x_A 为溶液中溶剂 A 的摩尔分数，它是一个量纲为 1 的量。

若溶液中只有 A、B 两个组分，则 $x_A = 1 - x_B$，式（4-1）可写为

$$p_A = p_A^* (1 - x_B) = p_A^* - p_A^* x_B$$

整理得

$$\Delta p_A = p_A^* - p_A = p_A^* x_B \tag{4-2}$$

式中，Δp_A 为稀溶液中溶剂 A 的蒸气压下降值；x_B 为溶液中溶质 B 的摩尔分数。在该体系，如果溶质是不可挥发的，p_A 即为溶液的蒸气压；若溶质是挥发的，则 p_A 为溶剂 A 在气相中的分压。

在稀溶液中，溶剂能较好地服从拉乌尔定律，并且溶液越稀（即 $x_A \to 1$），这一定律越符合实际。

二、亨利定律

1803 年，亨利（Herry）根据实验总结出稀溶液的另一条重要定律：在一定温度下，微溶的气体在溶液中的溶解度与该气体的分压成正比，此即亨利定律。当混合气体的总压不大时，亨利定律可分别适用于每一种气体。实验结果表明，亨利定律适用于稀溶液中挥发性溶质的气液平衡。因此，该定律又可表述为：在一定温度下，稀溶液中挥发性溶质与其蒸气达到平衡时在气相中的分压与该组分在液相中的浓度成正比，其数学表达式为

$$p_B = k_x x_B \tag{4-3}$$

式中，p_B 为溶质在气相中的平衡分压；k_x 是比例常数，称为亨利定律常数，单位为 Pa。对于稀溶液，上式可简化为

$$p_B=k_x x_B=k_x\frac{n_B}{n_A+n_B}\approx k_x\frac{n_B}{n_A}=k_x\frac{n_B}{m_A}M_A$$

式中，M_A 为溶剂的摩尔质量；m_A 为溶剂的质量；n_A、n_B 分别为溶剂和溶质的物质的量；n_B/m_A 为溶质的质量摩尔浓度 b_B。根据浓度的不同表示方法，将上式可写为

$$p_B=k_m b_B \tag{4-4}$$

$$p_B=k_c c_B \tag{4-5}$$

式中，c_B 为溶质的物质的量浓度。

在式（4-4）、式（4-5）中，k_m、k_c 均称为亨利定律常数，显然对于确定的溶液，某一溶质的 $k_x\neq k_m\neq k_c$。亨利定律常数不仅与所用的浓度单位有关，还与压力 p_B 所用的单位和温度以及溶剂和溶质的性质有关。

拉乌尔定律和亨利定律都是描述实际溶液中相平衡规律的两条经验定律。亨利定律用于稀溶液中挥发性溶质（不管溶剂是否挥发）或挥发性溶剂（不管溶质是否挥发），其溶液越稀，这一结论越符合实际。严格讲，当溶液无限稀释时，上述结论才完全正确。在实际应用中，只要溶液相当稀（如 $b_B<0.01\text{mol}\cdot\text{kg}^{-1}$）时其误差一般不大。

如果在稀溶液中，溶质和溶剂均可挥发，则溶液的蒸气压为

$$p=p_A+p_B=p_A^* x_A+k_x x_B \tag{4-6}$$

如果 A 和 B 两种液体可以任意比例互溶，且二者都挥发的体系，溶液中任一组分（例如 B）的蒸气压 p_B 与溶液中的组分 x_B 的关系曲线大体上如图 4-1 所示。图中 $p_{B,R}$ 及 $p_{B,H}$ 分别表示按拉乌尔定律及按亨利定律算出的 B 的蒸气分压，图 4-1a 中 p_B-x_B 曲线在 $p_{B,R}=p_B^* x_B$ 直线上方，图 4-1b 中 p_B-x_B 曲线在 $p_{B,R}=p_B^* x_B$ 直线下方。图 4-1a 和图 4-1b两图特征为：在 x_B 接近 1 的范围内（此时组分 B 相当于稀溶液中的溶剂），这段 p_B-x_B 线是满足拉乌尔定律 $p_B=p_B^* x_B$ 的一小段直线；在 x_A 接近 1 时的浓度范围（此时 B 相当于稀溶液中的溶质），这段曲线满足亨利定律 $p_B=k_x x_B$，其中 k_x 相当于将这一小段直线外延到 $x_B=1$ 的数值，这是一个假想状态，溶质 B 处于纯态，但每个溶质 B 粒子周围的环境和无限稀释的环境相同，故此状态不可能真实存在。

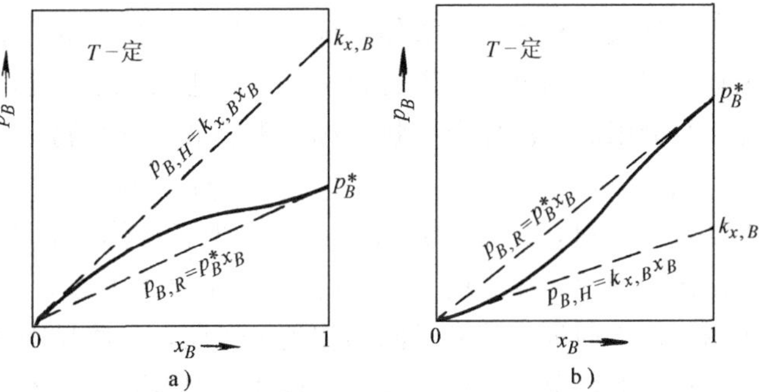

图 4-1　溶液中组分 B 的蒸气压 p_B 与其组成 x_B 的关系

例 4-1　在 370.26K 下，3%（质量分数）的乙醇水溶液，其蒸气压为 1000kPa。对乙醇的摩尔分数为 0.02 的水溶液，试计算：

1）水的蒸气分压。

2）乙醇的蒸气分压。

已知在 370.26K 时纯水的饱和蒸气压为 91.294kPa。

解： 1）对于溶剂水服从拉乌尔定律，即

$$p_A = p_A^* x_A = 91.294\text{kPa} \times (1 - x_B) = 91.294\text{kPa} \times (1 - 0.02) = 89.468\text{kPa}$$

2）对于溶质乙醇要服从亨利定律，即

$$p_B = k_x x_B = 0.02 k_x$$

由题中已知条件可知，3%（质量分数）乙醇溶液的蒸气总压为100kPa，即

$$p_{总} = p_A + p_B = p_A^* x_A + k_x x_B$$

质量分数为3%的乙醇溶液，其摩尔分数 x_B 为

$$x_B = \frac{\dfrac{3\text{g}}{M_{乙}}}{\dfrac{(100-3)\ \text{g}}{M_{水}} + \dfrac{3\text{g}}{M_{乙}}} = \frac{\dfrac{3\text{g}}{46\text{g} \cdot \text{mol}^{-1}}}{\dfrac{97\text{g}}{18\text{g} \cdot \text{mol}^{-1}} + \dfrac{3\text{g}}{46\text{g} \cdot \text{mol}^{-1}}} = 1.2 \times 10^{-2}$$

故亨利定律常数为

$$k_x = \frac{p - p_A^* x_A}{x_B} = \frac{100\text{kPa} - 91.294\text{kPa}\ (1 - 0.012)}{0.012} = 877.667\text{kPa}$$

因此摩尔分数为0.02乙醇水溶液中乙醇的蒸气压为

$$p_B = k_x x_B = 927.211\text{kPa} \times 0.02 = 185.44\text{kPa}$$

第二节 理想液体混合物和稀溶液

一、理想液体混合物

由两种或多种挥发性液体组成的液体混合物，如果它的一切组分在全部浓度范围内都遵守拉乌尔定律，则该液体混合物称为“理想液体混合物”。或者说，服从拉乌尔定律而不受浓度和组分限制的液体混合物，称为理想液体混合物，即

$$p_B = p_B^* x_B$$

式中，$x_B = 0 \to 1$，$B = 1, 2, 3, \cdots$。在理想液体混合物中拉乌尔定律和亨利定律统一成为一个定律，即两定律中的 $k_x = p_B^*$。从分子层次上讲，在理想液体混合物中同种物质粒子间的作用力和不同种物质粒子间的作用力相同，各物质粒子大小相近。真正的理想溶液是不多见的。在一般情况下，液态同分异构体的混合物、液态同位素化合物的混合物、液态的紧邻同系物的混合物均可以看作是理想液体混合物。但有较多混合物是接近于理想液体混合物，如苯和甲苯的混合物、正己烷和正庚烷的混合物等，可近似认为是理想液体混合物。

对于双组分构成的理想液体混合物，有如下关系

$$p_A = p_A^* x_A = p_A^* (1 - x_B)$$

$$p_B = p_B^* x_B \tag{4-7}$$

当温度一定时，纯组分的蒸气压 p_A^* 和 p_B^* 都是确定的。由上两式可见，p_A 及 p_B 与 x_B 呈直线关系。又因为理想液体混合物的蒸气压 p 为两组分的蒸气压之和，即

$$p = p_A + p_B = p_A^* x_A + p_B^* x_B = p_A^* + (p_B^* - p_A^*) x_B \tag{4-8}$$

由式（4-8）看出，双组分理想液体混合物的蒸气压与溶液的组成 x_B 亦呈直线关系。在定温下，p_A、p_B 和 p 与 x_B 的线性函数关系如图4-2所示。

理想液体混合物是由两种或多种挥发性液体组成的。当理想液体混合物和它上方的气相平衡共存时，理想液体混合物中任一组分 B 在液相中的化学势 μ_B^{L} 与气相中的化学势 μ_B^{g} 相

等，即

$$\mu_B^L=\mu_B^g$$

蒸气相为一混合气体，由于溶液的蒸气压一般都不高，可当作理想气体处理，所以有下式成立：

$$\mu_B^L=\mu_B^g=\mu_B^\theta(T)+RT\ln\frac{p_B}{p^\theta} \quad (4\text{-}9a)$$

式中，p_B 是蒸气相中组分 B 的分压。由于理想液体混合物任一组分均遵守拉乌尔定律 $p_B=p_B^* x_B$，代入上式得

$$\mu_B^L=\mu_B^g=\mu_B^\theta(T)+RT\ln\frac{p_B^*}{p^\theta}+RT\ln x_B \quad (4\text{-}9b)$$

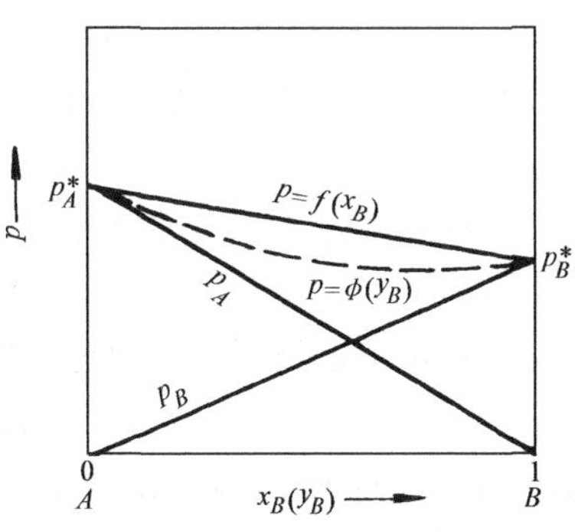

图 4-2　二组分理想溶液的蒸气压-组成图

在通常情况下，液体的饱和蒸气压随外压的变化而有少许变化；在定温下，蒸气压随外压增大而增大。当温度及总压为定值时，式(4-9b)中右边前两项之和为定值，用符号 $\mu_B^*(T, p)$表示，即

$$\mu_B^*(T, p)=\mu_B^\theta(T)+RT\ln\frac{p_B^*}{p^\theta} \quad (4\text{-}10)$$

将式（4-10）代入式（4-9b）可得

$$\mu_B^L=\mu_B^*(T, p)+RT\ln x_B \quad (4\text{-}11)$$

由式（4-11）可知，当 x_B 为 1 时（即为纯物质 B 时），$\mu_B^L=\mu_B^*$（T，p），所以 μ_B^*（T，p）是纯 B 液体在温度为 T、总压力为 p 时的化学势。按国际标准和我国标准，标准态的压力为 p^θ（即 100kPa）。故严格讲，μ_B^*（T，p）所对应的 $p\neq p^\theta$ 的纯 B 液体状态不适宜作标准态。但现实中，总压力时凝聚相物质的化学势影响很小，当 p 与 p^θ 差值不太大时，可忽略总压为 p 时 μ_B^*（T，p）与总压为 p^θ 时 μ_B^θ（T）之间的差值，即

$$\mu_B^*(T,p)\approx\mu_B^\theta(T)$$

代入式（4-11）可得

$$\mu_B^L=\mu_B^\theta(T)+RT\ln x_B \quad (4\text{-}12)$$

式（4-12）中 μ_B^θ（T）的物理意义是：不管是纯物质 B 还是理想液体混合物中的物质 B，$\mu_B^\theta(T)$都是温度 T 和标准压力 p^θ 时纯物质 B 的化学势。但是，当总压 p 与 p^θ 差值较大时，则应该用式（4-11）计算理想溶液 B 组分的化学势。因为式（4-11）是理想液体混合物中任一组分 B 的化学势表达式，也是理想液体混合物的热力学定义，而式（4-12）是理想液体混合物中任一组分 B 的化学势近似表达式。在这里，理想液体混合物又可定义为：体系中各组分的化学势在全部浓度范围内均可满足式（4-11）要求的液体混合物，称为理想液体混合物。在理想液体混合物中，所有的物质（不分溶质和溶剂）都选用同样的标准态和按相同的方法来处理。这种体系也称为理想液体混合物，简称理想混合物。

由理想液体混合物的定义式

$$\mu_B=\mu_B^*+RT\ln x_B$$

很容易导出理想液体混合物具有下列特性：

1）n 种纯液体等温、等压混合成理想液体混合物时，该混合物的体积等于各纯液体的体积之和，而没有额外的增加，即

$$\Delta_{mix}V = V_{混合后} - V_{混合前} = \sum\nolimits_B n_B V_{B,m} - \sum\nolimits_B n_B V_m^*(B) = 0$$

因为理想液体混合物中某组分的偏摩尔体积等于该纯组分的摩尔体积，所以混合前后体积不变。

2）在定温定压下由纯组分混合成理想液体混合物时，无热效应产生，即

$$\Delta_{mix}H = H_{混合后} - H_{混合前} = 0$$

3）在定温定压下形成理想液体混合物过程中，热力学能不变，即

$$\Delta U_{mix} = \Delta_{mix}H - p\Delta_{mix}V = 0$$

因为式中 $\Delta_{mix}H$ 和 $\Delta_{mix}V$ 在理想液体混合物形成过程中均为零，所以热力学能变化 $\Delta U_{mix}=0$。

4）n 种纯液体在定温定压下混合形成理想液体混合物时，混合过程的吉布斯自由能减小，即

$$\Delta_{mix}G = G_{混合后} - G_{混合前} < 0$$

5）n 种纯液体在定温定压下混合形成理想液体混合物时，混合前后体系的熵增加，即

$$\Delta_{mix}S = S_{混合后} - S_{混合前} > 0$$

综上所述，在定温定压下形成理想液体混合物过程中，体系的热力学能、体积、焓均不发生变化，但熵增大，而吉布斯自由能减小，如图 4-3 所示。

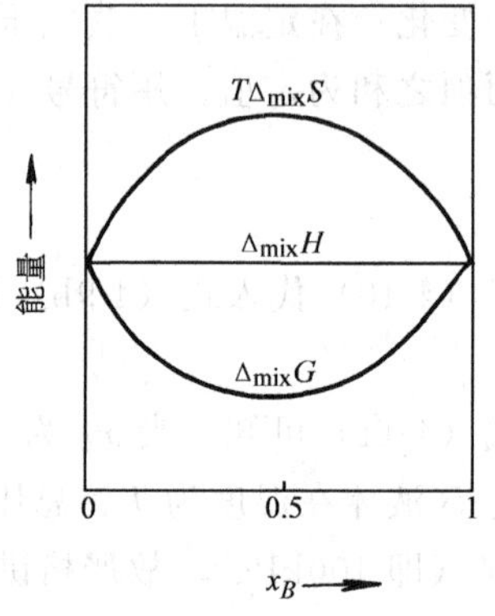

图 4-3 形成 1mol 理想液体混合物时热力学函数的改变

理想液体混合物的混合性质虽然是宏观表现，但也可以从微观角度来理解。根据理想液体混合物的微观模型可知，在理想液体混合物中不论是同类分子还是异类分子之间的相互作用力相同，各类分子的体积相等，因此各种分子在溶液中受力情况与其在纯组分中几乎一样，混合时不发生体积变化，分子间势能也不改变，所以混合时不伴随吸热和放热现象。又因为理想液体混合物中各种分子的受力情况相同，在空间分布的概率均等，因此，由统计方法可推导出混合熵增大。

二、稀溶液

在定温定压下，任何实际溶液随着稀释度的增加溶剂总是遵守拉乌尔定律，溶质遵守亨利定律的溶液称为理想稀溶液，简称稀溶液。应该指出，化学热力学中的稀溶液并不仅仅是指浓度很稀的溶液。若某溶液浓度虽很稀，但溶剂不服从拉乌尔定律，溶质不服从亨利定律，则此溶液不称为理想稀溶液。实际上，各种不同种类的稀溶液，它们的浓度范围是不完全一样的。

在稀溶液中，设 A 为溶剂，B 为溶质。溶剂 A 服从拉乌尔定律，其化学势为

$$\mu_A = \mu_A^*(T, p) + RT\ln x_A \tag{4-13}$$

式（4-13）的推导方法和理想液体混合物一样，式中 μ_A^*（T，p）的物理意义是在 T、p 时纯 A（即 $x_A=1$）的化学势（或摩尔吉布斯自由能）。

在溶液中对于溶质而言，平衡时其化学势为

$$\mu_B = \mu_B^g = \mu_B^\theta(T) + RT\ln(p_B/p^\theta)$$

因为稀溶液中溶质服从亨利定律，将 $p_B = k_B x_B$ 代入上式得

$$\mu_B = \mu_B^\theta(T) + RT\ln\left(\frac{k_B x_B}{p^\theta}\right) = \mu_B^\theta(T) + RT\ln\left(\frac{k_B}{p^\theta}\right) + RT\ln x_B$$

$$= \mu_B^\Delta(T,\ p)_x + RT\ln x_B \tag{4-14a}$$

式中，$\mu_B^\Delta(T,\ p)_x = \mu_B^\theta(T) + RT\ln\left(\frac{k_B}{p^\theta}\right)$，$\mu_B^\Delta(T,\ p)$是 T、p 的函数，在一定温度和压力下有确定值，只是它不等于纯 B 的化学势。在该式中，$\mu_B^\Delta(T,\ p)$可看作是 $x_B=1$，且服从亨利定律的那个状态的化学势。如由图 4-4 可见，将 $p=k_x x_B$ 的直线延长所得 R 点，这个由引伸而得到的状态（R）实际上并不存在。在图中纯 B 的实际状态由 W 点表示。这个假想状态（R）是外推得出的，客观上不存在，因为不可能在 x_B 从 0 到 1 的整个区间内，溶质 B 均能服从亨利定律。

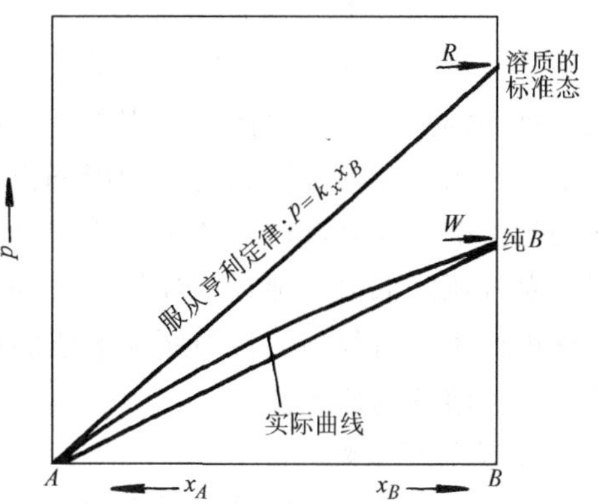

图 4-4　溶液中溶质的标准态
（浓度为摩尔数）

由式（4-13）和式（4-14a）可见，在稀溶液中，无论溶剂或溶质，其化学势表达式在形状上相似，但 μ_A^*（T，p）和 μ_B^Δ（T，p）的意义不同，该两式可以看做是稀溶液的热力学定义。

若亨利定律中质量摩尔浓度是 b_B，即 $p=k_m b_B$，则

$$\mu_B = \mu_B^\theta(T) + RT\ln\frac{k_m b_B}{p^\theta} = \mu_B^\theta(T) + RT\ln\frac{k_m b_B}{p^\theta} + RT\ln\frac{b_B}{b^\theta}$$

$$= \mu^\Delta(T,\ p)_m + RT\ln\frac{b_B}{b^\theta} \tag{4-14b}$$

式中，$\mu^\Delta(T,\ p)_m = \mu_B^\theta(T) + RT\ln\frac{k_m b_B}{p^\theta}$；$b_B = \text{mol}\cdot\text{kg}^{-1}$，是标准质量摩尔浓度。$\mu^\Delta(T,\ p)_m$是 $b_B=1\text{mol}\cdot\text{kg}^{-1}$时，且服从亨利定律的状态的化学势，这个状态也是虚拟的假想状态。但它还不是溶质 B 的标准化学势 $\mu_B^\theta(T,\ p)$，因为 $\mu^\Delta(T,\ p)$中的压力 p 是假想状态的实际压力而不是标准压力 p^θ。

若亨利定律中溶质 B 的物质的量浓度是 c_B，即 $p=k_c c$，则

$$\mu_B = \mu_B^\theta(T) + RT\ln\frac{k_c c}{p^\theta} = \mu_B^\theta(T) + RT\ln\frac{k_c c_\theta}{p^\theta} + RT\ln\frac{c}{c^\theta}$$

$$= \mu_B^\Delta(T,\ p)_c + RT\ln\frac{c}{c^\theta} \tag{4-14c}$$

式中，$\mu_B^\Delta(T,\ p)_c = \mu_B^\theta(T) + RT\ln\frac{k_c c^\theta}{p^\theta}$；$c^\theta = 1\text{mol}\cdot\text{dm}^{-3}$，称为标准物质的量浓度(简称标准浓度)。同理，$\mu_B^\Delta(T,\ p)_c$ 是溶液中溶质浓度为标准浓度 c^θ 时，且服从亨利定律的那个状态的化学势，这个状态也是假想状态。

在上述化学势的三种表示式中的三种溶质标准态不同，三种溶质标准化学势也不一样。但是，对于一个确定组成的稀溶液的溶质来讲，无论用何种表达式，其化学势的值是相同的。图 4-5 是挥发性溶质的三种标准态对比示意图。在标准态下，溶质 B 的含量为 $x_B=1$，

或$b_B=b^\theta=1\text{mol}\cdot\text{kg}^{-1}$，或$c_B=c^\theta=1\text{mol}\cdot\text{dm}^{-3}$，此时溶质$B$的标准态是由理想稀溶液的性质外延至$x_B=1$或$b_B=b^\theta$，或$c_B=c^\theta$而取得的。引入这样一个想象的标准态，并不影响$\Delta G$和$\Delta\mu$的计算，因为在计算这些值时，有关标准态的项都消去了。

三、稀溶液的依数性

难挥发的非电解质稀溶液有一些共同的性质：溶液的蒸气压比纯溶剂蒸气压降低；溶液的沸点比纯溶剂的沸点升高；溶液的凝固点，即固态纯溶剂与溶液平衡共存的温度比纯溶剂凝固点降低；在溶液与纯溶剂之间有渗透压产生。当溶液的浓度较稀时，蒸气压降低值、沸点升高值、凝固点降低值及溶液的渗透压值仅与溶液中所含溶质的粒子个数有关，而与溶质的本性无关。上述四种性质被称为稀溶液的依数性。

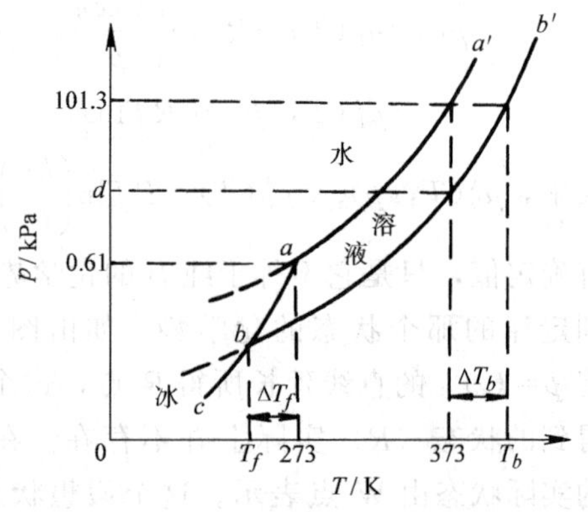

图 4-5　稀水溶液中凝固点下降和沸点上升示意图

1. 蒸气压下降

在一定温度下，溶液的蒸气压总是低于纯溶剂的蒸气压，如图 4-5 所示。由式（4-2）知，稀溶液中溶剂的蒸气压下降的规律可表示为

$$\Delta p=p_A^*-p_A=p_A^*x_B$$

当溶液中是难挥发溶质时，溶剂的蒸气压就是稀溶液的蒸气压。该式表明稀溶液的蒸气压下降值Δp与一定量溶剂中所含溶质的摩尔分数成正比，而与溶质本性无关。某些固体物质如氯化钙，在空气中易吸收水分子而潮解，这与溶液的蒸气压下降有关。因为这些固体物质表面吸水后形成溶液，它的蒸气压比空气中水蒸气的分压小，结果空气中的水蒸气不断地凝结进入溶液，使这些物质继续潮解。正由于此性质，所以常用氯化钙作为干燥剂。

2. 凝固点下降

凝固点是指固相和液相共存（即两相蒸气压相等）时的温度。溶液的凝固点是指在一定压力下固态溶剂与溶液平衡时的温度。溶液的凝固点下降是由于溶液的蒸气压下降引起的，如图 4-5 所示。如果溶质和溶剂生成固溶体则不属于此范围。由图可见，稀溶液的凝固点T_f比纯溶剂的凝固点T_f^*低，则$T_f^*-T_f=\Delta T_f$称为凝固点下降值。下面将推导ΔT_f与溶液浓度之间的关系。

在定温定压下，当固体纯溶剂与溶液成平衡时，溶剂A在固相和溶液相中的化学势必然相等，即

$$\mu_A^{\text{s}}(T,\ p)=\mu_A^{\text{l}}(T,\ p,\ x_A)=\mu_A^*(T,\ p)+RT\ln x_A$$

因此

$$\ln x_A=\frac{1}{RT}[\mu_A^{\text{s}}(T,\ p)-\mu_A^*(T,\ p)]=-\frac{\Delta_{fus}G_m(A)}{RT}$$

式中，$\Delta_{fus}G_m(A)$是由固态纯溶剂熔化为液态纯溶剂时的摩尔吉布斯自由能改变量。

在恒压下，将上式对T微分，并根据吉布斯-亥姆霍兹公式$\left[\frac{\partial\left(\frac{\Delta G}{T}\right)}{\partial T}\right]_p=-\frac{\Delta H}{T^2}$可得

$$\left(\frac{\partial \ln x_A}{\partial T}\right)_p=\frac{1}{R}\left[\frac{\partial \ (\Delta_{fus}G_m/T)}{\partial T}\right]_p=-\frac{1}{R}\frac{\Delta H_m\ (A)}{T^2}$$

式中，ΔH_m（A）为纯溶剂的摩尔凝固潜热，可近似用纯溶剂的摩尔熔化热 $\Delta_{fus}H_m$（A）代替 $-\Delta H_m$（A）对上式积分。以纯溶剂状态为积分起点，积分下限分别为 0 和 T_f^*（因为 $x_A=1$时 $\ln x_A=0$），积分上限分别为 $\ln x_A$ 和 T_f，因为温度变化区间不大，$\Delta_{fus}H_m$ 可看作常数，所以

$$\int_0^{\ln x_A}\mathrm{d}\ln x_A=\frac{1}{R}\int_{T_f^*}^{T_f}-\frac{\Delta_{fus}H_m(A)}{T^2}\mathrm{d}T$$

$$\ln x_A=\frac{\Delta_{fus}H_m(A)}{R}\left(\frac{1}{T_f^*}-\frac{1}{T_f}\right)=\frac{\Delta_{fus}H_m(A)}{R}\left(\frac{T_f-T_f^*}{T_fT_f^*}\right) \tag{4-15}$$

对于二元稀溶液，$\ln x_A=\ln$（$1-x_B$）。当 x_B 很小时，把 $\ln$（$1-x_B$）展成级数，仅取其第一项，则得 $\ln$（$1-x_B$）$\approx -x_B$，所以可将上式近似处理为

$$-x_B=\frac{\Delta_{fus}H_m\ (A)}{R}\left(\frac{T_f-T_f^*}{T_fT_f^*}\right)$$

如令

$$\Delta T_f=T_f^*-T_f,\quad T_fT_f^*\approx (T_f^*)^2$$

则得

$$-x_B=\frac{\Delta_{fus}H_m\ (A)}{R}\left[-\frac{\Delta T_f}{(T_f^*)^2}\right]$$

将 $x_B=\dfrac{n_B}{n_A+n_B}\approx\dfrac{n_B}{n_A}$代入上式并整理后得

$$\Delta T_f=\frac{R\ (T_f^*)^2}{\Delta_{fus}H_m\ (A)}\frac{n_B}{n_A} \tag{4-16}$$

式（4-16）称为稀溶液的凝固点下降公式。

设在质量为 m_A（单位为 kg）的溶剂中含溶质 m_B（单位为 kg）的溶液中，以 M_A 和 M_B 分别表示 A 和 B 的摩尔质量（单位为 $\mathrm{kg\cdot mol^{-1}}$）时，上式又可写为

$$\Delta T_f=\frac{R\ (T_f^*)^2M_A}{\Delta_{fus}H_m\ (A)}\frac{m_B/M_B}{m_A}=K_fb_B \tag{4-17a}$$

$$K_f=\frac{R\ (T_f^*)^2M_A}{\Delta_{fus}H_m\ (A)} \tag{4-17b}$$

式中，K_f 称为质量摩尔凝固点降低常数，简称凝固点降低常数。其值只与溶剂的性质有关，它是假想 $b_B=1$ 时且又符合稀溶液依数性的凝固点降低值。式（4-17）只适于稀溶液，因为它是在 $x_B\approx n_B/n_A$ 和 $T_fT_f^*\approx (T_f^*)^2$ 等近似条件下得到的，该式既适合于难挥发性溶质，亦适于挥发性溶质的稀溶液。利用式（4-17）可求出溶质的摩尔质量。

例 4-2　在100g 溶剂苯中加入某溶质 10g，苯的凝固点从 50℃降低到−0.74℃，试求苯的凝固点降低常数和溶质的摩尔质量。已知苯的熔化热为 9.84kJ·mol^{-1}，其摩尔质量为 78.11g·mol^{-1}。

解：由式（4-17b）得

$$K_f=\frac{R\ (T_f^*)^2M_A}{\Delta_{fus}H_m\ (A)}=\frac{8.314\mathrm{J\cdot K^{-1}\cdot mol^{-1}}\times (278.6\mathrm{K})^2\times 78.11\times 10^{-3}\mathrm{g\cdot mol^{-1}}}{9.84\times 10^3\mathrm{J\cdot mol^{-1}}}$$

$=5.12\text{K}\cdot\text{kg}\cdot\text{mol}^{-1}$

又由式（4-17a）得

$$b_B=\frac{\Delta T_f}{K_f}=\frac{278.7\text{K}-272.46\text{K}}{5.12\text{K}\cdot\text{kg}\cdot\text{mol}^{-1}}=1.22\text{mol}\cdot\text{kg}^{-1}$$

因为 $b_B=\frac{n_B}{m_A}=\frac{m_B/M_B}{m_A}$，所以

$$M_B=\frac{m_B}{m_A b_B}=\frac{10\text{g}}{100\text{g}\times1.22\text{mol}\cdot\text{kg}^{-1}}=8.2\times10^{-2}\text{kg}\cdot\text{mol}^{-1}$$

例 4-3 假定萘（A）与苯（B）形成理想液体混合物。萘的熔点是 353.2K，熔化热是 19.246kJ·mol^{-1}。试求在 333.2K 时，萘与苯所形成的饱和混合物里萘的摩尔分数是多少？

解： 萘（s）$\rightleftharpoons$萘（饱和溶液）

由公式（4-15）知

$$\ln x_A=\frac{\Delta_{fus}H\ (A)}{R}\left(\frac{T_f-T_f^*}{T_fT_f^*}\right)$$

$$=\frac{19246\text{J}\cdot\text{mol}^{-1}}{8.314\text{J}\cdot\text{K}^{-1}\cdot\text{mol}^{-1}}\times\left(\frac{333.2\text{K}-353.2\text{K}}{333.2\text{K}\times353.2\text{K}}\right)=-0.393$$

解得 $x_A=0.675$

3. 沸点升高

沸点是指液体的蒸气压等于外压时的温度。根据拉乌尔定律，在定温下当溶液中含有不挥发性溶质时，溶液的蒸气压总是比纯溶剂低，所以溶液的沸点比纯溶剂高，由图 4-5 可看出 $T_b>T_b^*$。当两相平衡时

$$\mu_A^L\ (T,\ p,\ x_A)=\mu_A^g\ (T,\ p)$$

假若溶液的浓度改变 dx_A，则沸点相应地改变 dT。根据上述同样的推导方法，可得沸点升高值 ΔT_b 与质量摩尔浓度 b_B 的关系为

$$\Delta T_b=\frac{R\ (T_b^*)^2}{\Delta_{vap}H_m\ (A)}\frac{n_B}{n_A}$$

$$\Delta T_b=K_b b_B \tag{4-18a}$$

$$K_b=\frac{R\ (T_b^*)^2M_A}{\Delta_{vap}H_m\ (A)} \tag{4-18b}$$

式（4-18）称为稀溶液的沸点升高公式。式中 K_b 称作沸点升高常数，T_b^* 为纯溶剂的沸点，M_A 为溶剂的摩尔质量，$\Delta_{vap}H_m$（A）是溶剂的摩尔蒸发热。由式（4-17b）和式（4-18b）看出，K_f 和 K_b 一样，它们的值只与溶剂种类有关，而与溶质性质无关。式（4-17）与式（4-18）推导方式相同，但前者对于挥发性溶质及非挥发性溶质形成的稀溶液均可适用；而后者只适用于不挥发性溶质，对挥发性溶质的稀溶液不能适用。因为对挥发性溶质来说，其沸点可能升高或降低，既使沸点升高也不符合公式（4-18）。上式中 ΔT_f 与 ΔT_b 一样，只与溶质（不发生电离）的质量浓度成正比。利用凝固点降低和沸点升高公式均可求出稀溶液溶质的质量摩尔浓度及非理想溶液溶剂的活度。

例 4-4 苯（A）的正常沸点为 80.1℃，在 0.100kg 苯中加入 1.376×10^{-2} kg 联苯 $(C_6H_5)_2$（B）之后沸点升至 82.4℃。求：

1）苯的沸点升高常数。

2）苯的摩尔蒸发热。

解：1）联苯的摩尔质量 M_B 为 0.1542kg·mol^{-1}，故液体中联苯（B）的质量摩尔浓度为

$$b_B=\frac{n_B}{m_A}=\frac{1.376\times10^{-2}\text{kg}/0.1542\text{kg}\cdot\text{mol}^{-1}}{0.100\text{kg}}=0.892\text{mol}\cdot\text{kg}^{-1}$$

由公式 $\Delta T_b=K_b b_B$ 可得

$$K_b=\frac{\Delta T_b}{b_B}=\frac{82.4\text{K}-80.1\text{K}}{0.892\text{mol}\cdot\text{kg}^{-1}}=2.58\text{K}\cdot\text{kg}\cdot\text{mol}^{-1}$$

2）苯的摩尔质量 M_A 为 0.0780kg·mol^{-1}，其沸点 $T_b^*=353\text{K}$，由式（4-18b）可得

$$\begin{aligned}\Delta_{vap}H_m(A)&=\frac{R(T_b^*)^2M_A}{K_b}\\&=\frac{(8.314\text{J}\cdot\text{mol}^{-1}\cdot\text{K}^{-1})\times(353\text{K})^2\times(0.0780\text{kg}\cdot\text{mol}^{-1})}{2.58\text{K}\cdot\text{kg}\cdot\text{mol}^{-1}}\\&=31.3\text{kJ}\cdot\text{mol}^{-1}\end{aligned}$$

例 4-5 在5.0×10^{-2}kgCCl_4（A）中溶入5.126×10^{-4}kg 萘（B）（$M_B=0.12816\text{kg}\cdot\text{mol}^{-1}$），测得溶液的沸点较纯溶剂升高 0.402K。若在同量的溶剂 CCl_4 中溶入 6.216×10^{-4}kg 的未知物，测得沸点升高约 0.647K。求：

1）未知物的摩尔质量。

2）沸点升高常数。

解：1）由沸点升高公式（4-18a）知

$$\Delta T_b=K_b b_B=K_b\frac{m_B/M_B}{m_A}$$

所以

$$0.402\text{K}=K_b\frac{(5.126\times10^{-4}\text{kg})/(0.12816\text{kg}\cdot\text{mol}^{-1})}{(5.0\times10^{-2}\text{kg})}$$

$$0.647\text{K}=K_b\frac{6.216\times10^{-4}\text{kg}/M_B}{5.0\times10^{-2}\text{kg}}$$

将两式相除，消去 K_b 后得

$$M_B=9.67\times10^{-2}\text{kg}\cdot\text{mol}^{-1}$$

2）
$$\begin{aligned}K_b&=\frac{\Delta T_b m_A M_B}{m_B}\\&=\frac{(0.402\text{K})\times(5.0\times10^{-2}\text{kg})\times(0.12816\text{kg}\cdot\text{mol}^{-1})}{5.126\times10^{-4}\text{kg}}\\&=5.04\text{K}\cdot\text{kg}\cdot\text{mol}^{-1}\end{aligned}$$

4. 渗透压

一定温度下，在一个 U 形容器内用半透膜 aa'将纯溶剂和溶液分开，半透膜只允许溶剂分子通过，而不允许溶液中溶质分子通过，如图 4-6 所示。当半透膜两侧温度相同均为 T，压力相同。纯溶剂及稀溶液溶剂的饱和蒸气压分别为 p_A^* 和 p_A，化学势分别为 μ_A 和 μ_A'，则

$$\mu_A=\mu_A(g)=\mu_A^\theta+RT\ln\frac{p_A^*}{p^\theta} \tag{4-19a}$$

$$\mu_A{}'=\mu_A{}'(g)=\mu_A+RT\ln\frac{p_A}{p^{\theta}} \tag{4-19b}$$

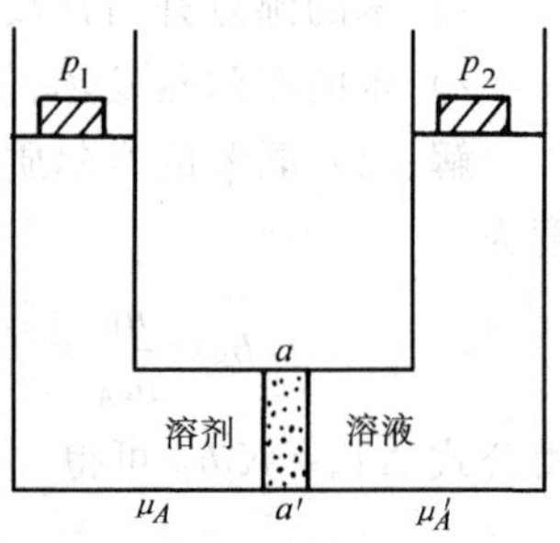

图 4-6 渗透压示意图

由于 $p_A^*>p_A$，故 $\mu_A>\mu_A{}'$。因此，溶剂分子会自纯溶剂一方透过半透膜而进入溶液的一方，致使溶液体积增大。这种溶剂分子由纯溶剂一方通过半透膜向溶液中迁移的现象称为渗透现象。可以想象为溶液对膜另一侧的纯溶剂分子表现出“负压”，好像是把它们“吸”入了溶液一样。为了阻止纯溶剂一方的溶剂分子进入溶液，需要在溶液上方施加额外的压力，以增加其蒸气压，使半透膜双方溶剂的化学势相等而达到平衡。这个额外的压力就定义为渗透压，用 Π 表示。在平衡时，若令 p_1 和 p_2 分别代表平衡时溶剂和溶液上的外压，则

$$\Pi=p_2-p_1 \tag{4-20}$$

若稀溶液一侧施加额外压力过大，会发生溶液中的溶剂分子穿过半透膜向纯溶剂一侧迁移的现象，叫做反渗透。

当平衡时有下列关系式

$$\mu_A=\mu_A{}'+\int_{p_1}^{p_2}\left(\frac{\partial\mu_A{}'}{\partial p}\right)_T\mathrm{d}p=\mu_A{}'+\int_{p_1}^{p_2}V_{A,m}\mathrm{d}p$$

式中，$V_{A,m}$是溶液中溶剂的偏摩尔体积。假定压力对体积的影响忽略不计，上式则为

$$\mu_A=\mu_A{}'+V_{A,m}(p_2-p_1)$$

将式（4-19）和式（4-20）代入上式后，得

$$\Pi V_{A,m}=RT\ln\frac{p_A^*}{p_A} \tag{4-21}$$

因为此稀溶液遵守拉乌尔定律，所以

$$\Pi V_{A,m}=RT\ln\frac{p_A^*}{p_A^*x_A}=-RT\ln x_A=-RT\ln(1-x_B)$$

式中，当 x_B 很小时 $\ln(1-x_B)\approx -x_B$，将 $\ln(1-x_B)$ 代入上式得

$$\Pi V_{A,m}\approx RTx_B=RT\frac{n_B}{n_A+n_B}\approx RT\frac{n_B}{n_A} \tag{4-22}$$

式中，n_A、n_B 分别为溶剂 A 和溶质 B 的物质的量，在稀溶液中 $V_{A,m}\approx V_{m(A)}$，且溶液体积 V 近似为 n_AV_m（A），所以

$$\Pi V=n_BRT \tag{4-23a}$$

或

$$\Pi=\frac{m_BRT}{M_BV} \tag{4-23b}$$

式（4-23）称为范霍夫（Van'tHoff）公式，此式只适用于稀溶液。式（4-23a）与理想气体状态方程式二者在形式上相似，该式也可写作

$$\Pi=\frac{n_B}{V}RT=cRT \tag{4-23c}$$

式中，c 是溶液中溶质的物质的量浓度。由此式可见，稀溶液渗透压的大小只由溶液中溶质

的浓度决定，而与溶质的性质无关。

稀溶液的渗透压在四个依数性中是最为灵敏的一个性质。在相同温度下，某一溶液当稀释到其凝固点降低值已小到在实验中难以测量时，它的渗透压仍具有可精确测量的显著值。因此原则上讲，测定溶质摩尔质量等工作用渗透压法比用凝固点降低法更优越。但实际上却用后一种方法，因为对一般小分子溶质的溶液来讲，真正只允许溶剂分子通过的半透膜不易制得。但对于大分子溶质形成的溶液，因其溶质与溶剂分子大小相差十分悬殊，可以制备或找到合适的半透膜，所以常用测定渗透压的方法求得大分子物质的平均摩尔质量（如人工合成的高聚物或天然产物、蛋白质等）。

例 4-6　用渗透压法测得胰凝乳朊酶原（Chymtrysinogen）的平均摩尔质量为 $25.00\mathrm{kg \cdot mol^{-1}}$，今在 298.2K 时有含该溶质 B 的溶液，测得其渗透压为 1539Pa。试求每 $0.1\mathrm{dm^3}$ 溶液中含该溶质多少？

解：该溶液为稀溶液，由式（4-23）知

$$\Pi = \frac{m_B}{VM_B}RT$$

得

$$m_B = \frac{\Pi VM_B}{RT} = \frac{(1539\mathrm{Pa}) \times (0.1 \times 10^{-3}\mathrm{m^3}) \times (25.00\mathrm{kg \cdot mol^{-1}})}{(8.314\mathrm{J \cdot K^{-1} \cdot mol^{-1}}) \times (298.2\mathrm{K})}$$
$$= 1.552 \times 10^{-3}\mathrm{kg}$$

第三节　实 际 溶 液

一、实际溶液对理想液体混合物的偏差

在实际中，对大多数溶液来说，除极稀溶液外，在大部分浓度范围内溶剂不遵守拉乌尔定律，溶质不遵守亨利定律，这种溶液被称为实际溶液。

在实际溶液中，由于不同种分子间引力与同种分子间引力不同，或由于溶剂和溶质分子之间发生化学作用，因而导致了实际溶液在宏观性质上对理想液体混合物的偏差，如实际溶液的蒸气压值不等于由拉乌尔定律计算所得的值。实际溶液中各种组分的蒸气压大于同温度下拉乌尔定律的计算值，称为正偏差，即 p_B（实）$> p_B^* x_B$；而实际溶液中各组分的蒸气压值小于同温度下拉乌尔定律的计算值，称为负偏差，即 p_B(实)$<p_B^* x_B$。产生正偏差的原因，通常是由于 A—B 分子间引力小于 A—A 及 B—B 分子间的引力，或是因为原来纯 A 或纯 B 体系中的缔合分子，在形成溶液时发生解离，使分子数增多，因此这类溶液形成时往往伴随着蒸气压增大，体积增大和发生吸热现象。产生负偏差原因，通常是由于 A—B 分子间引力大于 A—A 及 B—B 分子间的引力，或是由于 A、B 分子形成缔合物或化合物，使分子数减少，因此这类溶液在形成时往往伴随着蒸气压减小，体积缩小和发生放热现象。

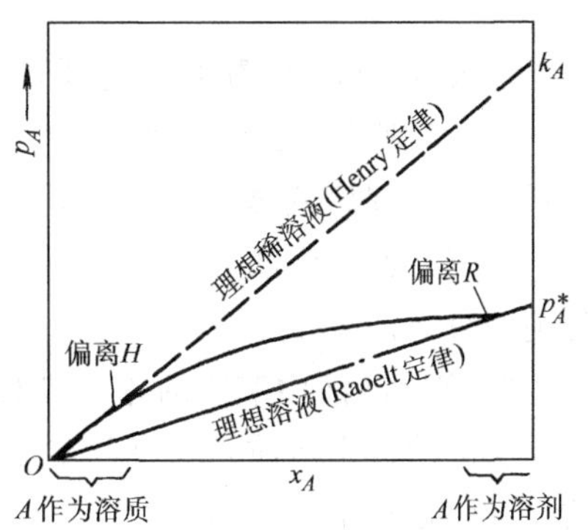

图 4-7　溶液性质符合拉乌尔定律和亨利定律的概括

图 4-7 溶液符合拉乌尔定律和亨利定律的概况。若

组分A为溶剂（$x_A \to 1$），则其蒸气压p_A符合拉乌尔定律（即与图中Op_A^*虚线重合）；若A为溶质（$x_A \to 0$），则其蒸气压p_A不符合拉乌尔定律（即与Op_A^*虚线偏离），而遵守亨利定律（即与图中Ok_A虚线重合）。同理，对组分B情况同上。因此说实际溶液在极稀时就成了理想稀溶液，在中间浓度范围内溶剂不遵守拉乌尔定律，而溶质不遵守亨利定律，如图中的实线部分。

为了使实际溶液中物质的化学势与理想液体混合物中物质的化学势具有统一的简洁表达形式，路易斯提出用活度代替含量，即仿照实际气体化学势的处理方法，在理想液体混合物和实际溶液同一浓标的化学势表达式中，采用与理想液体混合物化学势$\mu^{\theta}(T)$或$\mu_B^*(T, p)$数值相同，而把实际溶液对理想液体混合物的一切偏差集中归结到对含量的校正上，将实际溶液的摩尔分数x_B乘上一校正因子γ_B（即活度系数），这样就可用类似于理想液体混合物的化学势表达式来表示实际溶液中物质的化学势。

二、实际溶液中各组分的化学势及活度概念

1. 实际溶液中溶剂的化学势及活度

实际溶液中的溶剂是在拉乌尔定律基础上进行校正的。当溶液性质遵守拉乌尔定律时，溶剂的化学势为

$$\mu_A = \mu_A^{\theta}(T) + RT\ln\frac{p_A^*}{p^{\theta}} + RT\ln x_A = \mu_A^*(T, p) + RT\ln x_A \tag{4-24}$$

在获得这个公式时，曾引用了拉乌尔定律，即$\dfrac{p_A}{p_A^*} = x_A$。对于实际溶液，拉乌尔定律修正为

$$\frac{p_A}{p_A^*} = \gamma_A x_A \tag{4-25}$$

因此式（4-24）应修正为

$$\mu_A = \mu_A^*(T, p) + RT\ln\gamma_A x_A \tag{4-26}$$

如令

$$a_{A,x} = \gamma_A x_A \qquad \lim_{x_A \to 1} x_A = 1 \tag{4-27}$$

式中，$a_{A,x}$是溶剂用摩尔分数表示时的活度，是量纲为一的量；γ_A称为活度系数，也是量纲为一的量，它表示实际溶液与理想液体混合物的偏差。将式（4-27）代入式（4-26），得

$$\mu_A = \mu_A^*(T, p) + RT\ln a_{A,x} \tag{4-28}$$

从式（4-25）可看出，γ实际上是对拉乌尔定律的偏差系数。对理想液体混合物，$\gamma_A = 1$，$a_{A,x} = x_A$，则式（4-28）和式（4-24）是一样的。因此可以说，实际溶液中溶剂A的化学势表示形式与理想液体混合物的化学势是一样的，但式（4-28）比式（4-24）更具有普遍意义。式（4-28）中的μ_A^*（T，p）是$x_A = 1$，$\gamma_A = 1$，即$a_{A,x} = 1$时状态的化学势，此状态就是纯组分A。

2. 实际溶液中溶质的化学势及活度

实际溶液中溶质是在亨利定律基础上进行校正的。当浓度采用不同方法表示时，则溶质的化学势也有不同的形式。

理想稀溶液中溶质的化学势表达式为

$$\mu_B = \mu_B^{\triangle}(T, p)_x + RT\ln x_B \tag{4-29a}$$

$$\mu_B=\mu_B^{\Delta}(T,\ p)_m+RT\ln\frac{b_B}{b^{\theta}} \tag{4-29b}$$

$$\mu_B=\mu_B^{\Delta}(T,\ p)_c+RT\ln\frac{c_B}{c^{\theta}} \tag{4-29c}$$

上述稀溶液中有

$$p_B=k_x x_B,\ p_B=k_b b_B,\ p_B=k_c c_B$$

而对于实际溶液修正为

$$p_B=k_x x_B\gamma_{B,x}=k_x a_{B,x} \tag{4-30a}$$

$$p_B=k_b b_B\gamma_{B,b}=k_b m^{\theta}\frac{b_B}{b^{\theta}}\gamma_{B,b}=k_b m^{\theta}a_{B,m} \tag{4-30b}$$

$$p_B=k_c c_B\gamma_{B,c}=k_c c^{\theta}\frac{c_B}{c^{\theta}}\gamma_{B,c}=k_c c^{\theta}a_{B,c} \tag{4-30c}$$

式中，$a_{B,x}$、$a_{B,b}$、$a_{B,c}$分别是含量用x、b_B、c表示时的活度；$\gamma_{B,x}$、$\gamma_{B,b}$、$\gamma_{B,c}$分别是含量为x、b、c表示时的活度系数。活度相当于“有效浓度”，活度系数用来衡量实际溶液的不理想程度。将式（4-30）代入式（4-29）后得实际溶液中溶质的化学势表达式为

$$\mu_B=\mu_B^{\Delta}(T,\ p)_x+RT\ln\gamma_x x_B=\mu_B^{\Delta}(T,\ p)+RT\ln a_{B,x} \tag{4-31a}$$

$$\mu_B=\mu_B^{\Delta}(T,\ p)_b+RT\ln\frac{\gamma_b b_B}{b^{\theta}}=\mu^{\Delta}(T,\ p)_b+RT\ln a_{B,b} \tag{4-31b}$$

$$\mu_B=\mu_B^{\Delta}(T,p)_c+RT\ln\frac{\gamma_c c_B}{c^{\theta}}=\mu_B^{\Delta}(T,p)_c+RT\ln a_{B,c} \tag{4-31c}$$

由上式可见，实际溶液中溶质的化学势表达式，只是将理想稀溶液中溶质的化学势中浓度项用活度来代替即可。当溶液极稀时，有

$$\lim_{\Sigma x_B\to 0}\gamma_x=1 \qquad \lim_{\Sigma b_B\to 0}\gamma_b=1 \qquad \lim_{\Sigma c_B\to 0}\gamma_c=1$$

式中极限条件分别是$\Sigma x_B\to 0$，$\Sigma b_B\to 0$，$\Sigma c_B\to 0$，即不仅要求所讨论的那种溶质趋于零，还要求溶液中其他溶质也同时趋于零。

对于实际溶液引入了活度概念后，其化学势仍保留理想液体混合物化学势的表达式。式（4-31）中$\mu_B^{\Delta}(T,\ p)_x$、$\mu_B^{\Delta}(T,\ p)_b$、$\mu_B^{\Delta}(T,\ p)_c$均为T、p的函数，它们都不是标准态化学势，三者数值彼此不等。它们实际上是在一定的T、p下，当x_B、b_B、c_B均为1时，且服从亨利定律，γ_x、γ_b、γ_c也均为1，即各自活度均为1时那个状态的化学势，这是一个假想态。若这些假想状态的压力不是p而是p^{θ}，此时才是标准状态，显然这些标准状态也是假想状态。值得注意的是，对指定状态的溶液来说，采用不同的含量单位时，应相应选用不同的含量关系式，由此得出的活度和活度系数也不同，但化学势μ_B应为同一值。

3. 活度及活度系数的测定与计算

测定和计算活度及活度系数的方法很多，如蒸气压法、凝固点法、渗透压法，以及测定电解质溶液的活度及活度系数的电动势法等。原则上凡是与活度有关的物理量，均可用以测定活度的数值。下列择要介绍其中两种方法。

（1）蒸气压法　对于溶剂来说，根据式（4-25）和式（4-27）有

$$\frac{p_A}{p_A^*}=\gamma_A x_A=a_{A,x}$$

有

$$\gamma_A=\frac{p_A}{p_A^* x_A} \qquad a_{A,x}=\frac{p_A}{p_A^*}$$

式中，p_A 为溶剂蒸气压的实测值，将 p_A、p_A^*、x_A 代入上式后可计算得到溶剂的活度及活度系数。

对于溶质来说，则根据式（4-30）有

$$p_B=k_x x_B \gamma_{B,x}=k_x a_{B,x}$$

$$p_B=k_b b_B \gamma_{B,b}=k_b b^\theta a_{B,b}$$

$$p_B=k_c c_B \gamma_{B,c}=k_c c^\theta a_{B,c}$$

将实验测得的 p_B 值及其他相关值（其中 k 可用外推法作图求得）代入上式，可求得各种含量表示的 γ_B 及 a_B。

（2）凝固点降低法　在讨论凝固点降低时有如下公式

$$\ln x_A=\frac{\Delta_{fus}H_m\ (A)}{R}\left(\frac{T_f-T_f^*}{T_f T_f^*}\right)=-\frac{\Delta_{fus}H_m\ (A)}{R\ (T_f^*)^2}\Delta T_f \tag{4-32}$$

式中，ΔT_f 凝固点降低值（即为 $T_f^*-T_f$）可由实验测得，代入有关值后可计算出该含量（摩尔分数）下溶剂的活度，然后根据式（4-27）$a=\gamma x$ 再求得活度系数 γ。

例 4-7　实验测得水溶液的凝固点为－15℃，求该水溶液中水的活度。已知水的摩尔熔化热为 6.025kJ・mol^{-1}。

解：根据公式（4-32）有

$$\ln a_{H_2O}=\frac{\Delta_{fus}H_m}{R}\left(\frac{T_f-T_f^*}{T_f T_f^*}\right)$$

$$=\frac{6.025\text{J}\cdot\text{mol}^{-1}}{8.314\text{J}\cdot\text{K}^{-1}\cdot\text{mol}^{-1}}\frac{(258\text{K}-273\text{K})}{(258\text{K})\times(273\text{K})}=-0.1543$$

得

$$a_{H_2O}=0.857$$

综上所述：只要将含量（摩尔分数）换成活度，实际溶液的平衡规律便与理想稀溶液的平衡规律具有相同形式。这种处理方法广泛应用于化学、化工及冶金领域。

三、渗透系数

在本节讨论实际溶液时讲到，活度系数 γ 可以表示实际溶液与理想溶液的偏差程度，它是一无量纲量。在实际中，用 γ 能够适当地表示溶质偏差的大小；但对于溶剂，用 γ 来表示实际溶液与理想溶液的偏差时往往不很理想（偏差不显著）。为此，贝耶伦（Bjerrum）建议用渗透系数 ϕ 来代替溶剂的活度系数，即用 ϕ 来表示溶剂的非理想程度。所以在国家标准中没有列入溶剂的活度系数 γ，而列出的是渗透系数 ϕ。

渗透系数 ϕ 的定义为

$$\mu_A=\mu_A^*(T,\ p)+\phi RT\ln x_A \tag{4-33}$$

且当 $x_A\to1$ 时，则 $\phi=1$。

将公式（4-33）与式（4-26）比较，有

$$\phi\ln x_A=\ln x_A\gamma_A=\ln\gamma_A+\ln x_A$$

所以

$$\phi=\frac{\ln\gamma_A+\ln x_A}{\ln x_A} \tag{4-34}$$

将活度 $a_A=\gamma_A x_A$ 及 x_A，将 x_B 定义式代入上式后并简化整理得

$$\phi=-\frac{x_A}{x_B}\ln a_A \tag{4-35}$$

式（4-35）亦是 ϕ 的定义式。根据 ϕ 的定义式知，ϕ 也是量纲 1 的量。

例 4-8　在298.15K 时，在溶剂水的物质的摩尔分数 $x_A=0.9328$ 的 KCl 溶液中，水的活度为 0.9364，求水的活度系数 γ_A 及渗透系数 ϕ 并进行比较。

解：根据式（4-27）$a_A=\gamma_A x_A$，有

$$\gamma_A=\frac{a_A}{x_A}=\frac{0.9364}{0.9328}=1.004$$

根据式（4-34）有

$$\phi=\frac{\ln\gamma_A+\ln x_A}{\ln x_A}=\frac{\ln 1.004+\ln 0.9328}{\ln 0.9328}=\frac{3.99\times10^{-3}+(-0.0696)}{(-0.0696)}=0.943$$

由计算结果可见，水的 $\gamma=1.004$，而 $\phi=0.943$，如果用 γ 来衡量溶液的不理想程度，则偏差极不显著，而用 ϕ 来表示偏差要比 γ 来表示偏差就显著多了。

四、超额函数

由上述可知，对于实际溶液可以采用活度系数 γ 和渗透系数 ϕ 来衡量它们的不理想程度。活度系数可用于溶剂或溶质，渗透系数则只用于溶剂，如果要衡量整个溶液的非理想程度，则用超额函数 x^E 较为方便。超额意思为“超过理想的”，其定义是在定温条件下实际观测的热力学函数与按理想液体混合物计算值之差。即

$$x_E=x^{re}-x^{id} \tag{4-36}$$

或

$$\Delta_{\text{mix}}x^E=\Delta_{\text{mix}}x^{re}-\Delta_{\text{mix}}x^{id} \tag{4-37}$$

当 $x^E>0$（或 $\Delta_{\text{mix}}x^E>0$）时，表示体系对理想情况是正偏差；当 $x^E<0$（或 $\Delta_{\text{mix}}x^E>0$）时，表示体系对理想情况是负偏差。

例如，实际溶液中组分 B 的化学势为

$$\mu_B^{re}=\mu_B^*(T,\ p)+RT\ln x_B+RT\ln\gamma_B$$

理想液体混合物中组分 B 的化学势为

$$\mu_B^{id}=\mu_B^*(T,p)+RT\ln x_B$$

则实际溶液中组分 B 的超额化学势为

$$\mu_B^E=\mu^{re}-\mu^{id}=RT\ln\gamma_B \tag{4-38}$$

如果将组分 1 的物质的量 n_1 和组分 2 的物质的量 n_2 在等温下混合，对理想液体混合物有

$$\Delta_{\text{mix}}V=0,\ \Delta_{\text{mix}}H=0,\ \Delta_{\text{mix}}G<0,\ \Delta_{\text{mix}}S>0$$

而对于非理想溶液，$\Delta_{\text{mix}}V$、$\Delta_{\text{mix}}H$、$\Delta_{\text{mix}}G$、$\Delta_{\text{mix}}S$ 均等于零，但它们仍有以下关系

$$\Delta_{\text{mix}}G=\Delta_{\text{mix}}H-T\Delta_{\text{mix}}S$$

对于非理想混合溶液有

$$\Delta_{\text{mix}}G^{re}=G_{混合后}-G_{混合前}=(n_1\mu_1+n_2\mu_2)_{混合}-(n_1\mu_1+n_2\mu_2)_{纯液}$$

式中混合后溶液的化学势 $\mu_{混}$ 和混合前纯物质的 $\mu_{纯}$ 分别为

$$\mu_{纯}=\mu^{\theta}(T)+RT\ln\frac{p^{*}}{p^{\theta}}=\mu^{*}(T,\ p)$$

$$\mu_{混}=\mu^{\theta}(T)+RT\ln\frac{p^{*}}{p^{\theta}}+RT\ln a_{x}=\mu^{*}(T,\ p)+RT\ln a_{x}$$

因此，

$$\begin{aligned}\Delta_{\rm mix}G^{re}&=n_1RT\ln a_{x_1}+n_2RT\ln a_{x_2}\\&=n_1RT\ln x_1+n_2RT\ln x_2+n_1RT\ln V_1+n_2RT\ln V_2\\&=\sum\nolimits_B n_BRT\ln x_B+\sum\nolimits_B n_BRT\ln\gamma_B\end{aligned}\tag{4-39}$$

式（4-39）中等式右方第一项就是当成理想溶液时的 $\Delta_{\rm mix}G^{id}$；第二项令其为 ΔG^{E}，即

$$\Delta G^{E}=\sum\nolimits_B n_BRT\ln\gamma_B\tag{4-40}$$

则式（4-39）可写成

$$\Delta G^{E}=\Delta_{\rm mix}G^{re}-\Delta_{\rm mix}G^{id}\tag{4-41}$$

式（4-41）是超额吉布斯自由能（ΔG^{E}）的定义式，该式中同时包含了溶质和溶剂的活度系数，因此可以衡量整个溶液的不理想程度。

根据式（4-40），可以推导出其他几个超额函数。例如，已知

$$\left(\frac{\partial G}{\partial p}\right)_T=V,\ \left(\frac{\partial G}{\partial T}\right)_p=-S,\ \left[\frac{\partial\left(\frac{G}{T}\right)}{\partial T}\right]_p=-\frac{H}{T^2}$$

有超额体积 V^E 的关系式为

$$V^E=\Delta_{\rm mix}V^{re}-\Delta_{\rm mix}V^{id}=\left(\frac{\partial G^E}{\partial p}\right)_T-0=RT\sum\nolimits_B n_B\left(\frac{\partial\ln\gamma_B}{\partial p}\right)_T\tag{4-42}$$

超额焓 H^E 的关系式为

$$H^E=\Delta_{\rm mix}H^{re}-\Delta_{\rm mix}H^{id}=-T^2\left[\frac{\partial\left(\frac{G^E}{T}\right)}{\partial T}\right]_p-0=-RT^2\sum\nolimits_B n_B\left(\frac{\partial\ln\gamma_B}{\partial T}\right)_p\tag{4-43}$$

超额熵 S^E 的关系式为

$$S^E=\Delta_{\rm mix}S^{re}-\Delta_{\rm mix}S^{id}=-\left(\frac{\partial G^E}{\partial T}\right)_p=R\sum\nolimits_B n_B\ln\gamma_B-RT\sum\nolimits_B n_B\left(\frac{\partial\ln\gamma_B}{\partial T}\right)_p\tag{4-44}$$

由式（4-43）和式（4-44）可得

$$G^E=H^E-TS^E\tag{4-45}$$

同样仍然存在下列关系式

$$\Delta_{\rm mix}G^E=\Delta_{\rm mix}H^E-T\Delta_{\rm mix}S^E\tag{4-46}$$

如果 $S^E=0$，则 $G^E=H^E$，此时整个体系的非理想性完全由热效应造成，称这种溶液为正规溶液。正规溶液的概念不仅局限于液态而且可推之于气态和固态。

如果 $H^E=0$，则 $G^E=-TS^E$，此时整个体系的非理想性完全由熵效应造成，这种溶液称为无热溶液。无热溶液的结构特点是各组分的分子化学性质相似，形成溶液时无热效应，但分子的大小相差很大，而组分的分子大小和形状的差别都会影响其非理想性。但是可以简单地认为，无热溶液的非理想性完全来源于两种组分分子体积的明显差别。

第四节 溶液中化学反应的平衡常数

在溶液中，根据各组分的化学势表达式就可以求得相应反应的平衡常数和定温式。

如果反应物和生成物均为液体，则反应体系是液体混合物，各组分可以同等对待，而不必分溶剂和溶质。

在理想液体混合物中，任一组分 B 的化学势为

$$\mu_B(T,p) = \mu_B^*(T,p)_x + RT\ln x_B \tag{4-47}$$

在非理想溶液中，溶液对拉乌尔定律有偏差，需引入活度，即

$$\mu_B(T,p) = \mu_B^*(T,p)_x + RT\ln a_B \tag{4-48}$$

式中，μ_B^*（T，p）不是标准态化学势，其压力为 p。若将压力 p 换成 p^θ，则应加一个校正项，即

$$\mu_B(T,p) = \mu_B^\theta(T,p)_x + RT\ln Q_B + \int_{p^\theta}^{p}\left(\frac{\partial \mu_B}{\partial p}\right)_T \mathrm{d}p \tag{4-49}$$

或

$$\mu_B(T,p) = \mu_B^\theta(T,p^\theta)_x + RT\ln Q_B + \int_{p^\theta}^{p} V_{B,m}\mathrm{d}p \tag{4-50}$$

式中，μ_B^θ（T，p^θ）的压力给定，故仅是温度的函数；$V_{B,m}$代表 B 组分的偏摩尔体积。将式（4-50）代入$\left(\frac{\partial G}{\partial \varepsilon}\right)_{T,p}=\Delta_r G_m=\sum_B \gamma_B\mu_B$ 中，可得

$$\Delta_r G_m = \sum_B \gamma_B\mu_B(T,p) = \sum_B \gamma_B\mu_B^\theta(T) + RT\ln \Pi_B a_B^{\gamma_B} + \int_{p^\theta}^{p}\sum_B \gamma_B V_{B,m}\mathrm{d}p$$

当体系达到平衡时

$$\Delta_r G_m = \sum_B \gamma_B\mu_B = 0$$

则

$$\sum_B \gamma_B\mu_B^\theta(T) = -RT\ln \Pi_B a_{B,eq}^{\gamma_B} - \int_{p^\theta}^{p}\Delta\gamma_{B,m}\mathrm{d}p \tag{4-51}$$

在上式中由于积分项很小，所以可略去不计，若令

$$\Pi_B a_{B,eq}^{\gamma_B} = K_a^\theta$$

则

$$\Delta_r G_m^\theta(T) = \sum_B \gamma_B\mu_B^\theta(T) = -RT\ln K_a^\theta \tag{4-52}$$

如果溶液的组分中有一种（或多种）的量很少，可把它当作溶液，稀溶液的溶质服从亨利定律：$p_B=k_x x_B$，由公式（4-14）有

$$\mu_B(T,p) = \mu_B^\Delta(T,p)_x + RT\ln x_B \tag{4-53}$$

对于任意的溶液（包括理想溶液、稀溶液和实际溶液），上式中的 x_B 可用与 $a_{x,B}$的关系式表示，即

$$a_{x,B} = \gamma_{x,B}x_B$$

且

$$\lim_{x_B\to 0}\gamma_{x,B} = 1$$

则式（4-53）可写为

$$\mu_B(T,p) = \mu_B^\Delta(T,p)_x + RT\ln a_{x,B} \tag{4-54a}$$

式中，$\mu_B^{\triangle}$ 是温度 T 和压力 p 的函数。若将 p 换为 p^{θ}，则应加上一个积分项，即

$$\mu_B^{\triangle}(T,p) = \mu_B^{\triangle}(T,p^{\theta})_x + \int_{p^{\theta}}^{p} \gamma_{B,m} \mathrm{d}p \tag{4-54b}$$

由于积分项很小，可忽略不计，故

$$\mu_B^{\triangle}(T,p) \approx \mu_B^{\triangle}(T,p^{\theta})_x$$

因此公式（4-54）变为

$$\mu_B(T,p) = \mu_B^{\triangle}(T,p^{\theta})_x + RT\ln a_{B,x} \tag{4-55a}$$

或

$$\mu_B(T,p) = \mu_{B,x}^{\theta}(T) + RT\ln a_{B,x} \tag{4-55b}$$

若将溶质 B 的浓度换为质量摩尔浓度 b_B，则在稀溶液中上述关系可写为

$$\mu_B(T,p) = \mu_B^{\triangle}(T,p)_b + RT\ln \frac{b_B}{b^{\theta}} \tag{4-56}$$

如果忽略压力由 p 到 p^{θ} 变化对化学势的影响，并将它推广到对亨利定律有偏差的溶液，则

$$\mu_B(T,p) = \mu_B^{\triangle}(T,p^{\theta})_b + RT\ln a_{B,b} \tag{4-57a}$$

或

$$\mu_B(T,p) = \mu_{B,b}^{\theta}(T) + RT\ln a_{B,b} \tag{4-57b}$$

同理，将溶质浓度换为物质的量浓度 c 时，上式可写为

$$\mu_B(T,p) = \mu_B^{\triangle}(T,p)_c + RT\ln \frac{c_B}{c^{\theta}} \tag{4-58a}$$

$$\mu_B(T,p) = \mu_B^{\triangle}(T,p^{\theta})_c + RT\ln a_{B,c} \tag{4-58b}$$

$$\mu_B(T,p) = \mu_{B,c}^{\theta}(T) + RT\ln a_{B,c} \tag{4-58c}$$

显然上述讨论中的 $\mu_{B,x}^{\theta}$（T）$\neq \mu_{B,b}^{\theta}$（T）$\neq \mu_{B,c}^{\theta}$（T）。$\mu_{B,x}^{\theta}$（T）、$\mu_{B,b}^{\theta}$（T）和 $\mu_{B,c}^{\theta}$（T）分别是溶质 B 的标准态化学势，它们保留了理想稀溶液中溶质的标准态的选取，即将溶质 B 在理想稀溶液中性质分别外延至 $x_B=1$，$b_B=1\mathrm{mol\cdot kg^{-1}}$ 和 $c_B=1\mathrm{mol\cdot dm^{-3}}$，且压力 $p=p^{\theta}$ 的溶液。这种溶液中溶质 B 的标准态既不是很稀溶液，也不一定是 $a_{B,x}=1$，$a_{B,b}=1$ 或 $a_{B,c}=1$ 的实际溶液，而是由理想稀溶液的性质外延至 $x=1$、$b=b^{\theta}$ 或 $c=c^{\theta}$（且 $\gamma=1$）取得的。

液相反应的平衡常数表示式与气相反应类似，但由于液态的标准态与气体不同，所以标准平衡常数的表示式也略有区别。对于下列反应

$$A(\mathrm{L}) + E(\mathrm{L}) \rightarrow G(\mathrm{L}) + D(\mathrm{L})$$

$$\begin{aligned}\sum\nolimits_B \gamma_B \mu_B(T,p) &= \sum\nolimits_B \gamma_B \mu_B^{\triangle}(T,p) + RT\ln \Pi_B a_B^{\gamma_B} \\ &= \sum\nolimits_B \gamma_B \mu_B^{\theta}(T) + \sum\nolimits_B \gamma_B \int_{p^{\theta}}^{p} V_B^{*}\, \mathrm{d}p + RT\ln \Pi_B a_B^{\gamma_B}\end{aligned} \tag{4-59}$$

当反应达到平衡时有

$$\sum\nolimits_B \gamma_B \mu_B(T,p) = 0$$

式（4-59）为

$$\sum\nolimits_B \gamma_B\, \mu_B^{\theta}(T) = -RT\ln \Pi_B a_B^{\gamma_B} - \sum\nolimits_B \gamma_B \int_{p^{\theta}}^{p} V_B^{*}\, \mathrm{d}p \tag{4-60}$$

由于 $\sum\nolimits_B \gamma_B\, \mu_B^{\theta}(T) = \Delta_r G_m^{\theta} = -RT\ln K_a^{\theta}$，所以式（4-60）式变为

$$\ln K_a^\theta = \ln \Pi_B a_B^{\gamma_B} + \frac{1}{RT}\sum\nolimits_B \gamma_B \int_{p^\theta}^{p} V_B^* \,\mathrm{d}p$$

而

$$K_a^\theta = \Pi_B a_B^{\gamma_B} \exp\left(\frac{1}{RT}\sum\nolimits_B \gamma_B \int_{p^\theta}^{p} V_B^* \,\mathrm{d}p\right) \tag{4-61}$$

由于液体的化学势受压力影响不大，上式中积分项可忽略不计，所以

$$K_a = \Pi_B a_B^{\gamma_B} \tag{4-62}$$

上式中液相反应的 K_a 是 T、p 的函数，只是因忽略了压力对液体化学势的影响，$K_a \approx K_a^\theta$ 才近似看作 K_a 只是 T 的函数，K_a 亦是量纲为 1 的量。液相反应的平衡常数也可用 K_c 表示如下

$$K_a = \Pi_B a_B^{\gamma_B} = \Pi_B \left(\frac{c_B}{c_B^\theta}\right)^{\gamma_B} \Pi_B \gamma_B^{\gamma_B} = K_c K_\gamma \Pi_B (c^\theta)^{-\gamma_B} \tag{4-63}$$

当溶液是理想液体混合物或极稀溶液时，$\gamma=1$，式（4-63）变为

$$K_a = K_c \Pi_B (c^\theta)^{-\gamma_B}$$

综上所述，对于任何反应有

$$\sum\nolimits_B \gamma_B \mu_B^\theta(T) = \Delta_r G_m^\theta = -RT\ln K^\theta(T)$$

反应的标准平衡常数 $K^\theta(T)$ 只决定于标准态 $\Delta_r G_m^\theta$，它只与温度有关而与压力无关。$K^\theta(T)$ 是量纲为 1 的纯数，且总为正值。对于液相或固相反应，常压下可认为 K_a 与压力无关，温度一定时，K_a^θ 与 K_a 均为常数，且近似相等。但在定压下反应达到平衡时，参加反应的各物质的化学势必须考虑积分项，即采用式（4-54），因此，在温度一定时，K_a 随压力而变。

第五节 固 溶 体

在液体中，有纯净液体和含有溶质的液体之分。在固体中，也有纯晶体和含有外来杂质原子的固体溶液之分。我们把含有外来杂质原子的晶体称为固体溶液，简称固溶体。或者说，固溶体是在固态条件下，基质中“溶解”了其他物质而形成的单一、均匀的晶态固体。可以把原有的晶体看作溶剂，把外来原子看作溶质，这样生成固溶体的过程可看作是一个溶解过程。如果原来晶体为 Ac 和 Bc，生成固溶体后，分子式可写为 $(A_xB_y)c$。例如，MgO 和 CoO 生成固溶体，可写成 $(Mg_{1-x}Co_x)O$。

固溶体普遍存在于无机固体材料中，材料的物理化学性质可随着固溶体的生成在一个很大范围内变化，因此可采用生成固溶体的条件来提高材料的性能。

一、固溶体的分类

固溶体的分类，可以按杂质原子在晶体中的溶解度划分为无限固溶体和有限固溶体。无限固溶体是指溶质和溶剂两种晶体可按任意比例无限制地相互溶解，这种固溶体又称为连续固溶体或完全互溶固溶体。而有限固溶体是在固溶体中的溶解度是有限的，存在一个溶解度极限，这种固溶体又称为不连续固溶体或部分互溶固溶体。

固溶体的分类也可按杂质原子在固溶体中的位置划分，分为置换型固溶体、间隙型固溶体。

1. 置换型固溶体

这种固溶体即溶剂晶格上的部分原子被溶质原子所置换。研究结果表明，一般金属元素间都能相互溶解形成置换固溶体。但对大多数合金而言，当形成置换固溶体时，其溶质原子在溶剂晶格中溶解度是有一定限度的，即它们形成的是有限固溶体。置换固溶体的结构特点是，溶质原子占据了晶格中原来属于溶剂原子的位置，仍然保持着溶剂金属的晶格类型，但晶格常数有所变动。置换型固溶体示意图如图4-8a所示。

2. 间隙型固溶体

这种固溶体又称填隙固溶体。有些元素的原子半径很小，当它们作为溶质溶入溶剂晶格时，由于溶质与溶剂原子半径相差很大，而溶质的原子直径都与溶剂晶格中某些空隙的大小较为接近，此时溶质原子便不能置换溶剂金属晶格中的原子，而是分布到金属晶格的某些空隙位置上，这样的固溶体称为间隙型固溶体，如图 4-8b 所示。间隙型固溶体仍然保持着溶剂金属的晶格类型。形成此类固溶体的溶质元素，都是一些原子半径很小的非金属元素（如 H、B、C、N、O 等），例如，在碳钢中的铁素体就是碳原子溶入 α-Fe 晶格间隙而形成的间隙型固溶体。

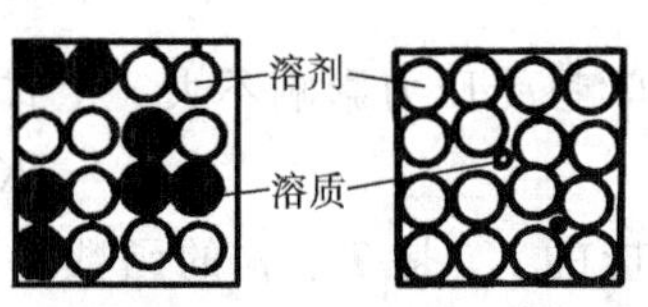

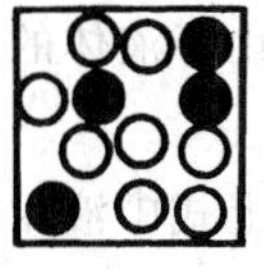

图 4-8 固溶体

a）置换型固溶体 b）间隙型固溶体 c）缺位型固溶体

在固溶体中，也会出现空位结构，它们是由于不等价的离子取代或生成间隙离子引起的，这不是一种独立的固溶体类型，称为缺位型固溶体，如图 4-8c 所示。例如，Al_2O_3 在 MgO 中有一定的溶解度，当 Al^{3+} 进入 MgO 晶格时，它占据 Mg^{2+} 的位置，Al^{3+} 比 Mg^{2+} 高出一价，为了保持电中性和位置关系，在 MgO 中就要产生 Mg 空位，其缺陷反应式为

$$Al_2O_3 \xrightarrow{MgO} 2Al^{\cdot}Mg + V''_{Mg} + 3O_O \tag{4-64}$$

式中，“→”符号上面的 MgO 表示溶剂，即溶质 Al_2O_3 进入 MgO 晶格；$Al^{\cdot}Mg$ 表示在镁晶位上的铝离子，上标“·”表示带一个单位正电荷；V''_{Mg} 表示镁晶位上的空格点，上标“″”表示带两个单位负电荷；O_O 表示在氧晶位上的氧离子，不带电荷。

在书写缺陷反应方程式时，必须注意以下几点：

（1）位置关系　在化合物 A_xB_y 中，A 位置的数目必须与 B 位置的数目成一个正确的比例。如在 Al_2O_3 中，其比例为 Al∶O＝2∶3；在 MgO 中 Mg∶O＝1∶1。如果在实际晶体中，A 与 B 的比例不符合位置的比例关系，表明存在缺位。

（2）位置增殖　当缺位发生变化时，有可能引入 A 空位 V_A，也有可能把 V_A 消除。当引入空位或消除空位时，相当于增加或减少点阵位置数。但发生这种变化时要服从位置关系。例如，晶格中原子迁移到晶体表面，在晶体内留下空位时，增加了位置数目；当表面原子迁移到晶体内部填补空位时，减少了位置的数目。

（3）质量平衡　与在化学方程中一样，缺陷反应方程的两边必须保持质量平衡。这里要注意，缺陷符号的下标只是表示缺陷的位置，对质量平衡没有作用。

（4）电中性　晶体必须保持电中性。在晶体内部，中性粒子能产生两个或更多的带异号电荷的缺陷。电中性的条件要求缺陷反应两边具有相同数目的总有效电荷，但不必等于零。例如 TiO_2 中失去部分氧，生成 $TiO_{2}\text{-}x$ 的反应可写成 $2TiO_2 \rightarrow 2Ti'_{Ti} + Vo^{\cdot\cdot} + 3Oo + \frac{1}{2}O_2\uparrow$。

该式表示，氧气以电中性的氧分子形式由 TiO_2 中逸出，同时在晶体内产生带正电的氧空位 $V_O^{\cdot\cdot}$ 和带负电的 Ti'_{Ti} 来保持电中性，方程两边总有效电荷都等于零。

(5) 表面位置 表面位置不用特别表示。当一个 A 原子由晶体内部迁移到表面时，A 位置数增加。例如，MgO 中 Mg 离子由内部迁移到表面，在内部留下空位时，Mg 离子的位置数目增大。

上述规则在描述固溶体的生成及非化学计量化合物的反应中是非常重要的。

二、置换型固溶体

目前发现，绝大部分的固溶体都是置换型固溶体。在金属化合物中，置换主要发生在金属离子的位置上。例如，MgO 和 CaO 都是 NaCl 型的结构，Mg^{2+} 半径为 0.66Å㊀，Ca^{2+} 半径为 0.72Å，由于这两种晶体的结构相同，离子半径相近，因此 MgO 中的 Mg^{2+} 位置可以无限制地被 Ca^{2+} 占据，生成无限互溶的置换型固溶体。能生成无限固溶体的例子还有 Al_2O_3-Cr_2O_3 体系、ThO_2-VO_2 体系、$PbTiO_3$-$PbZrO_3$ 体系等。另外，MgO-Al_2O_3、MgO-CaO、ZrO_2-CaO、ZrO_2-Y_2O_3 等体系可生成有限固溶体。

从热力学观点分析，杂质原子进入晶格，会使体系的熵值增大，而且有可能使吉布斯自由能下降。因此，在任何晶体中，外来杂质原子都可能有一些溶解度。关于影响置换型固溶体溶解度的因素及影响程度大小，到目前为止已有若干经验的规律，但都无法进行严格的定量计算。大约在 20 世纪初，科学家休谟-罗杰里（Home-Rothery）提出一个规律，认为生成无限固溶体必须符合以下条件：①两种原子的大小相差小于 15%；②晶体结构相同；③原子价相同；④电负性不同。若不符合上述条件时，只能生成有限固溶体或不生成固溶体。此后，纽英兰（R. E. Nf wnham）等人在深入研究的基础上又对上述规律进行了补充和完善，现概述如下：

1. 离子尺寸因素

休谟-罗杰里提出，当原子半径之差大于 15%时，固体的固溶度是很有限的。这是被公认的 15%规律。1678 年，纽英兰发展了这个学说，他提出了相图和结晶化学之间的基本关系是：当原子尺寸大小及原子价相似时，产生可混溶性；不相似时，形成化合物。纽英兰所说的尺寸相似是以 15%为界限的，原子价相似则指价数相同。

这个 15%规律，主要针对金属中的固溶体，指的是原子半径之差。实验证明是正确的，具有 90%的准确性。将 15%规律用于非金属时，通常是直接用离子半径代替原子半径。尺寸的计算关系式为

$$\left|\frac{R_1-R_2}{R_1}\right|$$

式中，R_1 为半径大的离子尺寸；R_2 为半径小的离子尺寸。

例如，Ni^{2+}（0.70Å）和 Mg^{2+}（0.72Å）离子半径之差为

$$\left|\frac{0.72\text{Å}-0.70\text{Å}}{0.72\text{Å}}\right|=0.03$$

因为 Ni^{2+} 与 Mg^{2+} 的离子半径之差为 3%，小于 15%，所以 NiO 和 MgO 是生成无限固溶体。又如，Ca^{2+} 与 Ni^{2+} 的离子半径之差大于 30%，故 NiO 与 CaO 只能生成部分互溶体；对

㊀ 1Å=0.1nm。

BeO 和 MgO 体系，离子半径之差为 65%，则生成一个很有限的固溶体；在 CaO 和 BeO 体系中，离子半径之差为 70%，则出现了一个中间化合物。由上述可见，随着离子尺寸之差增大，固溶度下降，生成化合物的倾向增大。

需要指出的是 15% 规律不是十分严格的，还应考虑具体的结构关系。如 $PbTiO_3$-$PbZrO_3$ 体系，Ti^{4+} (0.61Å) 和 Zr^{4+} (0.72Å) 离子半径之差为 15.28%，根据 15% 规律已不符合，但该体系仍生成连续固溶体。这是因为 $PbTiO_3$ 和 $PbZrO_3$ 都是 ABO_3 型的钙钛矿型结构，其中 Ti^{4+} 和 Zr^{4+} 都在 B 位，占据氧八面体间隙。

15% 规律的理由何在呢？这是一个很有意义的问题。有人曾在实验中观察到，当热振动的振幅达到原子之间距离的 15% 左右时，许多固体就发生熔化。事实上，大多数固体膨胀到 10% 左右时发生熔化。由此说明，当键的长度变化到 (10～15)% 时，大多数的晶体变成不稳定，这和 15% 规律有共同之处。

对于离子晶体，波恩模型得到的晶格能 U 为

$$U=-Ar^{-1}+Br^{-n}$$

式中，A 是马德伦常数；r 是原子间距；B 是排斥系数；n 为 10 左右。当平衡时，$r=r_o$，且库仑能 ($-Ar^{-1}$) 比排斥能约大 10 倍左右。可是当原子之间的间距减小时，因为 n 大，排斥能大到和吸引能一样大的程度，晶体变成不稳定。因此，无论是温度或是组成的变化，引起的只要是原子之间的距离改变 10% 或 15% 都能引起离解。固溶体的生成也就是杂质原子的引入，当杂质原子的引入使得原子之间间距的变化达到 15% 时，原有的结构变成不稳定，这就引起了分离，产生新相。在这里，15% 规律从晶体结构上得到了解释。

2. 离子价的因素

离子价对固溶体的生成也有明显的影响，即只有离子价相同时或离子价总和相同时才可能生成无限固溶体，这是生成无限固溶体的必要条件。或者说，已知生成无限固溶体的体系，相互取代的离子价都是相同的，如果取代离子价不同，则要求用两种以上不同离子组合起来，满足电中性取代的条件才能生成无限固溶体。如在斜长石 ($Ca_{1-x}Na_xAl_{2-x}Si_{2+x}O_8$) 中，钙和铝同时分别被钠和硅所取代，保持取代离子价总和不变，因此也形成了无限的固溶体。若取代离子价不同，又不发生复合取代，那么由于要保持电中性的关系，是很少能生成固溶体的，即使生成，一般固溶度也只有百分之几。而且随着离子价差别的增大，中间化合物的数目也增多。例如，Al^{3+} (0.53Å)、Mg^{2+} (0.72Å) 和 Ti^{4+} (0.62Å)，通常是处在八面体间隙里，在 MgO-Al_2O_3 体系中，Mg—O 和 Al—O 键长相差约 9%，即使键长相差不多，但离子价相差一价，生成有限的固溶体，中间只有一个中间化合物 ($MgAl_2O_4$)；在 MgO-TiO_2 体系中，离子价相差二价，有三个中间化合物。

3. 晶体结构因素

晶体结构因素是与离子尺寸的大小、离子价相联系的。换句话说，是由于离子尺寸差别和离子价差别引起了结构的差别，把它作为单独的因素来考虑是休谟—罗杰里提出来的。晶体结构相同是生成有限固溶体的必要条件，结构不同很难生成有限固溶体，例如，Cr_2O_3-Al_2O_3 生成无限固溶体，它们都是刚玉结构。

4. 场强因素

在无机化合物中，场强表示为 z/d^2，式中 z 为正离子的价数，d 是原子之间的距离，即正、负离子的半径之和。场强是一个库仑场。在二元体系中，中间化合物的数目与场强之差

成正比，这是著名的弟特杰尔关系。此处的场强之差，是指构成二元素两种正离子的场强之差，即 $\Delta(z/d^2)$。当 $\Delta(z/d^2)=0$ 时，固溶度有一个最大值，即生成完全固溶体；当 $\Delta(z/d^2)$ 小于 10%时，产生完全互溶或具有大的互溶度的区域；当 $\Delta(z/d^2)$ 增大时，生成简单的具有一个低共熔点的二元系；场强差再增大时，产生具有两个低共熔点的中间化合物体系；当场强差很大时，则生成许多中间化合物。实验证明，场强差增大，导致生成化合物的数目增多。在二元体系中，当 $\Delta(z/d^2)>0.4$ 时，就不会生成固溶体；当 $0.5\leqslant\Delta(z/d^2)\leqslant1.0$ 时，氧化物体系中普遍地产生液体的不混溶性。在硅酸盐三元体系中，场强差根据除了 Si 以外的两个其他正离子进行计算，当 $\Delta(z/d^2)$ 等于 0.05～0.07 时，不生成化合物；而当 $\Delta(z/d^2)$ 在 0.7 和 0.8 之间时，生成三个或四个化合物。

5. 电负性

离子的电负性对固溶度及化合物的生成也有一定的影响。电负性相近，有利于固溶体的生成；电负性差别大，倾向于生成化合物。电负性差别大的原子之间，倾向于生成离子键。电负性差别很小的元素结合时，要么不生成化合物，若生成化合物，则倾向于生成非极性键或金属键。1853 年，达肯（Darken）和久亚雷（Gurry）把电负性和离子半径作为坐标来作图，即取溶质原子与溶剂原子的半径之差为±15%为椭圆的一个轴，电负性差±0.4 为椭圆的另一个轴，画一椭圆形。发现在这个椭圆之内 65%的体系是具有较大的固溶度的；在椭圆之外有 85%的体系固溶度小于 5%。因此，电负性之差小于±0.4 是溶解大小的一个边界。但与 15%规律相比，离子尺寸的影响要大得多，因为在尺寸之差大于 15%的体系中，有 90%是不生成固溶体的。

三、间隙型固溶体

当外来杂质原子进入晶体的间隙位置时，就生成间隙型固溶体。此类固溶体在金属体系中较普遍，通常是原子半径较小的 H、C、B 和 N 进入金属晶格的间隙，成为间隙型固溶体。如在钢材中，有高碳钢、中碳钢、低碳钢之分，它们就是碳在铁中的间隙型固溶体。钢中的马氏体，是一种碳-铁固溶体。如图 4-9 所示，铁原子作体心立方排列，碳原子择优占据 c 轴上八面体的间隙位置，碳含量越高，长轴 c 与短轴 a 的比值也越大，马氏体的硬度也随碳含量的增加而升高。

外来杂原子进入间隙时，必然引起晶体结构中电价的不平衡，与置换型固溶体一样，也必须保持电价的平衡。这可以通过生成空位，产生部分取代或离子的价态变化来达到。例如，将 YF_3 加入到 CaF_2 中，反应可写为

$$YF_3 \xrightarrow{CaF_2} 2F_F + F'_i + Y_{Ca}$$

从上式可以看出，当 F^- 进入间隙时，产生负电荷，由 Y^{3+} 进入 Ca^{2+} 位置来保持位置关系和电价的平衡。间隙型固溶体的生成，一般都使晶格常数增大，增加到一定的程度，使固溶体变成不稳定而离解，所以间隙型固溶体不可能是无限的固溶体。

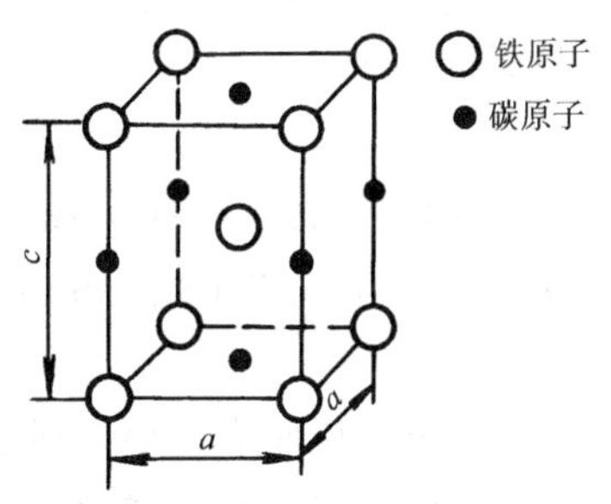

图 4-9 钢中马氏体的体心立方晶胞

间隙式固溶体的固溶度，仍取决于离子尺寸、离子价、电负性、结构等因素，但离子尺寸是与晶体结构的关系密切相关，在一定的程度上讲，结构中间隙的大小起了决定性的作用。

四、固体的混合熵与吉布斯自由能

固溶体的生成实际上是大量微观质点运动的统计结晶，因此可以用热力学方法分析固溶体生成的条件和影响因素。热力学对体系的吉布斯自由能定义为

$$G=U+pV-TS$$

式中，V 为体系的热力学能；S 为体系的熵。在常压下，凝聚体系的固溶体的 pV 值较小，即比其他热力学量（如热力学能及 TS）要小得多，故 pV 项可略，故上式为

$$G\approx U-TS=F \tag{4-65}$$

当 T 不为零时，必须考虑熵的变化。在这种固溶体的分散体系中，除了考虑由温度引起的分子热力学能振动熵（$Su=\int_{o}^{T}\frac{c_p}{T}\mathrm{d}T$）外，还应考虑溶质原子改变了溶剂原子空间排列而产生的混合熵。由统计物理学知混合熵为

$$S_{混}=k\ln\Omega \tag{4-66}$$

式中，Ω 为原子在固溶体晶格中的可能分布数。设固溶体晶格中有 N 个格点，其中有 n 个为溶剂 A 所占有，$(N-n)$ 个为溶质 B 所占有，则 A、B 原子在固溶体中的可能分布数可表示为

$$\Omega=C_N^n=\frac{N_i}{n_i\ (N-n)_i} \tag{4-67}$$

将式（4-67）代入式（4-66），并采用斯特令（stirling）公式得

$$S_{混}=-Nk[x\ln x+(1-x)\ln(1-x)] \tag{4-68}$$

式中，x 为 A 原子的分数，即 $x=n/N$。由于 x 和 $(1-x)$ 都是分数，其对数皆为负数，所以 $\Delta_{mix}S$ 永远为正值，且随溶质的增加而增加，并在 $x=\frac{1}{2}$ 处即 $n=N/2$ 处有极大值。$S_{混}$ 与 x 的关系如图 4-10 所示。

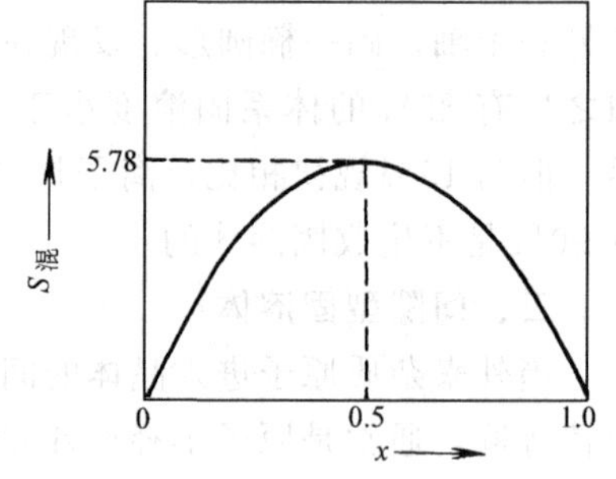

图 4-10 $S_{混}$ 与 x 的关系

对于无序固溶体，体系的熵可以分为两部分：一部分是由于温度变化所引起的熵，称为温度熵 $S_{温}$；另一部分是由于两种原子在格点上分布方式不同所引起的熵，称混合熵 $S_{混}$。因此，体系的熵为

$$S=S_{温}+S_{混} \tag{4-69}$$

将式（4-69）代入式（4-65）得

$$F=U-TS=U-T\ (S_{温}+S_{混})=(U-TS_{温})-TS_{混} \tag{4-70}$$

可以设想，A、B 形成固溶体时会有下面两种情况：①A 和 B 两种原子有互相结合的倾向，亦即 A 和 B 形成固溶体能量要比分别为纯 A 和纯 B 时能量更低；②两种原子不倾向于结合，纯 A 和纯 B 晶体比形成固溶体能量更低。以上两种情况的能量函数，可用示意图 4-11 表示。图中 U_A 和 U_B 分别表示纯 A 和 B 的摩尔能量。对于成分为 x 的固溶体，如果完全分解为纯 A 和纯 B 晶体，那么能量

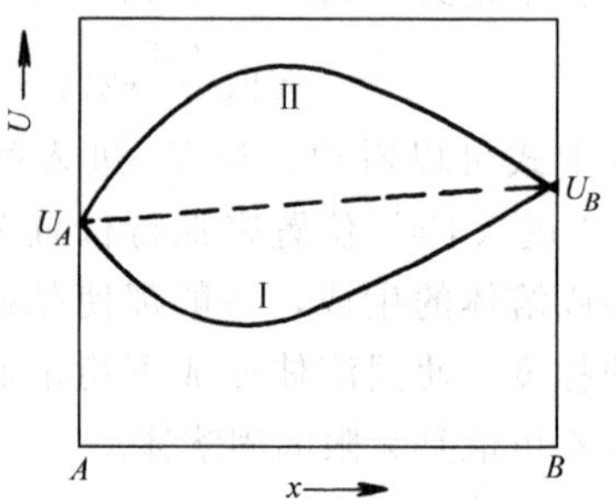

图 4-11 两种原子结合倾向的能量函数示意图

就等于

$$U = xU_B + (1-x)U_A$$

如图中的 U_AU_B 虚线所示。在 U_AU_B 线上方，离虚线越远，表示不结合的倾向越强；在虚线的下方，离虚线越远，表示结合的倾向越强。分别画出曲线Ⅰ和曲线Ⅱ的 $U-TS_{温}$ 和 $-TS_{混}$ 的曲线，并将 $U-TS_{温}$ 和 $-TS_{混}$ 相加，得到了 F 曲线，如图 4-12 所示。由图可见，Ⅰ和Ⅱ的吉布斯自由能曲线具有完全不同的形状。在Ⅰ的情形，$U-TS_{温}$ 和 $-TS_{混}$ 都是一条向下凹的曲线。在这种情况下，任何成分都将取单相固溶体形式，即形成无限固溶体。对于情况Ⅱ，F 的形状比较复杂，在曲线的两边具有两个极小值，中部则上凸。在这种情况下，图中的 G_AE 和 DG_B 区域小于 A、B 混合物的自由能 F_M，所以固溶体是稳定的。

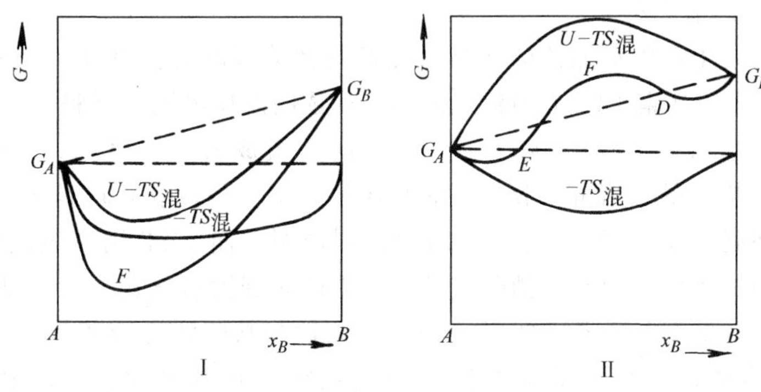

图 4-12 两种结合倾向的自由能示意图

五、固溶体的性质

固溶体是含有杂质原子的晶体，杂质原子进入晶体后使晶格常数、密度、电性能、光学性能、力学性能等均发生了变化。下面主要介绍晶格常数、电性能及光学性能的变化情况。

1. 晶格常数与组成的关系

在固溶体中，晶胞的尺寸随着组成连续地变化。对于立方结构的晶体，晶格常数与组成的关系可表示为

$$(a_{ss})^n = (a_1)^n c_1 + (a_2)^n c_2 \tag{4-71}$$

式中，a_{ss}、a_1、a_2 分别表示固溶体及两个构成固溶体组元的晶格常数；c_1 和 c_2 是两个组元的浓度；n 是描述变化程度的一个任意幂。学者卫格提出，对于许多物质来说，$n=1$；但也有人指出，n 值要比 1 大得多，一般为 3～8。当 $n=1$ 时，式（4-71）变为

$$a_{ss} = a_1 c_1 + a_2 c_2 \tag{4-72}$$

式（4-72）称卫格定律表达式，该式表示晶格常数与杂质的浓度及晶格常数的乘积成线性关系。但在另外一些场合下，是阴离子体积的加和性关系，而不是晶格常数的加和性关系。即

$$(a_{ss})^3 = a_1{}^3 c_1 + a_2{}^3 c_2 \tag{4-73}$$

式（4-73）就是著名的雷特格定律表达式。如 KCl-KBr 体系符合上式。

2. 固溶体的电性能

固溶体的电性随着杂质浓度的变化往往出现线性或连续的变化，应用这样的特性，在电子陶瓷材料中制造出各种奇特性能的材料，应用得比较广泛的是压电陶瓷。

$PbTiO_3$ 和 $PbZrO_3$ 均不是性能优良的压电陶瓷。$PbTiO_3$ 是一种铁电体，纯的 $PbTiO_3$

陶瓷烧结性能极差，在烧结过程中晶粒长得很大，晶粒之间结合力很差，居里点为490℃，相变时伴随晶格常数的剧烈变化，一般在常温下发生开裂。$PbZrO_3$ 是一个反铁电体，居里点约230℃。利用二者结构相同，Zr^{4+}、Ti^{4+} 离子尺寸差不多的特征，生成无限固溶体，即 $Pb(Zr_xTi_{1-x})O_3$，$x=0\sim1$。随着组成的不同，在常温下有不同晶体结构的固溶体，而在斜方铁电体和四方铁电体的边界组成 $Pb(Zr_{0.54}Ti_{0.46})O_3$ 处，压电性能、介电常数均达到最大值，且烧结性能也很好，得到了性能优于纯的 $PbTiO_3$ 和 $PbZrO_3$ 的陶瓷材料，该陶瓷材料称为 PZT。在 $PbZrO_3$-$PTiO_3$ 体系中发生的是等价取代，因此对它们的介电性能影响不大。在不等价的取代中，引起材料的绝缘性能的重大变化，可使绝缘体变成半导体，甚至导体，而且它们的导电性能是与杂质缺陷浓度成正比的。

3. 透明陶瓷及人造宝石

利用加入杂质离子可以对晶体的光学性能进行调节或改变。例如，在 PZT 中加入少量的氧化镧 La_2O_3，生成所谓 PLZT 陶瓷，成为一种透明的压电陶瓷材料。它的一个基本配方为：$Pb_{1-x}La_x(Zr_{0.65}Ti_{0.35})_{1-(x/4)}O_3$，$x=0.9$，这个组成常表示为 9/65/39。该式是假设 La^{3+} 取代钙钛矿结构中的 A 位的 Pb^{2+}，并在 B 位产生空位以获得电荷平衡设计的。PLZT 可用热压烧结或在高 PbO 气氛下通氧烧结而达到透明，而 PZT 用一般烧结方法达不到透明。陶瓷达到透明的主要原因在于消除气孔，如果能做到没有气孔，就可以达到透明或半透明。烧结过程中气孔的消除主要靠扩散，而扩散系数与缺陷浓度成正比。在 PZT 中，因为是等价取代的固溶体，因此扩散主要依赖于热缺陷。而在 PLZT 中，由于不等价取代，La^{3+} 取代 A 位则必须在 B 位产生空位，或是在 A 位和 B 位上都产生空位。这样 PLZT 的扩散，主要是由于杂质引入的空位而扩散。这种空位的浓度要比热缺陷浓度高出许多数量级。

在若干人造宝石中，如淡红宝石、红宝石、紫罗蓝宝石、黄玉宝石、海蓝宝石、桔红钛宝石和蓝钛宝石等，它们全部都是固溶体。例如，纯的 Al_2O_3 单晶是无色透明的，称为白宝石，利用 Cr_2O_3 能与 Al_2O_3 生成无限固溶体的特性，可获得红宝石和淡红宝石。淡红宝石和红宝石的 Al_2O_3 粉料都是以硫酸铝铵［$NH_4Al(SO_4)_2\cdot12H_2O$］为原料，经过多次重结晶处理精制，以提高纯度，并在1000℃左右加热分解而成的 γ-Al_2O_3 或 α-Al_2O_3。要求粉末细度达到 0.2～0.8μm。Cr^{3+} 离子是以离子状态引入，使其与 Al_2O_3 充分均匀混合，然后用氢氧焰在单晶炉上用火焰熔融法控制。

六、固溶体的研究方法

固溶体是否能够形成，可以根据固溶体生成条件及影响固溶体溶解度的因素进行粗略的估计。但要得出结论，还需用某些技术绘出其相图，方可判定是部分互溶或完全互溶，或是根本不生成固溶体。利用差热分析，比热容-温度曲线，热膨胀、淬冷法配合 X 射线分析或光学显微镜分析等，可得到比较准确的相图。但是，相图不能告诉我们所生成的固溶体是置换型还是间隙型，或者是两者的混合型。下面将讨论判断固溶体类型的方法。

在前面讨论固溶体类型时，可知道生成间隙型固溶体的条件比生成置换型固溶体条件苛刻。生成前者不仅需考虑尺寸因素，而且必须考虑晶体中是否有足够大的间隙位置。在离子晶体中，尤其是在氧化物晶体中，是以氧离子作紧密堆积，金属离子填充在氧离子构成的四面体间隙、八面体间隙之中。通常，在金属氧化物中具有氯化钠结构的晶体，由于金属离子尺寸比较大，较之氯化钠结构中只有四面体间隙是空的，因此不大可能生成间隙型固溶体。对于具有空的氧八面间隙的金红石（TiO_2）结构或是具有更大间隙的氟（萤）石型结构的情况，金属离子才能填入而形成间隙型固溶体。如果在结构上只有空的四面体间隙，可基本上排除生成间隙型固溶体的可能性。例如 NaCl、KCl、CaO、MgO 等均不会生成间隙型固溶体。

通过实验来判断固溶体的类型，通常有几种不同的方法。对于金属氧化物体系，最可靠又简便的方法是写出生成不同类型固溶体的缺位反应方程，根据缺位方程计算出杂质浓度与固溶体密度的关系，并画出曲线，然后把这些数据与实验值进行比较，确定出与实验相符的那种类型即为固溶体类型。例如，当把 CaO 加入到 ZrO_2 中时，有可能生成置换型固溶体和间隙型两种固溶体。

生成置换型固溶体的阴离子空位模型的缺陷反应如下

$$CaO \xrightarrow{ZrO_2} Ca''_{zr} + Oo + Vo^{\cdot\cdot} \tag{4-74}$$

式中，Ca''_{zr}表示在锆晶位上的钙离子，其等效电荷为两个单位负电荷；Oo 表示在氧晶位上的氧离子，不带电荷；$Vo^{\cdot\cdot}$表示氧晶位上的空格点，带两个单位正电荷。根据式（4-74）可写出置换型固溶体的化学式为

$$Zr_{1-x}Ca_xO_{2-x} \tag{4-75}$$

式中，x 表示 Ca^{2+} 离子进入 Zr 位置的分数。

生成间隙型固溶体的阳离子填隙模型的反应如下

$$2CaO \xrightarrow{ZrO_2} Ca''_{zr} + 2Oo + Ca_i^{\cdot\cdot} \tag{4-76}$$

式中，下标字母 i 表示晶格的填隙位置，则$Ca_i^{\cdot\cdot}$表示填隙位置上的钙离子，带两个单位正电荷；其余符号含义同上。由式（4-76）可写出间隙型固溶体的化学式为

$$Zr_{1-x}Ca_{2x}O_2 \tag{4-77}$$

根据上述两种缺位模型可以计算出固溶体的理论密度与杂质 CaO 含量（摩尔分数）的关系，如图 4-13 所示。

在图 4-13 中，上面的曲线是按照 X 射线分析的晶格常数和填隙模型的式（4-76）计算的；下面一条线是根据置换型的式（4-74）计算的。图 4-13a 是 1600℃ 的淬冷试样，在 1600℃时每添加一个 Ca^{2+} 就引入一个氧空位，固溶体符合置换型模型，生成阴离子空位，

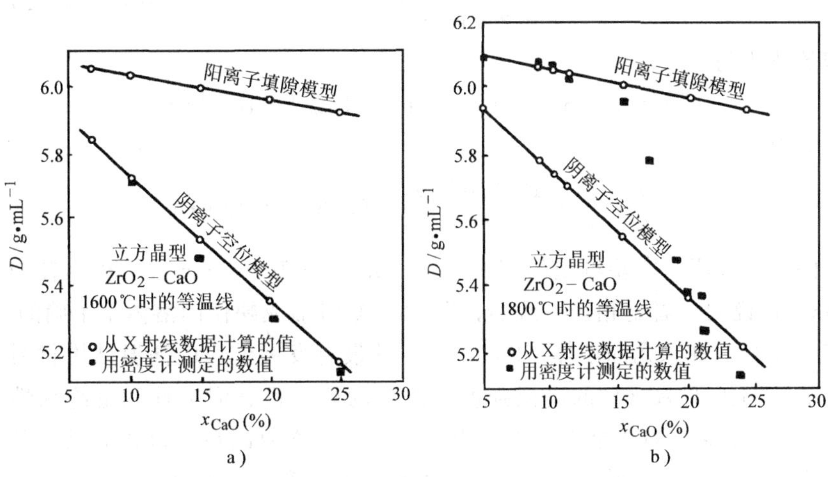

图 4-13 添加 CaO 的 ZrO_2 固溶体的密度与 CaO 含量的关系
a）1600℃的淬冷试样 b）1800℃的淬冷试样

而且符合得很好。在1800℃时，缺陷的类型随着组成而发生明显的变化，如图4-13b所示。由b图可见，在1800℃下急冷淬火的试样，随着CaO含量的变化逐渐由间隙型转变为置换模型。这说明固溶体在不同的温度可能含有不同的缺位类型，当然室温下的缺陷类型也可能与高温下不同。究竟是什么类型，要根据实验确定。下面讨论密度的计算方法。

理论密度ρ的计算，是先根据X射线分析得到晶格常数计算出晶胞体积，再根据固溶体的缺位类型计算出含有一定杂质的固溶体的晶胞质量，再按下式计算密度

$$\rho=\frac{\text{晶胞质量 } m}{\text{晶胞体积 } V} \tag{4-78}$$

将ρ值和由实验精确测定所得的密度数据（精确度达1/100000）对比来判断固溶体的类型。通常是间隙固溶体导致密度的增加，因为额外的原子或离子加进了单晶胞；而缺位固溶体则会导致密度的减小。假设某晶胞中有n种原子，原子的种类由1到n，则

$$m=\sum_{i=1}^{n}m_i=m_1+m_2+m_3+\cdots+m_n \tag{4-79}$$

而晶胞中i原子的质量可表示为

$$m_i=\frac{(\text{晶胞中 } i \text{ 原子的位置数})\times(i \text{ 原子实际占据分数})\times(i \text{ 原子摩尔质量 } M_i)}{\text{阿佛加德罗常数 } L}$$

例如，15%分子CaO溶入到ZrO_2中，在1600℃时，该固溶体具有立方氟（萤）石结构，经X射线分析其晶胞参数$\alpha=5.131$Å（即5.131×10^{-8}cm)，由实验测定的密度值$\rho_{实}=5.477\times10^3\text{kg}\cdot\text{m}^{-3}$。在这种体系中，它既可以生成氧离子缺位固溶体，也可能产生Ca^{2+}间隙型固溶体，两种反应式分别如下：

$$CaO\ (s)\xrightarrow{ZrO_2}Ca''_{zr}+Oo+Vo^{\cdot\cdot}$$

$$2CaO\ (s)\xrightarrow{ZrO_2}Ca''_{zr}+2Oo+Ca^{\cdot\cdot}$$

假设形成氧离子缺位固溶体，已知在萤石结构中每个晶胞应有4个阳离子位置和8个阴离子位置。掺杂15%CaO溶于ZrO_2中，其固溶体化学式可表示为$Zr_{0.85}Ca_{0.15}O_{1.85}$。这种分子在单位晶胞中的质量为

$$m=\frac{4\times0.85\times91.22+4\times0.15\times40.08+18\times1.85/27\times16}{6.022\times10^{23}}\text{g}=75.18\times10^{-23}\text{g}$$

而单位晶胞的体积为

$$V=\alpha^3=5.131\times10^{-8}\text{cm}^3=135.1\times10^{-24}\text{cm}^3$$

因此其密度ρ为

$$\rho=\frac{m}{V}=\frac{75.18\times10^{-23}\text{g}}{135.1\times10^{-24}\text{cm}^3}=5.564\times10^3\text{kg}\cdot\text{m}^{-3}$$

将上式求得的密度ρ值与实验测定的密度ρ值（$5.477\times10^3\text{kg}\cdot\text{m}^{-3}$）相比较知，二值仅差$0.087\text{kg}\cdot\text{m}^{-3}$，说明二者是相当一致的，即1600℃时形成缺位固溶体是正确的。

另外，再介绍一种塞龙固溶体。Si_3N_4是一种最有发展前途的高温结构材料，它具有各种优越的性能，如优于Al_2O_3的高温强度。优良的热导性、耐火性和电绝缘性。但是，在20世纪70年代以前它一直未能在工业上得到应用，根本原因在于氮化硅是一种共价键型化合物，烧结很困难，即使在很高的温度下，扩散系数也很小，以致难以固态烧结。自20世纪50年代起，就有许多科学家对Si-Al-O-N四元体系相图进行了近20年的研究，20世纪

70 年代初，在这些研究的基础上发展成塞龙理论。有人发现，β-Si_3N_4 与 Al_2O_3 之间在 1700℃左右存在着一个广阔的固溶体区域。氧化硅在 1700～2000℃下，与氧化铝反应烧结的产物，含 Al_2O_3 的量可达 70%（质量），而结构仍然为 β-Si_3N_4。这种含有 Al_2O_3 的 Si_3N_4 的均匀单相固体溶液即称塞龙，其结构命名为 β′-Si_3N_4。能够生成这种塞龙固溶体的原因是与氧化硅的结构有关。β-Si_3N_4 结构在硅酸盐矿物中，都是以 $[SiO_4]^{4-}$ 硅氧四面体为基本的结构单元，以顶角、棱、面不同的连接方式作为骨架构成的。β-氧化硅也有和硅氧四面体结构完全相同的硅-氮四面体结构单元，如图 4-14 所示。以这样的四面体为基础，构成 β-氮化硅的晶体结构如图 4-15 所示。Al_2O_3 也能构成四面体结构，即 $[AlO_4]^{5-}$，在硅酸盐中，能取代 $[SiO_4]^{4-}$，构成各种铝硅酸盐。只要保持电中性，$[AlO_4]^{5-}$ 也能在氮化硅中发生类似的取代。在 Si_3N_4 中，如果 Si^{4+} 同时被 Al^{3+} 取代，那么 N^{3-} 就能被 O^{2-} 所取代，即 Al—O 键取代了 Si—N 键。电荷的补偿可以通过引进别的原子来达到。这样，就可能出现以氮化硅结构为基体的各种各样新材料。

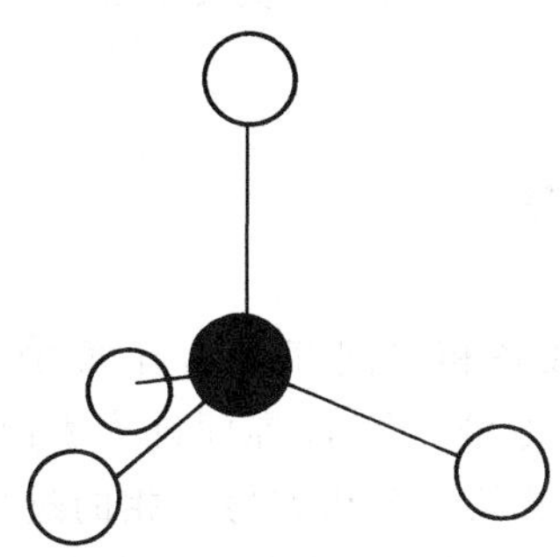

图 4-14 在氮陶瓷中的四面体单元

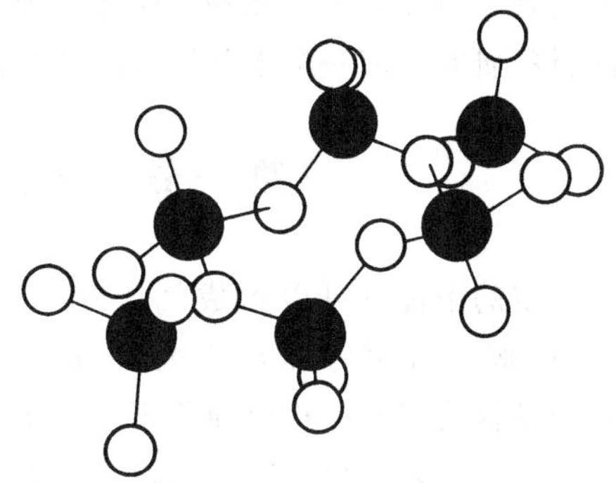

图 4-15 β-氮化硅（Si_3N_4）的晶体结构

第五章　表面现象与胶体分散体系

表面现象与人们的生活密切相关，例如油在水中分散成的液滴，水等液体在毛细管中的升降，固体表面对与它接触的气体或液体的吸附等都属于表面现象；食品的乳化、油污的去除、机械的润滑等，则是利用了表面现象研究的成果来为人们的生产和生活服务。胶体是物质的一种分散形式，把具有 10^{-7}～10^{-9} m 粒径的分散体系称为胶体分散体系，可见，胶体分散体系具有非常大的比表面积，因而也表现出一些独特的性能。研究表面现象与胶体的特性对材料的制备、性能、使用等方面也有十分重要的意义，例如固体材料的晶体缺陷、半导体材料的纯化、金属的防腐、高分子材料的粘结与染色、复合材料增强纤维的表面处理等都与材料的表面现象研究有关。此外，胶体分散体系是制备纳米材料的一个重要途径，而纳米材料是目前材料研究领域一个十分活跃的新亮点。

第一节　表面现象热力学

物质在一定的条件下可以形成气、液、固三种状态，在各相之间存在的有气-液、气-固、液-液、液-固、固-固等五类相间的界面，通常习惯上将气-液、气-固界面称为表面，而其余的相界面都称为界面。相界面并不是简单的几何面，而是从一个相到另一相的过渡层，具有一定的厚度，约几个分子厚，通常称为表面相。表面相的分子所处的境遇与体相分子有很大不同，因此它的性质与相邻的两个体相的性质也不同，这就是表面现象。物质的表面现象可以用经典的化学热力学的方法来研究。

一、比表面吉布斯自由能

表面能和表面张力是描述表面状态的主要物理量。物质具有表面现象是由于物质的表面具有表面能的缘故，那么物质的表面为什么具有表面能呢？从微观上来看，物质表面的分子与其内部的分子所处的境遇是不同的，物质的表面分子处于一种特殊的状态。以与其蒸气相平衡的纯液体为例，如图 5-1 所示，对液体内部的分子 A 来说，它处于同种分子的包围之中，四周邻近分子对它的作用力是对称的，各个方向的力彼此互相抵消，其合力为零。A 分子处于均匀力场中，所以 A 分子在液体内部移动时无须消耗功，依靠它本身的热运动就能移动。而处在表面层的分子 B 其境遇与内部分子不同，它下方受液体分子的引力，上方受气体分子的引力。由于液相分子的密度比气相的大，故下方液体分子对它的引力大于上方气体分子对它的引力，因而表面层分子 B 处于不平衡的力场中，其结果是表面层分子受到一个垂直于液体表面并指向液体内部的合力。它的作用是力图将表面层的分子拉入到液体内部，致使液体表面具有自动缩小表面积的趋势。若要把分子从液体内部

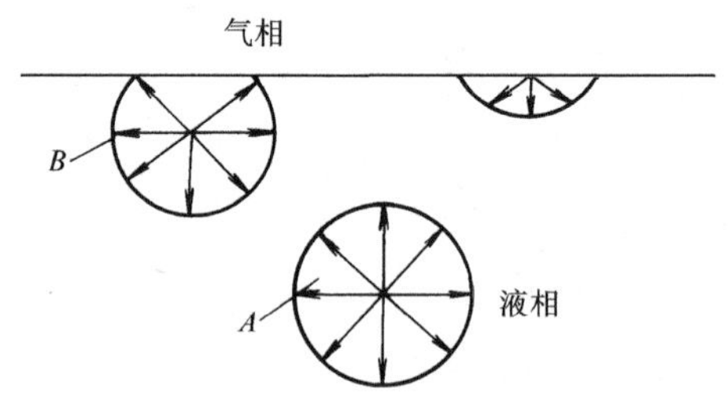

图 5-1　分子在液体表面和内部受力示意图

迁移到表面（即扩大表面积），就必须反抗这一引力而作功，所消耗的功就变成了表面层分子的势能。因而表面层分子比内部分子具有更高的能量。再如在粉碎陶瓷原料时，常常使用球磨机进行长时间的研磨，料块研磨得越细，则球磨机所作功越多，在此过程中，环境对体系作功所消耗的那部分能量，被表面分子所获得而储存于表面。这种在形成新表面的过程中所作的功称为表面功，它是热力学中所讲的非体积功的一种。

显然，迁移到表面上的分子数越多，即表面积增加越多，所消耗的功（$-\delta W'$）也就越大，即$-\delta W'$与表面积增加 dA 成正比，即

$$-\delta W'=\sigma dA \tag{5-1}$$

式中，σ 是比例系数。若增大表面积的过程是在定温、定压、可逆的条件下，由热力学第二定律可知

$$-\delta W'=dG_{T,p} \tag{5-2}$$

由式（5-1）可知

$$dG_{T,p}=\sigma dA \tag{5-3}$$

或

$$\sigma=(\partial G/\partial A)_{T,p} \tag{5-4}$$

由此可见，σ 的物理意义是：在定温、定压条件下，可逆地增加单位表面积引起体系吉布斯自由能的增量，也就是单位表面积上的分子比相同数量的内部分子多出一部分数额的吉布斯自由能，因此，σ 又称为“比表面吉布斯自由能”，也叫“比表面能”，单位为 $J\cdot m^{-2}$。

二、表面张力

当我们要扩大液体表面时，会感到有一种收缩力存在，例如在测定液体表面张力时，如图 5-2 所示，用白金丝侵于液面下，然后垂直地从液面向上拉，当白金丝从液体中拉出并高于原来液面时，液体的表面积就增加了。这时会感到液体表面有一种反抗其拉力 F 的而使液体表面积缩小的力。所以从力的观点来看，液体表面张力就是张紧的液体表面收缩力。它存在于液体表面上的任何部分，其方向是切于液面而垂直于作用线上。

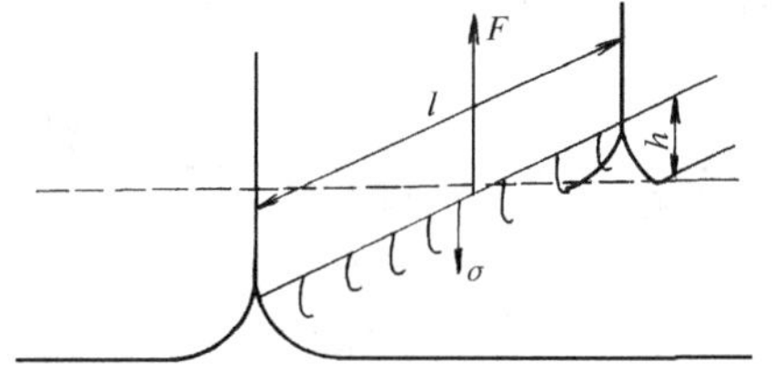

图 5-2　表面张力示意图

如果用拉力 F 将白金丝提到高度为 h 的过程中，对体系所做的功是 $Fh=W'$，由于增加的表面积是 hl 的两倍，所以体系所增加的表面能是 $2lh\sigma$。因此

$$Fh=2lh\sigma$$

整理得

$$\sigma=F/2l \tag{5-5}$$

由此可见，σ 也可理解为垂直作用于单位长度周界线上的表面收缩张力，这个力的方向是沿着液面与液面相切，并促使其液面缩小的方向，所以又称它为表面张力，单位为 $N\cdot m^{-1}$。

对比式（5-4）与式（5-5）可知，一种物质的比表面吉布斯自由能和表面张力的数值与量纲皆相同（因 $J=N\cdot m$），但二者的物理意义不同，单位也不一样，它们是同一个事物从不同角度提出的物理量。当考虑界面的热力学性质时，通常引用比表面吉布斯自由能的概念；而考虑界面之间相互作用时，用表面张力的概念更为方便。

三、影响表面张力的因素

表面张力是物质的一种特性，是强度性质，其数值与物质的种类以及与其共存的另一相的性质、温度等因素有关。

1. 物质的本性

表面张力是物质分子间相互作用力的结果，分子间作用力越大，相应的表面张力也越大。表 5-1 列出了某些物质在实验温度下呈液态时的表面张力。从表中可见，金属键的物质（如银、铜）表面张力最大，离子键的物质（如氧化物熔体和熔盐）次之，极性共价键的物质（如水）再次之，非极性共价链的物质（如氯）为最小。

表 5-1 某些物质在液态时的表面张力

	氯	四氯化碳	水	氯化钠	水玻璃	氧化铁	三氧化铝	银	铜	铂
温度/℃	−30	20	20	803	1000	1427	2080	1100	1083	1773.5
$\sigma/10^3N\cdot m^{-1}$	25.56	26.8	72.75	113.8	250	582	700	878.5	1300	1800

2. 接触相的性质

由于表面张力是两相交界面上的分子受到不均衡的力场所引起的，所以，当同一种物质与不同性质的其他物质接触时，表面层分子所处的力场不同，致使表面张力有显著差异。表 5-2 所列是 20℃时不同物质相接触时的表面张力。

3. 温度

物质的表面张力通常随温度升高而减小，即表面张力的温度系数 $d\sigma/dT$ 为负值，见表 5-3，这是由于温度升高时物质的体积膨胀，密度减小，气、液密度差减小，从而使表面层分子受指向液体内部的引力减弱，导致表面张力下降，大多数物质确是如此。但也有少数物质如铸铁、钢、铜及其合金，以及若干硅酸盐、炉渣等的表面张力却随温度升高而增大，这种反常现象目前尚无一致的解释。

表 5-2 20℃时不同物质相接触时的表面张力

物质 A	物质 B	$\sigma/10^3N\cdot m^{-1}$	物质 A	物质 B	$\sigma/10^3N\cdot m^{-1}$
水	苯	35.0	汞	水	415.0
	四氯化碳	45.0		乙醇	389.0
	乙醚	10.7		苯	357.0

表 5-3 不同温度下液体的表面张力 σ （单位：$10^3N\cdot m^{-1}$）

温度/℃	0	20	40	60	80	100
水	75.64	72.88	69.56	66.18	62.61	58.85
乙醇	24.05	22.27	20.60	19.01	—	—
丙酮	26.2	23.7	21.2	18.6	16.2	—
四氯化碳	—	26.8	24.3	21.9	—	—
苯	31.6	28.9	26.3	23.7	21.3	—

应该指出的是，不仅液体具有表面张力，固体也有表面张力。但固体的表面通常是不规则的，不同的部位具有不同的性质和不同的 σ 值。因此，固体的表面张力是很难测定的，但据间接计算，固体的表面张力一般比液体的大得多。

表面张力是金属加工工艺中经常会遇到的一个问题。如钎焊时，要求降低钎料（如熔融的铅锡合金）与钎剂（如松香、$ZnCl_2$ 与 NH_4Cl 的混合物）之间的表面张力，以有利于钎料在金属基体的表面上（已有一层助焊剂）铺展。又如在金属浇铸工艺中，熔融金属和模子间的表面张力的大小直接关系着浇铸的质量。为保证铸件质量，常需添加第三种物质来调节表面张力的大小。

四、表面现象基本规律

在以前各章中，研究一个体系的热力学性质如吉布斯自由能 G 时，认为 G 只是温度、压力和组分的函数，而忽略了表面大小对它的影响。对于体系是一个很大的连续相来说，这种忽略是可以的，并不会影响所得的结论。但对高度分散的体系而言，因具有很大的比表面积，表面吉布斯自由能之值相当可观，不但不可忽视，甚至会对体系热力学性质的影响起着决定性的作用。例如水在 101.325kPa 下，温度超过 373K 而不沸腾；液态金属冷却到正常的凝固温度时不结晶等现象，都是由于物质的表面性质所引起的结果，因此了解表面现象的基本规律是很重要的。这里，先从表面热力学着手进行探讨。

一个高度分散的体系总的吉布斯自由能，可以认为是体积吉布斯自由能（内部吉布斯自由能）$G_{体}$ 与表面吉布斯自由能 $G_{表}$ 之和，即

$$G_{总}=G_{体}+G_{表}=G_{体}+\sigma A \tag{5-6}$$

如果体系的温度、压力和组成及总量不变，$G_{体}$ 为一常数，则体系总的吉布斯自由能变化仅决定于表面吉布斯自由能的变化。即

$$dG_{总}=dG_{表}=d(\sigma A)=\sigma dA+Ad\sigma \tag{5-7}$$

式（5-7）为表面变化的方向提供了一个热力学准则，从它可以得出一些重要的结论如下：

（1）当 σ 一定时　$dG=\sigma dA$。

由此可见，只有当 $dA<0$ 时、dG 才小于零。这就是说，只有缩小表面积，才能降低体系的表面吉布斯自由能，使体系趋于稳定状态，所以缩小表面积的过程是自发过程。例如钢液中的小气泡合并成大气泡、结晶时固相中的小晶粒合并成大晶粒等都是缩小表面积的过程，所以能够自动进行。

（2）当 A 一定（即分散度不变）时　$dG=Ad\sigma$。

若要 $dG<0$，则必须 $d\sigma<0$。也就是说，表面张力减小的过程是自发过程，所以体系总是力图通过降低表面张力以达到降低表面吉布斯自由能，使之趋向稳定。这就是固体和液体物质表面具有吸附作用的原因。

（3）σ 和 A 均有可能变化　体系可通过降低表面张力和缩小表面积以降低其表面吉布斯自由能，使体系趋于稳定状态。例如，下面将要讨论的润湿现象就是这种情况。

第二节　分散度对体系物性的影响

一、分散度对体系热力学函数的影响

通常用单位体积或单位质量的物质所具有的表面积，即用比表面 $A_{比}$ 来表示和度量多分散体系的分散程度，简称分散度，即

$$A_{比}=A/V \text{ 或 } A/m \tag{5-8}$$

式中，A 代表体积为 V 的物质所具有的表面积。$A_{比}$ 随着分散粒子变小而迅速增加。

1. 分散度对体系吉布斯自由能的影响

对于一个分散体系，随着分散度 $A_{比}$ 的增加，由 $\Delta G_{表}=\sigma\Delta A$ 可知，若 ΔA 增加，则体

系的表面吉布斯自由能也随之增加。

2. 分散度对体系熵的影响

$$[\partial(\sigma\Delta A)/\partial T]_p = -\Delta S \text{ 或 } \Delta S = -\Delta A(\partial\sigma/\partial T)_p \tag{5-9}$$

这里忽略了温度变化对表面积的影响，认为 ΔA 为一常数，由于温度升高，表面自由能降低，即

$$(\partial\sigma/\partial T)_p < 0 \tag{5-10}$$

所以 $\Delta S > 0$，即分散度增加，体系的熵值增大。

3. 分散度对体系焓变的影响

由于 $\Delta H = \Delta G + T\Delta S$

将式（5-7）带入式（5-10），可得

$$\Delta H = \Delta G + T\Delta S = \sigma\Delta A - \Delta A(\partial\sigma/\partial T)_p = \Delta A[\sigma - (\partial\sigma/\partial T)_p] \tag{5-11}$$

因为 $(\partial\sigma/\partial T)_p < 0$，所以 $\Delta H > 0$，即增加分散度会使体系焓值增加。许多物质的大晶体与细小晶粒的生成热不同，就是这个原因。

4. 分散度对分解压的影响

分散度同样影响分解压的大小，如在 100kPa 下碳酸钙的分解反应为

$$CaCO_3(s) = CaO(s) + CO_2(g)$$

其标准吉布斯自由能变为

$$\Delta_r G_m^\theta = \Delta_f G_m^\theta(CaO) + \Delta_f G_m^\theta(CO_2) - \Delta_f G_m^\theta(CaCO_3) \tag{5-12}$$

如果固体分散度很高，还必须考虑表面吉布斯自由能变的影响，此时

$$\Delta_r G_{总}^\theta = \Delta_r G_m^\theta + G_{表}^\theta(CaO) - G_{表}^\theta(CaCO_3) \tag{5-13}$$

式中，$\Delta_r G_m^\theta$ 是不考虑表面吉布斯自由能变时反应的标准摩尔吉布斯自由能变；$\Delta_r G_{总}^\theta$ 是考虑表面吉布斯自由能后的总标准吉布斯自由能变。

如果将式（5-13）转变为分解压，则

$$\Delta_r G_{总}^\theta = -RT\ln K_p = -RT\ln(p_{CO_2}/p^\theta)$$

$$\ln(p_{CO_2}/p^\theta) = -\Delta_r G_{总}^\theta/RT = [G_{表}^\theta(CaCO_3) - \Delta_r G_m^\theta - G_{表}^\theta(CaO)]/RT \tag{5-14}$$

可见，$CaCO_3$ 分散度越大，则 $G_{表}^\theta$（$CaCO_3$）越大，分解压越大，越有利于它的分解。在实际的水泥生产及陶瓷烧制过程中，也依据这样的道理来指导生产。

二、分散度对蒸气压的影响

以半径不同的同一种液滴来讨论之。设有一半径为 R 的球形大液滴，其体积为 V_R，表面积为 A_R；另一半径为 r 的球形小液滴，其体积为 V_r，表面积为 A_r。用 ρ、σ 和 M 分别代表该液体的密度、表面张力和摩尔质量。现在来讨论在恒定温度 T 下，1mol 液体从大液滴转移到小液滴的过程中体系吉布斯自由能的变化。该转移过程可按下述两条不同途径来进行，如图 5-3 所示。

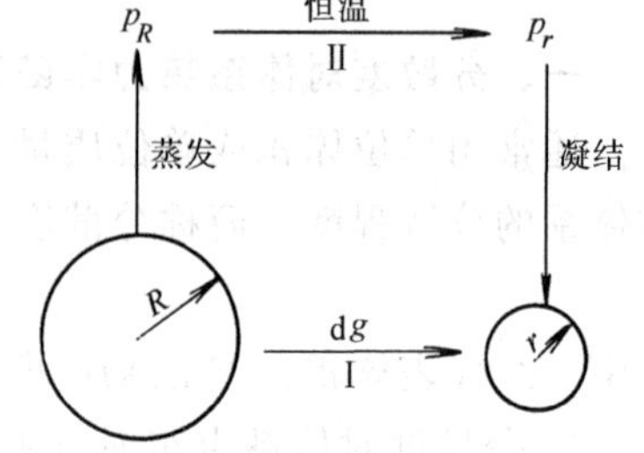

图 5-3 导出开尔文方程的示意图

途径Ⅰ：直接从大液滴上取出质量为 dg 液体加到小液滴上，则该小液滴的表面积和体积的增加分别为

$$dA_r = 4\pi(r+dr)^2 - 4\pi r^2 \approx 8\pi r dr$$

$$dV_r = 4\pi(r+dr)^3/3 - 4\pi r^3/3 \approx 4\pi r^2 dr$$

两式相除，得

$$dA_r/dV_r = 2/r$$

因
$$dV_r = dg/\rho$$
故
$$dA_r = \frac{2}{r}\frac{dg}{\rho}$$
对大液滴，同理可得
$$dA_R = -\left(\frac{2}{R}\right)\frac{dg}{\rho}\text{（负号表示减少）}$$

因而质量为 dg 液体从大液滴直接转移到小液滴的过程中，所引起的体系表面积的变化为
$$dA = dA_r + dA_R = \frac{2dg}{\rho}\left(\frac{1}{r} - \frac{1}{R}\right)$$
相应的体系吉布斯自由能的变化为
$$dG_{\mathrm{I}} = \sigma dA = \frac{2\sigma dg}{\rho}\left(\frac{1}{r} - \frac{1}{R}\right)$$

质量为 dg 的液体相当于 $dg/M = dn$。上式两边同除以 dn，就换算成 1mol 液体从大液滴直接转移到小液滴的过程中所引起的体系吉布斯自由能的变化，即
$$dG_{m,\mathrm{I}} = G_{m,r} - G_{m,R} = dG_{m,\mathrm{I}}/dn = 2\sigma M/\rho\ (1/r - 1/R)$$

途径Ⅱ：分三步进行。先让大液滴上的 1mol 液体定温（T）定压（p_R）可逆地蒸发为压力为 p_R（p_R 为与大液滴平衡的蒸气压）的蒸气，由 G 判据得，此过程的 $\Delta G_{m,1} = 0$；然后将所得的压力为 p_R 的 1mol 蒸气定温（T）可逆地转变为压力为 p_r（p_r 为与小液滴平衡的蒸气压）的蒸气，此过程体系吉布斯自由能的变化 $G_{m,2} = RT\ln(p_r/p_R)$；最后，使压力为 p_r 的蒸气定温（T）定压（p_r）可逆地凝聚在小液滴上，此过程的 $\Delta G_{m,3} = 0$。

沿途径Ⅱ进行的整个过程中，体系吉布斯自由能的变化为
$$\Delta G_{m,\mathrm{II}} = \Delta G_{m,1} + \Delta G_{m,2} + \Delta G_{m,3} = RT\ln(p_r/p_R)$$
根据状态函数的性质，则有
$$\Delta G_{m,1} = \Delta G_{m,\mathrm{II}}$$
所以
$$\ln(p_r/p_R) = (2\sigma M/\rho RT)(1/r - 1/R) \tag{5-15}$$

此式即为液体的饱和蒸气压与液滴半径的定量关系式，称为开尔文方程。

对一定的液体来说，温度一定时，（ρ、M、T、σ）均为常数。式（5-15）右端为正值，因而 $p_r > p_R$，即同一温度下，小液滴的蒸气压恒大于大液滴的蒸气压，且液滴越小，蒸气压则越大。对于固体物质来说，同样是大颗粒的蒸气压低，小颗粒的蒸气压高。蒸气压高意味着化学势高，因而当体系中同一种物质存在有大小不同的颗粒时，小颗粒就显得不稳定些，它必然自动地要向大颗粒上转移，直至小颗粒最后消失为止。在日常生活和生产中所遇到的液体过冷、溶液过饱和等现象都与此有密切关系。

由式（5-15）可以看出，若 R 趋于无限大，液滴的曲率（$1/R$）则趋于零，即界面由原来的凸面变为平面。此时，液体水平面的饱和蒸气压用 $p_{平}$ 来表示，式（5-15）可改写为
$$\ln\frac{p_r}{p_R} = \frac{2\sigma M}{\rho RT}\frac{1}{r} \tag{5-16}$$

若 $1/r > 0$，即曲率中心在液体内部，液面为凸面（如空气中液滴的分界面），上式右方

为正值，故 $p_凸 > p_平$，即凸液面的饱和蒸气压大于水平液面的饱和蒸气压。

若 $1/r<0$，即曲率中心在液体外部、液面为凹面（如液体中气泡的分界面），上式右方为负值，故 $p_凹 < p_平$，亦即凹液面的饱和蒸气压小于水平液面的饱和蒸气压。

上述规律可总结为：同温度下，$p_凸 > p_平 > p_凹$。

不同直径的水滴的饱和蒸气压列于表 5-4 中。

表 5-4 水滴的半径大小与水平面饱和蒸气压的关系

r/m	∞	1×10^{-6}	1×10^{-7}	1×10^{-8}	1×10^{-9}
p_r/Pa	2337	2340	2362	2602	6844
$p_r/p_平$	1	1.001	1.011	1.113	2.929

由上表可以看出，水滴的半径越小，其水平面饱和蒸气压越大。当水滴的半径小到 1×10^{-9}m时，其水平面饱和蒸气压几乎是水平液面平衡蒸气压的 3 倍。此时的蒸发速率很快。在电子陶瓷、化工等生产过程中采用的喷雾干燥工艺，就是利用此原理。

由于物质的熔点、沸点、溶解度等都与蒸气压有关，所以它们也会因分散度不同而有所变化。

三、分散度对体系凝固点的影响和过冷现象

我们已知，所谓纯物质的凝固点就是固液两相平衡时的温度，亦即固液两相的蒸气压达到相等时的温度。如图 5-4 所示，物质的液态蒸气压曲线 OC 与固态蒸气压曲线（即升华曲线）BO 之交点 O 所对应的温度 T_0 即为该物质的凝固点。在同一温度下，小晶粒比大晶粒（普通晶体）具有较高的蒸气压，因而小晶粒的蒸气压曲线（$B'O'$线）应在普通晶体的蒸气压曲线（BO 线）之上。$O'C$ 线与 $B'O'$线之交点 O' 所对应的温度 T_1 即是小晶粒的凝固点。显然，$T_1<T_0$，这表明小晶粒的凝固点比普通晶体要低，小晶粒需在较低的温度下才能达成固—液两相平衡。因此，当把液体冷却到正常凝固点 T_0 时，本应析出晶体，可是由于刚结晶的晶粒很小，蒸气压较高，它大于同温度下液体的蒸气压，固、液两相的化学势不等，故不能平衡共存。化学势高的小晶粒必然要自动熔化，所以在 T_0 温度时不可能发生凝固。温度下降时，液体与小晶粒的蒸气压都减小，但小晶粒的蒸气压减小得更多。当温度下降到 T_1 时，小晶粒的蒸气压等于液体的蒸气压，初生的小晶粒才有可能存在，凝固才可能发生，所以实际的凝固点要比理论值低，见表 5-5。人们把液体冷却到正常凝固点以下还不结晶的现象叫做过冷现象，（T_0-T_1）称为过冷度，温度在 $T_0\sim T_1$ 之间的液体称为过冷液体。

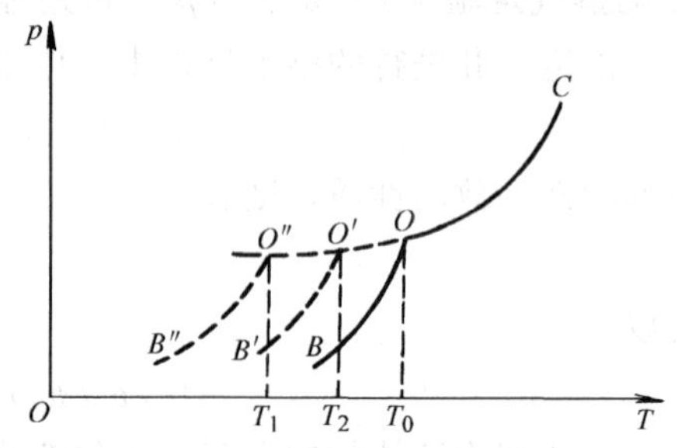

图 5-4 结晶过程的过冷现象

表 5-5 粒子直径对水杨酸苯酯凝固点的影响（理论凝固点为 43℃）

粒子直径/μm	32	16	12	10	8
凝固点/℃	41.5	41	40	39	38

初生的晶粒越小，它的蒸气压就越高，其凝固温度离开正常的凝固点就越远，也就是所需的过冷度越大。反过来，在结晶过程中，过冷度越大，所得晶粒的颗粒就越小，故在实际凝固过程中总是控制过冷度来控制晶粒的大小。生产上采用的快速冷却方法，就是使金属在

大的过冷度条件下结晶，从而达到晶粒细化和改善力学性能的目的。

四、分散度对固体在液体中的溶解度的影响和溶液过饱和现象

从相平衡来看，溶解度即为溶液中溶质的蒸气压（或化学势）与固体纯溶质的蒸气压（或化学势）相等时，亦即溶解达到平衡时溶液的浓度。图 5-5 中所示的 OC_1 与 $O'C_2$ 曲线分别表示浓度为 c_1 和 c_2（$c_2>c_1$）的溶液中溶质的蒸气压曲线。BO 与 $B'O'$ 曲线分别为大晶粒与微小晶粒的蒸气压曲线。

从图 5-5 可以看出，在温度为 T 时，BO 线与 OC_1 线交于 O，$B'O'$ 线与 $O'C_2$ 线交于 O'。说明在同一温度下，大晶粒与浓度小的溶液（c_1）中的溶质处于平衡状态，而小晶粒与浓度大的溶液（c_2）中的溶质处于平衡状态。也就是说，晶粒越小，溶解度越大。固体在液体中的溶解度与固体颗粒半径的关系也具有开尔文方程的形式

$$\ln(C_r/C_0)=\frac{2\sigma M}{RT\rho}\frac{1}{r} \tag{5-17}$$

式中，C_0 和 C_r 分别表示大颗粒和半径为 r 的小颗粒在液体中的饱和溶解度；ρ 为固体的密度。

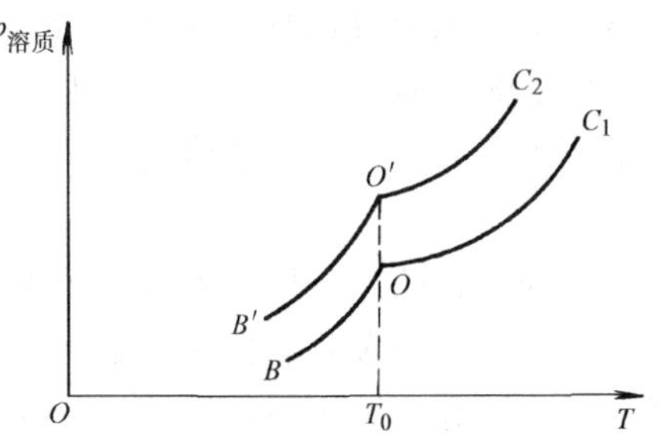

图 5-5　溶液的过饱和现象

当把浓度为 c_1 的溶液冷却到 T_0 温度时，溶液达到了饱和状态，应有晶体开始析出，但因溶质结晶时刚出现的晶粒必然是微小的晶粒，它的溶解度比大晶粒的溶解度大，因此对大晶粒已是饱和的溶液，但对小晶粒则尚未达到饱和，因而小晶粒会自动溶解，使溶液的浓度增大，导致溶液的过饱和。

溶液的过饱和现象，在金属热处理中经常遇到。金属的淬火就是为了保持金属的过饱和状态，例如钢高温淬火所得的马氏体组织便是碳在 α-Fe 中的过饱和溶液。有色金属的时效处理，也是先将高温的不饱和固溶体骤冷到低温以获得过饱和固溶体，然后让这过饱和固溶体逐步脱溶分解（这一步称为时效）以获得适宜的组织和性能。

第三节　介稳状态和新相的生成

一、介稳状态

以上谈到的液体的过冷、溶液的过饱和现象，其共同点是从体系中产生原来并不存在的新相遇到了困难。从热力学观点看，初生的新相均属微小颗粒，比表面很大，相应的表面吉布斯自由能很高，因而新相难以生成。这种新相生成的困难性，导致出现了过冷、过饱和等状态。这些状态在热力学上是不稳定的，常称为介稳状态或亚稳状态。介稳状态虽然是热力学不稳定的状态，但由于新相难以生成，故这些状态仍可维持相当长的时间不变，但一旦受到外界干扰时便会迅速消失。例如剧烈的搅拌或用玻璃棒摩擦器壁常可破坏液体的过冷状态，介稳状态有时需要保存，有时需要破坏。前已所述的钢高温淬火所得的马氏体组织便是一种介稳状态，是热力学不稳定状态，但由于高温下迅速冷却，阻止了它向更稳定的状态变化，因此能较长期存在。与淬火相反的退火过程，则为消除介稳状态的一种手段，使金属重新结晶而形成稳定组织。如将白口铸铁进行石墨化处理（即渗碳体分解为石墨和铁）使成为

可锻铸铁，就是一个特意破坏介稳状态的例子。又如在云层中撒放固体 CO_2（干冰）或 AgI 粉末，让过冷蒸气凝结，实现人工降雨，也是破坏介稳状态的一个例子。

二、新相的生成

下面以液体的沸腾过程和金属的结晶过程为例来讨论新相生成过程中的表面效应。

（一）液体的沸腾过程

1. 弯曲液面下的附加压力

附加压力的产生与液体的表面张力有关。我们已知，液体的表面张力是沿着与液面相切的方向作用的。对水平液面，若在其表面上取一小面积 Δa，AB 为周界，如图 5-6a 所示，则 Δa 以外的液体对 Δa 面积内的液体有表面张力作用。因液面是水平的，表面张力都作用在同一平面上，故在各个方向上正好互相抵消，合力为零。也就是说，水平液面不产生附加压力。若为凸形液面，如图 5-6b 所示，则作用在周界线 AB 上的表面张力不再是水平的，不能互相抵消，合力不等于零。合力的方向垂直于弯曲液面指向曲率中心，这个合力就是附加压力 p_s。若承受的环境压力是 p，则凸形液体内部液体承受的压力为 $p'=p+p_s$。对图 5-6c所示的凹形液面而言，附加压力的方向则是指向液体外部（曲率中心在液体外部），结果减小了外界对液面内液体的压力，这时附加压力为负值。凹形液面下液体承受的压力为 $p'=p-p_s$。

附加压力的大小与液体的表面张力及液面的曲率半径有关，现用下述简单实验讨论之。

在液面上插入毛细管的一端，并对毛细管中的活塞施加一压力 p，使在管口形成一个半径为 r 的气泡，如图 5-7 所示。若要维持此气泡能稳定存在，气泡内气体的压力必须等于 $p+p_s$。现稍将活塞下压，使气泡的体积和表面积相应地增加 $\mathrm{d}V$ 和 $\mathrm{d}A$，在此过程中，因活塞上的压力和泡外压力互相抵消，所以，克服附加压力所做的体积功 $p_s\mathrm{d}V$ 即等于增大气泡表面所需的表面功 $\sigma\mathrm{d}A$。

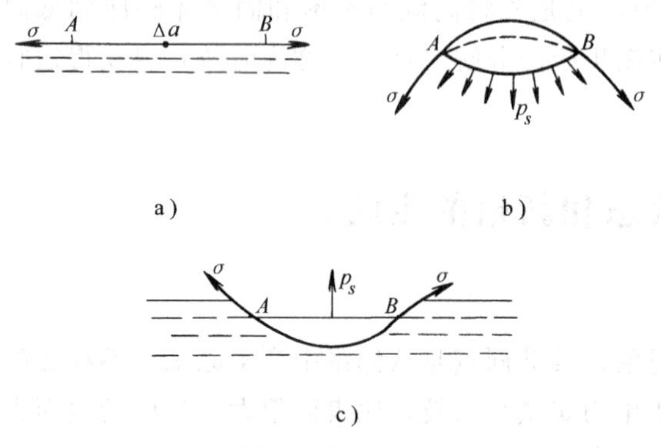

图 5-6 弯曲液面的附加压力示意图

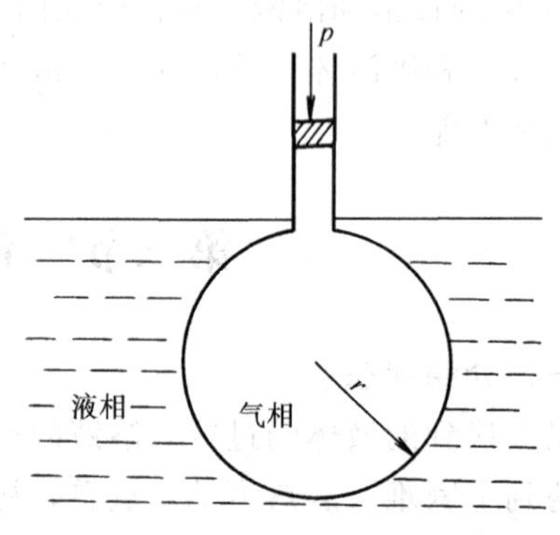

图 5-7 附加压力与曲率半径的关系

$$p_s\mathrm{d}V=\sigma\mathrm{d}A$$

因
$$\mathrm{d}V=\mathrm{d}(4\pi r^3/3)=4\pi r^2\mathrm{d}r;\ \mathrm{d}A=\mathrm{d}(4\pi r^2)=8\pi r\mathrm{d}r$$

故
$$p_s=2\sigma/r \tag{5-18}$$

式（5-18）即为弯曲液面的附加压力与表面张力及曲率半径之间的关系式，称为拉普拉斯(Laplace) 公式。式（5-18）说明：

1）液滴（或气泡）越小、曲率半径 r 越小，它所产生的附加压力则越大。

2）若液面为凸形（如空气中液滴的界面），曲率半径 r 为正值，则 $p_s>0$，附加压力的方向指向液体内部；若液面为凹形（如液体中悬浮的气泡的界面），曲率半径 r 为负值，所以 $p_s<0$，附加压力的方向指向液体外部；若液面为平面 $r=\infty$，故 $p_s=0$，即水平液面不存在附加压力。

3）如果是空气中的气泡（如肥皂泡），因有内外两个表面，均产生指向曲率中心的附加压力，所以

$$p_s = 2 \times 2\sigma/r = 4\sigma/r \tag{5-19}$$

4）对于不同液体，若曲率半径相同，表面张力越大，则附加压力越大。

例 5-1　已知 20℃时水的表面张力为 $72.75\times10^{-3}\mathrm{N\cdot m^{-1}}$，如果把水分散成半径为 10^{-5}cm 的小水珠，试计算曲面下的附加压力。

解：根据式（5-18）

$$p_s=2\sigma/r=2\times(72.75\times10^{-3}\mathrm{N\cdot m^{-1}})/(10^{-7}\mathrm{m})=1.46\times10^{6}\mathrm{N\cdot m^{-2}}$$

附加压力是一些表面张力测定方法（如气泡最大压力法、毛细管上升法等）的理论依据，也是许多表面现象的基础，有些表面现象可直接用它来解释。例如，可用附加压力来解释毛细现象。当把玻璃毛细管垂直插入水中时，因水能润湿玻璃，管中液面为凹液面，因而产生一指向液体外部的附加压力，使管中液面下的水承受的压力小于管外平面下的水，故水将被压入毛细管内并使水柱上升，直到上升的水柱产生的压力与凹液面的附加压力相等而建立平衡为止。又如，两块玻璃片间夹有薄水层，则水层在两端的液面也呈凹面，因而同样产生一指向液体外部的附加压力，使液内压力小于外部压力（相差 $2\sigma/r$），结果使两玻璃片的外表面上各受到相当于 $2\sigma/r$ 的正压力，两块玻璃片被紧压在一起，不易分开。这也是一种毛细现象。

2. 液体的沸腾和过热现象

液体要沸腾其先决条件是要在液体内部自动生成极微小的气泡（新相），而凹形液面的附加压力的影响却使气泡形成较为困难。现依据图 5-8 所示来分析一下气泡形成的条件。在离液面深处 h 的一个半径为 r 的气泡如能存在，它就必须克服作用其上的三种阻力——大气压力、液柱静压力、凹形液面产生的附加压力。设气泡为球形，气泡内的压力（即液体在气泡内的蒸气压）为 p，则此气泡的形成条件为

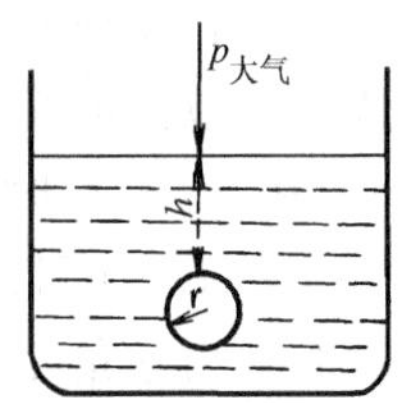

图 5-8　液体的沸腾

$$p \geqslant p_{大气} + p_{静} + p_s \geqslant p_{大气} + \rho hg + 2\sigma/r \tag{5-20}$$

只有当气泡内的压力大于上述三种阻力的总和时，气泡才能稳定存在并不断长大而后逸出。由前述可知，气泡越小，液体在泡内的蒸气压越小，而作用其上的附加压力却越大。由于液体沸腾时初生的气泡必然是极微小的气泡，一方面泡内压力小；另一方面附加压力却很大，因而 $p>(p_{大气}+\rho hg+2\sigma/r)$ 的条件不能满足，故在正常沸点下气泡不能存在，沸腾不能发生。在外压恒定的条件下，要使液体沸腾，必须继续升高温度。升高温度一方面使气泡中液体的蒸气压迅速增高；另一方面使液体的表面张力降低，从而使作用在气泡上的附加压力减小。这两种效应都有利于气泡的形成。当温度升高到使气泡内的压力大于三种阻力的总和时，气泡方能产生且不断长大，沸腾就能发生，此时液体的温度必然高于其正常沸点。这种在正常沸点下，应沸腾而不沸腾的现象叫做过热现象。造成液体过热的主要原因是凹液面上的附加压力所致。

在蒸馏时液体的过热常常造成暴沸。为了防止这一现象发生，可在液体中加入一些粗糙多孔的固体物质，如沸石、素烧瓷片或一端封闭的玻璃毛细管。因这些物质的孔中储存有气体，它为液体的沸腾提供气泡种子，以消除新相生成的困难，使液体在过热程度很小时即能沸腾。

纯液态金属的表面张力一般都很大，因而初生的气泡所必须克服的附加压力也就特别大，例如钢液的表面张力为 $1.250N \cdot m^{-1}$，若钢液中一个初生气泡，其半径 r 为 $5\times10^{-8}m$，则所受的附加压力为

$$p_s = 2\sigma/r = 2\times(1.250N\cdot m^{-1})/(5\times10^{-8}m) = 5\times10^{7}N\cdot m^{-2}$$

显然，初生气泡中的气体要达到如此大的压力是不可能的，所以从理论上讲，几乎不可能在纯的钢液中产生气泡。但是实际炼钢过程中，由于炉底及炉壁的粗糙多孔或有裂缝、沟槽，在这些空隙中留存有少量气体能够作为形成气泡的核心；另一方面，由于粗糙多孔的炉底和炉壁，它们同钢液相比，与气体的表面张力较小，减少了产生气泡的阻力，因而在炉底、炉壁上形成气泡就比较容易些。这两者均有利于沸腾过程的进行，致使钢液产生沸腾。炼钢过程中常见的“炉底沸腾”等现象就是由此所引起的结果。

（二）金属的结晶过程

1. 金属结晶的热力学条件

由热力学基本原理可知，在一定压力下，纯物质的吉布斯自由能 G 将随温度 T 的升高而下降，下降的程度取决于物质的熵值。由于液体的混乱度总比晶体的大（即 $S_{液} > S_{固}$），因而 G-T 图（即图 5-9）中，液相线较陡，而固相线较平缓。

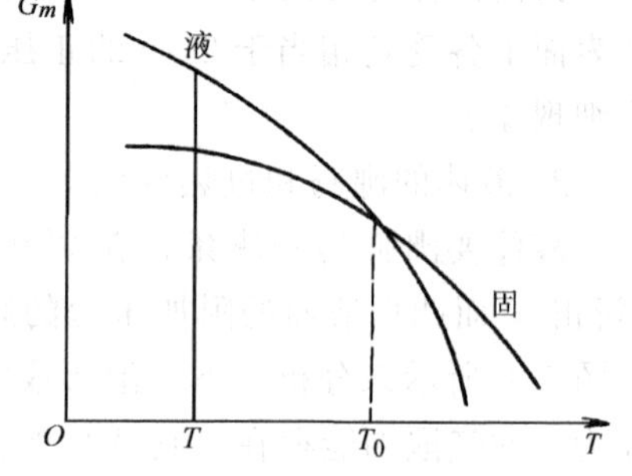

图 5-9 固-液相摩尔吉布斯自由能 G_m 与温度 T 的关系

由图 5-9 可知：

1）在两曲线的交点所对应的温度 T_0 时，液、固两相的摩尔吉布斯自由能相等，$\Delta G_m=0$，两相处于平衡状态。所以温度 T_0 即是液态金属的凝固点。

2）在 $T>T_0$ 时，G_m（固）$>G_m$（液），$\Delta G_m=G_m$（液）$-G_m$（固）>0，此时液相是相对稳定的。因此，从热力学角度来看，温度高于 T_0 时，结晶不能发生，金属不能凝固。

3）在 $T<T_0$ 时，G_m（固）$<G_m$（液），$\Delta G_m<0$。此时，固相比液相稳定，因而结晶过程能自动进行。温度越低于 T_0，ΔG_m 的值越负，结晶过程自动进行的趋势越大，越容易进行。由此可见，结晶的热力学条件是液态金属必须过冷到凝固温度 T_0 以下才能结晶。

2. 晶核的形成与长大

以上仅讨论了金属结晶相变时吉布斯自由能的变化，但结晶时要在液相中产生原来并不存在的新相——晶核。所以，用热力学的原理讨论结晶过程时，不仅要考虑相变吉布斯自由能的变化 $\Delta G_{相变}$，还必须考虑新相形成时由于表面增加而引起的表面吉布斯自由能的增加 $\Delta G_{表面}$。此时，体系总的吉布斯自由能变化将是这两项的代数和，即

$$\Delta G_{总} = \Delta G_{相变} + \Delta G_{表面}$$

在一定过冷度下，$\Delta G_{相变}$ 是负值，而 $\Delta G_{表面}$ 却是正值。所以结晶过程能否实际进行，取决于

这一对矛盾中哪一方面占优势。

设在某一过冷度下，设形成了尺寸为 l 的 n 个晶核，每个晶核的体积为 V'，表面积为 A'。又设形成单位体积的晶核时相变吉布斯自由能的变化为 $\Delta G'$（是负值），则

$$\Delta G_{总}=\Delta G_{相变}+\Delta G_{表面}=nV'\Delta G'+nA'\sigma$$

因
$$V'\propto l^3,\ A'\propto l^2$$

即
$$V'=kl^3,\ A'=k'l^2$$

得
$$\Delta G_{总}=nk\Delta G'l^3+n\sigma k'l^2 \tag{5-21}$$

式（5-21）表明，形成晶核时体系总的吉布斯自由能的变化是晶核尺寸的函数，$\Delta G_{总}=f(l)$，其特点是表面吉布斯自由能的增加与尺寸的平方成正比，而相变吉布斯自由能的降低却与尺寸的立方（l^3）成正比。因而这类问题便有尺寸效应。晶核尺寸较小时，第二项占优势，故 $\Delta G_{总}$ 将随 l 的增加而增加；晶核尺寸较大时，第一项占优势，故 $\Delta G_{总}$ 将随 l 的增加而减小。因此，随着晶核尺寸的增加，体系总的吉布斯自由能的变化 $\Delta G_{总}$ 首先是由小变大，而后又由大变小，因而 $\Delta G_{总}$-l 曲线上必然出现如图5-10所示的最高点。最高点所对应的尺寸用 l_c 表示。由图看出，当 $l<l_c$ 时，晶核如继续长大，则体系总的吉布斯自由能将相应增加，因而此种晶核是不可能自动长大的。而恰好相反，它会自动缩小，以致最终消失。所以，这种尺寸的粒子通常叫“晶胚”，而不叫晶核。当 $l>l_c$ 时，随着晶核尺寸的不断增大，$\Delta G_{总}$ 也不断减小，因而此种晶核能自动长大。当 $l=l_c$ 时，熔化和长大两种可能性都存在，正处于由晶胚到晶核的临界状态。也就是说，晶核正处于稳定与不稳定的转折状态。由上讨论可见，液体之能否结晶，取决于能否产生尺寸大于 l_c 的晶核。所以把 l_c 叫做晶核的临界尺寸，具有临界尺寸的晶核叫做临界晶核。

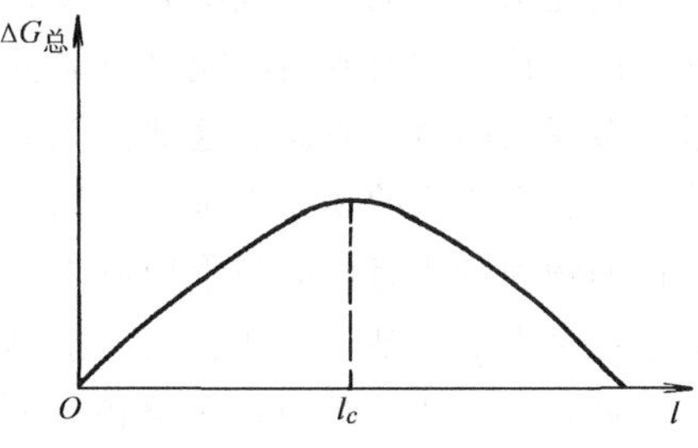

图 5-10　$\Delta G_{总}$-l 曲线

3. 晶核的临界尺寸与温度的关系

形成临界尺寸的晶核时，体系的吉布斯自由能变化为最大。对式（5-21）应用极值条件——$\Delta G_{总}$ 对 l 的一阶导数应为零，即

$$\mathrm{d}(\Delta G_{总})/\mathrm{d}l=0$$

可得
$$l_c=2/3\times k'\sigma/k(-\Delta G') \tag{5-22}$$

因 σ 与 $\Delta G'$ 均与温度有关，所以临界尺寸 l_c 亦与温度有关。温度降低时，表面张力 σ 和（$\Delta G'$）都将随温度的降低而增加，但两者所增加的比例却不相同，（$-\Delta G'$）的增加往往要比 σ 的增加大得多。因而过冷度越大，l_c 越小，生成晶核的机会也就越多，结晶过程也就越容易实现，所得的晶粒也越细。另一方面，在不同过冷度下形成临界晶核时，体系的吉布斯自由能的变化（用 ΔG_c 表示）也是不同的。增加过冷度，势必增强式（5-21）中第一项的优势。因而，过冷度越大，ΔG_c 就越小。这样，我们可以获得如图 5-11 所示的不同过冷度下的 $\Delta G_{总}$-l 曲

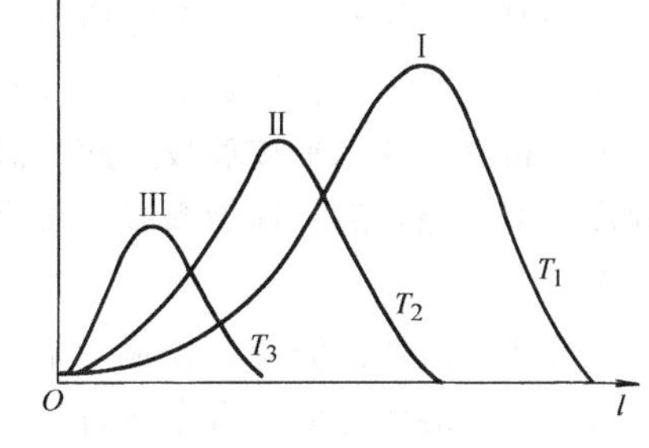

图 5-11　$\Delta G_{总}$-l 曲线

线，图中 $T_1 > T_2 > T_3$。曲线Ⅲ是温度最低（T_3），而过冷度最大的体系。由此可见，在不同的过冷度下，有不同的临界尺寸 l_c 和临界吉布斯自由能变化 ΔG_c。过冷度越大，l_c 越小，ΔG_c 也越小，所以越有利于结晶。

4. 形成临界晶核时体系的吉布斯自由能变化

由图 5-11 看出，增加金属结晶时的过冷度，虽然可以减少形成临界晶核时体系的吉布斯自由能的增加，但 $\Delta G_{总}$ 仍然是正值。这就是说，形成临界晶核时相变吉布斯自由能的减少尚不足以完全补偿新相产生时表面吉布斯自由能的增加。热力学基本原理告诉我们，此 $\Delta G > 0$ 的变化是不能自动进行的。因此，生成临界晶核时必须对它提供能量。那么，需给它提供多少能量？又是怎样提供的呢？

将式（5-22）代入式（5-21）中，整理后便可得

$$\Delta G_c = nA'\sigma/3 = \Delta G_{表面}/3 \tag{5-23}$$

由此结果可见，形成临界晶核时，体系吉布斯自由能的增加等于所需表面功的 1/3。这就是说，相变时所放出的能量只能补偿所需表面功的 2/3，还需要给它提供 1/3 表面功的能量。金属结晶时，所需的这部分能量是由液态金属中的能量起伏来提供的。由热力学第二定律知，宏观体系的热力学量，例如压力、熵、吉布斯自由能等都是统计平均值。凡是带有统计性的物理量都有可能与平均值之间发生偶然性的偏差。能量也是一个统计性的物理量，因此它也会出现在某一瞬间、某一微小体积内其能量偏离平均值的现象，这种现象叫做能量起伏。这好像广阔的海面，从整体来看是处于一个水平面上，但从局部来看，却是波浪起伏的。但这种起伏都是海平面的上、下波动，其平均水平仍是海平面。由于存在能量起伏，因而就有可能在某一瞬间、某一微小体积内的实际能量比平均能量高出 1/3 的表面能还多。这样，在这些微小体积中就有可能形成临界晶核。这就是形成临界晶核时所需能量的来源。很显然，实际能量比平均能量高出很多这种概率是比较小的，所以需要能量起伏较大的结晶过程是难以进行的。如前所述，过冷度越大，l_c 越小，ΔG_c 也越小。因而，增加过冷度可减小结晶时所需的能量起伏，使结晶过程较容易地进行。

应当指出，本节所给出的理论分析与有关公式均是由纯金属的理想结晶过程得出的，实际上影响金属结晶的因素很多，不仅有热力学上的问题，也有动力学上的问题。例如前已提及，过冷度越大，成核就越容易。然而，事实上并非完全如此，这就是动力学上的问题，需要从动力学方面来讨论。

第四节 润 湿 现 象

润湿是固体与液体接触时所发生的一种表面现象。它主要是研究液体对固体表面的亲和情况。假如在水平玻璃板上放一滴水银，它总是呈椭球状，并能滚来滚去，不会贴附在玻璃板上；相反，在水平玻璃板上滴一滴水，水滴便贴附在玻璃板上，并沿着玻璃板面展开。前者称为不润湿，后者称为润湿。可见，通常所说的润湿是指液体能否在固体表面上粘附或铺展而言。

液体对固体的润湿过程是一个自发过程。根据热力学原理可知，润湿过程必将引起体系吉布斯自由能的降低，吉布斯自由能降低的越多，润湿程度越大。但在实用上并不是用体系的吉布斯自由能的变化来表示润湿程度的，因该过程体系的吉布斯自由能的变化有时不易计

算，所以通常用接触角 θ 来衡量润湿程度。

一、润湿程度的度量标准——接触角

例如，在固体上有一液滴，形状如图 5-12 所示。o 点表示液（l）、固（s）、气（g）三个相界面的交点。它受到三个力的作用，一是固-气表面张力 σ_{s-g}，另两个是固-液表面张力 σ_{s-l}，和液-气表面张力 σ_{l-g}。由图 5-12 可看出，σ_{s-g} 力图使液滴沿固-液界面展开，而 σ_{s-l} 则力图使液滴收缩，σ_{l-g} 的作用则视 θ 角的大小而定；当 $\theta>90°$ 时，如图 5-12b 所示，σ_{l-g} 则力图使液滴铺展开；而当 $\theta<90°$ 时，如图 5-12a 所示，σ_{l-g} 则力图收缩液面，不利于铺展。当这三个力达到平衡时，三个相界面的交点 o 处的合力为零，故有下列关系

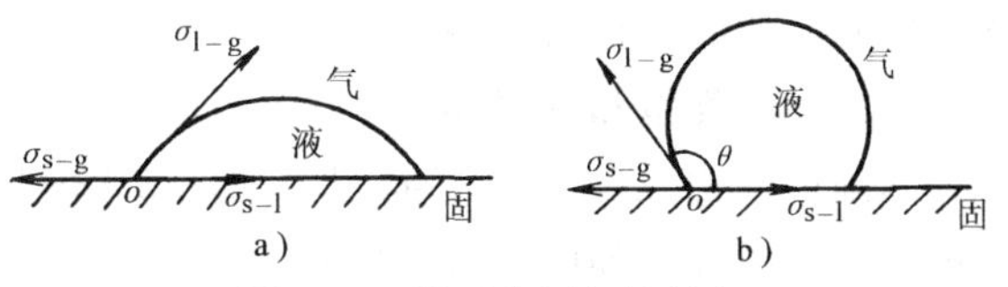

图 5-12　润湿作用与接触角

$$\sigma_{s-g}=\sigma_{s-l}+\sigma_{l-g}\cos\theta \tag{5-24}$$

或

$$\cos\theta=\frac{\sigma_{s-g}-\sigma_{s-l}}{\sigma_{l-g}}$$

接触角是指三个相界面的交点 o 处包括液体在内的两界面切线之间的夹角。θ 角越小，液体在固体上铺展得越平，润湿性能越好；θ 角越大，润湿性能越差。所以 θ 亦称为润湿角。由 θ 的大小来表示润湿程度时，习惯以 $\theta=90°$ 作为分界线，把 $\theta<90°$ 称为润湿，而把 $\theta>90°$ 称为不润湿。

式（5-24）称为杨氏（Young）公式，对其分析，可得如下的结论：

1）若 $\sigma_{s-g}>\sigma_{s-l}$，则 $\cos\theta>0$，$\theta<90°$，液体能润湿固体。

2）若 $\sigma_{s-g}-\sigma_{s-l}=\sigma_{l-g}$，则 $\cos\theta=1$，$\theta=0°$，液体能完全润湿固体。此时，液体在固体表面上完全铺展开，成一薄层，并达到了平衡的极限。

3）若 $\sigma_{s-g}<\sigma_{s-l}$，则 $\cos\theta<0$，$\theta>90°$，液体不能润湿固体。当 $\theta=180°$ 时，则液体完全不润湿固体。若液体量很少，则在固体表面上收缩成一圆球。此时

$$\sigma_{s-g}=\sigma_{s-l}-\sigma_{l-g}$$

由式（5-24）可以看出，可以通过改变三个相界面上的 σ 值来调整接触角，以改变体系的润湿状况。在实践中，常常加入第三种物质人为地改变接触角以达到控制润湿程度的例子很多。例如在金属浇铸工艺中，熔融金属和模子间的润湿程度直接关系着浇铸的质量。若润湿性不好，金属液不能与模型吻合，使铸件在尖角或拐弯处呈圆角，因而不能保证铸件的表面尺寸精度。相反，若润湿性太好，则金属液易于渗入模型孔隙，造成机械粘砂，表面不光滑。为保证铸件质量，需添加第三种物质来调节润湿性。例如在钢液中加入硅，可达到良好的效果。又如可在硅（石英）砂型中加入粘土，以减弱金属液对固相的接触，使接触角变小，提高其润湿性。若加入水玻璃，效果则相反。

金属陶瓷是一种兼有金属的韧性和抗弯性与陶瓷的刚硬度、耐高温和抗氧化性能等优点的一种新型材料，广泛应用于空间技术和原子能工业。为了提高金属对陶瓷的润湿性，常常在金属中加入少量物质，以减小其接触角。如纯铜在 1100℃时，它在碳化锆上的接触角为 135°（不润湿），当铜中加添少量镍（$w_{Ni}=0.25\%$），这时接触角降为 54°（润湿）。使铜-碳化锆金属陶瓷的物理化学性能提高。

润湿现象与热加工工艺有着密切的联系。例如在细化晶粒、改善和提高金属性能、熔炼

时钢液中氧化物杂质的去除、熔模铸造、焊接等方面都会遇到润湿问题。

两种互不相溶的液体接触时，也有类似于上述液-固相接触时的润湿现象，例如，将一滴石蜡油放在大量水的表面上，石蜡油会缩成圆珠；如将另外某些有机液体滴在水面上，即能铺展开形成一层极薄的液膜。

二、润湿类型和润湿功

润湿可分为三类：附着润湿，如图 5-13a 所示；铺展润湿（即扩展润湿），如图 5-13b 所示；浸入润湿，如图 5-13c 所示。

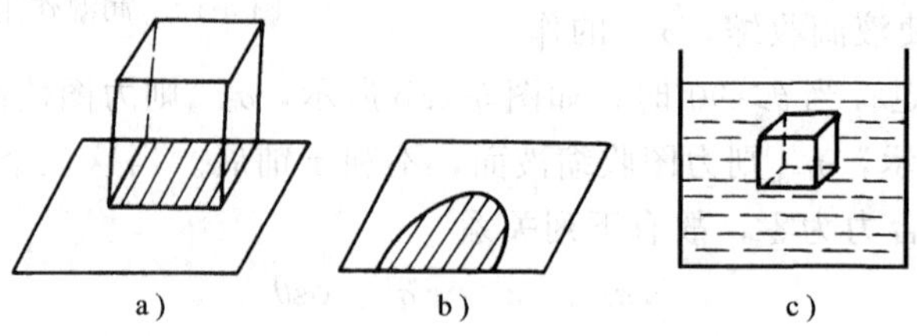

图 5-13　润湿类型

在各类润湿过程中，均有新的界面产生和原有的界面消失，且润湿的结果均使体系的吉布斯自由能降低。反之，若欲拆开润湿着的界面，则需外界对它做功，这必将使体系的吉布斯自由能增加。人们把拆开单位面积润湿着的界面所需的功叫润湿功。润湿功越大，意味着固液界面结合越牢，也即润湿越好，所以可用润湿功的大小来衡量润湿的牢固程度。下面以附着润湿和铺展润湿为例来加以分析。

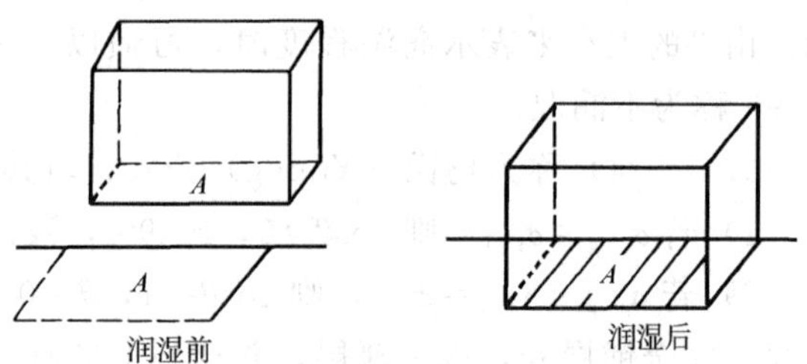

图 5-14　附着润湿的界面变化情况

1. 附着润湿和附着功

由图 5-14 可见，在附着润湿过程中产生了一个固-液界面，而同时消失了原有的固-气与液-气两个界面。设三个界面的面积均为 A，则上述过程的吉布斯自由能变化为

$$\Delta G_{附着}=[G_{s-l}-(G_{s-g}+G_{l-g})]=[\sigma_{s-l}-(\sigma_{s-g}+\sigma_{l-g})]A$$

对于此种润湿的逆过程，则有

$$\Delta G'_{附着}=[(\sigma_{s-g}+\sigma_{l-g})-\sigma_{s-l}]A$$

附着润湿功

$$W_{附着}=\Delta G'_{附着}/A=(\sigma_{s-g}+\sigma_{l-g})-\sigma_{s-l}$$

由式（5-24）知，$\sigma_{s-g}=\sigma_{s-l}+\sigma_{l-g}\cos\theta$，所以

$$W_{附着}=\sigma_{l-g}(1+\cos\theta) \tag{5-25}$$

σ_{l-g}及 θ 均可由实验直接测定，故可计算 $W_{附着}$ 以及润湿过程中体系吉布斯自由能之降低。对于给定的液体，σ_{l-g} 为定值，接触角 θ 越小，润湿程度越大，附着润湿功也就越大，所以 θ 可以直接量度附着润湿的牢固程度。

由式（5-25）可看出，当 $\theta<180°$时，由于 $W_{附着}>0$，体系的吉布斯自由能总是降低的，故不论 θ 为锐角或钝角，附着润湿过程均能自动进行。

2. 铺展润湿和铺展功

由图 5-15 可以看出，铺展润湿过程是以固-液界面及液-气界面代替原来的固-气界面。设各界面的面积仍为 A，则过程的吉布斯自由能变化（液滴的表面很小，可以略去）为

$$\Delta G_{铺展}=G_{s-l}+G_{l-g}-G_{s-g}=(\sigma_{s-l}+\sigma_{l-g}-\sigma_{s-g})A$$

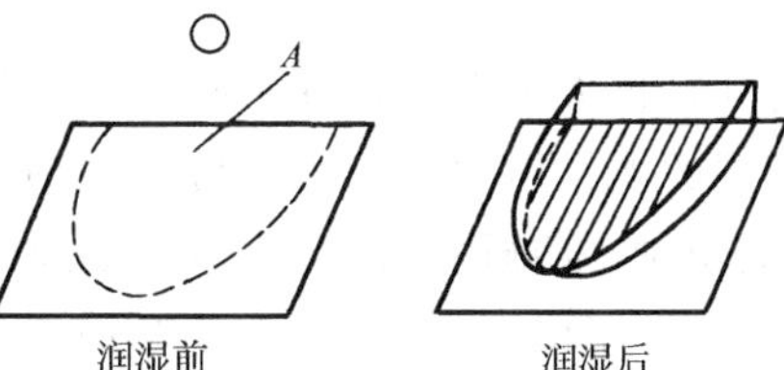

图 5-15　铺展润湿的界面变化情况

对铺展的逆过程，有

$$\Delta G'_{铺展}=(\sigma_{s-g}-\sigma_{s-l}-\sigma_{l-g})A$$

铺展润湿功

$$W_{铺展}=\Delta G'_{铺展}/A=\sigma_{s-g}-\sigma_{s-l}-\sigma_{l-g}=\phi \tag{5-26}$$

ϕ 称为铺展系数。由此可见，发生铺展润湿的条件为

$$\phi=(\sigma_{s-g}-\sigma_{s-l}-\sigma_{l-g})>0$$

因只有当 ϕ 为正值时，$\Delta G_{铺展}$ 才为负值，铺展润湿方能发生。

由式（5-26）可看出，铺展系数的物理意义是：定温、定压下，拆开单位面积润湿着的液固界面时所需的可逆功。

对浸入润湿和浸入功，只要在界面的产生与消失上稍作具体分析，用同样的方法处理即可，此处不再赘述。

由以上对润湿过程的分析可知，润湿过程必定伴随着体系的界面发生变化，因而势必会引起体系的吉布斯自由能发生变化。由此，可进一步给润湿现象一个热力学定义：若液体与固体接触后，使体系（固体＋液体）的吉布斯自由能降低的现象，称为润湿。

例 5-2　20℃时，水的表面张力为 $72.75\times10^{-3}\,N\cdot m^{-1}$，汞的表面张力为 $471.6\times10^{-3}\,N\cdot m^{-1}$，汞-水的界面张力为 $375\times10^{-3}\,N\cdot m^{-1}$，试判断水能否在汞的表面上铺展开。

解：水和汞为两种互不相溶的液体，水滴在汞的表面上，可把汞当作固体物质处理。根据铺展系数的定义，则有

$$\begin{aligned}\phi&=\sigma_{汞-气}-\sigma_{汞-水}-\sigma_{水-气}=(471.6-375-72.75)\times10^{-3}\,N\cdot m^{-1}\\&=2.38\times10^{-3}\,N\cdot m^{-1}\end{aligned}$$

计算结果表明，因铺展系数 $\phi>0$，所以水能在汞表面上铺展开。

第五节　液体界面的性质

一、吉布斯吸附公式

如前所述，表面积的缩小和表面张力的降低，都可以降低体系的吉布斯自由能。在纯液体的情况下，当温度不变时表面张力是一个定值，因此，只有减小表面积才能使表面能降低。而在溶液中，由于溶质和溶剂通常是各不相同的，所以溶液的表面张力因溶质不同而发生变化。如果溶质的表面张力小于溶剂的表面张力，溶质就会自动地聚集在表面而使整个溶液的表面张力降低，因此，造成溶质在表面层中比在本体溶液中浓度大的现象；反之亦然。溶质在表面层中与在本体溶液中浓度不同的现象称为“溶液的表面吸附”。溶质在表面层的浓度大于本体浓度称为“正吸附”；溶质在表面层的浓度小于本体浓度称为“负吸附”。发生正吸附的溶质称为表面活性物质，发生负吸附的物质称为表面惰性物质。

吉布斯（Gibbs）用热力学方法导出了溶质在溶液表面层中的吸附量与一些实验测得的

物理量之间的关系，称为吉布斯吸附等温式，它是表面现象中另一个重要的基础公式。现推导如下：

已知，扩大表面时要对体系做功。若表面积增加了 dA，则对体系所做的表面功为 σdA 即表面层的能量增加了 σdA；另一方面，增大表面时，表面层中溶质的量要增加。若增大 dA 表面积时，溶质的量增加了 dn_B(mol)，则表面层的能量由此而增加了 $\mu_B dn_B$（μ_B 是溶质的化学势）。所以，增加 dA 表面积时，体系总的能量（U）增加为

$$dU = \sigma dA + \mu_B dn_B$$

或
$$d(U - \mu_B n_B) = \sigma dA + n_B d\mu_B$$

由于左端微分项中各物理量均是体系的性质，因而该项是一全微分，故得

$$-(\partial \sigma / \partial \mu_B)_A = (\partial n_B / \partial A)_{\mu_B}$$

令$(\partial n_B / \partial A)_{\mu_B} = \Gamma$，$\Gamma$ 称为溶质的吸附量，即对应于相同量的溶剂时，表面层中单位面积上溶质的量比溶液内部超出的量，所以 Γ 又称为表面超量。

将上式改写为

$$d\sigma = -\Gamma d\mu_B$$

理想稀溶液中溶质的化学势

$$\mu_B(l) = \mu_B^\theta(l) + RT\ln(C_B / C^\theta)$$

定温下微分上式，得

$$d\mu_B = RT d\ln(C_B / C^\theta) = RT(\partial C_B / C_B)_T$$

故

$$\Gamma = -[d\sigma / RT(dC_B / C_B)] = -(C_B / RT)(d\sigma / dC_B) \quad (5\text{-}27)$$

式（5-27）即为吉布斯吸附等温式。式中 C_B 为吸附平衡时溶液的内部浓度。$d\sigma/dC_B$ 为定温下溶液表面张力随溶液浓度的变化率。某一浓度下的变化率可由 σ-C_B 曲线的斜率求得。$d\sigma/dC_B$亦可通过浓度与表面张力关系式求导数得到。

由式（5-27）可以看出：

（1）若 $d\sigma/dC_B < 0$，则 $\Gamma > 0$　这表明凡能使溶液表面张力降低的溶质会趋于在表面富集，使表面层中溶质的浓度大于溶液内部的浓度，而呈正吸附。

（2）若 $d\sigma/dC_B > 0$，则 $\Gamma < 0$　这表明凡能使溶液表面张力增加的溶质必然将被表面层所排斥，使表面层中溶质的浓度小于溶液内部的浓度而呈负吸附。

这是溶液的表面吸附与固体吸附不同之处，固体无论吸附气体或液体，均不会出现负吸附现象。

（3）若 $d\sigma/dC_B = 0$，则 $\Gamma = 0$　这表明溶液表面无吸附作用。

在推导吉布斯吸附公式的过程中，并没有具体规定是何种界面，也未限定吸附层的厚度，因而对液-气、液-液、液-固、气-固各种界面，以及不论是单分子层吸附或是多分子层吸附、物理吸附还是化学吸附皆可应用。

二、液体的表面张力与浓度的关系

大量的实验事实指明，在定温下不同类型的溶质分别溶于水时，溶液的浓度对其表面张力的影响可归结为三种情况，如图 5-16 所示。

Ⅰ类：溶质使溶液的表面张力随浓度的增加而升高，无机盐类（如 NaCl、Na_2SO_4 等）、不挥发的无机酸（如 H_2SO_4 等）、碱（如 KOH）以及含有多个羟基的有机化合物（如蔗糖、甘油）等，均属于此类溶质。

Ⅱ类：物质使溶液表面张力随浓度的增加而逐渐降低，大多数水溶性有机化合物如低级脂肪酸、醇、醛、酯等属于这一类。

Ⅲ类：溶质与Ⅱ类溶质相似，但表面张力在浓度稍有增加时就急剧下降，至某一浓度后，表面张力几乎不再随浓度改变而变化。属于这种情况的有高级脂肪酸盐（如肥皂）、高级烷基苯磺酸盐（如洗涤剂——十二烷基苯磺酸钠）、高级烷基磺酸盐（如 $ROSO_3Na$）等。这种曲线有时出现虚线部分的最低点，这可能是由于存在某种杂质所致。

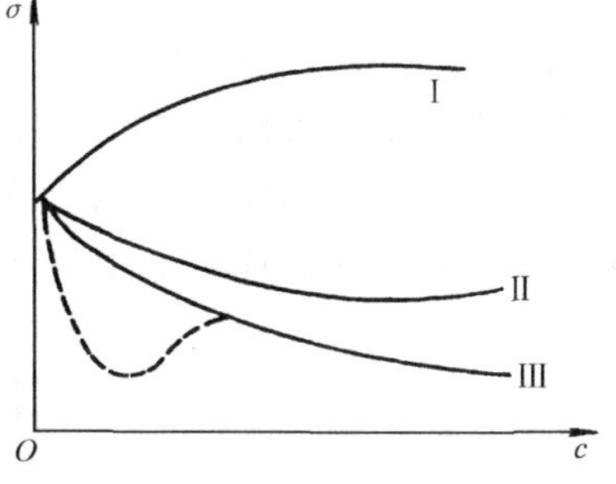

图 5-16　表面张力与溶液浓度的关系示意图

Ⅲ类溶质在表面上的吸附作用最强，能显著降低溶液的表面张力，习惯上将这种能显著降低溶液表面张力的物质，称为表面活性物质或表面活性剂。能使溶液表面张力升高的物质称为非表面活性（或惰性）物质，Ⅰ类溶质即为非表面活性物质。表面活性物质在实际生产和生活中具有很大的实用价值。

三、表面活性物质在溶液表面上的排列与单分子层膜

大多数表面活性物质的化学结构具有一个共同特点，即分子的结构具有不对称性。它们的一端是亲水的极性基团（以圆圈表示），如羟基（—OH）、胺基（—NH_2）、羧酸基（—COOH）等；而另一端则是憎水（亲“油”）的非极性基团（以短线段表示）。如碳氢链或苯基，即分子具有两亲结构，称为两亲分子，如图 5-17 所示。

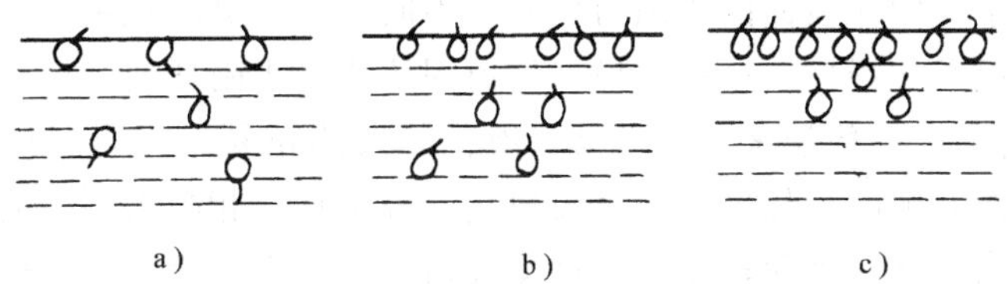

图 5-17　吸附在界面的表面活性物质的一些状态示意图

表面活性物质分子的不对称两亲结构，赋于它既亲水又憎水的双重性质。该分子的亲水基团与水分子间有较大引力，故力图进入溶液的内部；而憎水基团与水分子间的引力远小于水分子之间的引力，故受到水分子的排斥，倾向于逸出水面。这就是表面活性物质趋附于表面的原因所在。

当溶液很稀，两亲分子在表面上的吸附量不大时，水的表面层上只吸附少量的表面活性物质，其分子在表面层有较大的活动范围，它们可以东倒西歪地在二维空间的表面上“自由”活动，排列不够整齐，如图 5-17a 所示。

当溶液的浓度逐渐增加时，吸附在表面层的表面活性物质分子的数目也随之增多，分子在表面层的活动范围逐渐变小，有规则的定向排列渐趋显著，憎水基逐渐翘向空气，亲水基指向水中，逐渐直立起来，如图 5-17b 所示。使空气和水的接触面减少，从而溶液的表面张力显著下降。

当溶液浓度增大到一定程度时，表面层中表面活性物质分子都以亲水基朝向水，憎水基朝向空气，一个“紧”挨一个地直立排列在表面上，形成有规则地紧密定向排列的单分子膜，如图 5-17c 所示。此时，表面活性物质在表面层中的吸附量达到了极限。此后，尽管再增加溶液中表面活性物质的浓度，吸附量也不再改变，这表明表面吸附已达饱和。饱和吸附量的存在表明了表面活性物质分子只能是单分子层直立地排列在溶液表面上。这种有规则、定向排列的现象不仅在气-液界面上，在液-液、固-液等界面上同样存在。它是表面活性物质的一个重要特性，这种特性在制备功能膜材料领域具有广泛的应用价值。

第六节　固体表面的吸附

一、固体表面吸附的本质

固体表面的分子或离子的力场是不饱和的，因此具有吸附其他分子的能力。由于固体不具有流动性，不能像纯液体或溶液那样以尽量减少表面积或降低表面张力的方式来降低表面能。但是固体表面分子能对碰到固体表面上来的气体分子产生吸引力，导致气体分子被吸附在固体表面上，以降低固体的表面能，使具有较大表面积的固体趋于稳定。气体分子在固体表面上相对集中的现象称为气体在固体表面上的吸附，具有吸附作用的固体物质称为吸附剂，被吸附的气体物质称为吸附质。高度分散的细粉和多孔性固体如活性碳和硅胶等都是很好的吸附剂。

从热力学的角度来看，吸附过程是在定温、定压下进行的，$\Delta G<0$。由三维空间限制在二维空间运动，其有序性提高，混乱度降低，$\Delta S<0$，因此，$\Delta H<0$，即吸附是一个放热过程，所以温度升高不利于吸附，也即随着温度的升高，吸附量下降。实验结果也证实了大多数吸附过程是放热的，只有个别的吸附过程是吸热的，如氢在金、铜等表面上的吸附是吸热的。

根据被吸附分子与固体表面的作用力性质的不同，可把吸附现象分为两类：

第一类吸附一般无选择性。这就是说，任何固体皆可吸附任何气体（当然吸附量会随不同的体系而有所不同）。一般说来，越是易于液化的气体越易于吸附。吸附可以是单分子层也可是多分子层，同时解吸也较容易。其吸附热（分子从气相吸附到表面相上这一过程中所放出的热）的数值与气体的液化热相近，这类吸附与气体在表面上的凝聚很相似。此外，此类吸附的吸附速率和解吸速率都很快，且一般不受温度的影响，也就是说此类吸附过程不需要活化能。从以上各种现象不难看出这类吸附的实质是一种物理作用，在吸附过程中没有电子转移，没有化学键的生成与破坏，没有原子重排等，而产生吸附的只是范德华引力，所以这类吸附叫做物理吸附。

第二类吸附是有选择性的。这就是说，一些吸附剂只对某些气体才会发生吸附作用。其吸附热的数值很大（$>42\mathrm{kJ\cdot mol^{-1}}$），和化学反应热差不多是一个数量级。这类吸附总是单分子层的，且不易解吸。由此可见，它与化学反应相似，可以看成是表面上的化学反应。它的吸附速率与解吸速率都较小，而且温度升高时吸附与解吸附的速率增加。像化学反应一样，这类吸附过程需要一定的活化能（也有少数需要很少甚至不需要活化能的化学吸附，其吸附与解吸速率也很快），气体分子与吸附表面的作用力与化合物中原子间的作用力相似。这种吸附实质上是一种化学反应，所以叫做化学吸附。

为了便于比较，把两种吸附的区别列于表 5-6 中。

表 5-6　物理吸附和化学吸附的区别

特　性	物理吸附	化学吸附
吸附力	范德华力	化学键力
吸附热	近于液化热，约为几百到几千焦耳每摩尔	近于化学反应热，一般大于几万焦耳每摩尔
吸附选择性	无	有
吸附分子层	单层或多分子层	单分子层
吸附速率	较快，不需活化能	慢，需活化能
吸附稳定性	可逆，会发生表面位移	不可逆，不位移
发生吸附的温度	低于吸附质临界温度	远高于吸附质沸点

实验可以证明物理吸附和化学吸附的存在。例如，可以通过吸收光谱来观察吸附后的状态，在紫外、可见及红外光谱区，若出现新的特征吸收带，这是存在化学吸附的标志。物理吸附只能使原吸附分子的特征吸收带有某些位移或者在强度上有所改变，而不会产生新的特征谱带。

物理吸附和化学吸附并不是单独存在的，两类吸附常常相伴而生。如氧在钨上的吸附在一定的条件下为物理吸附，而在另一条件下则表现为化学吸附。对于多孔固体，因为分子要钻进孔内才能被表面吸附，因此，即使物理吸附，速率也可以很慢；若孔很小，分子很大，根本钻不进去，结果物理吸附也表现出选择性，因此应综合各方面的结果来考察吸附的性质。

二、吸附平衡与吸附曲线

1. 吸附平衡与吸附量

气相中的分子被吸附到固体表面上来，而已被吸附的分子也可以解吸逃回气相。吸附和解吸是同时进行的两个不同方向的可逆过程。在定温、定压下，当吸附速率（单位时间内被吸附到固体表面上的气体量）与解吸速率相等时，达到吸附平衡状态。显然，吸附平衡是一个动态平衡，此时吸附在固体表面上的气体量是一个常数。达到吸附平衡时，单位质量吸附剂所能吸附的气体的物质的量（或这些气体在标准状况下所占的体积）称为吸附量，以 q 表示，即

$$q=n/m \text{ 或 } q=V/m \tag{5-28}$$

式中，m 为吸附剂的质量。吸附量可以用实验方法直接测定。

2. 吸附曲线

实验指出，对于一定的吸附剂和吸附质来说，当吸附达到平衡时，吸附量 q 由吸附温度 T 和吸附质的分压 p 来决定，即 $q=f(T,\ p)$。在 q、T、p 三个变量中固定一个而反映另外两个之间关系的曲线，称为吸附曲线。吸附曲线分为三类：

（1）吸附等压线　吸附质平衡分压 p 为常数时，吸附温度 T 与吸附量 q 之间关系的曲线称为吸附等压线。吸附等压线可用于判别吸附类型。

（2）吸附等量线　在一定吸附量下，平衡压力与平衡温度的关系曲线称为吸附等量线。从吸附等量线上求出（$\partial p/\partial T$）值，代入克劳修斯-克拉贝龙方程，可用来求算吸附热 $\Delta_{ads}H_m$，即

$$(\partial \ln p/\partial T)=(\partial p/\partial T)/p=-\Delta_{ads}H_m/RT^2$$

$\Delta_{ads}H_m$ 的大小可以用来作为衡量吸附作用强弱的一种标志。

（3）吸附等温线　在一定温度下，吸附量与吸附质的平衡压力之间的关系曲线称为吸附等温线。根据实验结果，吸附等温线可分为五种类型，如图 5-18 所示。在实际中Ⅲ型和Ⅴ型比较罕见。由图可见，在压强很低和吸附量很小时，所有吸附等温线都趋于直线，因而 V 与 p 成正比，从而可将吸附等温线的低压部分称为亨利定律区域。吸附量与吸附剂本性之间的联系比较含糊，但是吸附等温线的类型和吸附剂本性之间有一定的联系。给定吸附剂所得等温线的类型在一定程度上取决于吸附剂的空隙大小分布。空隙不大于几个分子直径的木炭，几乎总是得到Ⅰ类等温线，如常温下氨、氯乙烷在碳上的吸附。通常认为Ⅰ类型是单分子层化学吸附。

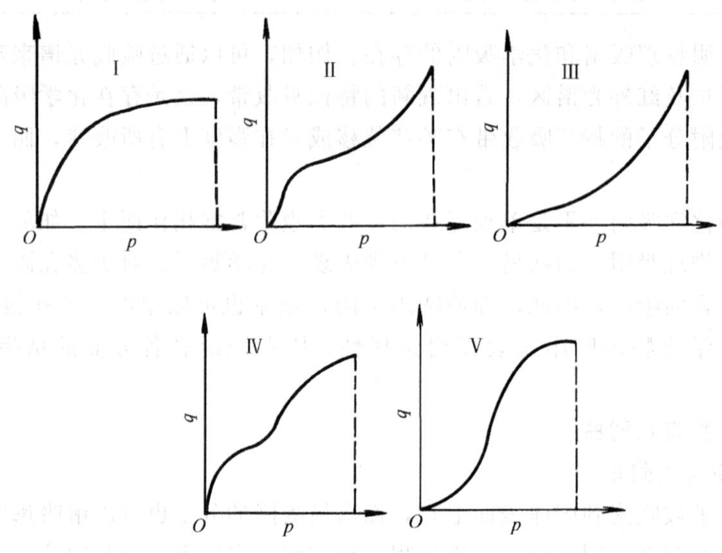

图 5-18　五种类型吸附等温线

如果吸附剂是非多孔性的如高岭土或沉淀白垩，则可能是Ⅱ类等温线。它是常见的物理吸附等温线，为 S 型。在低压时形成单分子层，但随着压力增加，开始产生多分子层吸附。

由溶胶形成的如氧化硅或氧化铝之类的吸附剂，常得到Ⅳ类等温线，当其空隙特别窄时，也发现有Ⅰ类等温线。类型Ⅳ表示在低压下形成单分子层，然后随着压力增加，产生毛细凝结，直至达到吸附饱和。如水、乙醇、苯在硅胶上的吸附，都是先形成单分子层，接着是毛细凝结，反映了多孔吸附剂的孔结构。

根据上述分类，可以从吸附等温线的形状，大致了解吸附剂与吸附质之间的关系以及吸附剂表面的信息。

在所有吸附曲线中，人们对吸附等温线研究最多，那么能否用数学表达式来描述吸附等温线呢？当然，无法用一个简单理论表达式来适应各种等温线，目前已导出一些解析方程，只可以应用于特定类型的等温线的限定部分。

三、兰格缪尔单分子层吸附理论

1916 年，兰格缪尔（Langmuir）从动力学的动态平衡观点出发提出了第一个气-固吸附理论，其基本假设如下：

1）吸附是单分子层，因此气体分子碰撞在已吸附的分子上则不能被吸附，只有碰撞在固体的空白表面上时才有可能被吸附。

2）固体表面是均匀的，已被吸附的分子间无相互作用力，因此从固体表面逃逸出来的吸附分子不受其他吸附分子的影响。显然，这两个假设是非常理想化的。

在一定温度下，吸附分子在固体表面上所占面积与表面积之比称为表面覆盖度，以θ表示，那么（$1-\theta$）表示表面尚未被覆盖的分数。根据假设1），吸附速率正比于（$1-\theta$）和气体的压力，即

$$\text{吸附速率} = k_1 p(1-\theta) \tag{5-29}$$

根据假设2），解吸速率正比于θ，即

$$\text{解吸速率} = k_2\theta \tag{5-30}$$

式中，k_1和k_2都是比例常数。当定温下达到吸附平衡时，吸附速率等于解吸速率，因此

$$k_1 p(1-\theta) = k_2\theta$$

$$\theta = k_1 p/(k_2 + k_1 p) = bp/(1+bp) \tag{5-31}$$

式中，$b=k_1/k_2$称为吸附系数。b的大小代表了固体表面吸附气体能力的强弱程度。气体在固体表面上的吸附量q自然与θ成正比，因此

$$q = q_\infty\theta = q_\infty bp/(1+bp) \tag{5-32}$$

式中，q_∞称为饱和吸附量，q_∞的单位为$mol \cdot kg^{-1}$，在一定温度下对一定的吸附剂为定值。式（5-31）和式（5-32）均称为兰格缪尔吸附等温式。

从上式可见：

1）当气体压力很小时，$p \ll 1$，则$q=q_\infty bp$，这时q与p呈直线关系，如图5-19中的低压部分。

2）当压力足够大或吸附较强时，$bp \gg 1$，则$\theta=1$，$q \approx q_\infty$，这时q与p无关，吸附达到单子层饱和，如图5-19中压力较高部分。典型吸附等温线上的水平线段也就反映了这种情况。

3）如果将θ表示成V/V_∞，其中V和$/V_\infty$分别是气体分压为p时和饱和吸附时被吸附气体在标准情况下的体积。则式（5-32）可写为

$$p/V = 1/(bV_\infty) + p/V_\infty \tag{5-33}$$

若以p/V对p作图应得一直线，可由斜率和截距求得b和V_∞之值。

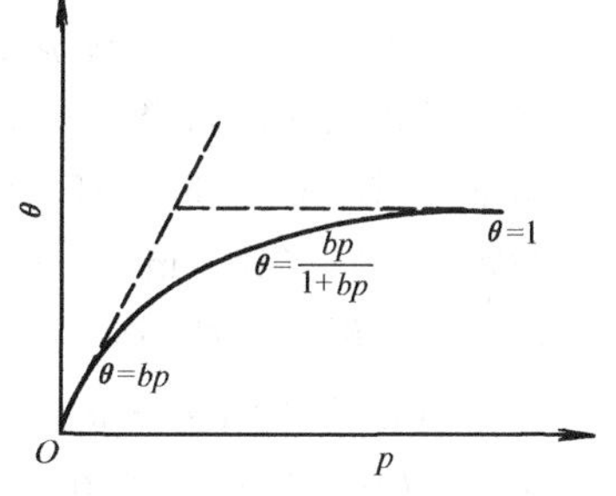

图5-19 兰格缪尔吸附等温线

虽然，式（5-32）能很好地解释吸附等温线的高压部分和低压部分，如在251K时，H_2在硅胶上、249.4K时NH_3在活性炭上、273K时O_2和CO气体分别在二氧化硅表面上的吸附均能很好地符合兰格缪尔等温式。但应指出，兰格缪尔的两个基本假设局限于它只能较满意地解释单分子理想吸附，如第Ⅰ类吸附等温线。

兰格缪尔等温式是一个理想化的吸附公式，类似于气体分子运动论中的理想气体方程，气体的吸附首次以简明而清晰的图像作了形象化的描述，为以后的吸附理论奠定了基础，此外，该公式在复相催化中应用十分广泛。

四、BET多分子层吸附理论

大多数固体对气体的吸附并不是单分子层吸附，基本上是多分子层吸附，物理吸附尤其如此。为了解决这一问题，1938年布鲁瑙尔（Brunauer）、埃米特（Emmett）和泰勒

(Teller) 在兰格缪尔单分子层吸附理论的基础上，提出了多分子层吸附理论，其主要内容为第一层吸附是气-固直接发生作用，属于化学吸附，吸附热相当于化学反应热的数量级。第二层以后的各层，是相同气体分子之间的相互作用，是物理吸附。其公式为

$$\frac{p}{V(p^{*}-p)}=\frac{1}{V_mC}+\frac{C-1}{V_mC}\frac{p}{p^{*}} \tag{5-34}$$

式中，V 与 V_m 分别是在平衡压力 p 下，被吸附的气体在标准状况下的体积与在固体表面上铺满单分子层时所需气体在标准状况下的体积；p^{*} 为同温度下被吸附气体的饱和蒸气压；C 是与吸附热有关的常数。此式适用于单分子层吸附及多分子层吸附，对Ⅰ、Ⅱ、Ⅲ类型三种吸附等温线均能给予说明。

如以 $p/V(p^{*}-p)$ 为纵坐标，以 p/p^{*} 为横坐标作图，则可得一直线，其斜率为 $(C-1)/(V_mC)$，截距为 $1/(V_mC)$，由此可求得 V_m 和 C，由 V_m 及每一个被吸附的分子在吸附剂表面上所占有的截面积 A，于是就可以计算出每 kg 固体样品的比表面积，若 V_m 以 cm^3 为单位，则

$$A_{比}=(V_m/V_0)LA/m=V_mLA/m22400(cm^2 \cdot mol^{-1})$$

式中，V_0 为标准状态下吸附质的摩尔体积；m 是固体吸附剂的质量；L 为阿伏加德罗常数。国际上公认低温吸附氮作为标准方法之一，氮的截面积为 $16.2\times10^{-20}m^2$，其相对误差在10%左右。

例 5-3 用容量法，在液氮温度下（-195℃）测定液氮在硅胶上的吸附量，以 $p/V(p^{*}-p)\times10^{-3}mol^{-1}\cdot g$ 对 p/p^{*} 作图，如图 5-18 所示，请计算硅胶的比表面积。

解： 自直线求得斜率及截距分别为

斜率 $=(2.25-0.3)\times10^{-3}mol^{-1}\cdot g/0.100=20.02\times10^{-3}mol^{-1}\cdot g$

截距 $=0.23\times10^{-3}mol^{-1}\cdot g$

$V_m=1/(斜率+截距)=1/[(20.2+0.23)\times10^{-3}mol^{-1}\cdot g]=49.0mol\cdot g^{-1}$

$=49.0\times10^3 mol\cdot kg^{-1}$

$A_{比}=[(49.0\times10^3/22400)\times6.02\times10^{23}\times16.2\times10^{-20}]m^2\cdot kg^{-1}$

$=213\times10^3 m^2\cdot kg^{-1}$

实验表明，式（5-34）在 $p/p^{*}=0.05\sim0.35$ 的范围内比较接近于实际情况，超出此范围则有较大误差。

BET 理论的物理图象比较形象和简单，基本上描述了吸附的一般规律，但是 BET 理论没有考虑到固体表面的不均匀性和分子之间的相互作用，而造成 $p/p^{*}<0.05$ 和 $p/p^{*}>0.35$ 时理论和实验结果的偏差，这两点正是近代吸附理论需要解决的问题。

五、弗伦德利希吸附等温式

弗伦德利希（Freundlich）通过大量数据，总结得出下面的经验公式

$$q=ap^{1/n} \tag{5-35}$$

式中，q 为吸附量，单位为 $cm^3\cdot g^{-1}$ 或 $mol\cdot kg^{-1}$；a 和 n 为经验常数，其值与温度、吸附剂与吸附质有关；p 是吸附平衡时气体的压力。

将式（5-35）两边取对数，则

$$\lg \frac{q}{[q]}=\lg a+\frac{1}{n}\lg \frac{p}{[p]} \tag{5-36}$$

只要用 lg（$q/[q]$）对 lg（$p/[p]$）作图，是否得一条直线，就可以判断是否服从弗伦德利希公式。而且从直线的斜率和截距可以求得 n 和 a 的数值。例如 273K 时 CO 在活性炭上的吸附等温式为 $q=264p^{0.33}$。

大量实验表明，在中等压力范围内，比较多的吸附服从弗伦德利希方程，而且该方程往往可以用在兰格缪尔吸附公式不能用的场合。由于它简单方便，应用是相当广泛的。此外，该等温式还适用于固体吸附剂自溶液吸附溶质的情况。满足下述方程

$$\lg \frac{q}{[q]}=\lg a+\frac{1}{n}\lg \frac{c}{[c]} \tag{5-37}$$

式中，c 为溶液浓度。比较式（5-36）与式（5-37）可以看出，后者将前者公式中的压力 p 换成浓度 c，以 $\lg q$ 对 $\lg c$ 作图可得一直线。

第七节　表面现象在材料科学中的应用

一、气-固吸附在陶瓷工艺中的应用

1. 粉碎工艺

一般来说，薄膜、陶瓷、铁氧体等粉料的粒度越细，其工艺性能和理化性能越佳。例如，陶瓷坯体采用流延法成型时，只有当粉体达到一定的细度，才能保证制出的坯体具有足够细的表面粗糙度、均匀性等。又如随着粒度的细化，陶瓷的烧结温度也将有所下降，这对于像 Al_2O_3 瓷、MgO 瓷和低温独石电容器瓷来说是大有好处的。但是，粉粒越细，表面能越高，自发降低表面能趋势也越大，因此，当粉粒细至一定程度且粒间出现液膜时，强大的表面张力将使粉粒聚集成团以减少其表面能，同时颗粒上的缝隙会自动愈合以降低表面积。为了克服这种结团现象，常用的解决方法有如下三种：

（1）添加助磨剂（表面活性剂）　这类物质的分子，一端带有极性（亲水）而另一端为中性（憎水或亲油），由于这种表面活性剂的定向性吸附，因此可防止粉粒结团。具体来说，对于酸性粉料如 TiO_2、ZrO_2 等，则以含羟基、胺基的碱性助磨剂较为有效；而对于碱性粉料如 $BaTiO_3$、$CaTiO_3$ 等，则以酸性助磨剂较好。助磨剂之所以起到提高研磨效率以及细化粉粒的效果，原因在于离子性粉料表面的离子电场没有被屏蔽、抵消，助磨剂被表面吸附之后大大减弱了粉料之间的相互作用，而避免了细粉结团。例如，干磨时最早采用的油酸，其中一端的羧基-COOH 具有明显的极性，将与粉料表面离子的电场相互吸引，而烷基一端朝外，因而起到了上述作用。不仅如此，助磨剂还能自动地渗入到粉料的微裂缝中，这是因为新生的、活性大的缝隙表面具有极大的吸引力的缘故。助磨剂不断向深处扩展，就像在裂缝中打入一个“楔子”起着劈裂作用，并在外力的作用下加大了新裂缝或分裂成更细的微粒。多余的助磨剂又很快地吸附在这些新表面上，以防止新裂纹愈合或微粒结团。

（2）加入电解质　在湿法球磨过程中，由于粉粒表面对外来添加物（离子）具有选择吸附特性，若在体系中加入适量电解质，让离子表面选择性地吸附一种离子，造成粉粒表面都带有同一种电荷（如粘土粒子带负电荷），或者具有相同性质的扩散双电层，由于静电斥力

的关系粉粒不会过度接近而聚集。

（3）加入有机物质　在湿法球磨过程中，水是常用的稀释剂。干燥后残余在细粉中的水分，在强大表面张力作用下迫使细粉结团。若用乙醇取代水作为稀释剂，则可使干燥后细粉的表面张力显著下降（乙醇的表面张力还不及水的 1/3），因而可使结团现象大为缓解。在干法球磨过程中，加入不带电荷的有机高分子物质，若能吸附在粉粒表面也可起到防止凝集的作用。

2. 成型工艺

热压铸成型工艺广泛采用石蜡作为粘合剂。为了使离子性瓷粉更好地与亲油憎水的石蜡结合，常用油酸[$CH_3—(CH_2)_7—CH=CH—(CH_2)_7COOH$]或硬脂酸[$CH_3—(CH_2)_{14}—COOH$]一类两性物质作为粉料的活性剂，其中羧基—COOH一端能与粉料牢固地结合，而另一端烃基是亲油的，与石蜡熔合在一起，即粉粒为石蜡所润湿，从而提高了蜡浆热流动性和冷凝蜡坯的强度。

3. 化学制粉工艺

在用草酸盐共沉淀法制备钛酸锶的工艺过程中，把锶钛混合液 $SrCl_2 \cdot TiCl_4$ 滴加到草酸 $H_2C_2O_4$ 水溶液之前，必需先加表面活性剂，以便得到细而没有聚合的 $SrTiO(C_2O_4)_3 \cdot 4H_2O$ 沉淀。

二、气-固吸附在真空镀膜工艺中的应用

对于金属膜、合金膜或氧化物薄膜来说，真空镀膜工艺要求它们与基片之间有牢固的附着力，否则将影响到电路的物理、力学和防潮等性能。附着力不牢的主要原因是在蒸发或溅射之前，基片上尚存在污染物或气体吸附层未清除干净。污染物通过清洗工序来消除。要求清洗溶剂不仅对污染物和基片有较好的润湿，而且对污染物有较强的溶解能力。常用清洗剂有甲苯、丙酮及无水乙醇等。对气体吸附层消除则需要采取解吸的方法来进行，其方法如下：

1）将基片进行烘焙加热，使其表面上的气体分子随着温度升高而逃逸掉。

2）抽真空（10^{-2}～10^{-4}Pa）。从吸附曲线可以看出，在低压部分，气体在固体表面上的吸附量是随气体的压力增加而直线上升的，因此，降低压力可以有效地减少气体的吸附量。

3）在抽真空的基础上再用惰性气体如 N_2 或 Ar 进行气洗，然后再进行抽空，反复几次可将吸附在基片上的水蒸气或者氧气被氮气带走。因氮气沸点很低，不易被基片表面所吸附，当抽真空时很易被解吸。

4）用高能离子轰击基片，以使吸附在基片上的气体进行解吸。同时还可使表面部分离子化而产生剩余价力，以便对后来蒸发的金属原子进行牢固的化学吸附。

三、气体的除杂净化

在电子元件的制造过程中，常会用到各种气体。例如，在溅射钽膜时需通入 Ar 气体以便进行气洗；在制造陶瓷电容器、$SrTiO_3$ 压敏-电容复合功能材料时需用 N_2 或 H_2 等气体。若气体中掺有其他杂质，尤其是水蒸气在高温下会与物料发生化学反应，影响产品性能。因此，在采用这些气体之前常需对它进行净化。其方法主要是使用硅胶吸附剂去除水蒸气，使用催化剂除去 N_2 及 Ar 气中的微量 H_2 与 O_2，或 H_2 中微量 O_2，O_2 气中微量 H_2 以及分子筛脱水等，在杂质气体通过时被吸附除去。

四、晶界电势与晶界偏析

由于离子晶体的晶界上存在着某种过剩的离子，从而造成晶界电势及其相关的空间电

荷层。

1. 晶界电势

绝大部分氧化物陶瓷的晶粒都是离子晶体。可以证明，在热力学平衡的条件下离子晶体的表面或界面具有某种电荷，这是因为在表面或晶界上存在着某种符号过剩的离子，而这种过剩电荷正好被边界附近的异号电荷云所补偿。对于纯离子晶体而言，晶界电荷是由于在晶界上正、负离子空穴或填隙的形成能不同所造成的。对于不纯材料，如果不同价的杂质出现在晶界上，会改变晶体中点阵缺陷的浓度，从而影响晶界电荷的数量及符号。在正离子过剩时，晶界电荷为正；在负离子过剩时，晶界电荷为负。通常，晶体的点缺陷可以分为本征性缺陷与非本征性缺陷两大类。在多数氧化物陶瓷中，非本征性缺陷是主要的，这主要是由于陶瓷中加入了不同电价的离子而产生的，因此晶界电荷的多少及符号往往取决于异价离子的浓度。由晶界电荷所造成的晶界电势一般为零点几电子伏。

2. 晶界偏析

固溶体内的基质元素和杂质不仅吸附在晶粒表面上，也偏析在晶界或相界等缺陷处。所谓偏析是指来自晶粒或固体中的溶质在界面上的积聚。在晶界上出现的具有不同于两侧晶粒化学成分的现象，称为晶界偏析。在晶界表面出现的具有不同化学组分的现象称为表面偏析。造成溶质在晶界或晶界区的偏析的原因，有以下几种：①溶质或杂质在晶界面上的吸附；②固有点阵缺陷浓度在晶界区的增减；③在晶粒间析出新相。

第八节 分散体系

一、分散体系概念

至少由两相组成的体系称为分散体系，其中形成粒子的相称为分散相，是不连续相；分散粒子所处的介质称为分散介质，即连续相。分散的粒子越小，则称分散程度越高，体系内的界面积也越大。从热力学的观点来看，此类体系也就越不稳定，这表明粒子的大小直接影响到体系的物理化学性质。所以通常按分散程度的不同把分散体系分成三类，见表 5-7。

表 5-7 分散体系的分类

类 型	颗粒大小	特 性
粗分散体系	$>0.1\mu m$	不扩散，不渗析，在显微镜下可看见
胶体分散体系（溶胶）	$0.1\mu m \sim 1nm$	扩散极慢，在普通显微镜下看不见，在超显微镜下可以看见
分子分散体系（溶液）	$<1nm$	扩散很快，能渗析，在超显微镜下也看不见

这种分类方法在讨论体系粒子大小时颇为方便，但对实际体系的状态的描述却比较含糊；同时，将真溶液作为分子分散体系来对待也不很合理，因为它不存在界面，与胶体分散体系有着本质的区别。

分散体系也可以按分散相和分散介质的聚集状态不同来分类，见表 5-8。这种分类法所包括的范围很广，其中有些体系在胶体化学范围内很少讨论，甚至不予研究，对材料化学具有重要意义的是固-液溶胶、固-固凝胶体系等。

表 5-8 分散体系的类型

类型	分散相	分散介质	名称	实例
1	液	气	气-液溶胶	雾
2	固	气	气-固溶胶	烟、尘
3	气	液	泡沫	洗衣泡沫、灭火泡沫
4	液	液	乳状液	牛奶
5	固	液	溶胶、悬浮液	金溶胶、油漆、牙膏
6	气	固	凝胶（固态泡沫）	面包、泡沫塑料
7	液	固	凝胶（固态乳状液）	珍珠
8	固	固	凝胶（固态悬浮液）	合金、有色玻璃

二、胶体分散体系及分类

胶体分散体系是指分散相的大小在 1nm（10^{-9}m）～0.1μm（10^{-7}m）之间的分散体系。在此范围内的粒子，具有一些特殊的物理化学性质。分散相的粒子可以是气体、固体或液体，比较重要的是固体分散在液体中的溶胶（Sol）。习惯上，将溶胶分为亲液（Lyophilic）溶胶和憎液（Lyophobic）溶胶两种。前者指分散相和分散介质之间有很好的亲和能力，很强的溶剂化作用。因此，将这类大块分散相，放在分散介质中往往会自动散开，成为亲液溶胶，它们的固-液间没有明显的相界面，例如蛋白质、淀粉水溶液及其他高分子溶液等。亲液溶胶虽然具有某些溶胶特性，但本质上与普通溶液一样属于热力学稳定体系。憎液溶胶的分散相与分散介质之间亲和力较弱，有明显的相界面，属于热力学不稳定体系。憎液溶胶是胶体化学所研究的主要内容。

第九节 溶胶的性质

溶胶粒子的大小处于宏观物体与微观粒子之间，也可以说属于介观尺寸。因此表现出许多既不同于宏观物体也不同于微观粒子的许多介观特性。这些特性主要包括对光线的散射、动力稳定性、荷电特性等。

一、光学性质

溶胶的光学性质是其高度分散性和不均匀性特点的反映。通过光学性质的研究，不仅可以解释溶胶体系的一些光学现象，而且在观察胶体粒子的运动、研究它们的大小和形状方面也有重要的应用。

1. 丁铎尔效应和瑞利公式

当一束会聚的光线通过溶胶时，从与光束垂直的侧面方向观察，可以看到一个发光的圆锥体（图 5-20），这种现象称为丁铎尔（Tyndall）效应。丁铎尔效应是胶粒对光的散射的结果。入射光是白色时，光柱呈蓝紫色，称为乳光。

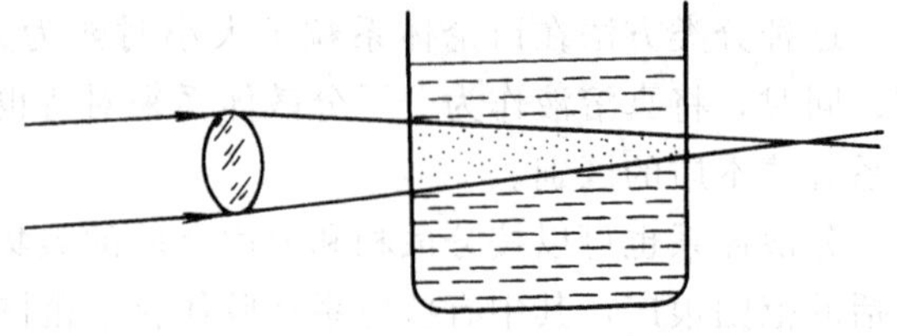
图 5-20 胶体的丁铎尔效应

当光线射入分散体系时，由于分散体系对光的吸收、反射和散射作用，只有一部分光能够通过。其中，光的吸收主要取决于体系的化学组分，而散射和反射与体系的分散度及入射光的波长有关。若分散相的粒子大于入射光的波长，则主要发生光的反射或折射现象，粗分散体系属于这种情况。若是分散相的粒子小于入射光的波长，则主要发生光的散射；此时光波绕过粒子而向各个方向散射出去（波长不发生变化），散射出来的光称为乳光或散射光。可见光的波长约在 400～700nm 之间，而溶胶粒子的半径一般在 1～100nm 之间，小于可见光的波长，因此发生光散射作用而出现丁铎尔效应。

瑞利（Rayleigh）研究了散射作用得出，对于单位体积的体系，它所散射出的光能总量为

$$I=\frac{24\pi^2A^2\nu V^2}{\lambda^4}\left(\frac{n_1^2-n_2^2}{n_1^2+n_2^2}\right)^2 \tag{5-38}$$

式中，A 为入射光的振幅；λ 为入射光的波长；ν 为单位体积中的粒子数；V 为每个粒子的体积；n_1 和 n_2 分别为分散相和分散介质的折射率。这个公式称为瑞利公式，它适用于粒子不导电并且半径小于 47nm 的体系。对于分散程度更高的体系，该式的应用不受限制。从式（5-38）可以得到如下几点结论：

1）散射光的总能量与入射光波长的四次方成反比，因此入射光的波长越短，散射越多。若入射光为白光，则其中的蓝色与紫色部分的散射作用最强。这可以解释为什么当用白光照射有适当分散程度的溶胶时，从侧面看到的散射光呈蓝紫色，而透过光则呈橙红色，这种情况在硫或乳香的溶胶中都可以清楚地看到。由此可以预计，若要观察散射光，光源的波长以短者为宜；而观察透过光时，则以较长的波长为宜。例如在测定多糖、蛋白质之类物质的旋光度时多采用钠光，其原因之一即由于黄色光的散射作用较弱。

2）分散介质与分散相之间折射率相差越显著，则散射作用也越显著。由此可知粒子大小相近的蛋白质溶液与 $BaSO_4$ 或 S 的溶胶相比较，后者的散射作用显著。应该指出，纯液体或气体由于密度的涨落，折射率也会有某些突变，所以也会产生散射作用。

3）当其他条件均相同时，式（5-38）可以写成

$$I=K\frac{\nu V^2}{\lambda^4}$$

式中，$K=24\pi^2A^2\left(\dfrac{n_1^2-n_2^2}{n_1^2+n_2^2}\right)^2$。若分散相粒子的密度为 ρ，浓度为 c（以 $kg\cdot dm^{-3}$ 表示），则 $\nu=c/(V\rho)$，若再假定粒子为球形，即 $V=\dfrac{4}{3}\pi r^3$，代入上式得

$$I=K\frac{cV}{\lambda^4\rho}=\frac{Kc}{\lambda^4\rho}\frac{4}{3}\pi r^3=K'cr^3 \tag{5-39}$$

即在瑞利公式适用的范围之内（$r\leqslant 47$nm），散射光的强度和 r^3 及粒子的浓度 c 成正比。因此若有两个浓度相同的溶胶，则从式（5-39）得

$$\frac{I_1}{I_2}=\frac{r_1^3}{r_2^3}$$

如果溶胶粒子大小相同而浓度不同，则从式（5-39）可得

$$I_1/I_2=c_1/c_2 \tag{5-40}$$

因此，当在上述条件下比较两份相同物质所形成溶胶的散射光强度，就可以得知其粒子的大小或浓度的相对比值。如果其中一份溶胶的粒子大小或浓度为已知，则可以求出另一份溶胶

的粒子大小或浓度。用于进行这类测定的仪器称为乳光计，其原理与比色计相似，所不同者在于乳光计中光源是从侧面照射溶胶，因此观察到的是散射光的强度。

分散体系的光散射能力也常用浊度（Turbidity）表示，浊度的定义为

$$I_t/I_0 = e^{-\tau l} \tag{5-41}$$

式中，I_t 和 I_0 分别表示透射光和入射光的强度；l 是样品池的长度；τ 就是浊度，它表示在光源、波长、粒子大小相同的情况下，通过不同浓度的分散体系，其透射光的强度将不同。当 $I_t/I_0 = 1/e$ 时，$\tau = 1/l$，这就是浊度的物理意义。

对于半径大于波长的粒子及大分子化合物在对光吸收、反射的同时，也会发生散射现象，不过这种散射不遵守瑞利公式，而要用马埃（Mie）散射理论或德拜（Debye）散射理论进行研究，由于这些理论要考虑光的干涉，较为复杂，请参阅有关专著，本书从略。

2. 超显微镜的原理和粒子大小的测定

超显微镜的测定原理就是用显微镜来观察丁铎尔效应。即用足够强的入射光从侧面照射溶胶，然后在黑暗的背景上进行观察。由于散射作用，胶粒成为闪闪发光的光点，可以清楚地看到其布朗运动如图 5-21 所示。

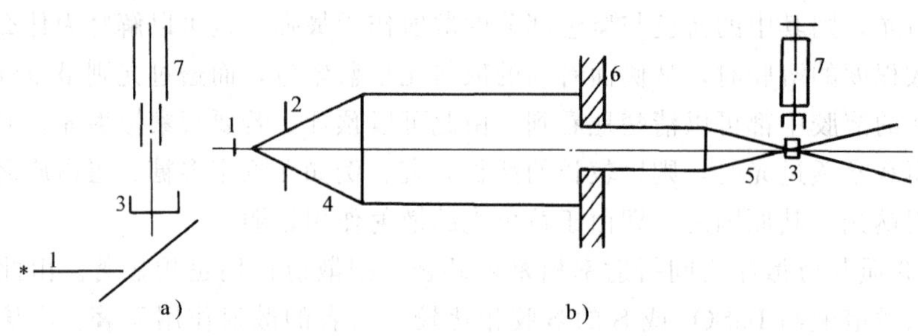

图 5-21 在显微镜 a）和超显微镜 b）中的光程图

1—光源 2—光屏 3—浅皿 4、5—聚光用透镜 6—光阑 7—用于观察的显微镜

超显微镜大大扩大了人的视力范围（普通显微镜至多只能看到半径为 200nm 的粒子，而超显微镜则可观察到半径为 5～150nm 的粒子）。但是超显微镜只能证实溶胶中存在着粒子并观察其布朗运动，所看到的是粒子对光线散射后所成的发光点而不是粒子本身。这种光点通常要比粒子本身大很多倍，因此用超显微镜不可能直接确切地看到胶粒的大小和形状（这只有用电子显微镜才能够解决）。但是如果引进一些假定，也可以近似地用超显微镜来测定粒子的大小。设用超显微镜测出体积为 V 的溶胶中粒子数为 N，而已知分散相的浓度为 c（单位为 $kg \cdot dm^{-3}$），则在所测体积 V 中，胶粒的总质量为 cV，每个胶粒的质量为 cV/N。设粒子呈球形，半径为 r，分散相的密度为 ρ，则可得

$$cV/N = (4/3)\pi r^3 \rho$$

$$r^3 = 3cV/(4N\pi\rho) \tag{5-42}$$

此外，可以根据超显微镜视野中光点亮度的强弱差别，来估计溶胶粒子的大小是否均匀；观察一个小体积范围内粒子数的变化情况，了解溶胶的涨落现象；根据闪光现象可以大体判断胶粒的形状。如果粒子形状不对称，当大的一面向光时，光点就亮；当小的一面向光时，光点变暗，这就是闪光现象。如粒子为球形、正四面体或正八面体，则无闪光现象；如粒子为棒状，则在静止时有闪光现象，而在流动时无闪光现象；如粒子为片状，则无论是静止还是流动，都有闪光现象。超显微镜也常用来研究胶粒的聚沉过程、沉降速率及电泳现

象等。

二、动力性质

动力性质主要指溶胶中粒子的不规则运动，以及由此而产生的扩散、渗透压以及在重力场下浓度随高度的分布等性质。根据分子运动的观点不难理解溶胶的布朗运动。溶胶与稀溶液有某些形式上的相似之处，因此可以用处理稀溶液中类似问题的方法来讨论溶胶的动力性质。

1. 布朗运动和粒子的扩散

从分子运动论的观点可知道，在温度 0K 以上的气体和液体分子都处于不停的无规则运动状态中。在溶胶中胶体粒子的运动和稀溶液中的分子运动相似，也是不断热运动的液体分子对微粒冲击的结果。溶胶中每个粒子的平均动能和液体分子一样，都等于（3/2）kT。尽管胶体粒子非常微小，但却远远大于液体介质分子的微粒。由于胶粒不断受到不同方向，不同速率的液体分子的冲击，受到的力不平衡（图 5-22），所以时刻以不同的方向，不同的速率作不规则的运动。植物学家布朗（Brown）最早于 1827 年用显微镜观察到悬浮在液面上的花粉粉末不断地作不规则的运动，后来又发现许多其他物质如煤、化石、金属等的粉末也都有类似的现象。所以人们称微粒的这种不规则运动为布朗运动（Brownian Motion）。图 5-23是每隔相同的时间间隔所观察得到的粒子位置的变化在平面上的投影图。粒子真实的运动状况远比该图复杂得多，并且实际上也不能直接观察出来（因为胶粒的振动周期为10^{-8}s，而肉眼分辨的振动周期不能小于 0.1s）。

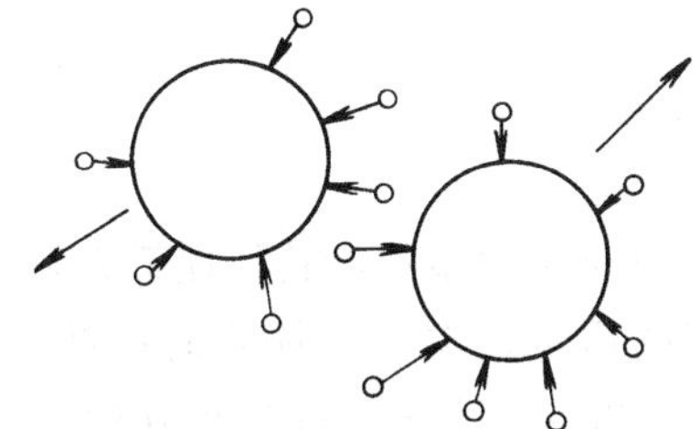
图 5-22 液体分子对胶体粒子的冲击

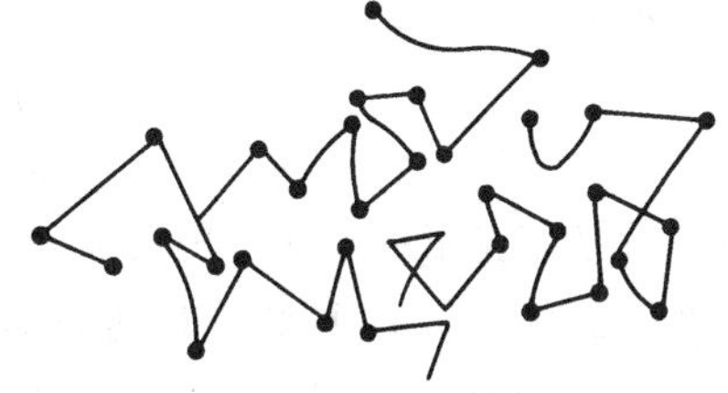
图 5-23 布朗运动图

尽管布朗运动看来复杂而无规则，但在一定条件下在一定时间内粒子所移动的平均位移却具有一定的数值。爱因斯坦利用分子运动论的一些基本概念和公式，并假设胶体粒子是球形的，得到布朗运动的公式为

$$\bar{x}=\sqrt{\frac{RT}{L}\frac{t}{3\pi\eta r}} \tag{5-43}$$

式中，$\bar{x}$ 是在观察时间 t 内粒子沿 x 轴方向所移动的平均位移；r 为微粒的半径；η 为介质的粘度；L 为阿伏加德罗常数。

这个公式把粒子的位移与粒子的大小，介质的粘度、温度以及观察的时间等联系起来。许多实验都证实了爱因斯坦公式的正确性。特别是珀林（Perrin）和斯威德伯格（Svedberg）等用大小不同的粒子，粘度不同的介质，取不同的观察时间间隔测定了 x，然后与按式（5-43）所求的计算值比较，所得结果都证明式（5-43）正确无误。对胶体运动的研究也为分子运动论提供了有力的实验依据。由于在当时分子的运动还没有人目睹，因此有人认为分子运动只是一种想象或假说。通过对布朗运动的直接观察以及一些公式的计算值与实验值的一致，使分子运动论得到直接的实验证明。此后分子运动论就成为被普遍接受的理论，这在科学发展史上是具有重大意义的贡献。

当用超显微镜观察胶体粒子的运动时，还可以发现另一有趣的现象：在一个较大的体积范围内溶胶粒子的分布是均匀的；但观察一个有限的小体积元会发现，由于粒子的布朗运动，小体积内粒子的数目有时较多，有时较少，这种粒子数的变动现象称为涨落现象。胶体的涨落现象是研究胶体光散射等现象及高分子溶液某些物理化学性质的基础。

胶体布朗运动的本质是质点的热运动。因此，胶体粒子越小，则布朗运动越激烈，其运动的激烈程度不随时间而改变，但随温度的升高而增加。当胶体粒子处于不均匀分布状态时，布朗运动会促使胶体粒子从高浓度区向低浓度区运动，这就是扩散。如图 5-24 的筒内盛溶胶，在某一截面 AB 的两边所盛溶胶的浓度不同，$c_1>c_2$。由于分子的热运动和胶粒的布朗运动，从宏观上可观察到胶粒从高浓度区向低浓度区迁移的现象，这就是扩散作用。菲克第一定律和第二定律对平动扩散进行了描述。

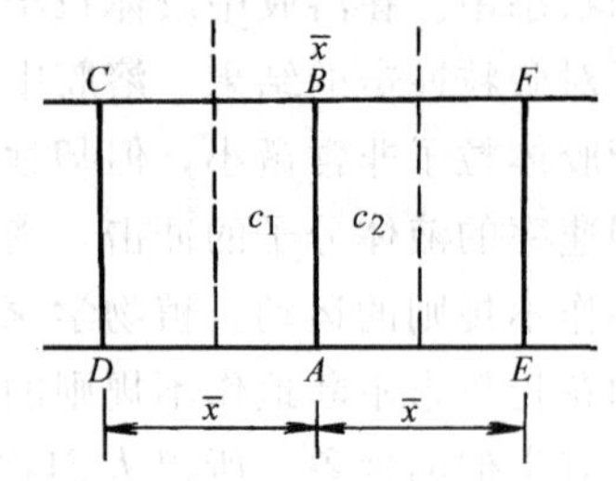

图 5-24 扩散作用和渗透压力

在稀溶液中，设任一平行于 AB 面的截面上的浓度是均匀的，而沿垂直于 AB 面的轴（X 轴，由左向右）的方向上浓度有变化，浓度梯度为 $\mathrm{d}c/\mathrm{d}x$，设通过 AB 面的扩散质量为 m，通过 AB 面的扩散速率为 $\mathrm{d}m/\mathrm{d}t$，扩散速率与浓度梯度以及 AB 截面的面积 A 成正比，用式表示为

$$\frac{\mathrm{d}m}{\mathrm{d}t}=-DA\frac{\mathrm{d}c}{\mathrm{d}x} \tag{5-44}$$

式（5-44）就是菲克第一定律（Fick′s First Law），式中 D 是扩散系数，其物理意义是在单位浓度梯度（$\mathrm{d}c/\mathrm{d}x=1$）下单位时间内通过单位截面积的质量。它表征物质的扩散能力，其单位为 $\mathrm{m^2/s}$。式中负号是因为扩散方向与浓度梯度方向相反，表示扩散发生在浓度梯度降低的方向。

菲克第一定律只使用于浓度梯度不变的情况，实际上在扩散过程中浓度梯度是变化的。设 AB 与 EF 两截面之间的距离为 $\mathrm{d}x$，进入 AB 面的扩散量为 $-DA(\mathrm{d}c/\mathrm{d}x)$，离开 EF 面的扩散量为 $-DA\left[\frac{\mathrm{d}c}{\mathrm{d}x}+\frac{\mathrm{d}}{\mathrm{d}x}\left(\frac{\mathrm{d}c}{\mathrm{d}x}\right)\mathrm{d}x\right]$，在 $ABFE$ 体积范围内粒子的增长速率为

$$-DA\frac{\mathrm{d}c}{\mathrm{d}x}+DA\left[\frac{\mathrm{d}c}{\mathrm{d}x}+\frac{\mathrm{d}}{\mathrm{d}x}\left(\frac{\mathrm{d}c}{\mathrm{d}x}\right)\mathrm{d}x\right]=DA\left[\frac{\mathrm{d}}{\mathrm{d}x}\left(\frac{\mathrm{d}c}{\mathrm{d}x}\right)\mathrm{d}x\right]$$

所以在单位体积内粒子浓度随时间的变化为

$$\frac{\mathrm{d}c}{\mathrm{d}t}=\frac{DA\left[\frac{\mathrm{d}}{\mathrm{d}x}\left(\frac{\mathrm{d}c}{\mathrm{d}x}\right)\mathrm{d}x\right]}{A\,\mathrm{d}x}=D\frac{\mathrm{d}^2c}{\mathrm{d}x^2} \tag{5-45}$$

式（5-45）是菲克第二定律（Fick′s Second Law），若考虑扩散系数受浓度的影响，则应表示为

$$\frac{\mathrm{d}c}{\mathrm{d}t}=\frac{\mathrm{d}}{\mathrm{d}x}\left(D\frac{\mathrm{d}c}{\mathrm{d}x}\right)$$

菲克第二定律是扩散的普遍公式。

如果图 5-24 所示的装置的截面积为单位截面积，只考虑粒子在 X 轴方向上的位移，设 $\bar{x}$ 为在时间 t 内在 x 方向（既可向左又可向右）上所经过的平均位移。CD 与 AB 面之间的距离为 $\bar{x}$。其中所含溶胶的平均浓度为 c_1；EF 面与 AB 面也相距 $\bar{x}$，所含溶胶的平均浓度为 c_2（$c_1>c_2$）。在 AB 面的两侧可找出两个平面（如虚线所示），其浓度分别为 c_1 和 c_2，因为浓度的分布是连续的，故两个虚线所示的平面恰好在 CD、AB 截面和 AB、EF 截面的中间，距 AB 截面均为 $\frac{1}{2}\bar{x}$。在 t 时间内，自左向右通过 AB 截面的粒子数为 $\frac{1}{2}\bar{x}c_1$，自右向左通过 AB 面的粒子数为 $\frac{1}{2}\bar{x}c_2$，因为 $c_1>c_2$，所以自左向右通过 AB 截面的净粒子数为

$$\frac{1}{2}\bar{x}c_1-\frac{1}{2}\bar{x}c_2=\frac{1}{2}\bar{x}(c_1-c_2)$$

在一定温度下，自浓至稀通过 AB 截面的扩散粒子数应与浓度梯度［设 x 很小，$\mathrm{d}c/\mathrm{d}x\approx(c_1-c_2)/x$］、扩散时间 t 成正比，即用式表示为 $Dt(c_1-c_2)/x$，所以得

$$\frac{1}{2}\bar{x}(c_1-c_2)=\frac{Dt(c_1-c_2)}{\bar{x}}$$

$$D=\frac{\bar{x}^2}{2t} \tag{5-46}$$

式（5-46）即为爱因斯坦-布朗方程。将式（5-43）代入式（5-46）得

$$D=\frac{RT}{6L\pi\eta r} \tag{5-47}$$

从布朗运动的实验值用式（5-46）可求出扩散系数 D，再根据式（5-47）可计算粒子的半径 r。如果需要的话，也可根据粒子的密度 ρ 求出胶团的摩尔质量 M 为

$$M=\frac{4}{3}\pi r^3\rho L$$

爱因斯坦首先指出扩散作用与渗透压力间有着密切的联系。如果在图 5-24 的装置中 AB 截面是一个只允许溶剂分子通过的半透膜，则溶剂分子将透过该半透膜自右向左从低浓度（c_2）向高浓度（c_1）方向渗透，使溶剂分子作定向移动的力（$A\mathrm{d}\pi$）起源于渗透压力之差（$\mathrm{d}\pi$），使溶剂分子扩散的与使溶剂分子穿过半透膜的渗透力大小相等，但方向相反。

溶胶的渗透压（π）可以借用稀溶液的渗透压公式来计算，即

$$\pi=nRT/V$$

式中，n 为体积等于 V 的溶液中所含溶质的物质的量。由于溶胶的粒子远比低分子大且不稳定，不能制成较高的浓度，因此其扩散作用和渗透压表现得很不显著，甚至观察不到，以致格雷厄姆曾经误认为溶胶不具有这些性质。但是对于高分子溶液或胶体电解质溶液，由于它们的溶解度大，可以配制相当高浓度的溶液，因此渗透压可以测定，而且可用于测定高分子物质的相对分子质量。

2. 胶体粒子的沉降

溶胶中粒子的扩散作用，促使胶体能稳定地存在。同时，由于胶体粒子的密度比液体介质大，在重力场的作用下胶体粒子会沉降。沉降是溶胶动力不稳定性的主要表现。沉降的结

果使得溶胶下部的浓度增加，上部浓度降低，破坏了它的均衡性。这样又引起了扩散作用，下部较浓的离子将向上移动，使体系浓度趋于均匀。沉降与扩散这一对矛盾的相互作用，构成了体系的动力稳定状态。

若胶体粒子为球形，半径为 r，密度为 ρ，分散介质的密度为 ρ_0，则胶粒在重力场中所受的力 F_1 应为重力 F_g 与浮力 F_b 之差，即

$$F_1 = F_g - F_b = \frac{4}{3}\pi r^3 (\rho - \rho_0) g$$

式中，g 为重力加速度。当 $\rho > \rho_0$ 时，$F_g > F_b$，颗粒下沉；反之，则上浮。在胶体粒子以速率 v 下沉或上浮的过程中，由于摩擦会产生一个运动阻力 F_2，按 Stokes 定律所受阻力 F_2 为

$$F_2 = 6\pi\eta r v$$

当 $F_1 = F_2$ 时，粒子以匀速下降，则

$$v = 2r^2(\rho - \rho_0)g/9\eta \tag{5-48}$$

要满足上式，必须符合以下几个条件：

1）球形粒子的运动要十分缓慢，周围液体呈层流分布。

2）粒子是刚性球，没有溶剂化作用。

3）粒子间没有相互作用，粒子与器壁也无作用。

4）液相是连续介质。

式（5-48）是一个非常有用的公式。由式可以看出，沉降速率 v 与 r^2 成正比，所以离子的大小对沉降速率影响很大。根据此式可以计算出各种大小不同粒子上升或下降 1cm 所需的时间，现以金和苯的粒子为例，列于表 5-9。

表 5-9 悬浮在水中的粒子上升或下降 1cm 所需时间

粒子半径/μm	金	苯
10	25s	6.3min
1	42min	10.6h
0.1	7h	44d
0.01	29d	12a
0.0015	3.5a	540a

由表 5-9 中可以看出，大于 0.1μm 的粒子，放置一段时间后似乎都会下降到容器的底部。但实际情况并非如此。因为式（5-44）的计算是假定体系处在静止、孤立的平衡状态下，而实际上还有外界条件的影响，如温度的对流、机械振动等都会阻止沉降。特别是粒子小于 0.1μm 时，还应考虑与沉降作用相对抗的扩散作用，因此，当粒子下降到某一程度所产生的浓度梯度使得这两种作用力相等时，体系处在沉降平衡的状态。在平衡状态下，容器底部的浓度最高，随着高度的上升，浓度逐渐下降，这种浓度的分布与地球表面上大气层分布相似。

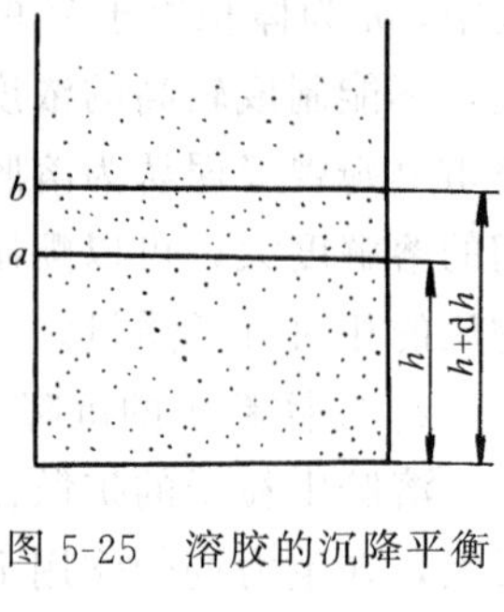

设一个圆柱形容器，它的截面积为一个单位，如图 5-25 所示，在高度为 h 的 a 处，粒子的浓度为 c，在高度为 $h+\mathrm{d}h$ 的 b 处的浓度为 $c-\mathrm{d}c$。在 a、b 两层间的容积为 $\mathrm{d}h$，它的总扩散力为 $RT\mathrm{d}c$。

图 5-25 溶胶的沉降平衡

在 $\mathrm{d}h$ 容积内的总粒子数为 $(c+c-\mathrm{d}c/2)L\mathrm{d}h$，即 $cL\mathrm{d}h$，L

为阿佛加德罗常数。那么，每个粒子向上扩散的力应为 $RT\mathrm{d}c/cL\mathrm{d}h$。每个粒子在溶剂中所受的重力为 $4\pi r^3(\rho-\rho_0)g/3$。当达到平衡后，重力应等于扩散力，则

$$\frac{4}{3}\pi r^3(\rho-\rho_0)g=-RT\mathrm{d}c/cL\mathrm{d}h=-\frac{RT}{Lc}\ \frac{\mathrm{d}c}{\mathrm{d}h}$$

式中负号是因为浓度随高度的升高而减少，积分上式得

$$\frac{4}{3}\pi r^3(\rho-\rho_0)g(h_2-h_1)=\frac{RT}{L}\ln\frac{c_1}{c_2}$$

或

$$c_2=c_1\exp[(-L/RT)\times\frac{4}{3}\pi r^3(\rho-\rho_0)g(h_2-h_1)] \tag{5-49}$$

为验证此式的正确性，Perrin 用大小在 1μm 左右的均分散藤黄溶胶粒子，分散在水中，注入圆柱形容器内，待达到平衡后，测定不同高度的粒子浓度，将测得的不同高度的粒子数，带入式（5-49），求得 L 为 6.8×10^{23}，Westgren 用同样方法测定均分散的金溶胶的粒子分布，求得 L 为 6.05×10^{23}，这些数据与阿佛加德罗常数很接近，这就表示式（5-49）比较正确。

粒子的浓度随高度不同的分布情况，取决于粒子半径和它与介质的浓度差。粒子半径越大，则浓度随高度变化也越明显。在表 5-10 中列举几种不同大小的均分散体系的分散情况，这些数据都是在没有外界干扰的条件下得到的。

表 5-10 粒子的浓度随高度分布情况

体 系	粒子直径/nm	粒子浓度降低一半时的高度
藤黄悬浮体	230	3×10^{-3}cm
粗分散金溶胶	186	2×10^{-5}cm
金溶胶	8.35	2cm
高分散金溶胶	1.86	215cm
氧气	0.27	5km

在表 5-10 中，氧气浓度降低一半时的高度为 5km，这与地面上 5km 高度的大气压降低一半的情况相符。粒子直径为 1.86nm 的金溶胶，在 10cm 高度，浓度只改变了 2%，所以这类金溶胶在外观上看不出有沉降的粒子。可是直径为 186nm 的粗分散金溶胶粒子，只要高度到 2×10^{-5}cm 处，它的浓度就减少一半，这类溶胶实际上已完全沉降了。所以小粒子的溶胶，能自动扩散，并使整个体系均匀分布，这种性质称为动力稳定性。而粗粒子的溶胶，由于布朗运动微弱，沉降则成为它的主要特征，称为动力不稳定性。

多分散体系的沉降平衡较为复杂，各种大小不同的粒子的分布平衡是不一样的。所以达到平衡以后，上部粒子的平均大小要小于下部粒子的平均大小。如果在一个很高的圆柱形容器内，盛以粒子大小不同的多分散体系，放置足够长的时间，粒子大小的分布，将随柱的高度而不同。实际工作中，就是按此原理，对多分散体系的粒子大小进行分级筛选。

三、溶胶的电学性质

分散相粒子（如胶粒、大分子）在与极性介质（如 H_2O）接触的界面上，由于发生电离、离子吸附或离子溶解等作用，因而使得分散相粒子的表面或者带正电，或者带负电。

例如，当用 $AgNO_3$ 和 KI 制备 AgI 溶胶时，若 $AgNO_3$ 过量，则所得胶粒表面由于吸附了过量的 Ag^+ 而带正电荷；若 KI 过量时，则胶粒由于吸附了过量的 I^- 而带负电荷。实验表

明，凡是与溶胶粒子中某一组成相同的离子，则优先被吸附。在没有与溶胶粒子组成相同的离子存在时，则胶粒一般先吸附水化能力较弱的阴离子，而使水化能力较强的阳离子留在溶液中，所以通常带负电荷的胶粒居多。

由于胶粒表面带某种电荷，则介质必然带有数量相等而符号相反的电荷（因为整个胶体溶液总是电中性的），因而使溶胶表现出各种电学性质。

（一）电动现象

1. 电泳

在外加电场下，胶体粒子在分散介质中作定向移动的现象称为电泳（Electrophoresis）。研究电泳的实验方法有很多种，如观察溶胶与其超滤液之间的界面在外加电场中的移动来测定电泳速率，如纸上电泳（主要用于生物胶体），还有观察个别胶粒电泳的微电泳仪等。根据胶粒所带的电荷正负号，溶胶可向阳极或阴极移动。

胶体的电泳证明了胶粒是带电的。实验还证明，若在溶胶中加入电解质，则对电泳会有显著影响。随外加电解质的增加，电泳速率常会降低以至变成零，外加电解质还能够改变胶粒带电的符号。

影响电泳的因素有：带电粒子的大小、形状，粒子表面的电荷数目，溶剂中电解质的种类，离子强度以及 pH、温度和所加的电压等。

2. 电渗

在外加电场下，可以观察到分散介质会通过多孔膜或极细的毛细管（半径为 1～10nm）而移动，即固相不动而液相移动，这种现象称为电渗（electro—osmosis）。用图 5-26 的仪器可以直接观察到电渗现象。图中 3 为多孔膜，1、2 中盛液体，当在电极 5、6 上施以适当的外加电压时，从刻度毛细管 4 中弯月面的移动可以观察到液体的移动。实验表明，液体移动的方向因多孔膜的性质不同而异。例如当用滤纸、玻璃或棉花等构成多孔膜时，则水向阴极移动，这表示此时液相带正电荷；而当用氧化铝、碳酸钡等物质构成多孔膜时，则水向阳极移动，显然此时液相带负电荷。和电泳一样，外加电解质对电渗速率的影响很显著，随电解质浓度的增加电渗速率降低，甚至会改变液体流动的方向。

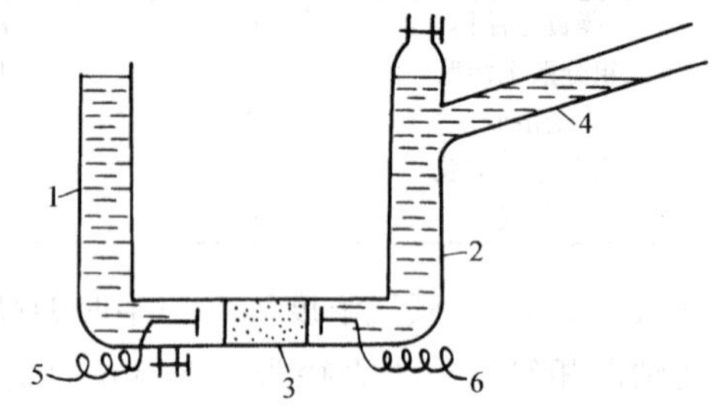

图 5-26 电渗管

1、2—盛液管 3—多孔膜 4—毛细管 5、6—电极

3. 流动电势

在外力作用下（例如加压）使液体在毛细管中流经多孔膜时，在膜的两边会产生电势差，称之为流动电势（Streaming Potential），它是电渗作用的反面现象。毛细管的表面是带电的，如果外力迫使液体流动，出于扩散层的移动，与固体表面产生电势差，从而产生了流动电势。用泵输送碳氢化合物，在流动过程中产生流动电势，高压下易于产生火花。由于此类液体易燃，故应采取相应的防护措施。如油管接地或加入油溶性电解质，增加介质的电导，减小流动电势。

4. 沉降电势

若使分散相粒子在分散介质中迅速沉降，则在液体的表面层与底层之间会产生电势差，称之为沉降电势（Sedimentation Potential），它是电泳作用的反面现象。贮油罐中的油内常含有水滴，水滴的沉降常形成很高的沉降电势，甚至达到危险的程度。通常解决的办法是加入有机电解质，以增加介质的电导。

电泳、电渗（由外加电势差而引起固、液相之间的相对移动）以及流动电势、沉降电势（由固液相之间的相对移动而产生电势差），其电学性质都与固相和液相间的相对移动有关，故统称之为电动现象，其中以电泳和电渗最为重要。通过电动现象的研究，可以进一步了解胶体粒子的结构以及外加电解质对溶胶稳定性的影响。电泳还有多方面的实际应用，例如应用电泳的方法可以使橡胶的乳状液汁凝结而使其浓缩，可以使橡胶沉积在金属、布匹或木材上，这样沉积的橡胶容易硫化，可以得到拉力很强的产品。此外，电泳涂漆、陶器工业中高岭土的精炼、石油工业中天然石油乳状液中油水的分离，以及不同蛋白质的分离等都应用到电泳作用。工业和工程中泥土和泥炭的脱水则是电渗实际应用的另一个例子。

（二）双电层和电动电势

直到双电层的理论提出以后才了解产生电动现象的原因。当固体与液体接触时，可以是固体从溶液中选择性吸附某种离子，也可以是由于固体分子本身的电离作用使离子进入溶液，以致固液两相分别带有不同符号的电荷，在界面上形成了双电层的结构。

亥姆霍兹于 1879 年提出平板型模型，认为带电质点的表面电荷（即固体的表面电荷）与带相反电荷的离子（也称为反离子）构成平行的两层，称为双电层（Double Layer），其距离约等于离子半径，如同一个平板电容器。表面与液体内部的电位差称为质点的表面电势 φ_0（即热力学电势），在双电层内 φ_0 呈直线下降（图 5-27，图中 δ 是双电层厚度）。在电场作用下，带电质点和溶液中的反离子分别向相反的方向运动。这种模型虽然对电动现象给予了说明，但显然是极简单的。例如，由于离子的热运动，它不可能形成平板式的电容器。

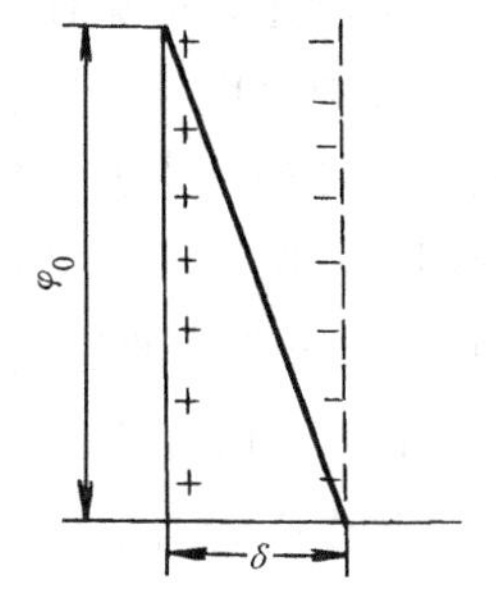

图 5-27 平板双电层模型

古埃（Gouy）和查普曼（Chapman）修正了上述模型，提出了扩散双电层的模型，认为由于静电吸引作用和热运动两种效应的结果，在溶液中与固体表面离子电荷相反的离子只有一部分紧密地排列在固体表面上（距离约一、二个离子的厚度），另一部分离子与固体表面的距离则可以从紧密层一直分散到本体溶液之中，因此双电层实际上包括了紧密层和扩散层两部分。在扩散层中离子的分布可用玻耳兹曼分布公式表示。当在电场作用下，固液之间发生电动现象时，移动的切动面（图 5-28）为 AB 面。相对运动边界处于液体内部的电位差称为电动电势（Electrokinetics Potential）或 ζ 电势（Zeta-potential）。显然，表面电势 φ_0 与 ζ 电势是不同的。随着电解质浓度的增加，或电解质价型增加，双电层厚度减小，ζ 电势也减小。

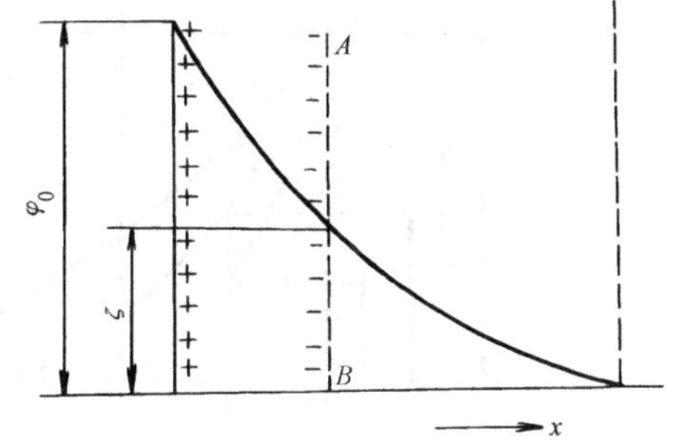

图 5-28 扩散双电层模型

古埃和查普曼的模型虽然克服了亥姆霍兹模型的缺陷，但也有许多不能解释的实验事实。例如，虽然提出了扩散层的概念，提出了 φ_0 与 ζ 电势的不同，但对ζ电势并未赋予更明确的物理意义。根据古埃-查普曼模型，ζ电势随离子浓度增加而减少，但永远与表面电势同号，其极限值为零。但实验中发现有时ζ电势会随离子浓度的增加而增加，甚至有时可与φ_0反号。这些都无法用古埃-查普曼模型解释。

斯特恩（Stern）作了进一步修正。他认为：紧密层（后来又称为Stern层）约有一、二个分子层厚，紧密吸附在表面上；在紧密层中，反离子的电性中心构成所谓的Stern平面；在Stern层内电势的变化情形与亥姆霍兹的平板模型一样，φ_0直线下降到Stern平面的φ_δ。由于离子的溶剂化作用，紧密层结合有一定数量的溶剂分子，在电场作用下，它和固体质点作为一个整体一起移动。因此切动面的位置略比Stern层靠右（图5-29），ζ电势也相应略低于φ_δ（如果离子浓度不太高，则可以认为两者是相等的、一般不会引起很大的误差）。

当某些高价反离子或大的反离子（如表面活性离子），由于高的吸附能而大量进入紧密层时，则可能使φ_δ反号。若同号大离子因强烈的范德华引力可能克服静电排斥而进入紧密层时，可使φ_δ电势高于φ_0。

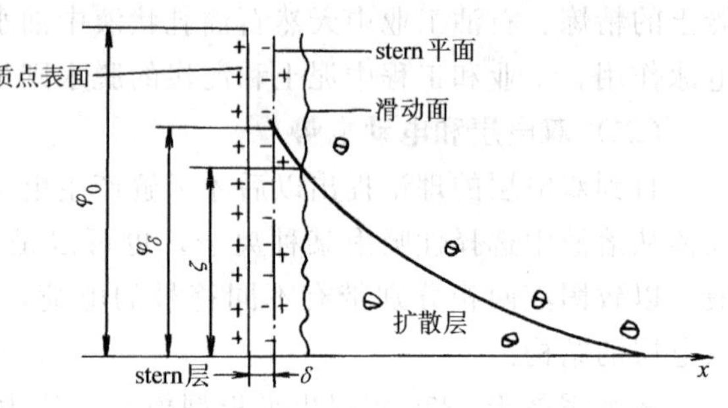

图5-29 Stern的双电层模型

综上所述，可见任何模型都是在不断修正过程中得以逐步完善。斯特恩模型显然能解释更多的事实。但是由于定量计算上的困难，所以通常其理论处理仍然可以采用古埃-查普曼的处理方法。只是将φ_0换为φ_δ而已。

ζ电势与热力学电势φ_0不同，φ_0的数值主要取决于溶液中与固体成平衡的离子浓度。而ζ电势则随着溶剂化层中离子的浓度而改变，少量外加电解质对ζ电势的数值会有显著的影响，随着电解质浓度的增加，ζ的数值降低，甚至可以改变符号。图5-30a中绘出了ζ电势随外加电解质浓度的增加而变化的情况。在图中δ为固体表面所束缚的溶剂化层的厚度。d为没有外加电解质时扩散双电层的厚度，其大小与电解质的浓度、价数及温度都有关系。随着外加电解质浓度的增加，有更多与固体表面离子符号相反的离子进入溶剂化层，同时双电层的厚度变薄（从d变成d'、d''…）。ζ电势下降（从ζ变成ζ'、ζ''…）。当双电层被压缩到与溶剂化层叠合时，ζ电势降以0为极限。如果外加电解质中异电性离子的价数很高，或者其吸附能力特别强，则在溶剂化层内可能吸附了过多的异电性离子，这样就使ζ电势改变符号。图5-30b图，表示ζ电势变号前后双电层中电势分布的情况。可是，少量外加电解质对热力学电势φ却不产生显著的影响。

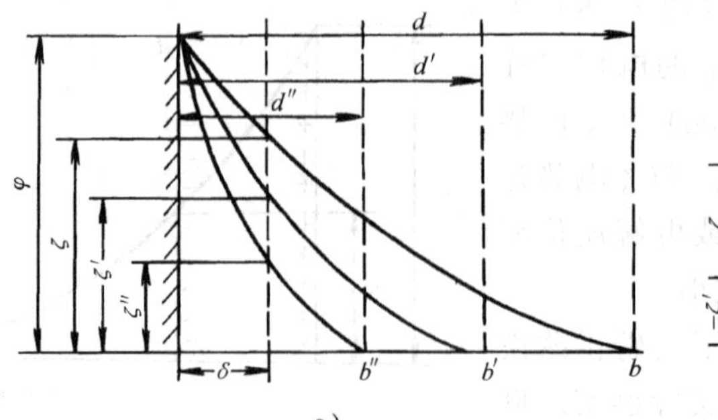

图5-30 电解质对ζ的影响

利用双电层和 ζ 电势的概念，可以说明电动现象。以电渗为例，研究电渗时所用的多孔膜实际上是许多半径极细的毛细管的集合。对于其中每一根毛细管而言，固-液界面上都有如上所述的双电层结构。在外加电场下固体及其表面溶剂化层不动，而扩散层中其余与固体表面带相反电荷的离子，则可以发生移动。这些离子都是溶剂化的，因此就观察到分散介质的移动，如图 5-31 所示。

以上所讨论的双电层结构在溶胶粒子表面上也完全适用，溶胶中的独立运动单位是胶粒，它实际就是固相连同其溶剂化层所构成的，胶粒与其余的处于扩散层中的导电性离子之间的电位降即为 ζ 电势（图 5-32）。因此在外电场之下胶粒与扩散层中的其余异电性离子彼此向相反方向移动，而发生电泳作用。在电泳时胶粒移动的速率与胶粒本身的大小、形状及所带的电荷有关，也与外加电场的电场强度、ζ 电势、介质的介电常数 ε 和粘度 η 等因素有关。

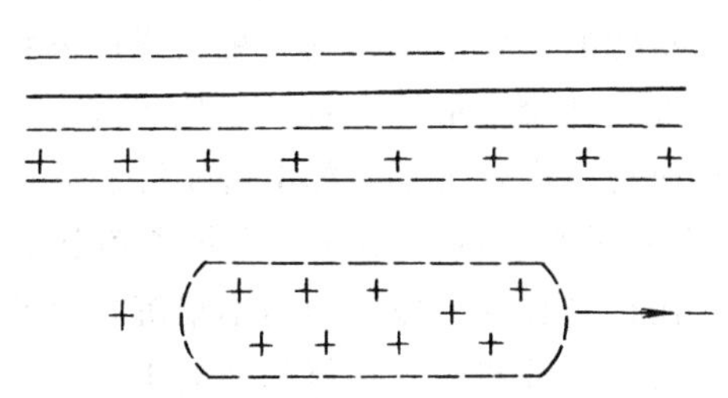

图 5-31　电渗作用示意图

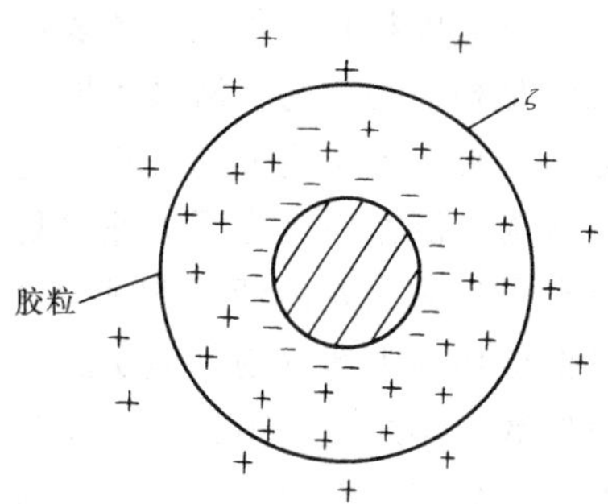

图 5-32　胶粒表面双电层结构示意图

（三）胶体粒子的构造

胶体是一种高度分散的超微多相体系，溶胶中粒子的大小在 $10^{-9}\sim10^{-7}$ m 之间，溶胶的许多性质例如扩散作用慢、不能透过半透膜、渗透压低、动力稳定性强、乳光亮度强等都与其特有的分散程度有关。这种高度分散的体系，势必增加物质的表面积，从热力学的角度来说是不稳定的。由于分散相的颗粒小，表面积大，其表面能也高，这就使得胶粒处于不稳定的状态，它们有相互聚集起来变成较大的粒子而聚沉的倾向。但是我们知道，胶体又具有很高的稳定性，这和胶体粒子的结构有密切的关系。溶胶与其他分散体系的差异不仅只是粒子大小不同，还表现在溶胶中粒子构造的复杂性。在真溶液中，分子或离子虽说有缔合、溶剂化等现象，但和溶胶中胶团的复杂结构相比仍属于比较简单的个体。从真溶液到溶胶是从均相到开始具有相界面的超微不均匀相，因此胶体溶液中除了分散相和分散介质外，还需要少量电解质稳定剂的存在，以起到保护粒子的作用。离子吸附在胶核表面上形成双电层结构，由于带电和溶剂化作用，胶体粒子才能够相对稳定地存在于溶液中。根据胶体的电动现象和扩散双电层模型，可以推测出胶体颗粒结构的情况。以 AgI 的水溶胶为例，若 KI 稍过量，则胶团结构如图 5-33 所示。

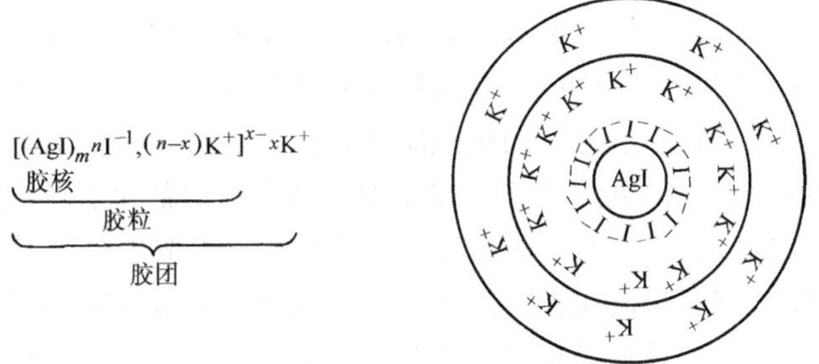

图 5-33　AgI 胶团结构示意图（KI 为稳定剂）

图中 AgI 形成胶核，m 表示胶核中所含 AgI 的分子数，通常是一个很大的数值（约 10^3）。若溶液中有 KI 存在，则 I^- 在胶核表面上优先吸附。以 n 表示胶核所吸附的 I^- 离子数，因此胶核带负电（n 的数值比 m 的数值要小得多）。溶液中的 K^+ 又可以部分地吸附在其周围，$(n-x)$ 为吸附层中的相反电荷离子数（此处为 K^+），x 是扩散层中的反号离子数。胶核连同吸附在其上的离子，包括吸附层中相反电荷离子，称为胶粒，胶粒连同周围介质中的相反电荷离子则构成胶团。由于离子的溶剂化，因此胶粒和胶团也是溶剂化的。在溶胶中胶粒是独立的运动单位。通常所说的溶胶带正电或负电系指胶粒而言，整个胶团总是电中性的。胶团没有固定的直径和质量，同一种溶胶的值也不是一个固定的数值。不同溶胶的胶团可有不同的形状。在讨论溶胶特性时除注意其高度分散性外，还应注意到结构上的这种复杂性。

四、溶胶的稳定性和聚沉作用

憎液溶胶的胶粒具有很大的比表面，所以胶体是高度分散的热力学不稳定的多相体系，它的稳定性是相对的，与真溶液不同，它的分散度是易变的，粒子可自动聚集以降低体系表面能的趋势。粒子由小变大的过程称为聚集过程。如果这种聚集最终导致粒子从溶液中沉淀出来，这称为聚沉作用。为了加速聚集，可以外加其他物质作聚沉剂，如电解质等。假如加入的是高分子物质、表面活性剂或高价异号离子，那么所产生的沉淀的粒子堆积就比较疏松，这种沉淀物称为絮凝物。但实际上溶胶一般可存在相当长的一段时间而不聚沉，有些甚至可以放置数十年之久而不聚沉。在利用溶胶—凝胶法制备某些电子功能材料的生产工艺过程中，在固液分离前都希望获得稳定的胶体；然后使胶体聚沉为凝胶。因此，只有了解溶胶稳定的原因，才能选择适当条件使胶体稳定或破坏。研究胶体的稳定与聚沉，在理论和实践中都具有重要的意义。

（一）溶胶的稳定性

保持溶胶稳定性的主要原因可归纳如下：

（1）溶胶的动力学稳定性　使溶胶保持稳定性的因素之一是它的动力学性质。显然，由于粒子的布朗运动和扩散作用，可以克服重力作用而不下沉以保持均匀分散。这种性质称为溶胶的动力学稳定性。粒子的分散度越大，密度越小，介质的密度和粘度越大，则溶胶的动力学稳定性越大。

（2）胶粒荷电的稳定作用　保持溶胶稳定性的主要因素是胶粒带电。同种胶粒中带有相同电荷的粒子，当粒子充分接近时，双电层重叠会产生静电斥力，从而阻止胶粒的聚集，因此胶粒具有一定的 ζ 电势值使溶胶稳定。此外，胶粒荷电多少还直接影响溶剂化层厚度。

（3）溶剂化的稳定作用　保持溶胶稳定性的另一因素是溶剂化作用。水为介质时，则是胶粒的水化作用。憎液溶胶的胶粒不亲水，由于紧密层和扩散层中的粒子是水化的，因此降低了胶粒的比表面能；在胶粒相互碰撞时，胶粒周围的水化层（或水化外壳）具有一定的弹性，成为胶粒接近时的机械阻力，这两者都增加了胶粒的稳定性。当然，溶剂化作用在亲液溶胶中表现得更加显著。胶粒带电多少和溶剂化层厚度是决定电势值的重要因素。

ζ 电势的高低表明反离子在吸附层和扩散层中的分布情况，ζ 电势高，表明反离子在吸附层少而在扩散层多；反之亦然。这样，胶粒带电越多，溶剂化层也越厚，溶胶就越稳定。因此，不论从电学稳定性还是从溶剂稳定性来看，ζ 电势大小可以说是溶胶稳定性的尺度。实验表明，对大多数憎液溶胶来说，其 ζ 电势降至 112～113mV 以下时，胶粒即开始聚沉。

综上所述，溶胶稳定性的原因是由于溶胶的动力学稳定性反抗重力作用、胶粒荷电产生的斥力（主要因素）和溶剂化所引起的机械阻力所致。这三种因素均可视为斥力的因素，所以溶胶的稳定和聚沉，可以说是斥力与引力的相互转化。

（二）溶胶的聚沉

溶胶大致上可分成隐匿聚沉和明显聚沉两个阶段。前者是胶粒相互合并，分散度减小，外观上不出现沉淀、浑浊等变化；后者是聚沉作用进一步发展，外观上出现浑浊等变化，最终分离为两个粗相。一般憎液溶胶的隐匿聚沉阶段都很短促，亲液溶胶的隐匿聚沉阶段却相当长。

1. 憎液溶胶的聚沉

促使憎液溶胶的聚沉因素很多，如温度、浓度、光的作用，搅拌和外加电解质等。大致可以把它们分为两类：一类为溶胶本身等内因；另一类是外加电解质等外因。其中溶胶本身浓度和温度的增加都使粒子的互撞更为频繁，从而降低其稳定性。在外因中，以外加电解质对溶胶的影响最为重要。

（1）电解质对溶胶聚沉的影响　由双电层结构可知，加入少量电解质，扩散双电层厚度大，因而斥力大，溶胶稳定。但是，当外加电解质浓度足够大时，反离子进入紧密层较多，致使扩散层变小，ζ电势下降，因而能使溶胶聚沉。此外加入被吸附的离子，这些离子将存在于亥姆霍兹平面内，溶胶中本体溶液浓度并没有显著改变，但ζ电势值将降低，同样也使溶胶聚沉。

在憎液溶胶中，如果降低ζ电势和溶剂化能力破坏其聚结稳定性或用超离心沉降破坏动力稳定性，均可引起溶胶聚沉。溶胶开始明显聚沉的ζ电势称为临界ζ电势；大于临界ζ时，溶胶具有稳定性。当ζ电势达到临界值时，一般说来，此时电动电势的数值仍有0.2～0.03V，虽然斥力还存在，但已小于胶粒间吸引力，即胶粒的布朗运动足以克服胶粒所剩的较小静电斥力，故能发生聚沉。在等电态时，ζ电势等于0，此时的聚沉速率最大。关于外加电解质对溶胶聚沉的影响有以下几点经验规则。

1）聚沉能力主要决定于与溶胶带相反电荷的离子价数：在指定条件下，引起溶胶明显聚沉所需电解质的最小浓度，称为该电解质的聚沉值，以$mol\cdot dm^{-3}$表示。表5-11是不同电解质对一些溶胶的聚沉值。

表5-11　不同电解质的聚沉值　（单位：$mol\cdot dm^{-3}$）

AgI（负电）		As_2S_3（负电）		Al_2O_3（正电）	
$LiNO_3$	165	$LiCl$	58	$NaCl$	43.5
$NaNO_3$	140	$NaCl$	51	KCl	46
KNO_3	136	KCl	49.5	KNO_3	60
$RbNO_3$	126	KNO_3	50		
$Ca(NO_3)_2$	2.40	$CaCl_2$	0.65	K_2SO_4	0.30
$Mg(NO_3)_2$	2.60	$MgCl_2$	0.72	$K_2Cr_2O_7$	0.63
$Pb(NO_3)_2$	2.43	$MgSO_4$	0.81	$K_2C_2O_4$	0.69
$Al(NO_3)_3$	0.067	$AlCl_3$	0.093		
$La(NO_3)_3$	0.069	$1/2Al_2(SO_4)_3$	0.096	$K_3[Fe(CN)_6]$	0.08
$Ce(NO_3)_3$	0.069	$Al(NO_3)_3$	0.095		

应该指出，在计算聚沉值时应该用溶液总体积。聚沉值的倒数定义为聚沉能力。由表5-11可以粗略估计出，如果采用三种不同价数的电解质（对于给定溶胶，异号离子价数分别为1、2、3）来聚沉同一种溶胶，那么三者浓度之比为100：1.6：0.14≈$(1/1)^6$：$(1/2)^6$：$(1/3)^6$，这表示聚沉值与反离子价数的六次方成反比，称为舒尔茨—哈代规则；即反离子价数越高，聚沉值越小。还应指出，当离子在胶粒表面强烈吸附或发生表面化学反应时，这一规则不能应用。

2）相同价数的反离子的聚沉能力依赖于反离子体积的大小：相同价数的反离子的聚沉能力大体相近，虽然离子体积的大小、水化能力强弱也略有影响，但比不同价数离子对聚沉能力的影响要小得多。对于负溶胶，阳离子的聚沉能力的大小有下列顺序：

$H^+ > Cs^+ > Rb^+ > K^+ > Na^+ > Li^+$

$Fe^{3+} > Al^{3+} > Ba^{2+} > Sr^{2+} > Ca^{2+} > Mg^{2+}$

对于正溶胶，一价负离子的聚沉能力顺序为：

$F^- > IO_3^- > H_2PO_4^- > BrO_3^- > Cl^- > Br^- > NO_3^- > I^- > CNS$

这种顺序称为“感胶离子序”。由于实际条件及胶体离子性质的变化，某些离子并不遵守这个顺序，H^+具有强烈的聚沉能力即是一个例外。

3）与溶胶同电性离子的价数越高，则聚沉能力越低：在相同反离子的情况下，与溶胶带有相同电荷的同离子对溶胶的聚沉能力也略有影响，其规律为同电性离子的价数越高，则聚沉能力越低。

（2）溶胶的相互聚沉　两种带相反电荷的溶胶混合时，则发生聚沉，这叫做相互聚沉现象。然而，与电解质的聚沉作用不同之处在于两种溶胶用量比较严格。只有两种溶胶电荷相反电量相同时，才能发生完全聚沉，否则只能发生部分聚沉，甚至不聚沉。产生相互聚沉的原因是可以把溶胶粒子看成一个巨大的离子，两种电荷相反的胶粒彼此吸附，是中和电性后降低ζ电势所产生的结果。

在自然界中因电解质引起的胶体聚沉，广泛地发生在河流的出口处。在这里河流所携带的胶体和悬浮物在含盐的海水作用下便聚沉下来，利用相反电荷的胶体相互聚沉给生产和生活带来了很大方便。例如，用明矾净水，就是利用明矾在水中水解出带正电的胶体来除去水中带负电的胶体污物。

2. 亲液溶胶的聚沉

在亲液溶胶中，高分子溶液是主要的。高分子溶液属于真溶液，其分子又有高度溶剂化的能力，其聚沉主要有下面两种方法。

（1）盐析作用　只有加入电解质于高分子溶液中，才能使其聚沉，这一过程称为盐析。这些电解质有两种作用：一是其离子有较强的溶剂化能力，夺取高分子溶剂化层；二是中和电性，从而引起高分子聚沉。例如，在肥皂的胶体溶液中加入大量氯化钠，促使肥皂自溶液中析出。显然，所用电解质的离子溶剂化能力越强，盐析作用也越强。

阳离子盐析能力顺序为

$Li^+ > K^+ > Na^+ > NH_4^+ > Mg^{2+}$

阴离子盐析能力顺序为

柠檬酸根>酒石酸根>$SO_4^{2-} > CH_3COO^- > Cl^- > NO_3^- > ClO_3^- > I^-$

（2）溶剂置换　如果一种液体，对溶剂的亲和性很大，当把它加进高分子溶液中时就把溶剂夺为己有，使胶粒或溶质失去其溶剂化层，然后再加入少量电解质降低ζ电势即可使高分子溶液沉淀。但是所加入的溶剂化液体必须是能与溶液互相混溶，而不会使聚沉物溶解的溶液。例如，琼胶就易失去溶剂化层，再加入少量电解质即发生聚沉。

3. 高分子溶液对憎液溶胶的影响

高分子化合物对憎液溶胶有两重性的影响，一是絮凝作用，另一是稳定作用。

(1) 高分子化合物的絮凝作用　在溶胶或悬浮体内加入极少量（10^{-6}或多一点）的可溶性高分子化合物，可导致溶胶迅速沉淀，沉淀呈疏松的棉絮状，这种现象称为絮凝作用。能产生絮凝作用的高分子称为絮凝剂。好的絮凝剂其分子一般为链状结构，大多含有能吸附于固体表面的基团，同时这种基团还能溶于水中，常见基团有—COOH、—$CONH_2$、—SO_3Na等，其相对分子质量至少需在10^6左右，但也不能无限增大，在一定范围内，相对分子质量越大则其絮凝效果越高，但絮凝剂的加入量有一最佳值。在工艺要求上，一般要求混合均匀，搅拌缓慢，絮凝剂浓度要低，投放速率以慢为好。

目前认为絮凝作用与电解质的聚沉作用完全不同，由电解质所引起的聚沉作用是由于它压缩了溶胶粒子的扩散双电层所引起的；而高分子的絮凝作用是由于吸附了溶胶粒子后，高分子化合物本身的链段旋转和运动相当于本身的“痉挛”作用，直接导致絮凝。因为高分子化合物在离子间起着一种架桥作用，所以称为“架桥效应”。

絮凝作用有很大的实用价值。它具有迅速、彻底、沉淀疏松、用量少等特点。已广泛应于污水处理、钻井泥絮、选矿以及化工生产中的沉淀等操作。

(2) 高分子化合物的稳定作用　在憎液溶胶中加入一定量的高分子化合物，能显著提高溶胶对电解质的稳定性，这种现象称为保护作用。产生稳定作用的原因，可以认为是高分子化合物被吸附在溶胶粒子的表面，形成一层高分子保护膜包围了胶体粒子，并把亲液性基团伸向水中且具有一定厚度，因此削弱了胶体离子间的吸引力而增加了相互排斥力，从而提高了胶体的稳定性。

如果高分子化合物的加入量不足以起保护作用时，反而会促使憎液溶胶聚沉，这种现象称为敏化作用。其原因可能是高分子数量较少，不足以在胶粒外形成完整的保护膜，但却中和了胶粒表面的一部分电荷而与胶粒一起聚沉下来。

高分子的稳定作用大小与其组成和摩尔质量有关，还与高分子加入溶液里的时间长短、加入的方法和混合的次序有关。有时用金值来表示高分子的保护能力。所谓金值就是保护$10cm^3$、0.006%的金溶胶，在加入$1cm^3$、10%的NaCl溶液后，要求在18h内不致聚沉所需加入的高分子最低毫克数。聚沉使金溶胶由红变蓝。金值越小，则高分子的保护作用越强。

人们对高分子保护作用的认识和利用已有悠久的历史。我国的墨汁就是利用动物胶使碳黑稳定地悬浮在水中。血液中所含的难溶盐类，如碳酸钙、磷酸钙等就是靠血液中的蛋白质保护而存在。照相用的软片是用明胶保护AgBr胶粒而不使其聚沉下来。石油化工用的贵金属催化剂如Pt等，也常用保护胶制成胶状物质以提高催化效率等。

应当指出，溶胶浓度的增大，也是引起聚沉作用的因素之一。实验发现，在长久保存时，即使不加电解质，溶胶也会自动发生聚沉，这种现象称为老化。

第十节　胶体的制备和净化

胶体的制备方法大致可分为两类，即分散法与凝聚法。前者是使固体的粒子变小，后者是使分子或离子凝结成胶粒。由分散法或凝结法直接制成的粒子称为原级粒子，在具体不同条件下这些粒子常又可以聚集成一些大小不同的次级粒子。通常所制备的溶胶中粒子的大小常不是均一的，而是多级的分散体系。

一、分散法

这种方法是用适当方法将大块物质在有稳定剂存在时分散成胶体粒子的大小，常用的有以下几种方法：

1. 机械粉碎法

即利用物体之间的相互运动所产生的挤压和切应力使物料得以粉碎和磨细的方法，也称为研磨法。常用的设备有胶体磨或球磨机。胶体磨的形式很多，其分散能力因构造和转速不同而异。图 5-34 所示是盘式胶体磨的示意图，使分散相、分散介质以及稳定剂从空心轴 A 处加入，流向高转速（10000～20000r/min）的磨盘 B，转轴 A 本身带有与 B 的转向相反的磨盘 C，在 BC 之间有狭小的细缝，分散相在这里受到强大的切应力而被粉碎，一般可磨细到 1μm 左右。机械粉碎法通常仅适用于脆而易碎的物质，对于柔韧性的物质必须先硬化后再分散。

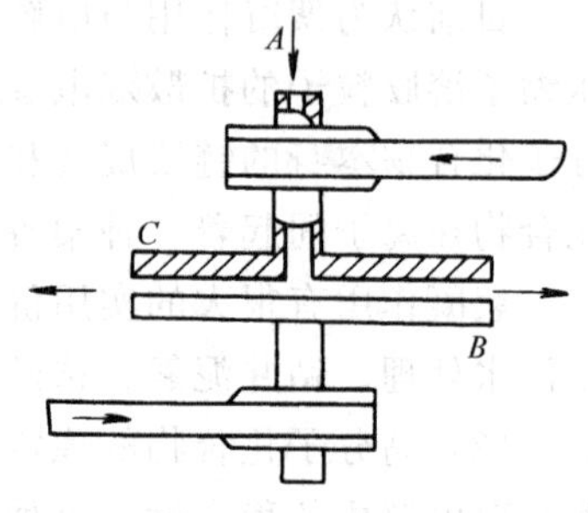

图 5-34　盘式胶体磨

2. 胶溶法（亦称解胶法）

将新鲜的沉淀经洗涤除去过多的电解质后，再加入少量的稳定剂（此处又称胶溶剂，要看胶核表面所能吸附的离子而决定如何选用胶溶剂）后，则又可制成溶胶，这种作用称为胶溶作用。例如

$$Fe(OH)_3\text{（新鲜沉淀）}\longrightarrow Fe(OH)_3\text{（溶胶）}$$

$AgCl$（新鲜沉淀）$\longrightarrow AgCl$（溶胶）

$SnCl_4 \longrightarrow SnO_2$（新鲜沉淀）$\longrightarrow SnO_2$（溶胶）

胶溶法只是使暂时凝集起来的分散相又重新分散，而不能使粗粒分散成溶胶。

3. 超声波法

用超声波（频率大于 16000Hz）所产生的能量来进行分散。目前多用于制备乳状液。图 5-35 是装置的示意图。把 10^6Hz 的高频电流通过两个电极，石英片可以发生相同频率的机械振荡，产生高频的机械波而传入试管，使分散相均匀分散而形成溶胶或乳状液。

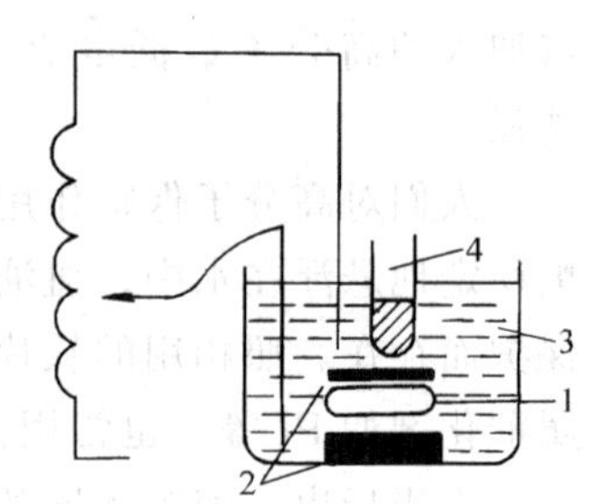

图 5-35　超声波分散法示意图

1—石英片　2—电极

3—变压器油　4—盛试样的试管

4. 电弧法

此法实际上包括了分散和凝聚两个过程，即在放电时金属原子因高温而蒸发，随即又被溶液冷却而凝聚。例如用金属 Au、Pt、Ag 等为电极，浸在不断冷却的水中，水中加有少量 NaOH，外加 20～100V 的直流电源，

调节两电极的距离使之放电，可形成金属的溶胶。所加的 NaOH 是稳定剂，用以使溶胶稳定。

二、凝聚法

这个方法的一般特点是先制成难溶物的分子（或离子）的过饱和溶液，再使之互相凝聚成胶体粒子而得到溶胶。通常可以分成如下两种：

1. 化学凝聚法

通过化学反应（如复分解反应、水解反应、氧化或还原反应等）使生成物呈过饱和状态，然后粒子再结合成溶胶。最常用的是复分解反应，例如制备硫化砷溶胶就是一个典型的例子。将 H_2S 通入足够稀释的 As_2O_3 溶液，则可以得到高分散的硫化砷溶胶，其反应为

$$As_2O_3 + 3H_2S \longrightarrow As_2S_3(\text{溶胶}) + 3H_2O$$

贵金属的溶胶常可以通过还原反应来制备，如从下述反应可以得到金溶胶：

$$2HAuCl_4(\text{稀溶液}) + 3HCHO(\text{少量}) + 11KOH \longrightarrow 2Au(\text{溶胶}) + 3HCOOK + 8KCl + 8H_2O$$

铁、铝、铬、铜、钒等金属的氢氧化物溶胶，可以通过其盐类的水解而制得。例如把几滴 $FeCl_3$ 溶液加到沸腾的蒸馏水中，则发生下述反应

$$FeCl_3 + H_2O \longrightarrow Fe(OH)_3(\text{溶胶}) + 3HCl$$

趁热用渗析法除去 HCl，就可以得到稳定的溶胶。

硫溶胶可以通过一些氧化还原反应来制备，例如

$$2H_2S + SO_2 = 2H_2O + 3S\ (\text{溶胶})$$

$$Na_2S_2O_3 + 2HCl = 2NaCl + H_2O + SO_2 + S\ (\text{溶胶})$$

在以上这些制备溶胶的例子中，都没有外加稳定剂。事实上胶粒的表面吸附了过量的具有溶剂化层的反应物离子，因而溶胶变得稳定了。离子的浓度对溶胶的稳定性有直接的影响，电解质浓度太大，反而会引起胶粒聚沉。

2. 物理凝聚法

利用适当的物理过程（如蒸气骤冷、改换溶剂等）可以使某些物质凝聚成胶体粒子的大小。例如将汞的蒸气通入冷水中就可以得到汞溶胶，此时高温下的汞蒸气与水接触时生成的少量氧化物起稳定剂的作用。罗金斯基和沙利尼科夫用蒸气获得碱金属的有机溶胶，其装置如图 5-36 所示。

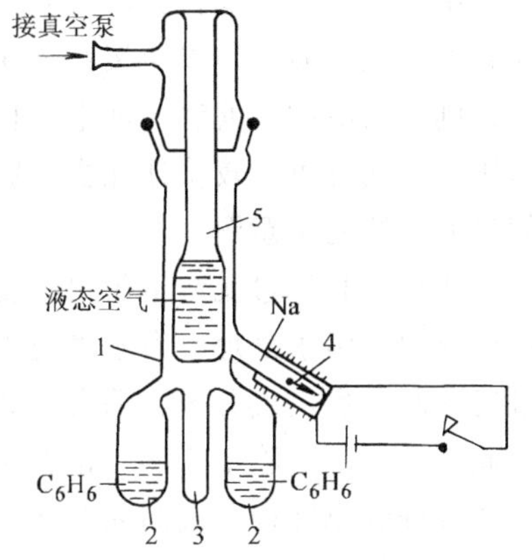

图 5-36　罗金斯基所用仪器示意图

以制备钠的苯溶胶为例。先在 4 和 2 中分别放金属钠和苯，将整个容器放在液态空气中，将体系 1 抽成真空后取出。在 5 中放液态空气，再适当对 2 和 4 加热，使苯和钠的蒸气一起在 5 的管壁上凝聚，然后再除去 5 中的液态空气，温度升高后使冻结物熔化，在 3 中就得到钠的苯溶胶。此处作为稳定剂的组分是金属的离子或其氧化物。

3. 更换溶剂法

改换溶剂也可以制得溶胶，例如将松香的酒精溶液滴入水中，由于松香在水中的溶解度

很低，溶质呈胶粒的大小析出，形成松香的水溶胶。

三、溶胶的净化

在制得的溶胶中常含有一些电解质，通常除了形成胶团所需要的电解质以外，过多的电解质存在反而会破坏溶胶的稳定性，因此必须将溶胶净化。常用方法有如下几种：

1. 渗析法

由于溶胶粒子不能通过半透膜，而分子、离子能通过，故可把溶胶放在装有半透膜的容器内（常见的半透膜如羊皮纸、动物膀胱膜、硝酸纤维、醋酸纤维等），膜外放溶剂。由于膜内外杂质的浓度有差别，膜内的离子或其他能透过的水分子向半透膜外迁移。若不断更换膜外溶剂，则可逐渐降低溶胶中的电解质或杂质的浓度而达到净化的目的。这种方法叫做渗析法，在工业生产中有广泛的应用，例如制备照相底片或印相纸用的无灰明胶，提净鞣质和某些染料等都要用到。为了提高渗析速率，可以增加半透膜的面积或使膜两边的液体有很高的浓度梯度，或者在较高温度下渗析（由于高温会破坏溶胶的稳定性，因此温度的升高应有一定限制）。在外加电场下进行渗析可以增加离子迁移的速率，通常称为电渗析法。此法特别适于用普通渗析法难以除去的少量电解质。使用时所用的电流密度不宜太高，以免发生因受热使溶胶变质。图 5-37 是这种装置的示意图，图中 E 为电极，M 为半透膜，C 处盛溶胶。

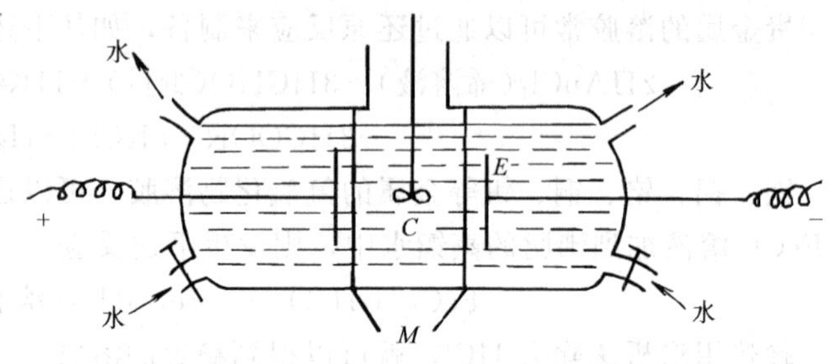

图 5-37 电渗析器

2. 超过滤法

用孔径细小的半渗透膜（约 $10^{-8}\sim3\times10^{-7}$ m）在加压或过滤的情况下使胶粒与介质分开，这种方法称为超过滤法。可溶性杂质能透过滤板而被除去。有时可再将胶粒加到纯分散介质中，再加压过滤，如此反复进行，也可以达到净化的目的。最后所得胶粒，应立即分散在新的分散介质中，以免聚结成块。如果超过滤时在半透膜的两边安放电极，加上一定的电压，则称为电超过滤法，即电渗析和超过滤两种方法合并使用。这样可以降低超过滤时所加的压力，而且可以较快地除去溶胶中的多余电解质。图 5-38 是一种电超过滤仪器的示意图。

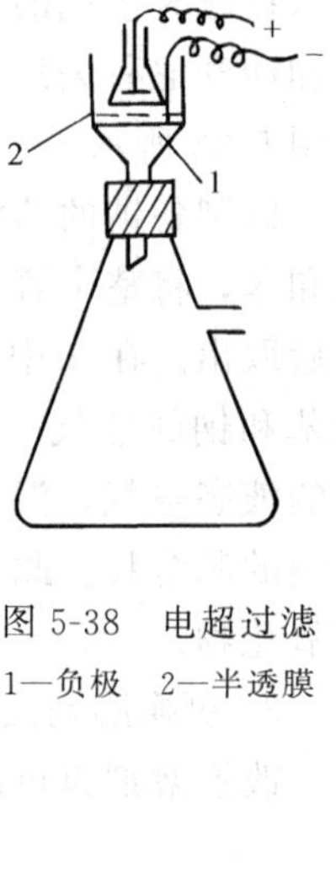

渗析法和超过滤法不仅可以提纯溶胶及高分子化合物，在工业上还广泛用于污水处理、海水淡化及水的纯化等。在生物化学中常用超过滤法测定蛋白质分子、酶分子以及病毒和细菌分子的大小；在医药工业上常用来去除中草药中的淀粉、多聚糖等高分子杂质，从而提取有效成分制成针剂。人们还利用渗析和超过滤原理，用人工合成的高分子膜（如聚丙烯腈薄膜等）制成了人工肾，帮助肾功能衰竭的患者去除血液中的毒素和水分；用于严重肾脏病患者的“血透”方法，就是基于这种原理让患者的血液在体外通过装有特制膜的装置将血液中的有害物质除去。

图 5-38 电超过滤
1—负极 2—半透膜

第十一节　溶胶-凝胶技术

一、溶胶-凝胶的制备

前已述及，胶体分散体系的分散相尺寸大小为 10^{-9}～10^{-7}m，要使与分散介质亲和性较小的固体达到胶体分散程度，形成溶胶并转变为不流动的冻状物——凝胶，一般采用如下方法：

1. 分散法

工业上常用机械分散法，使用特殊的胶体磨将粗分散程度的悬浮液通过研磨而制成溶胶。实验室常用胶溶法将固体分散而制备溶胶。以无机物作为源物质，在溶液中进行化学反应生成固体沉淀物，新生成的固体沉淀物在适当的条件下能重新分散而达到胶体分散程度的现象称为胶溶作用。再用某种方法促使胶体失去流动性，变成弹性固体状态的凝胶。这种方法称为分散法。此法的优点是化学过程比较简单，原料成本较低，烧结后无有机残渣；缺点是需要对胶体沉淀物长时间连续清洗后才能制得凝胶，因而制备周期长，可能会造成一定的原料损失。例如，1990 年 Sangeta 等人以 $ZrO(NO_3)_2$ 作为源物质，采用分散法工艺成功地制备出 4～6nm 粒径的纳米粉末。

$$ZrO(NO_3)_2+H_2O+2NH_3 \longrightarrow ZrO_2+2NH_4NO_3$$

他们在制备 ZrO_2 凝胶过程中，加入一种表面活性剂，并在溶胶—凝胶转变过程中施加超声波作用，成功地阻止了颗粒的团聚。1983 年，Gobe 等人以无机盐 $FeCl_2$ 和 $FeCl_3$ 的混合物作为源物质，采用溶胶-凝胶工艺也成功地制备出3～5nm的磁性纳米粉末。

2. 醇盐法

采用金属醇盐[$M(OR)_n$]等金属有机化合物通过水解和缩聚而制得凝胶的方法称为醇盐法，也叫凝聚法。几乎所有的金属醇盐都可以用化学方法合成，且大部分醇盐是液态的，因而可用蒸馏法提纯。对于ⅠB、ⅡB 族金属那样不易形成合适醇盐的元素来说，金属的乙酸盐就显得特别重要，并可以通过重结晶来纯化。这类化合物易溶于水，具有能和醇盐混溶和反应的特性，使得它们也成为溶胶-凝胶工艺常用的原料。这是一种自有机途径来制取溶胶-凝胶的方法。

醇盐是用金属元素置换醇中羟基的氢所形成的化合物总称。醇盐的叫法是取对应的醇名称的词干。例如，$M(OCH_3)_n$称为甲氧基金属 M，通常把—OR 称为烷氧基，M 指价态为 n 的金属，—R 即烷基—C_nH_{2n+1}。醇盐可以看成是醇类的衍生物，也可以看作金属氢氧化物 $M(OH)_n$ 中的氢被烷基所取代。醇盐的性质是由金属原子的性质和烷氧基的结构形式所决定的。

根据金属的活泼性不同，可以采用不同的方法来制得醇盐。比较活泼的金属可以直接与醇反应来制备醇盐，例如金属铝可以和异丙醇直接反应而制得三异丙醇铝。即

$$2Al+6C_3H_7OH \longrightarrow 2Al(OHC_3H_7)_3+3H_2$$

一般说来，金属醇盐的水解作用可表示为

$$M(OR)_n+xH_2O \longrightarrow M(OH)_x(OR)_{n-x}+xROH$$

与此同时，下列两种聚合反应也几乎同时发生：

1）失水聚合反应

$$—M—OH+HO—M \longrightarrow —M—O—M—+H_2O$$

2）失醇缩聚反应

$$—M—OH+RO—M— \longrightarrow —M—O—M—+ROH$$

由醇盐形成氧化物的总反应可表示为

$$M(OR)_n+xH_2O \longrightarrow M(OR)_{n-x}(OH)_n+xROH$$

$$M(OH)_x(OR)_{n-x} \longrightarrow MO_{n/2}+x/2H_2O+(n-x)ROH$$

二、胶凝过程

凡胶粒具有不对称的结构如片状、棒状或纤维状等，或形状虽然对称但电荷分布不均匀时，在一定的条件下，例如向溶胶中加入各种凝聚剂（它的主要作用是破坏溶胶的带电性和动力学稳定性）、增加分散质的浓度或适当加热等。可促使溶胶发生聚沉。在溶胶发生聚沉的特定条件下，常常得到一种介于固态与液态间的冻状物，它是由胶粒聚集的三度空间网状结构，网络了全部或部分介质，通常称为凝胶。这一过程称为胶凝作用。

关于溶胶向凝胶转变的过程，一般认为包括三个反应过程：①水解反应；②缩聚反应；③络合反应。当用硅溶胶作为硅源时，研究结果认为硅酸在酸性、中性及微酸性溶液中存在着两种不同的反应机理。在微碱性、中性及微酸性溶液中，主要是不同聚合度的硅酸中性分子和硅酸的一价负离子反应；在酸性溶液中，主要是不同聚合度的硅酸中性分子和硅酸的一价正离子间进行的反应。这两种不同条件下的聚合机理已得到证明，比较完整地说明了胶凝速率与 pH 关系的“N”形曲线。当用正硅酸乙酯[$Si(OC_2H_5)_4$]作为硅源时，一般认为，在酸催化体系中，水解反应主要是 H_3O^+ 对—OR 基的亲电取代反应。即

$$(RO)_3SiOR+H_3O^+ \longrightarrow (RO)_3SiOH+HOR+H^+$$

$$H^+ +H_2O \longrightarrow H_3O^+$$

在碱催化体系中，水解反应主要是 OH—对—OR 基的亲核取代反应，即

$$(RO)_3SiOR+OH^- \longrightarrow (RO)_3SiOH+OR^-$$

$$OR^- +H_2O \longrightarrow HOR+OH^-$$

在溶胶向凝胶转变过程中，水解和聚合两种反应几乎同时发生。

采用酯类化合物和金属醇盐为原料时，在溶胶向凝胶转变过程中必须注意以下两方面问题。

（1）水解反应不宜进行完全　因酯类化合物和金属醇盐很易水解形成颗粒状的氧化物或絮状的氢氧化物，如 $B(OR)_3$ 和 $Al(OR)_3$，分别水解成 B_2O_3 和 $Al(OH)_3$。这类物质不具有聚合能力，因而得不到所需的产物。这可由用水量或加入有机溶剂的稀释程度来控制。

（2）原料不宜同时加入　由于各种原料水解反应速率差别较大，有些物质水解反应速率特别高，如 $B(OCH_3)_3$ 和 $NaOCH_3$ 等；有的物质水解反应速率比较低，如 $Si(OC_2H_5)_4$。如果将 $NaOCH_3$、$B(OCH_3)_3$、$Si(OC_2H_5)_4$ 三种物质混合以后加入适量水，则 $NaOCH_3$ 最先水解生成 NaOH，使体系碱度大大提高，导致$B(OCH_3)_3$急剧水解形成 B_2O_3 沉淀，因而得不到所要制得的产物。为了得到均匀的产物，首先加入水解反应速率低的化合物，然后加入适量的水，在一定温度下，使它部分水解，最后加入水解反应速率高的化合物。

由上所述可以看出，醇盐加水分解和缩聚的最终产物有如下几种情况：

1）生成氢氧化物，如铝醇盐的反应

$$Al(OR)_3 + H_2O = AlO(OH) + 3ROH$$

$$AlO(OH) + H_2O = Al(OH)_3$$

2）生成氧化物，如硼醇盐的反应

$$2B(OR)_3 + 3H_2O = B_2O_3 + 6ROH$$

3）加过量的水，形成—OH 和—OR 基共存的可溶性聚合体，如硅醇盐的反应

$$Si(OR)_4 + H_2O \longrightarrow \begin{array}{c} OR \\ | \\ RO—Si—OH \\ | \\ OR \end{array} + HOR$$

$$\begin{array}{c} OR \\ | \\ RO—Si—OH \\ | \\ OR \end{array} + \begin{array}{c} OR \\ | \\ RO—Si—OH \\ | \\ OR \end{array} \longrightarrow \begin{array}{c} OR \quad\quad OR \\ | \quad\quad\quad | \\ RO—Si—O—Si—OH \\ | \quad\quad\quad | \\ OR \quad\quad OR \end{array} + HOR$$

由此式可见，—OR 基或—OH 基任何一方消失，聚合就立即停止。通过上式可使—OH基进入其他元素的醇盐中，可构成各种化合物。

对醇盐的水解反应应注意下列一些重要因素。

a. 水/醇盐之比，它影响水分解的聚合程度和最初生成的分子种类的性质。

b. 水和醇盐二者共同的溶剂如乙醇对醇盐及水的稀释程度，它影响反应速率和反应生成物的聚合度。

c. 温度。不仅影响反应速率，而且影响反应类型的缔合状态以及反应生成物的种类或结晶性；

图 5-39 表示不同的水/醇盐比与生成物中氧化物含量的关系。由图可见，不论水/醇盐之比如何变化，生成物中氧化物的质量分数不变，所以这可以认为完全没有生成氢氧化物而生成水合物；铝为氢氧化物型，硅和钛被认为是基本上属于—OH 与—OR 基共存的可溶性聚合体。这里残余的—OR 基或反应了的—OH 基以及氧离子形成键的比例取决于水/醇盐之比，如图 5-40 所示。

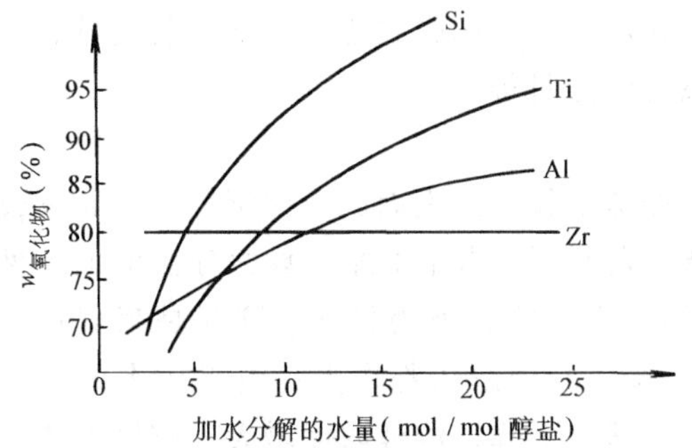

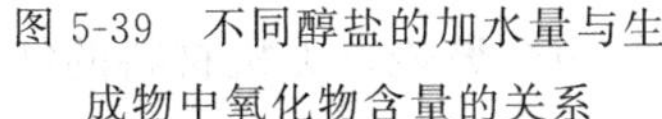
图 5-39 不同醇盐的加水量与生成物中氧化物含量的关系

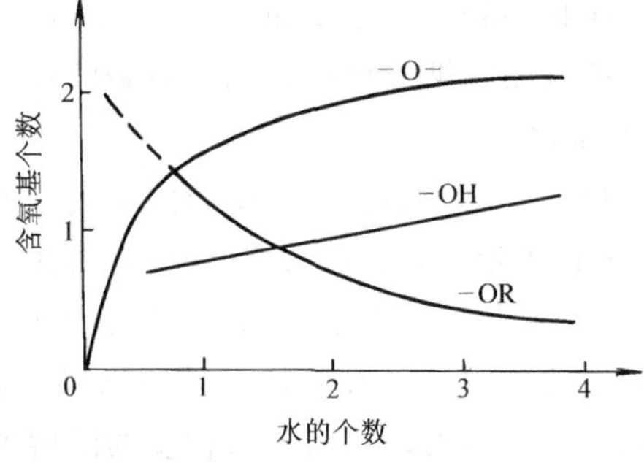

图 5-40 加水分解的水含量与 OH 基、桥氧和 OR 基个数的关系

综上所述，溶胶向凝胶的转变过程，需要根据不同的体系而采取相应的措施，才能获得欲得到的产物。影响凝胶形成的因素很多，主要有：pH、温度、用水量、溶胶的浓度、水

解反应速率和控制水解程度等因素。

第十二节　溶胶-凝胶技术在纳米材料制备中的应用

溶胶-凝胶工艺具有低温反应性和工艺影响因素的可控可调性的特点，因此利用凝胶-溶胶技术可在较低温度下制得一些利用传统工艺难以得到或根本得不到的高纯度超细粉末；也可通过定量的液相掺杂制得多组分均匀混合物（均匀度可达到分子级水平），并可在任意形状的基底上制备薄膜；特别适合于制备不同用途的纳米材料。例如，为了制得性能一致、烧结性能好的无机材料，可利用溶胶-凝胶工艺制取高纯、超细、粒度分布均匀、类球体的粉料；对于利用表面效应的薄膜气敏材料，掺杂材料的用量及微观结构，如颗粒度及其分布，孔隙度及其分布和薄膜厚度等是影响气敏特性的重要因素。利用凝胶-溶胶技术进行定量的液相掺杂可满足这方面的要求。如在 SnO_2 中掺杂 1% ZrO_2（质量分数）后使该传感器在50℃的工作温度下对十万分之一 H_2S 的灵敏度提高 40～50 倍。在 SnO_2 薄膜中掺杂 1% CrO_3 将促使 SnO_2 表面对 NO 的吸附量和吸附速率大增。当薄膜厚 17nm 时，薄膜对 H_2 最敏感。由此可见，溶胶-凝胶技术在现代材料技术特别是纳米材料的制备过程中具有非常重要的应用价值。

一、纳米材料的基本性质

纳米材料通常指颗粒直径在 0.1μm 以下的微粉。它具有异常的电、磁、光等现象，近十几年来得到迅速的发展和应用。最早的纳米材料是从陶瓷工业的待烧结粉料、化工工业的催化剂、电子工业的磁记录材料发展起来的。目前在冶金、化工、轻工、电子、国防、核技术、航天等工业都有极其重要的应用。纳米材料具有如下特点：

1. 小尺寸效应

当纳米粒子的尺寸与传导电子的德布罗意波长相当或更小时，周期性的边界条件将被破坏，熔点、化学活性、催化活性、热阻、光吸收、磁性等都较普通粒子发生了很大的变化，这就是纳米粒子的小尺寸效应。这种小尺寸效应，也为纳米材料的应用开辟了广阔的应用领域。例如，纳米粒子的熔点远低于块状本体，此特性为粉末冶金工业提供了新工艺；利用等离子共振频移随颗粒尺寸变化的性质，可以改变颗粒尺寸，控制吸收边的位移，制造具有一定频宽的微波吸收纳米材料，用于电磁波屏蔽、飞行器隐身等。

2. 表面效应

由于粒子表面处的化学环境与内部完全不同，如球形粒子的表面原子比例大约和 a/r 成正比（r 为粒子半径，a 为原子半径），因此 r 下降，表面原子占全部原子数的分数增加，见表 5-12。当粒子半径在纳米级时，粒子表现出来的表面性能就极为显著，这就是第五章第二节中所讲的分散度增加，体系的吉布斯自由能、熵、和分解压都增大；由于比表面的增加，引起蒸气压增大，从而导致物质的溶解度增大、熔点下降、溶液浓度增大、空格点浓度减小；还引起各种过饱和现象如过饱和蒸气、过冷液体等；处于表面的原子数的增加，也大大增强了纳米粒子的活性，例如，金属的纳米粒子在空气中会燃烧，无机材料的纳米粒子暴露在大气中会吸附气体并与气体进行反应。这些都属于表面效应。

表 5-12　纳米粒子尺寸与表面原子数的关系

粒径/nm	包含的原子个数（个）	表面原子所占比例（%）
20	2.5×10^5	10
10	3.0×10^5	20
5	4.0×10^5	40
2	2.5×10^5	80
1	30	99

3. 量子尺寸效应

早在 1960 年代，Kubo 采用一电子模型求得金属超微粒的能级间距 δ 为

$$\delta=\frac{4E_f}{3N}$$

式中，E_f 为费米势能；N 为微粒中的原子数。宏观物体接近无限多个原子，由上式可知 δ 趋向于零，即对大粒子和宏观物体，能级间距几乎为零。而在纳米微粒中，构成微粒的原子或分子个数是有限的，N 值较小，相应的电子数也有限，这就导致 δ 有一定的值，因此金属的能级间隔成为有限值，而不一定成为带。这种粒子尺寸下降到一定值时，费米能级附近的电子能级由准连续能级变为分立能级的现象称为量子尺寸效应。由于量子尺寸效应，由此可以预计在纳米粒子中，电子的自旋配制、电子比热、光吸收以及金属超微粒的导电性等都要发生变化。在磁记录材料中当超微粉的尺寸小于单磁畴的结构的大小时（约 40～50nm），出现粒径下降，磁特性反而下降的奇异现象。

纳米材料实际是粒子的集合体，因此除考虑各种尺寸效应和表面效应外，还应考虑粒子之间的相互作用，纳米材料之间的相互作用力一般是范德华力，因此纳米材料特别容易聚集。使纳米材料很好地分散并能稳定地存在是一个很重要的研究课题。

二、纳米材料的制备方法

纳米材料的制备方法同溶胶的制备方法类似，主要有两大类——粉碎法和凝聚法。前者是利用机械能等方法使粗颗粒逐步被粉碎成细粉，这就是陶瓷工业中广泛使用的球磨机、振磨机和气流磨等机械粉碎法，这种方法所获得的粉粒粒径通常大于 1μm，球形度差，但原料丰富，制造成本相对低，产量大。凝聚法是利用离子、原子通过成核和核长大两个阶段制备纳米材料，容易获得 1μm 以下的粉体。凝聚法又分为气相凝聚法、液相凝聚法等，见表 5-13、表 5-14。

表 5-13　气相凝聚法合成纳米材料

体系		方法	特点	举例
蒸发-冷凝法	惰性气体蒸发	电子束法	粒径 10nm	W、Ta、Mo、AlN
		氢等离子法	熔融金属和原子态	与氢反应，生产金属粒子
		电弧等离子体溅射法	平均粒径 11nm	Fe
		等离子加热法	粒径 10～30nm	Ni、Co、SiC
	反应气体蒸发	气相反应		ZnO、Si_3N、SiC
		反应物蒸发		MoO_3、WO_3、SiC
气相化学反应法		气相合成法	粒径 7～17nm	$SiH_4+NH_3\longrightarrow Si_3N_4$
		气相氧化法		$AlCl_3+O_2\longrightarrow Al_2O_3$
		气相分解法		$Si(NH_2)_2\longrightarrow Si_3N_4$

表 5-14 液相凝聚法合成纳米材料

体系	方法		特点	举例
溶液	共沉淀	有机酸共沉淀	共沉淀金属离子较多，粒度 1μm，纯度高	$BaTiO_3$、$SrTiO_3$、PLZT
		碳酸盐共沉淀	共沉淀金属离子不多，超细粒度	$BaTiO_3$、$Ba_2Ti_9O_{20}$
		氢氧化物共沉淀	共沉淀金属离子较多，超细粒度	$BaTiO_3$、ZrO_2、Fe_3O_4
		醇盐水解	共沉淀离子少，粒度 50nm	Y_2O_3、$BaTiO_3$
	溶剂脱除法	喷雾干燥	雾化分解（适合工厂）	$BaTiO_3$、TiO_2、Cr_2O_3
		冷冻干燥	冷冻升华排除水分	Al_2O_3、$MgAl_2O_4$
		热煤油法	煤油挥发脱水	$1.01MgO \cdot Al_2O_3$
		液体干燥法	脱水	$BaTiO_3$、PLZT
	辐射合成法		辐射还原，粒度 10nm	Au、Ag、Cu、Cu_2O
熔盐法	$KCl+NaCl$、$Na_2SO_4+Li_2SO_4$ 等低熔盐作助熔剂		熔液中固相反应，水洗	Zn_2SnO_4、ZnO、$PbBi_2Nb_2O_9$
	金属熔液喷雾或等离子喷射		熔融状态	Al_2O_3
胶体	溶胶-凝胶法		均匀、颗粒极细	$SrTiO_3$、PLZT

其中溶胶-凝胶法应用最为广泛。1986 年采用锶醇盐和钛醇盐合成 5～10nm 的 $SiTiO_3$ 微粉，1983 年用溶胶-凝胶工艺合成了 15nm 左右（$Ba_{0.2}Pb_{0.8}$）TiO_3 粉末，1990 年采用 $SnCl_2 \cdot 2H_2O$、$Zr(OC_3H_7)_4$、$Ti(OC_4H_9)_4$ 为源物质，以溶胶-凝胶工艺制备出掺杂着 ZrO_2 和 TiO_2 的 SnO_2 薄膜等。

下面以溶胶-凝胶工艺获取高纯的钛酸钡为例来阐明这一方法。

1. 金属盐的合成

$$Ba+2C_3H_7OH \longrightarrow Ba(OC_3H_7)_2+H_2\uparrow$$

$$TiCl_4+4C_3H_7OH+4NH_3 \longrightarrow Ti(OC_3H_7)_4+4NH_4Cl$$

$$Ti(OC_3H_7)_4+4C_5H_{11}OH \longrightarrow Ti(OC_5H_{11})_4+4C_3H_7OH$$

2. 粉体的制备

称取 1.1g 高纯重结晶的二异丙氧基钡 $Ba(OC_3H_7)_2$ 和 1.87mL 分馏的四特戊氧基钛 $Ti(OC_5H_{11})_4$，共同溶解在异丙醇或者苯中，在水解反应以前，混合溶液强烈搅拌回流 2h，然后一面搅拌，一面滴入三倍的去离子水进行水解、缩聚，发生下列反应

$$Ba(OC_3H_7)_2+Ti(OC_5H_{11})_4+3H_2O \longrightarrow BaTiO_3+2C_3H_7OH+4C_5H_{11}OH$$

在真空或干燥氮气下于 50℃干燥含水氧化物凝胶 12h，最后分解成 5～15nm 的钛酸钡，最大的聚集尺寸 1μm，纯度大于 99.98%。

第六章　金属与合金

第一节　金属材料概论

金属是人类最早认识和利用的材料之一，早在公元前3000多年，人类已开始使用青铜器。金属在自然界的分布也非常广泛，在人类已发现的106种元素中金属有81种，占有相当大的比例。

金属通常可分为黑色金属与有色金属两大类，黑色金属包括铁、锰、铬及它们的合金，主要是铁碳合金（钢铁）；有色金属通常是指钢铁之外的所有金属。黑色金属常作为结构材料使用，而有色金属多作为功能材料来使用。

有色金属大致上按其密度、价格、在地壳中的储量及分布情况，被人们发现和使用的早晚等分为五大类：

（1）轻有色金属　一般指密度在$4.5g \cdot cm^{-3}$以下的有色金属，包括铝、镁、钾、钠、钙、锶、钡。这类金属的共同特点是：密度小，化学性质活泼，与氧、硫、碳和卤素的化合物都相当稳定。

（2）有色金属　一般指密度在$4.5g \cdot cm^{-3}$以上的有色金属，其中有铜、镍、铅、锌、钴、锡、锑、汞、镉、铋等。

（3）贵金属　这类金属包括金、银和铂族元素（锇、铱、铂、钌、铑、钯）。由于它们在地壳中的含量少，开采和提取比较困难，故价格比一般金属贵，因而得名贵金属。它们的特点是密度大（$10.4 \sim 22.4g \cdot cm^{-3}$），熔点高（1189～3273K），化学性质稳定。

（4）准金属　一般指硼、硅、锗、硒、砷、碲、钋，其物理化学性质介于金属与非金属之间。

（5）稀有金属　通常是指在自然界中含量很少，分布稀散，发现较晚，难以从原料中提取的或在工业上制备及应用较晚的金属。这类金属包括：锂、铷、铯、铍、钨、钼、钽、铌、钛、铪、铼、钒、镓、铟、铊、稀土元素及人造超铀元素等。要注意，普通金属与稀有金属之间没有明显的界限，大部分稀有金属在地壳中并不稀少，许多稀有金属比铜、镉、银汞等普通金属还多。

第二节　金属的结构与物性

一、金属键

金属原子很容易失去其外层价电子而具有稳定的电子层，形成带正电荷的阳离子。当许多金属原子结合时，这些阳离子常在空间整齐地排列，而远离核的电子则在各正离子之间自由游荡，形成电子的“海洋”或“电子气”，金属正是依靠正离子和自由电子之间的相互吸引而结合起来的。不难理解，金属键没有方向性，正离子之间改变相对位置并不会破坏电子与正离子间的结合力，因而金属具有良好的塑性。同样，金属正离子被另一种金属正离子取代时也不会破坏结合键，这种金属之间的溶解（或固溶）能力也是金属的重要特性。此外，金属的导电性、导热性以及金属晶体中原子的密集排列等都是由金属键的特点所决定的。

二、金属的晶体结构

金属键由数目众多的 s 轨道所组成，s 轨道是没有方向性的，它可以和任何方向的相邻原子的 s 轨道重叠，同时相邻原子的数目在空间因素允许的条件下并无严格限制。所以金属键是没有方向性和饱和性的，金属离子应按最紧密的方式堆积起来，这才能使各个 s 轨道得到最大程度的重叠，从而使形成的金属结构最为稳定。

金属的正离子可以视为圆球，一个圆球周围最靠近的圆球数叫做配位数。等径圆球的最紧密堆积方式有两种，如图 6-1 所示。第一层圆球的最紧密堆积只有一种方式，每一个球都和六个球相切。第二层球再堆上去时，为了保持最紧密的堆积，应放在第一层的空隙上，但这只能用去空隙的一半，因为一个球周围有六个空隙，只能有三个空隙被第二层球占用，如图 6-2a、b 所示。

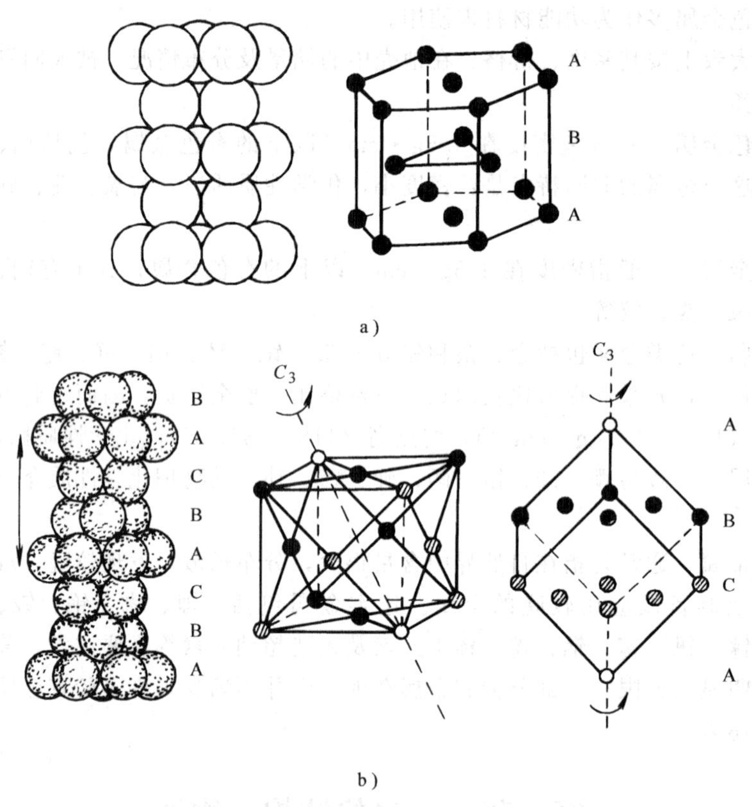

图 6-1 等径圆球的紧密堆积方式

a）六方最密堆积 b）立方最密堆积

第三层球的放法有两种：一种是每个球正对着第一层球，这叫做 AB 堆积，以后的堆积则按 ABAB…重复下去；另一种放法是将第三层球放在正对第一层球未被占用的空隙上方，这叫做 ABC 堆积，以后的堆积则按 ABCABC…重复下去。在这两种最紧密的堆积中，每个圆球都和 12 个球相接触，故配位数均为 12，空间利用率均为 74.05%。从 AB 堆积中可以取出一个六方晶胞，故这种堆积又叫做六方密堆积，通常用符号 A3 来表示；从 ABC 堆积中可以取出一个立方面心晶胞，故这种堆积又叫立方密堆积，通常用 A1 来表示。

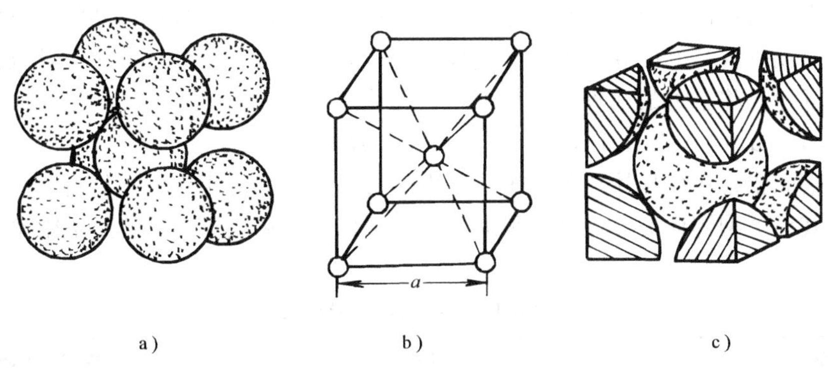

图 6-2　体心立方堆积

除了 A1、A3 两种最密堆积以外，还有一种配位数等于 8 的次密堆积方式，如图 6-2c 所示，与这种堆积方式相对应的晶胞为立方体心。这种次密堆积的空间利用率为 68.02%，用符号 A2 来表示。

金属的晶体结构属于 A1 型的有 Ca、Sr、Al、Cu、Ag、Au、Pt、Ir、Rh、Pd、Pb、Co、Ni、Fe、Ce、Pr、Yb、Th 等。属于 A2 型的有 Li、Na、K、Rb、Cs、Ba、Ti、Zr、V、Nb、Ta、Cr、Mo、W、Fe 等。属于 A3 型的有 Be、Mg、Ca、Sc、Y、La、Ce、Pr、Nd、Eu、Gd、Tb、Dy、Ho、Er、Tu、Lu、Ti、Zr、Hf、Te、Re、Co、Ni、Ru、Os、Zn、Cd、Tl 等。其中有的金属有两种不同的构型。

三、金属的物理性质

自由电子的存在和紧密堆积的结构使金属具有许多共同的性质，如良好的导电性、导热性、延展性以及金属光泽等。下面分别说明之。

1. 金属光泽

由于金属原子以最紧密堆积状态排列，内部存在自由电子，所以当光线投射到它的表面上时，自由电子吸收所有频率的光，然后很快放出各种频率的光，这就使绝大多数金属呈现钢灰色以至银白色光泽。此外，金呈黄色，铜呈赤红色，铋为淡红色，铯为淡黄色以及铅是灰蓝色，这是因为它们较易吸收某一些频率的光所致。金属光泽只有在整块时才能表现出来，在粉末状时，一般金属都呈暗灰色或黑色。这是因为在粉末状时，晶格排列得不规则，把可见光吸收后辐射不出去，所以为黑色。

许多金属在光的照射下能放出电子，有一些能在短波辐射照射下放出电子，这种现象称为光电效应。另一些金属在加热到高温时能放出电子，这种现象称为热电现象。

2. 金属的导电性和导热性

根据金属键的概念，所有金属中都有自由电子。在没有外加电场作用时，自由电子没有一定运动方向，因此没有定向电流产生。当金属导线接到电源的正、负两极时，有了电势差，自由电子便沿着导线由负极移向正极，形成电流。这就显示出金属的导电性。这与电解质的水溶液和熔融盐的导电原因是不同的，电解质的离子导电会在两极上发生化学反应。当温度升高时，金属离子和金属原子的振动增加，自由电子的运动受阻碍程度增加，因此金属的导电性就降低。

金属的导热性也与自由电子的存在密切相关，当金属中有温度差时，运动的自由电子不断与晶格结点上振动的金属离子相碰撞而交换能量，因此使金属具有较高的导热性。

大多数金属具有良好的导电性和导热性。善于导电的也善于导热，按照导电和导热能力由大到小的顺序，将常见的几种排列如下：

Ag，Cu，Au，Al，Zn，Pt，Sn，Fe，Pb，Hg

因此，铜和铝常用作导体材料，银和金由于价格昂贵，常用作触点材料。

金属和其他类型固体的导电性有很大差别，常以电导率表示，单位是电阻率的倒数，见表 6-1。

表 6-1 各种固体的导电性

物质	键的类型	电导率/$\Omega^{-1}\cdot cm^{-1}$
Ag	金属键	6.3×10^5
Cu	金属键	6.0×10^5
Na	金属键	2.4×10^5
Zn	金属键	1.7×10^5
NaCl	离子键	10^{-7}
金刚石	大分子共价键	10^{-14}
石英	大分子共价键	10^{-14}

3. 金属的延展性

金属有延性，可以抽成细丝，例如最细的白金丝直径不过 0.0002mm。金属又有展性，可以压成薄片，例如最薄的金箔，只有 0.0001mm 厚。金属的延展性也可以从金属的结构得到说明。当金属受到外力作用时，金属内原子层之间容易作相对位移，而金属离子和自由电子仍保持着金属键的结合力，金属发生形变而不易断裂，因此金属具有良好的变形性。按金属延展性的强弱排列如下：

延性	Pt、Au、Ag、Al、Cu、Fe、Ni、Zn、Sn、Pb
展性	Au、Ag、Al、Cu、Sn、Pt、Pb、Zn、Fe、Ni

由于金属的良好延展性，因此，作为材料使用的金属可以经受切削、锻压、弯曲、铸造等加工。

也有少数金属，如锑、铋、锰等，性质较脆，没有延展性。

其他晶体如离子晶体和原子晶体，受外力作用时离子键和共价键破裂，晶格接点间失去联系，导致晶格的破裂。

4. 金属的密度

锂、钠、钾密度很小，其他金属密度较大。金属按密度由大到小的顺序排列如下：

金属	锇	铂	金	汞	铅	银	铜	镍
密度/$g\cdot cm^{-3}$（20℃）	22.57	21.45	19.32	13.6	11.35	10.5	8.96	8.9

金属	铁	锡	锌	铝	镁	钙	钠	钾	锂
密度/$g\cdot cm^{-3}$（20℃）	7.87	7.3	7.13	2.7	1.74	1.55	0.97	0.86	0.53

5. 金属的硬度

金属的硬度一般都较大，但它们之间有很大差别。有的坚硬如钢，如铬、钨等，有的很软如钠、钾等，可用小刀切割。现以金刚石的硬度作为10，将一些金属按相对比较硬度由大到小的顺序排列如下：

金　属	铬	钨	镍	铂	铁	铜	铝	银	锌	金	镁	锡	钙	铅	钾	钠
硬　度	9	7	5	4.3	4～5	3	2.9	2.7	2.5	2.5	2.1	1.8	1.5	1.5	0.5	0.4

6. 金属的熔点

金属的熔点差别很大，最难熔的是钨，最易熔的是汞、铯和镓。汞在常温下是液体，铯和镓在手上就能熔化，几种金属的熔点如下：

金　属	钨	铼	铂	钛	铁	镍	铍	铜	金	银
熔点/℃	3410	3080	1772	1668	1535	1453	1278	1083	1064	962
金　属	钙	铝	镁	锌	铅	锡	钠	钾	镓	铯	汞
熔点/℃	839	660	649	420	327	232	98	64	30	28	-39

7. 金属的内聚力

所谓内聚力就是物质内部质点间的相互作用力。对各种金属来说，也就是金属键的强度，即与自由电子间的引力。金属的内聚力可以用它的升华热来衡量。升华热是指1mol金属由结晶态转变为自由原子（$M_{晶体} \rightarrow M_{气体}$）所需的能量，也就是拆散金属晶格所需的能量。显然金属键越强，内聚力越大，升华热就越高。一些金属在25℃时的升华热 $\Delta_{sub}H_m^\theta$ 列在表6-2中。

表 6-2 升华热 $\Delta_{sub}H_m^\theta$

金属	$\Delta_{sub}H_m^\theta$/kJ·mol^{-1}	熔点/K	沸点/K
Li	161	454	1620
Na	108	371	1156
K	90	337	1047
Rb	82	312	961
Cs	78	302	951
Be	326	1551	3243
Mg	149	922	1363
Ca	177	1112	1757
Sr	164	1042	1657
Ba	178	998	1913
B	565	2573	2823
Al	324	933	2740
Ga	272	303	2676
Sc	326	1812	3105
Ti	473	1941	3560

（续）

金属	$\Delta_{sub}H_m^\theta$/kJ·mol^{-1}	熔点/K	沸点/K
V	515	2173	3653
Cr	397	2148	2945
Mn	281	1518	2235
Fe	416	1808	3023
Co	425	1768	3143
Ni	430	1726	3005
Cu	340	1356	2840
Zn	131	693	1180

从表 6-2 可以看出，从 Li 到 Cs 的升华热是递减的，这表明金属的升华热与金属的原子半径或核间距是成反比的。因为从 Li 到 Cs，随着周期数的增加，原子半径加大，金属堆积的核间距变大，原子核对电子的束缚力下降，因此拆散金属晶格所需的能量降低，升华热随之下降。在同一周期中，硼族金属的升华热大于碱土金属，碱土金属又大于碱金属，这暗示金属键的强度与价电子的数目有关。过渡金属（周期表中的ⅢB～ⅧB 族，不包括镧以外的镧系元素和锕以外的锕系元素），除 s 层电子参加金属键的形成外，其次外层 d 轨道上的电子也可参加成键，所以过渡金属金属键的强度都较大，内聚能都较高，在性能上表现为都具有较高的硬度和较高的熔、沸点，并且能彼此间以及与非金属材料间组成具有多种特性的合金，因而过渡金属及其合金广泛地用作结构材料。如铬、锰和铁形成的合金钢一般具有抗拉强度高，硬度大和耐腐蚀，在较高的温度下不失去其机械强度，可用在制造超音速飞机和导弹上。钛对海水有特别强的耐蚀能力，因此用于航海造船工业等。

由于金属材料所具有的上述特性，使得金属类元素多数在材料工业中都具有非常重要的地位。除了上面所说的过渡金属多数可作为结构材料使用外，像铍、镁、铝等轻金属也广泛地用作结构材料，尤其在航空领域具有非常重要的特殊地位。金、银、铜、铂等有色金属广泛用作导体材料，铝由于密度小，导电性能较好，价格便宜等也大量用作导体材料。而过渡金属由于其 d 轨道上具有未成对的孤电子，因而其金属或其氧化物也作为磁性材料使用。其他如钽、钨、铌、镓、铟、铊、锗等金属或其合金，常作为功能材料使用，在电子工业领域具有非常重要的地位。

第三节 金属的化学性质

金属的价电子构型有以下几种：

ⅠA、ⅡA 族金属　$ns^{1\sim2}$

ⅢA～ⅣA 族金属　$ns^2np^{1\sim4}$

过渡金属　$(n-1)d^{1\sim9}ns^{1\sim2}$

ⅠB～ⅡB 族　$(n-1)d^{10}ns^{1\sim2}$

镧系金属　$4f^{0\sim14}5d^16s^2$

多数金属元素的原子最外层只有 3 个以下的电子，某些金属（如 Sn、Pb、Sb、Bi 等）

原子的最外层虽然有4个或5个电子，但它们的电子层数较多，原子半径较大，因此在反应时它们的价电子较易失去或向非金属元素的原子偏移。过渡金属还能失去部分次外层的d电子。

金属的最主要的共同化学性质是都易失去最外层的电子变成金属正离子，即 $M \rightarrow M^{n+}$ ($n=1, 2, 3$)，因而表现出较强的还原性。

各种金属原子失去电子的难易很不相同，因此金属还原性的强弱也大不相同。在水溶液中金属失去电子的能力可用标准电极电势来衡量。现按标准电极电势数值由负到正排成金属活动顺序，并将在材料工业中具有重要地位的几种金属的化学性质归纳在表6-3中。

表6-3　金属的主要化学性质

金属活动顺序	Mg Al Mn Zn Fe Ni Sn Pb	H	Cu　Hg	Ag　Pt　Au
失去电子能力	在溶液中失去电子的能力依次减小，还原性减弱			
在空气中与氧的反应	常温时被氧化		加热时氧化	不被氧化
和水的反应	加热时取代水中氢		不能从水中取代出氢	
和酸的反应	能取代稀酸（盐酸，硫酸）中氢		能与硝酸及浓硫酸反应	难与硝酸及浓硫酸反应，可与王水反应
和碱的反应	仅铝、锌等两性金属与碱反应			
和盐的反应	前面的金属可以从盐中取代后面的金属离子			

一、金属的氧化反应

金属与氧气等非金属反应的难易程度，和金属活动顺序大致相同。位于金属活动顺序表前面的一些金属很容易失去电子，常温下就能被氧化或自燃；位于金属活动顺序表后面的一些金属则很难失去电子，如铜、汞等必须在加热情况下才能与氧结合。金属与氧的反应情况和金属表面生成的氧化膜的性质也有很大的关系，有些金属如铝、铬形成的氧化物结构紧密，它紧密覆盖在金属表面，防止金属继续氧化。这种氧化物的保护作用叫钝化，所以常将铁等金属表面镀铬、渗铝，这样既美观，又能防腐。在空气中铁表面生成的氧化物，结构疏松，因此铁在空气中易被腐蚀。

二、金属与水、酸的反应

金属与水、酸反应的情况：①与反应物的本性有关，即和金属的活泼性与酸的性质有关；②与生成物的性质有关；③与反应温度、酸的浓度有关。

在常温下纯水的氢离子浓度为 $10^{-7}mol \cdot dm^{-3}$，其 $\phi_{(H^+/H_2)}=-0.41V$。因此电极电势 $\phi^{\theta}<-0.41V$ 的金属都可能与水反应。性质活泼的金属，如钠、钾在常温下就与水激烈地反应。钙的作用比较缓和；铁则需在炽热的状态下与水蒸气发生反应。有些金属如镁等与水反应生成的氢氧化物不溶于水，覆盖在金属表面，在常温下反应难于继续进行，因此镁只能与沸水起反应。

一般 ϕ^{θ} 为负值的金属都可以与非氧化性酸反应放出氢气。有一些金属虽然 ϕ^{θ} 为负，但由于表面形成了很致密的氧化膜而钝化，实际上难溶于酸。有的金属与酸作用，由于生成难溶沉淀覆盖在金属表面而使反应难于进行，例如铅与硫酸作用生成 $PbSO_4$ 覆盖在铅表面，因而难溶于硫酸。

ϕ^{θ} 为正值的金属一般不容易被酸中的氢离子氧化，只能被氧化性的酸氧化，或在氧化剂的存在下与非氧化性酸作用。

有的金属如铝、铬、铁等在浓 HNO_3、浓 H_2SO_4 中由于钝化而不发生作用。

三、金属与碱的反应

金属除了少数显两性以外，一般都不与碱起作用，锌、铝与强碱反应，生成氢和锌酸盐或铝酸盐，反应如下

$$Zn+2NaOH+2H_2O \xlongequal{} Na_2[Zn(OH)_4]+H_2\uparrow$$

$$2Al+2NaOH+6H_2O \xlongequal{} 2Na[Al(OH)_4]+3H_2\uparrow$$

铍、镓、铟、锡等也能与强碱反应。

活泼金属还可以把不活泼的金属从其盐溶液中置换出来。从上述金属参加的化学反应来看，都是金属原子中的电子转给非金属原子、氢离子或较不活泼的金属阳离子，金属被氧化。在这些反应中，金属都是还原剂。

第四节　金属的提炼

工业上用来提炼金属的原材料是矿石，矿石中所含的欲提取的金属并非以纯的金属状态存在，都是以化合物的形式存在，如氧化物、硫化物、氢氧化物、碳酸盐、硅酸盐等，见表 6-4。

表 6-4　一些重要的金属及其所含金属量

金属	矿物名称	含金属的化合物	矿石中金属的质量分数（%）
铁	赤铁矿	Fe_2O_3	40～60
	磁铁矿	Fe_3O_4	45～70
	褐铁矿	$2Fe_2O_3\cdot 3H_2O$	30～45
	菱铁矿	$FeCO_3$	25～40
铝	铝土矿	$Al(OH)_3$	20～30
铜	辉铜矿，黄铁矿	Cu_2S，CuFeS	0.5～5
钛	金红石	TiO_2	40～50

需要说明的是，矿石很少单独以表 6-4 所列的化合物的形式存在，绝大多数矿石都多少含有杂质，主要是石英、石灰石和长石等，这些物质也称为脉石。所以从矿石中提炼金属一般经过三大步骤：①采矿、选矿；②冶炼；③精炼。

选矿就是预先处理矿石，把其中所含的大量脉石除去，以提高矿石中有用成分的含量。选矿的方法很多，根据矿石的颜色、光泽、形状等不同的特征可进行简单的手选，利用矿石中有用成分与矿石的密度、磁性、粘度、熔点等性质的不同，可以采用不同的方法选矿。常用的选矿法有水选法、磁选法和浮选法等。

从矿石提炼金属的方法虽很多，但提炼的原理基本相同，就是用还原的方法使金属化合物中的金属离子得到电子变成金属原子。由于金属的化学活泼性不同，金属离子得到电子还原成金属原子的能力也不同，这样就可以采用不同的提炼方法。工业上提炼金属一般有下列几种方法。

一、热分解法

有一些金属可以用简单加热的方法得到。大多数氧化物直到1000℃也是稳定的，但在金属活动顺序中，在氢后面的金属其氧化物受热就容易分解，如HgO和Ag_2O加热发生下列分解反应

$$2HgO = 2Hg + O_2\uparrow$$

$$2Ag_2O = 4Ag + O_2\uparrow$$

将辰砂（硫化汞）加热也可以提炼汞

$$HgS + O_2 = Hg + SO_2\uparrow$$

二、热还原法

大量的冶金过程属于这种方法，碳、一氧化碳、氢和活泼金属等都是良好的还原剂。

1. 用碳作还原剂

因碳资源丰富，又价廉。例如从锡石（SnO_2）和赤铜矿（Cu_2O）制取锡和铜

$$SnO_2 + 2C = Sn + 2CO\uparrow$$

$$Cu_2O + C = 2Cu + CO\uparrow$$

反应需要高温，常在高炉和电炉中进行，所以这种冶炼金属的方法又称为火法冶金。

如果矿石主要成分是碳酸盐，也可以以这种方法冶炼。因为一般重金属的碳酸盐受热时都能分解为氧化物，然后再用碳还原

$$ZnCO_3 = ZnO + CO_2\uparrow$$

$$ZnO + C = Zn + CO$$

如果矿石是硫化物，那么先在空气中煅烧使它变成氧化物，再用碳还原。如从方铅矿提取铅

$$2PbS + 3O_2 = 2PbO + 2SO_2\uparrow$$

$$PbO + C = Pb + CO\uparrow$$

2. 用氢气作还原剂

用碳作还原剂得到的金属往往混有碳和金属碳化物，得不到纯金属，因此，工业上要制取不含碳的金属和某些稀有金属，也常用氢还原法。具有较小生成热的氧化物，例如氧化铜、氧化铁、氧化钴等，容易被氢还原成金属；具有很大生成热的氧化物，例如氧化铝、氧化镁、氧化锆和氧化钍，基本上不能被氢还原成金属。如用纯度很高的氢和纯的金属氧化物为原料，可以制取很纯的金属，如用氢还原三氧化钨

$$WO_3 + 3H_2 = W + 3H_2O$$

反应是在特殊的密封管状装置中进行的。

3. 用比较活泼的金属作还原剂

如何选择金属还原剂呢？首先，金属还原某种化合物的可能性要用该反应的Δ_rG_m的大小来判断。当碰到可以用两种以上的金属作还原剂时，究竟选择哪一种金属呢？这就要考虑还原剂以下几方面情况：①还原力强；②容易处理；③不与产品金属生成合金；④可以得到高纯度金属；⑤还原产物容易与生成金属分离；⑥成本尽可能低，等等。通常钙、镁、铝、钠等都是强还原剂，其中铝是最常用的还原剂，由于它是一种挥发性低与价廉的金属，生成氧化铝的反应是强烈的放热反应，我们就可以用铝和许多金属氧化物的放热反应，而不必额外给反应混合物加热（注意：为了使反应发生，需用镁条等将引燃剂点着，以达到反应开始

所需的温度)。用铝从金属氧化物还原出金属的过程叫铝热法。例如，将铝粉和三氧化铬作用，该反应的 $\Delta_r G_m^\circ = -622.9\text{kJ/mol}$，铬被还原出来，同时放出大量的热（温度可达3000℃)，在这样的高温下，还原出金属呈液态析出。

$$Cr_2O_3 + 2Al = 2Cr + Al_2O_3$$

它的缺点是容易和许多金属生成合金。一般采用调节反应物配比的方法，以尽量使铝不残留在生成的金属中。钙、镁不和各种金属生成合金，因此可用作钛、锆、铪、钒、铌、铀等氧化物的还原剂。

在某些情况下，金属氧化物很稳定，金属难被还原出来，此时也可以用活泼金属卤化物来制备，如

$$TiCl_4 + 4Na = Ti + 4NaCl$$

$$RECl_3 + 3Na = RE + 3NaCl \text{（RE＝稀土）}$$

$$TiCl_4 + 2Mg = Ti + 2MgCl_2$$

三、电解法

在金属活动顺序表中，在铝前面的几种轻金属是很活泼的金属，它们都很容易失去电子，所以不能用一般的还原剂使它们从化合物中还原出来，这些金属（如铝、钙、镁等）用电解法制取最适宜，电解是最强的氧化还原手段。任何离子化合物都可以进行电解反应。还原反应在阴极上产生，这个方法可以得到很纯的产品，但要消耗大量的电能，成本较高。

下面以电解熔融氧化铝制取铝为例来说明：

铝的化学性质比较活泼，铝冶炼时常用最强的还原手段——电解法，或用最强的还原剂——钾、钠、镁等进行还原，直到19世纪80年代末都是用后一种方法冶炼铝。由于作为还原剂的钾、钠和镁本身制造困难，所以用还原方法制取铝的代价很高，以致当时仅用它来制造珠宝首饰。

1886年发现了用电解方法来制取铝，完成了工业上大规模制备铝的方法。电解质是氧化铝和冰晶石（Na_3AlF_6）的混合物，因为氧化铝的熔点特别高（2050℃)，为了降低熔化温度，加入冰晶石是必要的。电解是在1000℃进行。电解反应如下

$$2Al_2O_3 = 2Al^{3+} + 2AlO_3^{3-}$$

阴极：$$2Al^{3+} + 6e = 2Al$$

阳极：$$2AlO_3^{3-} = Al_2O_3 + O_2 + 6e$$

总反应：$$2Al_2O_3 = 4Al + 3O_2$$

电解槽外壳为铁制成，内部铺有由石墨或是用压紧的碳所做成的碳板，这些碳板为电解时的阴极，串联在一起的石墨碳棒作为阳极（图6-3)。槽内装入氧化铝和冰晶石的混合物。通电，供给足够的热量，在1000℃左右保持电解质呈熔融态，电解过程在1000℃时进行，电压约为5V，电解生成的铝沉于槽底，从底部不断把铝放出，随着铝的析出，要向熔体中不断加入新的氧化铝。

一种金属采用什么提炼方法与它们的化学性质、矿石的类型和经济效果等有关。金属的提炼方法大体上可概括如下：

1) 活泼的金属主要用熔盐电解法提炼。

2) 以含氧的阴离子或二氧化物存在的，对氧有较强的亲和力、正电荷高的活泼金属用电解法或化学还原法来制备，特别是用活泼金属置换法来制备。

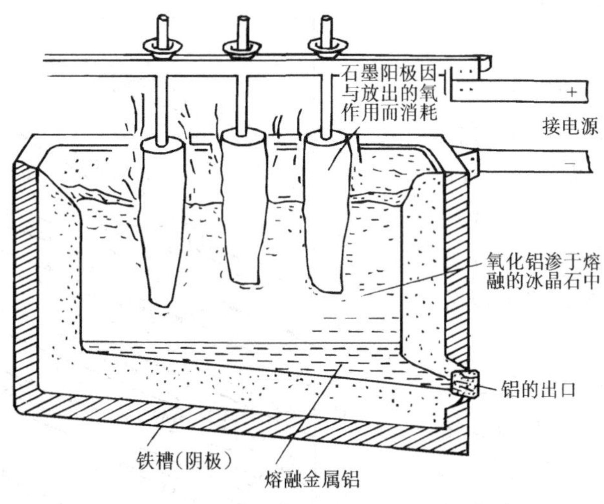

图 6-3　铝电解槽示意图

3）以硫化矿存在的元素通常要先焙烧，使之变成氧化物，然后用热还原法或热分解法处理。氧化物的还原如能用最廉价的碳作还原剂，是最经济的方法。

4）元素在容易分解的化合物中存在时，可以用热分解方法处理。

第五节　金属还原过程热力学

前面介绍了用热分解法、热还原法等提炼金属的方法，现在用吉布斯自由能这个热力学函数来判断某一金属从其化合物中还原出来的难易及还原剂的选择等问题。金属化合物越稳定，则还原成金属就越困难，各种不同金属氧化物还原的难易，可定量地比较它们的生成吉布斯自由能就可以知道。氧化物的生成吉布斯自由能越负的，则该氧化物越稳定，而金属就越难被还原。

艾林汉姆在 1944 年第一次将氧化物的标准吉布斯自由能对温度作图，随后又对硫化物、氯化物、氟化物等作类似的图，这种图称为吉布斯自由能图。用这种图可以在任何一类化合物中立即看出哪些金属较其他金属能形成更稳定的化合物。图 6-4 是用消耗 1mol 氧气生成氧化物过程的吉布斯自由能变化对温度作图的。

由 $\Delta_r G_m^\circ = \Delta_r H_m^\circ - T\Delta_r S_m^\circ$ 的关系，假如 $\Delta_r H_m$ 和 $\Delta_r S_m$ 近似为定值时，则 $\Delta_r G_m^\circ$ 对热力学温度作图，便可得到一直线。在 0K 时 $\Delta_r G_m^\circ = \Delta_r H_m^\circ$，即在此时直线与纵坐标的截距即为 ΔH° 的近似值。直线的斜率等于反应熵变。只要反应物或生成物不发生相变（熔化、汽化、相转变）$\Delta_r G_m^\circ$ 对 T 作的图都是直线。因为如有相变，必有熵变，由于熵变是直线的斜率，所以当发生相变时，直线斜率将改变。

从图 6-4 氧化物的吉布斯自由能图可以得到如下结论：

1）一个反应要能进行，其 $\Delta_r G_m^\circ$ 必须为负值。从图可以看出，凡 $\Delta_r G_m^\circ$ 为负值区域内的所有金属都能自动被氧气氧化，凡在这个区域以上的则不能，例如银。

2）某些金属随着温度的升高，$\Delta_r G_m^\circ$ 负值减小，当直线相交并越过 $\Delta_r G_m^\circ = 0$ 这一条线时，标志着 $\Delta_r G_m^\circ \geqslant 0$，这意味着超过这个温度氧化不能自发进行。相反在这个区域内生成的氧化物却是不稳定的而会自发分解。例如反应：

$$4Fe_3O_4 + O_2 = 6Fe_2O_3$$

在 1500℃以上 Fe_3O_4 不可能氧化，因为在 1500℃以上，Fe_2O_3 是不稳定的。由图可知，Ag_2O 和 HgO 在不太高的温度下就可以分解，所以只要简单加热，就可以分解得到金属。

3）氧化物的稳定性和其 $\Delta_r G_m^\circ$ 值大小直接有关。稳定性差的氧化物 $\Delta_r G_m^\circ$ 负值小，直线位于图上方，例如 Ag_2O、HgO。稳定性高的氧化物 $\Delta_r G_m^\circ$ 负值大，直线位于图下方，如 MgO、CaO。

4）一种氧化物能被在吉布斯自由能图上位于其下面的那些金属所还原，而不能发生相反的过程。例如 1073K 时，Cr_2O_3 能被 Al 还原，而 Al_2O_3 就不能被 Cr 还原，因为

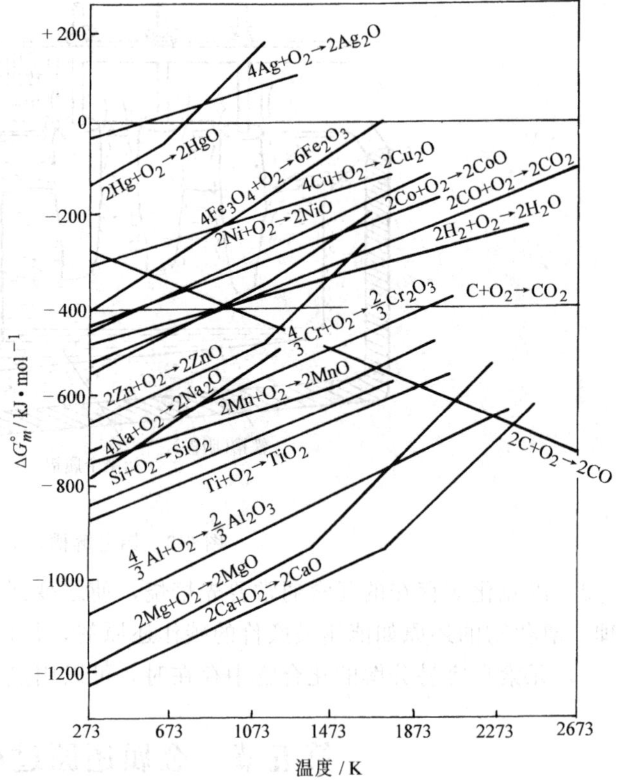

图 6-4 氧化物的吉布斯自由能图

$$4Al + 3O_2 = 2Al_2O_3 \qquad \Delta_r G_m^\circ = -2661\text{kJ} \cdot \text{mol}^{-1}$$

$$4Cr + 3O_2 = 2Cr_2O_3 \qquad \Delta_r G_m^\circ = -1671\text{kJ} \cdot \text{mol}^{-1}$$

$$2Cr_2O_3 + 4Al = 2Al_2O_3 + 4Cr \qquad \Delta_r G_m^\circ = -990\text{kJ} \cdot \text{mol}^{-1}$$

5）一个氧化物在低温下其 $\Delta_r G_m^\circ$ 值可能比另一氧化物的要大些，但在高温下变得比后者小些。例如，在 220℃以下 MnO 能被 Na 还原，在 220℃以上则相反。

6）图中 $C + O_2 = CO_2$ 的直线几乎是水平的，即其斜率约等于 0，这个反应实际上没有熵变。因反应开始和终了气体分子数不变，固体熵变可忽略。

7）反应 $2C(s) + O_2(g) = 2CO(g)$ 的直线向下倾斜，即具有负的斜率。这是因为 1 体积的氧气生成了 2 体积的 CO，气体分子数增加，熵增加很大，故温度升高，$\Delta_r G_m^\circ$ 变得更负。生成 CO 的直线向下倾斜对于火法冶金有很大实际意义，这使得几乎所有金属-金属氧化物直线在高温下都能与 C-CO 直线相遇。这表示许多金属氧化物在高温下能够被碳还原。在 2000℃以上，理论上碳可以还原 Al_2O_3，但由于所需温度太高，目前还没有耐这样高温的炉壁，而且反应还会生成碳化物而使这个过程的实用性受到限制。

8）CO 能够还原所有位于 CO-CO_2 直线以上的氧化物。例如，700℃时 NiO 能被 CO 还原，即

$$2CO + O_2 = 2CO_2 \qquad \Delta_r G_m^\circ = -398\text{kJ} \cdot \text{mol}^{-1} \qquad (1)$$

$$2Ni + O_2 = 2NiO \qquad \Delta_r G_m^\circ = -314\text{kJ} \cdot \text{mol}^{-1}$$

或

$$2NiO = 2Ni + O_2 \qquad \Delta_r G_m^\circ = 314\text{kJ} \cdot \text{mol}^{-1} \qquad (2)$$

(1)－(2)　$2CO + 2NiO = 2Ni + 2CO_2$　　　$\Delta_r G_m^\circ = -84kJ \cdot mol^{-1}$

从图还可看到，低于 973K 时 CO 在热力学上是比碳更佳的还原剂。

9) 所有在 H_2—H_2O 直线以上的氧化物能被氢还原，例如在 973K 时 CoO 能被 H_2 还原，即

$$2H_2 + O_2 = 2H_2O \qquad \Delta_r G_m^\circ = -385kJ \cdot mol^{-1} \qquad (1)$$

$$2Co + O_2 = 2CoO \qquad \Delta_r G_m^\circ = -314kJ \cdot mol^{-1}$$

$$2CoO = 2Co + O_2 \qquad \Delta_r G_m^\circ = -314kJ \cdot mol^{-1} \qquad (2)$$

(1)＋(2)　$2H_2 + 2CoO = 2Co + 2H_2O$　$\Delta_r G_m^\circ = -71kJ \cdot mol^{-1}$

和碳相比，H_2 作为还原剂应用范围就小得多，这不仅因为 H_2 生成氧化物的直线位置较高，随温度升高直线向上倾斜，因而减少了与一些金属线相交的可能性，还由于使用上的安全以及在高温形成金属氢化物等原因。

第六节　金属的精炼

一般工业上制得的金属，都含有各种杂质，不能适应现代科学技术发展的需要。现介绍几种常见的金属精炼的方法。

一、电解精炼法

以铜为例，一般火法精炼的铜，大约含（质量分数）99.5%～99.7%的铜和 0.3%～0.5%的杂质（Ni、As、Sb、Bi、S、Pb、Fe、Ag、Au 等）。这种铜的导电性还不够高，不符合电气工业的要求。电解精炼法是为了获得高导电性的更纯的铜和提取贵重金属（金、银等）。电解是在电解槽中进行的，如图 6-5 所示。由火法精炼铸造的精铜阳极板悬挂在槽内，用导线与直流电源的正极相连，将电解铜制成的薄阴极板，悬挂在槽内，用导线与直流电源的负极相连，槽内装入 10%～16%的硫酸铜水溶液与 10%～17%（质量分数）的硫酸组成的电解液。

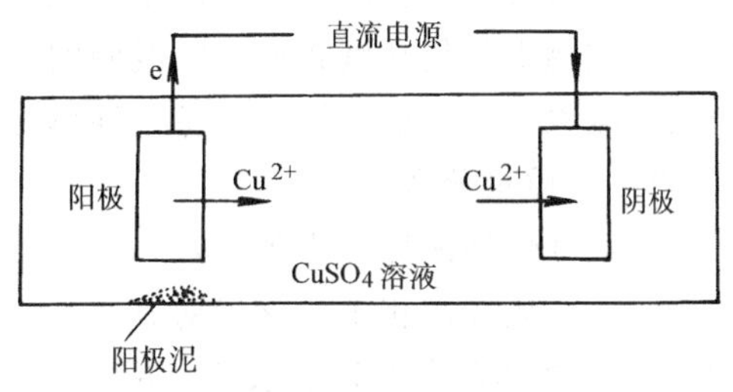

图 6-5　铜的电解精炼示意图

电解液中硫酸铜电离，即

$$CuSO_4 \longrightarrow Cu^{2+} + SO_4^{2+}$$

通电进行电解时，Cu^{2+} 在阴极上得到电子成为金属铜，沉积在阴极板上，即

$$Cu^{2+} + 2e \longrightarrow Cu$$

在电流的作用下，阳极板上的铜失去电子而成为 Cu^{2+} 并转移到溶液中，结果阳极板不断溶解于电解液内，即

$$Cu - 2e \longrightarrow Cu^{2+}$$

这样，通过电解精炼，不纯的阳极铜逐渐溶入电解液中，而更纯的铜沉积在阴极板上。阳极中的杂质则由于其电极电势不同而分别进入溶液和阳极泥中。电势比铜更负的金属如锌、铁、镍等失去电子全部溶解转入溶液中，电势比铜正的贵金属如金、银等几乎不溶而沉入槽底构成阳极泥。阳极泥是提取贵金属和某些稀有金属的原料。电解铜含铜的质量分数可

达 99.95%～99.98%。

铝、镁等较活泼的金属可以用电解熔融盐的方法精制。

二、气相精炼法

镁、汞、锌、锡等可用直接蒸馏法提纯。例如粗锡中的锡和所含杂质具有不同的沸点，控制温度在锡的沸点以下，“杂质沸点”以上，可使杂质挥发除去。为了改善挥发条件，采用真空挥发是很合适的。

气相精炼法是使挥发性金属化合物的蒸气热分解或还原，而由气相析出金属的蒸发方法。按反应方法可分为气相热分解法和气相还原法两种。适于用气相精炼法的金属是高熔点、难挥发的；但必须是能够生成在低温易于合成，而在高温易于分解的挥发性化合物的金属。

碘化物气相热分解法可用于提纯少量锆、铪、铍、硼、硅、钛和钨等。如将不纯的金属钛在 50～250℃下用碘蒸气处理，使生成挥发性碘化物，将碘化物蒸气通过热至 1400℃的钨丝时化合物便发生分解，纯金属便沉积到钨丝上，即

$$Ti(不纯) + 2I_2 \longrightarrow TiI_4 \longrightarrow Ti(纯) + 2I_2$$

气相还原法是将金属化合物装在保持适当的温度的蒸发室内，通入氢气以构成适当的混合物，将此混合物导入析出室而使金属在热丝上还原析出；未反应的化合物在凝聚室内收回。

三、区域熔炼法

将要提纯的物质放进一个装有移动式加热线圈的套管内，如图 6-6 所示。强热融化掉一个小区域的物质，形成熔融带。将线圈沿管路缓慢地移动，熔融带便随着它前进。一般混合物的熔点较组成混合物的纯物质的熔点低，因此当线圈移动时，熔融带末端即有纯物质晶体产生。不纯物则汇集在液相内，随线圈的移动而集中于管子末端，这样便能轻易地将不纯物自样品末端除去。此法常用于制备半导体镓、锗、硅和高熔点金属等。产品中杂质含量可低于 10^{-10}%（质量分数）。

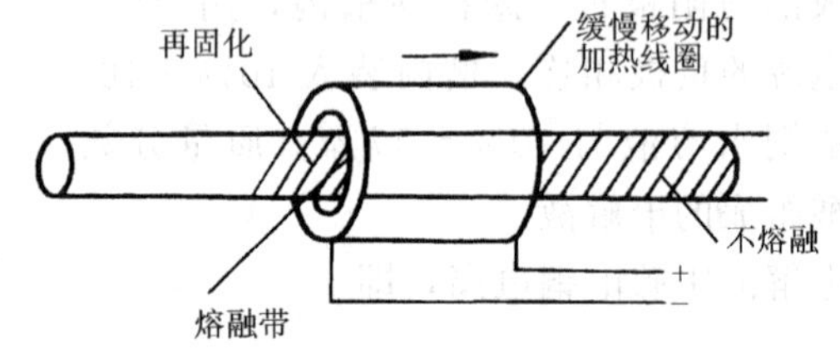

图 6-6 区域熔炼示意图

现以区域熔炼法提纯锡为例，在平衡状态时，杂质在固相中的含量对其在液相中含量的比值称为分配系数，$K = Cs/Cl$，K 值越小，固相越容易净化。例如铅在锡中的分配系数 $K = 0.0679$。这说明在平衡条件下结晶时，铅在固相锡中的含量已很少了，可以得到较纯的锡晶体，而铅则富聚于液体中。根据上述性质，把含铅的固体锡料做成长条状，使它缓慢通过一个很短的加热区域（称为熔区）。长条锡锭处在熔区的那一小段受热熔化，这时出现两个液体—固体分界面，一个在熔区前进方向，是熔化的分界面，一个在熔区离开的断面上，是凝固的分界面。在熔化分界面上，使固体锡锭熔化变成新相，成分不发生变化。在凝固的分界面，液相冷却析出晶体，这种新生的晶体含铅量比原来下降，而剩下的液体含铅量上升。因此，经过多次熔区提纯之后，长条状锡锭一端被提纯，而另一端富集着杂质。此法生产的高纯锡质量分数达到 99.9998%。

第七节 合 金

金属在熔化状态时可以相互溶解或相互混合，形成合金。金属与某些非金属也可以形成合金，例如生铁就是铁和碳的合金。故合金可以认为是具有金属特性的多种元素的混合物。合金比纯金属具有许多更优良的性能，因此对合金的研究具有极大实际意义。合金的性质与其化学组成和内部结构有密切的关系。合金的结构较纯金属复杂得多，一般有以下三种基本类型：

一、低共熔混合物

低共熔合金是两种金属的非均匀混合物，它的熔点总比任一纯金属的熔点要低。低共熔合金的熔点与组成的关系可用图 6-7 的熔度图来表示。现以 Bi-Cd 体系的相图为例，图中横坐标表示两种金属在合金中的质量分数，纵坐标表示熔点。*A* 点表示纯铋的熔点（271℃），如在铋中不断加入镉时，熔点一直下降到 *C* 点，但混合物中镉的含量再继续增加时，熔点重新开始沿曲线 *CB* 上升，一直到 *B* 点，即纯镉的熔点（321℃）。如果先取镉，再在其中不断加入铋，则熔点开始逐渐下降到 *C* 点然后又上升到 *A* 点。

例如当从高温冷却到 w_{Cd}20%和 w_{Bi}80%的液态合金的时候，在相当于 *K* 点的温度时，纯铋晶体从液态合金中析出，因而余下的液态合金含铋量减少。随着铋晶体的析出，温度便逐渐降低，当温度达到 *C* 点（140℃）时，所有余下的液态合金在这个固定温度下整个凝固。如果从高温冷却 w_{Cd}60%及 w_{Bi}40%的合金，这时镉先析出来，其他现象与前面相似。铋镉合金的最低熔化温度是 140℃，这个温度称为最低共熔温度，而组成对应于这一温度的合金称为低共熔混合物。

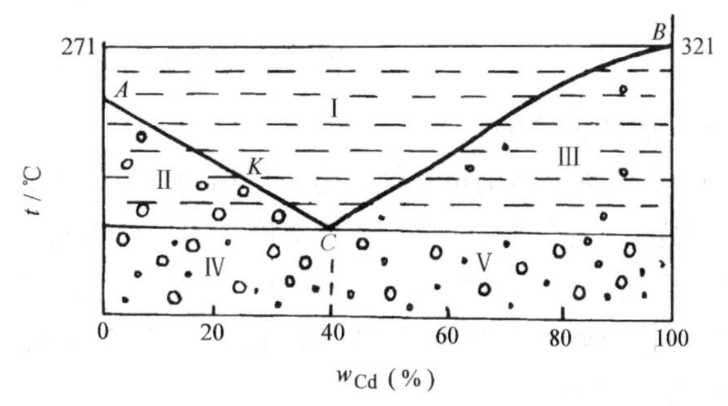

图 6-7 Bi-Cd 体系的相图

在显微镜下观察低共熔混合物时，可以看出它是由铋和镉的极细微的晶体互相紧密混合而成的。组成与低共熔混合物不同的铋、镉合金，则含有铋或镉的大颗粒晶体，它们散布在低共熔混合物的整体中。又如焊锡是锡、铅之低共熔合金。纯铅在 327℃熔化，纯锡在 232℃熔化，含 w_{Sn}63%之低共熔混合物，则在 181℃熔融。

二、金属固溶体

固溶体是一种均匀的组织。合金组成物在固态下彼此相互溶解而形成的晶体，称为固溶体（固态溶液）。固溶体中被溶组成物（溶质）可以有限地或无限地溶于基体组成物（溶剂）的晶格中。根据溶质原子在晶体中所处的位置，固溶体分为置换固溶体、间隙固溶体和缺位固溶体。

在置换固溶体中，溶剂金属保持其原有晶格，溶质金属原子取代了晶格内若干位置。一般说来，当两种金属的结构形式相同，原子结构半径相差很小，原子的价电子结构和电负性相近时，则这两种金属可以按任意的比例形成置换固溶体，例如 Cu 和 Au、W 和 Mo 等合金即属于这种类型。当两种金属元素上述两种性质相差较大时，则只能形成部分互溶的置换固溶体，或不能形成置换固溶体。通常当两种金属原子的半径差大于 25%时，则不能形成置换固溶体。

在间隙固溶体中，溶质原子分布在溶剂原子晶格的间隙中。只有当溶质原子半径很小时（如 C、B、N、H 等）才能形成，例如碳溶入 γ-Fe 中所形成的间隙固溶体称为奥氏体。间隙固溶体一般具有与金属相似的导电性和金属光泽，但它们的熔点和硬度比纯金属高。这是因为除了原来的金属键外，加入的非金属元素与金属元素形成了部分共价键，因而增加了原子间结合力；此外，空间利用率的提高也起到了一定的作用。

缺位固溶体都是化合物，只是其中有一部分按照定组成定律来说是过量的，这过剩的原子占据着化合物晶格的正常位置，而另一部分的原子在晶格中应占据的位置却有一部分空起来了，也就形成了空位。例如在氧化亚铁的晶体结构中，氧原子在晶格中占有正常位置，晶格中有些铁原子的位置空起来，形成了空位。由于这种缺位，使氧化亚铁实际组成在 $Fe_{0.84}O$和 $Fe_{0.95}O$ 之间。纯金属和各种固溶体中原子分布情况如图 6-8 所示。

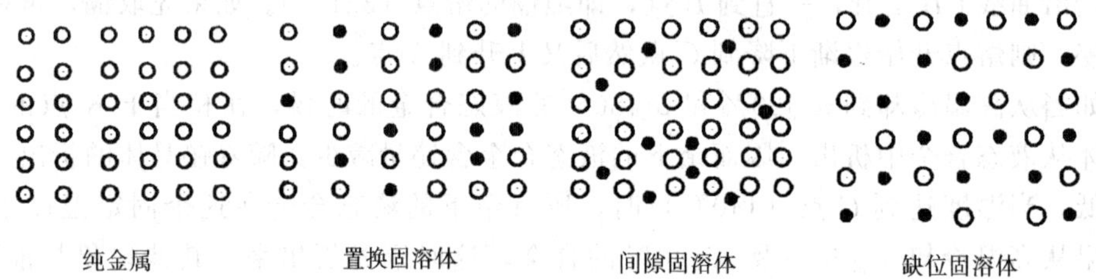

图 6-8 纯金属和各种固溶体示意图

三、金属化合物

当两种金属元素的电负性、电子层结构和原子半径差别较大时，则易形成金属化合物（或称金属互化物）。它又分为两类："正常价"的化合物和电子化合物。

"正常价"的化合物其化学键介于离子键与金属键之间。由于键的这种性质，所以"正常价"的化合物的导电性和导热性比各组分金属低，而熔点和硬度却比各组分金属高，如 Mg_2Pb 就是这样。

大多数金属化合物是电子化合物。它们以金属键相结合，故不遵守化合价规则。其特征是化合物中价电子数与原子数之比有一定值。每一比值都对应着一定的晶格类型。现以铜锌合金为例，见表 6-5。

表 6-5 铜锌合金的晶体结构

价电子数/原子数	晶格类型	实 例
3/2 或 21/14	体心立方晶格	CuZn
21/13	复杂立方晶格	Cu_5Zn_8
7/4 或 21/12	六方晶格	$CuZn_3$

其他金属的合金只要价电子数与原子数之比与铜锌化合物相同，晶体结构也就相同。注意：第Ⅷ族元素的价电子数作为零。例如 $FeZn_7$，价电子数为 $0+7\times2=14$，原子数为 $1+7=8$。所以属于六方晶格。

电子化合物由周期表中第Ⅰ族、过渡金属和第Ⅱ～Ⅳ等族元素的金属所形成。

合金的性质主要取决于它的组成和内部结构。其内部结构与成分金属的性质、各成分用量之比及制备合金时的条件有密切关系。特别是温度的控制，对结构有很大的影响。如果把合金熔体慢慢冷却，可以得到粗晶粒的合金，如急剧冷却（淬火），则得到细晶粒的合金，后者比前者强度大，但性质较脆。这种坚硬的合金在机械加工前若先加热，然后慢慢冷却（回火），便可使合金脆性降低，韧性增加。

一般说来，除密度外，合金的性质并不是它的各成分金属性质的总和。多数合金的熔点低于组成它的任何一种成分金属的熔点。合金的硬度一般比各成分金属的硬度都大，例如在铜里加 $w_{Be}1\%$所生成的合金的硬度，比纯铜大 7 倍。合金的导电性和导热性比纯金属也低得多。

有些合金与组成它的纯金属在化学性质上也表现出很大的不同。例如铁容易与酸反应，如果在普通钢里加入约 $w_{Cr}25\%$铬和少量的镍，就不容易与酸反应了，这种钢称为耐酸钢。

总之，使用不同的原料，改变这些原料的用量比例，控制合金的结晶条件，就可以制得具有各种特性的合金。现代的机器制造、飞机制造、化学工业、原子能工业的成就，尤其是导弹、火箭、人造卫星、宇宙飞船的制造成功，都和制成了各种优良性能的合金有非常密切的关系。近年来发展了一种铝锂合金，$w_{Li}2\%\sim3\%$，这种铝锂合金比一般铝合金强度提高 20%～24%，刚度提高 19%～30%，相对密度降低到 25～26。因此用铝锂合金制造飞机，可使飞机质量减轻 15%～20%，并能降低油耗和提高飞机性能。

第八节　金属的腐蚀与防护

一、金属的腐蚀

当金属和周围气态或液态介质接触时，常常由于化学作用或电化学作用而引起破坏的过程称为金属的腐蚀。根据金属与周围介质的不同作用，一般把金属腐蚀分为化学腐蚀和电化学腐蚀。

1. 化学腐蚀

金属直接与介质起化学反应而引起的腐蚀称化学腐蚀。在这种情况下，金属表面上会生成相应的化合物，如氧化物和硫化物等。它们通常形成一层薄膜，膜的性质对金属进一步腐蚀有很大影响。铝的化学性质虽然也很活泼，但只遭到轻微的腐蚀，这是由于铝表面上形成的氧化膜保护了金属铝，使它不和周围的氧继续作用，氧化镁薄膜却不具有这种保护作用。一般来说，金属硫化物膜的保护作用不如氧化物膜。金属表面的化学腐蚀在常温时进行得比较慢，但在高温时则较显著。在日常生活和生产中比较普遍而且危害较大的，则是金属的电化学腐蚀。

2. 电化学腐蚀

电化学腐蚀是金属和外界介质的电化学反应而产生的腐蚀。也就是在发生化学反应的过程中有电流产生，形成了原电池，所以又叫原电池作用。

如果在盛有稀硫酸的烧杯中，放入一块化学纯的锌，这时看不见氢气放出，然后用铜丝接触锌的表面，则铜丝表面急剧地放出氢气，而锌不断地溶解。

上述现象表明，锌腐蚀的过程实际上是锌失去电子成为 Zn^{2+} 而溶解，H^+ 在铜上获得电子成为 H_2 放出，就像铜和锌放在电解质溶液中组成了原电池一样。其中

负极：$$Zn-2e=\!=\!=Zn^{2+}$$

正极： $2H^+ + 2e = H_2$

钢铁和一般的固体一样，暴露在空气中就会吸附水气形成一层水膜，在这水膜中，又溶入空气中的 CO_2、SO_2、O_2 等气体，使水膜的导电性增加。即

$$H_2O + CO_2 = H_2CO_3 = H^+ + HCO_3^- = 2H^+ + CO_3^{2-}$$

钢铁是铁和碳（石墨或 Fe_3C）的合金，吸附水气后，这相当于铁和碳浸在一个有电解质的水膜中，形成了很多微小的原电池，这些微小的原电池叫微电池。在微电池中，Fe 作为阳极，石墨或 Fe_3C 作为阴极。阴极和阳极是直接相通的。电子可在其中自由流动。阳极的 Fe 失去电子成为 Fe^{2+} 进入水膜，电子转移到石墨或 Fe_3C 上，水膜中的 H^+ 离子可以从阴极上获得电子成为 H_2，也可能是溶解于水膜中的氧获得电子。在一般情况下，由于 H^+ 离子浓度很小，水近于中性，所以氧获得电子的能力比 H^+ 大，氧获得电子而生成 OH^-，即

阳极 $Fe - 2e = Fe^{2+}$

阴极 $O_2 + 2H_2O + 4e = 4OH^-$

上述过程可以用图 6-9 表示。

如果在钢铁附近有较多的酸性气体存在时，情况就不同了，水膜吸附了酸性气体后，酸性增强，H^+ 浓度较大，这时从石墨上夺取电子的主要是 H^+ 离子。

即 负极 $Fe - 2e = Fe^{2+}$

正极 $2H^+ + 2e = H_2\uparrow$

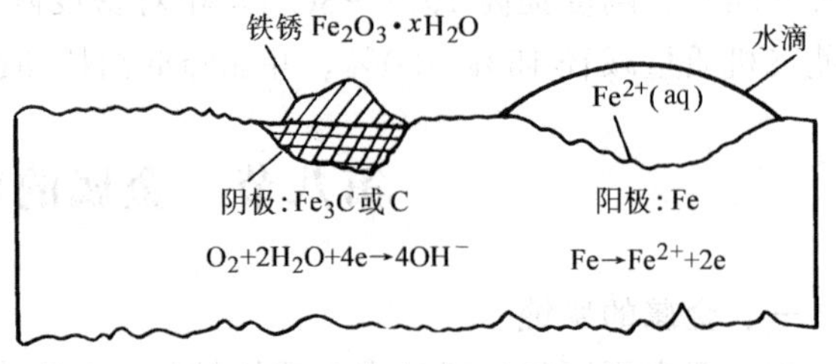

图 6-9 钢铁电化学腐蚀示意图

无论是氧还是氢获得电子，其结果都是水膜中的 OH^- 离子的浓度相对地增加，OH^- 和 Fe^{2+} 结合生成氢氧化亚铁 $Fe(OH)_2$，又可进一步氧化成$Fe(OH)_3$，即

$$4Fe(OH)_2 + 2H_2O + O_2 = 4Fe(OH)_3$$

铁的氢氧化物与空气中 CO_2 作用，又可转变为各种碱式碳酸铁，氢氧化铁又可失去水分而变成氧化铁，所有这些物质就构成了铁锈的主要成分。由于其组成复杂，一般简略地用 $Fe_2O_3 \cdot xH_2O$ 表示。

从本质上看，电化学腐蚀与化学腐蚀都是铁及其他活泼金属失去电子的氧化过程，但是电化学过程中伴有电流的产生，而化学腐蚀没有电流产生。在一般情况下，电化学腐蚀与化学腐蚀往往同时存在。

二、金属的防护

金属的腐蚀带来的损失是很严重的，有人曾做过估计，全世界每年生产的金属大约有 1/10 消耗在因腐蚀而造成的损失上。因此防腐是一个很重要的课题。根据腐蚀的原理，常用下列方法来防腐。

1. 覆盖保护层法

就是在金属的表面涂上一层保护层，使金属避免与周围介质的作用。

（1）非金属保护层 如在金属表面涂上一层漆、沥青、塑料、搪瓷等非金属材料。短期的防腐如涂上全损耗系统用油（机油）、凡士林、石蜡等物质。

（2）金属保护层　就是用耐酸性较强的金属和合金保护层来覆盖耐蚀性较弱的金属。这种保护法在机械、仪器及船舶制造上很普遍。

金属保护层分为阳极覆盖层和阴极覆盖层两种。阳极覆盖层的金属的电极电势比主体金属的电极电势更负。如镀锌铁，在腐蚀性介质中锌作为阳极，铁作为阴极。如覆盖层遭破坏，则溶解的是锌，铁得到保护（图 6-10）。而阴极覆盖层的金属的电极电势比主体金属的电势更正，如做罐头用的马口铁就是铁上镀一层耐有机酸而无毒的锡，当锡层破坏时，是铁被溶解（如图 6-11）。

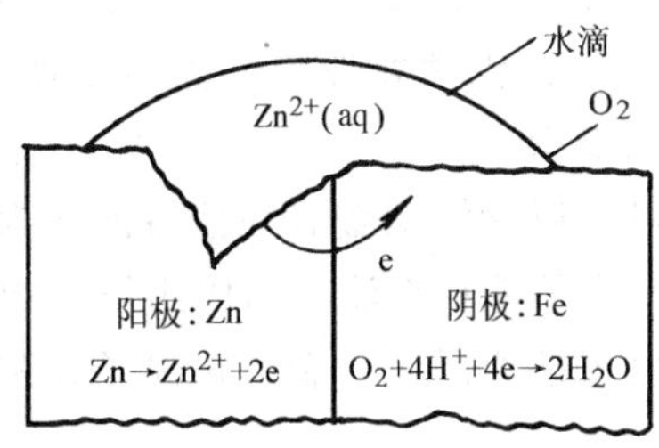

图 6-10　镀锌铁的腐蚀

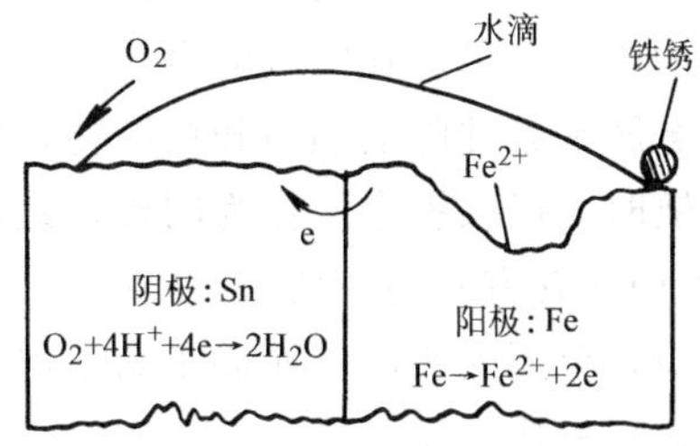

图 6-11　镀锡铁的腐蚀

覆盖金属保护层的方法，主要有电镀法、热镀法和渗镀法等。

（3）氧化膜保护层　不少金属的氧化物薄膜能很好地保护金属，工业上也常用这种方法来防腐。例如工业上的“发蓝”，就是把预先清洁过的钢铁制品放在温度约 140℃ 的浓碱（NaOH）和氧化剂（$NaNO_2$ 或 $NaNO_3$）的溶液中进行处理，在钢铁表面便盖上了一层致密的蓝色或黑色氧化物（Fe_3O_4）保护薄膜，其化学反应的过程为

$$3Fe+NaNO_2+5NaOH \xlongequal{} 3Na_2FeO_2+NH_3+H_2O$$

$$6Na_2FeO_2+NaNO_2+5H_2O \xlongequal{} 6NaFeO_2+NH_3+7NaOH$$

$$Na_2FeO_2+2NaFeO_2+2H_2O \xlongequal{} Fe_3O_4+4NaOH$$

如枪械、自行车车链、刀片以及很多农机的零件，就是利用这种方法来防锈的。

2. 使用缓蚀剂

缓蚀剂是一种添加剂，当加到腐蚀介质中时，能与钢铁表面发生化学反应，吸附在钢铁表面，从而阻止或降低了钢铁的腐蚀速率。例如，在锅炉用水中加入少量磷酸钠，与锅炉的亚铁离子生成磷酸亚铁沉淀，紧密地吸附在锅炉表面，阻止了锅炉的腐蚀。

$$3Fe^{2+}+2PO_4^{2-} \xlongequal{} Fe_3(PO_4)_2$$

新发展的气相缓蚀剂是一种挥发性物质（如亚硝基二环己胺、碳酸环己胺等），在室温下它们就能挥发而被吸附在钢铁的表面，使钢铁和介质分离，达到防腐蚀的目的。

3. 改变钢铁的内部组织结构

炼钢时加入某些合金元素（如铬、钼、钒、钛等），从根本上改变碳素钢的组织结构，起到防腐蚀作用，不锈钢就是一例。

4. 电化学保护

它是根据电化学原理而采取的方法。例如在需要防腐的钢铁设备上连接一种比钢铁电势更负，即更易失去电子的金属材料，此法称阴极保护。如在轮船的尾部以及船壳的水线以下，装上一定数量的锌块来防止船壳的腐蚀。

总之，钢铁的腐蚀过程是很复杂的，在不同的条件下，腐蚀的情况不同，采取的防腐措施也不相同，必须对具体的情况作具体的分析。

三、电镀

电镀是利用电解原理，在一种金属或合金的表面沉积覆盖一层光滑、均匀，而且质地紧密有牢固结合力的另一种金属的过程。电镀的目的是多方面的，例如为保护金属或合金使之不易生锈或防止生锈时，可以镀上锌、镍、铬等，还可以通过镀铬、镀银等得到美丽而有光泽的外表；为了增加电学设备表面的导电能力时，可以镀铜或镀银。

在进行电镀时，被镀物的表面状态很重要，因为这会影响到被镀金属和被镀层的结合以及镀层的质量。因此在电镀前金属表面需要经过机械加工、化学处理和电化学处理等过程，使被镀金属平整并除去油污和锈蚀物，呈现金属的结晶组织。

电镀时，以被镀金属作为阴极，镀层金属作为阳极，以含镀层金属的盐溶液作为电镀液(电镀液中还含有其他杂质)。在保持一定 pH 值、温度等条件和直流电的作用下，阳极发生氧化反应，金属失去电子而成正离子进入溶液，阴极发生还原反应，金属正离子在阴极上获得电子，沉积成镀层。

第九节　钢铁的冶炼原理

钢铁是铁和碳的合金体系总称。其特点是强度高、价格便宜、应用广泛。钢铁约占金属材料产量的 90%，是世界上产量最大的金属材料。钢铁中 $w_C > 2.0\%$ 的叫生铁，小于 0.02%的叫纯铁，在这两者之间的称为钢。钢中 $w_C < 0.25\%$ 的称低碳钢，介于 0.25%～0.60%的称中碳钢，大于 0.60%的称高碳钢。

一、铁的冶炼原理

铁的资源是比较丰富的，铁在地壳中的含量按质量分数约为 5.63%，排第 4 位。地壳中铁主要以氧化物、硫化物和碳酸盐的形式存在。重要的矿石有赤铁矿（Fe_2O_3）、磁铁矿（$FeO \cdot Fe_2O_3$）、褐铁矿［$Fe_2O_3 \cdot 2Fe(OH)_3$］、菱铁矿（$FeCO_3$）和黄铁矿（FeS_2）等。炼铁的原理就是铁的氧化物在还原剂作用下还原成单质铁，而铁矿石中的杂质（S、P 等）与熔剂反应而生成炉渣。大规模的工业化的炼铁过程是在高炉里完成的。高炉是一个依据逆流反应器原理建造的竖式鼓风炉，炉壳是用钢板制成的，内部用耐火砖砌成，如图 6-12 所示。

高炉炼铁的化学变化是很复杂的，其大致过程如下：将矿石、焦炭、助熔剂等按一定比例组成的炉料，由高炉顶部加入，并由上部向下沉降。从炉下风嘴处吹入预热至 800～1000℃的热空气。焦炭在炉的下部燃烧成 CO_2，它与红热的焦炭接触转变成 CO，即

$$C + O_2 = CO_2$$

$$CO_2 + C = 2CO$$

由于焦炭燃烧，产生高温和 CO，向上扩散时把热量传给从上而下的炉料，使炉料预热。铁矿石在下降过程中遇到 CO，则被还原，即

$$3Fe_2O_3 + CO = 2Fe_3O_4 + 2CO_2$$

$$Fe_3O_4 + CO = 3FeO + CO_2$$

$$FeO + CO = Fe + CO_2$$

CO 的还原称为间接还原，约在 500～1000℃进行。当矿石下降至更高炉温区域时，也

可产生焦炭的直接还原反应。但由于焦炭是固体，与氧化铁表面直接接触发生化学反应是有限的，所以铁的还原主要还是靠 CO 来实现。

铁矿石中脉石的成分多为 SiO_2、Al_2O_3 等，在冶炼过程中它们与熔剂（如 $CaCO_3$）生成可熔性炉渣（类似熔岩），浮于铁液上面。由出渣口排放出并加以利用（绝缘材料、铺路材料、水泥等）。

$$CaCO_3 = CaO + CO_2$$

$$CaO + SiO_2 = CaSiO_3$$

$$3CaO + Al_2O_3 = Ca_2(AlO_3)_2$$

另外，由 CO 分解而产生的碳为微细粉末，少量的碳在高温下溶解（渗透）到还原出来的海绵状的铁里，生成碳化铁，即

$$2CO = C + CO_2$$

$$3Fe + C = Fe_3C$$

高炉中的焦炭有三方面的作用，作为还原剂、载热体和使熔融的铁增碳的媒介。由于碳的溶解，使铁的熔点从 1535℃降低到 1100～1300℃。熔化的铁液从出铁口定时排出。所得生铁中除含少部分碳外，还有少量的锰、硅、磷、硫等元素。处于熔融状态的铁液，其中碳以 Fe_3C 的形式存在，待铁液慢慢冷却，Fe_3C 则分解为铁和石墨，此时的铁断口呈灰色，故称灰口铸铁。若将熔融的铁液快速冷却，Fe_3C 来不及分解而保留下来，此时铁的断口呈白色，称白口铸铁。白口铸铁质硬且脆，不宜加工，一般用来炼钢。灰口铸铁柔软，有韧性，可以切削加工或浇铸零件。若在铁液中加入 w_{Mg}0.05%，使生铁中的碳变成球状，得到的是球墨铸铁。球墨铸铁可使灰口铸铁的强度提高一倍，塑性提高 20 倍，它具有高的强度、塑性、韧性和热加工性能，又保留了灰口铸铁易切削加工等优点。由于球墨铸铁的综合性能好，在工业上得到广泛应用。

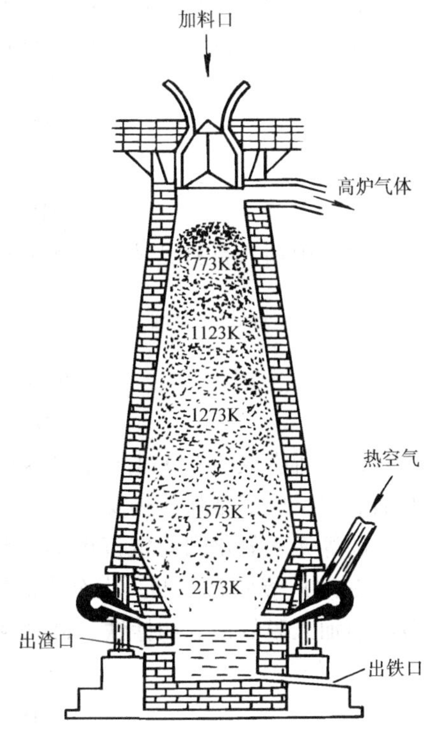

图 6-12　炼铁高炉示意图

二、钢的冶炼原理

由高炉出来的铁，含有 w_C4.3%，凝固时生铁中将生成 6.5%（体积比）的渗碳体 Fe_3C，因此，它实际上完全是脆性的。此外，生铁还含有 Mn、Si、P、S 等杂质，这些都使得铁的技术特性不能令人满意。要使材料性能符合现代技术要求，就必须经过精炼。由生铁炼制成钢就是要把其中的含碳量降低到一定水平，同时除去其中的其他有害杂质。

炼钢的化学过程和炼铁的化学过程刚好相反，炼铁是用碳除去氧化铁中的氧，而炼钢则是要用氧气去除碳，当然必须避免金属铁再度被氧化为氧化铁。

炼钢技术经过近两个世纪的发展已十分成熟，目前主要采用的是氧气顶吹法，借一水冷喷嘴由顶部垂直向铁液中吹纯氧，净化反应过程为

$$2C + O_2 = 2CO$$

$$2Mn + O_2 = 2MnO$$

$$Si + O_2 = SiO_2$$

$$S + O_2 = SO_2$$

$$4P + 5O_2 = 2P_2O_5$$

也有人认为氧气首先把一部分铁氧化为FeO，由于所生成的FeO能溶于铁液，密切与其他杂质接触，所以氧化亚铁作为氧化剂又把其他杂质氧化，即

$$Si + 2FeO = SiO_2 + 2Fe$$

$$Mn + FeO = MnO + Fe$$

$$C + FeO = CO + Fe$$

$$2P + 5FeO = 5Fe + P_2O_5$$

炼钢炉中加入石灰也是为了除去对钢的性质很有害的S、P等杂质，即

$$P_2O_5 + 3CaO = Ca_3(PO_4)_2$$

$$CaO + SiO_2 = CaSiO_3$$

$$2CaO + SO_2 + O_2 = 2CaSO_4$$

$$MnO + SiO_2 = MnSiO_3$$

氧化后所生成的CO是气体很容易除去，其他氧化物在熔剂的作用下变成熔渣而除去。所有的氧化反应都是强放热反应，能保持氧化过程的高温而无须另外加热。

在碳等元素氧化到规定范围后，钢液中仍含有大量氧，如不除去，在冷凝过程中将以FeO或Fe_3O_4等形态析出，从而使钢的塑性变坏，轧制时易产生裂纹。因此，炼钢的最后阶段必须加入脱氧剂（如锰铁、硅铁和铝），把钢液中多余的氧除掉，即

$$Si + 2FeO = SiO_2 + 2Fe$$

$$Mn + FeO = MnO + Fe$$

$$2Al + 3FeO = Al_2O_3 + 3Fe$$

达到要求后，即可把钢液铸成钢锭，再轧成钢材。

三、钢铁的结构

钢铁的性能既与化学组成有关，也与钢的结构及物相的组成和分布有关。在炼钢过程中，通过改变钢铁的化学组成，并调节和控制钢中的相组成和分布，才可以获得人们所需要的钢材。

采用电解还原铁盐的方法可以得到纯铁（w_{Fe} 99.9%以上）。纯铁除了作为分析试剂外，其他用途很少。纯铁呈银白色，有金属光泽，性软，有延展性，熔点1535℃，沸点3000℃。纯铁在室温下是体心立方结构，称为α-Fe。将纯铁加热，当温度到达910℃时，由α-Fe转变为γ-Fe，是面心立方结构。继续升高温度，到达1390℃时，γ-Fe转变为δ-Fe，它的结构与α-Fe一样，是体心立方结构（参见本章第二节）。纯铁随着温度增加，由一种结构转变为另一种结构的现象称为相变。

金属单质的结构大都采取面心立方（A1）、体心立方（A2）、六方（A3）三种最密堆积形式，在这些结构中存在许多四面体和八面体空隙，使半径较小的非金属原子如硼、碳、氢等可填入空隙中，形成金属间隙化合物或金属间隙固溶体，统称为金属间隙结构。在具有这类结构的物质中同时存在金属键和共价键，原子间结合得特别牢固，因此它们往往具有高强度、高熔点和高硬度等优异性能。

铁有α-Fe、γ-Fe、δ-Fe三种同素异构体，小的碳原子可嵌入它们的空隙中，形成四种物相的金属间隙结构。

(1) 奥氏体　它是碳在 γ-Fe 中的间隙固溶体，碳原子占据八面体空隙，如图 6-13a 所示。

(2) 马氏体　它是碳在 α-Fe 中的过饱和间隙固溶体，铁原子按体心立方分布，碳原子填入变形八面体空隙中，如图 6-13b 所示。

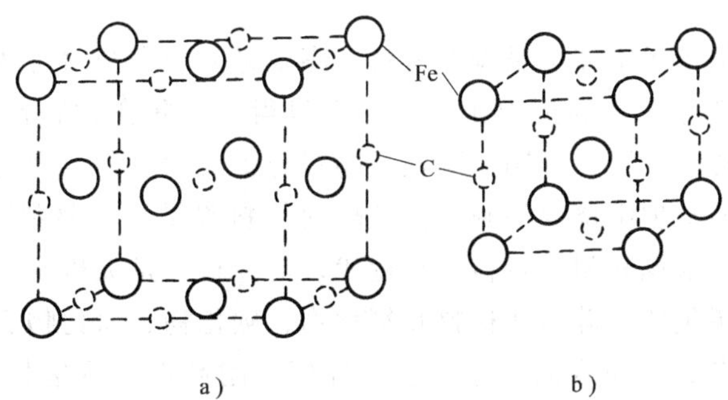

图 6-13　奥氏体和马氏体结构

a) 奥氏体　b) 马氏体

(3) 铁素体　它是碳在 α-Fe 中的间隙固溶体，由于铁素体含碳量很少，与纯铁甚为相近。

(4) 渗碳体　它是铁与碳形成的硬而脆的化合物，化学式为 Fe_3C。

表 6-6　一些金属间隙固溶体的性能

金属间隙固溶体	熔点/℃	相对硬度
TiC	3137	8～9
W_2C	2857	9～10
NbC	3497	9
TiN	2947	8～9
ZrN	2982	8

金属间隙结构不但对钢铁有重要意义，对其他金属也显得越来越重要。表 6-6 列出了一些金属间隙固溶体的熔点和相对硬度，它们有很高的熔点和硬度，是很好的耐高温材料、高级磨料及切削刀具材料等。

第七章　非金属材料

非金属材料一般是指无机非金属陶瓷材料。陶瓷是人类在征服自然过程中获得的第一种经化学变化而制成的产品，它的出现比金属材料早得多。陶瓷材料作为材料科学的一个分支，其名称与含义也几经变迁。早期，陶瓷是陶器与瓷器的总称，陶瓷是指以各种粘土为主要原料，成型后在高温窑炉中烧成的制品；硅酸盐材料曾是这一材料科学分支的另一名称，它包括陶瓷器、玻璃、水泥和耐火材料。在近代，陶瓷材料是无机非金属材料的同义词，不仅包括传统的陶瓷，还包括了硅酸盐材料和氧化物、碳化物、氮化物、硼化物等新型材料。

陶瓷材料具有熔点高、硬度大、化学稳定性好、耐高温、耐磨损、耐氧化和腐蚀等特点，成为非常重要的结构材料。另一方面，陶瓷材料具有性能和用途的多样性与可变性，因而在磁性材料、介电材料、半导体材料、光学材料等方面占据了重要地位，成为一种有发展前途的功能材料。

第一节　非金属材料的物质结构

一、陶瓷材料的相组成

组成无机非金属材料的基本相及其结构要比金属复杂得多，就陶瓷材料来说，在显微镜下观察，可看到陶瓷材料的显微结构通常有三种不同的组成，即晶相、玻璃相、气相（气孔）。晶相是陶瓷材料中最主要的组成相，决定陶瓷材料的物理化学性质的主要是主晶相，例如，刚玉瓷的主晶相是 α-Al_2O_3，由于结构紧密，因而具有机械强度高、耐高温、耐磨蚀等特性。

玻璃相是非晶态结构的低熔点固体，对于不同陶瓷材料的玻璃相的含量不同，日用瓷及电瓷的玻璃相含量较高，高纯度的氧化物陶瓷（如氧化铝瓷）中玻璃相含量较低。玻璃相的作用是充填晶粒间隙，粘结晶粒，提高陶瓷材料的致密程度，降低烧结温度，改善工艺，抑制晶粒长大。

气相（气孔）在陶瓷材料中也占有重要地位，大部分气孔是在工艺过程中形成并保留下来的，有些气孔则通过特殊的工艺方法获得，气孔含量在 0～90%（材料容积）变化。气孔包括开口气孔和闭口气孔两种，在烧结前全是开口气孔，烧结过程中一部分开口气孔消失，一部分转变为闭口气孔。陶瓷的许多电性能和热性能将随着气孔率、气孔尺寸及分布的不同可在很大范围内变化，因此合理控制陶瓷中气孔数量、形态和分布是非常重要的。

二、非金属材料的化学键

非金属材料是以离子键（如 MgO、Al_2O_3）、共价键（如金刚石、Si_3N_4、BN）以及离子键与共价键的混合键结合在一起。

1. 离子键

电离能小的金属原子与电子亲和能大的非金属原子，在相互靠近时失去或获得电子生成具有稀有稳定电子结构的正负离子，然后通过库仑静电引力生成离子化合物。这种正负离子之间的静电作用力称为离子键（Ionic Bond）。库仑力的性质决定了离子键既没有方向性，也没有饱和性。所谓没有方向性，是指晶体中被看做带电小圆球的正负离子在空间任何方向上吸引相反电荷离子的能力是等同的。所谓没有饱和性，是指一个离子除吸引最邻近的异电荷离子外，还可吸引远层异电荷离子。正负离子周围邻接的异电荷离子数主要取决于正负离子的相对大小，与各自所带电荷的多少无直接关系。离子晶体在陶瓷材料中有重要地位。金属氧化物主要是以离子键结合，由于离子键没有方向性，只要求正负离子相间排列，并尽量紧密堆积，因而离子晶体的密度及键强度较高。这类材料的强度大，硬度高，但脆性大。离子晶体固态绝缘，熔融后可导电。

2. 共价键

原子之间通过共用电子而形成的化学键称为共价键。共价键具有方向性和饱和性，这就决定了共价晶体中原子的堆积密度较小，共价晶体键强度较高，且具有稳定的结构，故这类材料熔点高，硬度大，脆性大，热膨胀系数小。共价晶体中束缚在相邻原子间的共用电子不能自由运动，熔融后也无载流子，故共价晶体在固态和熔融态一般均不导电。因而这类键型的陶瓷可制造电绝缘子。最硬的材料金刚石（C）、研磨材料金刚砂（SiC）、高温陶瓷（Si_3N_4）等都是共价晶体。

3. 离子键与共价键的混合键

实际材料中单一结合键的情况并不是很多，前面讲的都是典型的例子，大部分材料的内部原子结合键往往是各种键的混合。例如，金刚石（ⅣA 族 C）具有单一的共价键，那么同族元素 Si、Ge、Sn、Pb 也有四个价电子，是否也可形成与金刚石完全相同的共价结合键呢？回答自然是否定的。由于周期表中同族元素的电负性自上至下逐渐下降，即失去电子的倾向逐渐增大，因此这些元素在形成共价结合的同时，电子有一定的概率脱离原子成为自由电子，意味着存在一定比例的金属键，因此ⅣA 族的 Si、Ge、Sn 元素的结合是共价键与金属键的混合，金属键的比例按此顺序递增，到 Pb 时，由于电负性已很低，就成为完全的金属键结合。此外，金属主要是金属键结合的，但也会出现一些非金属键，如：过渡元素（特别是高熔点过渡金属 W、Mo 等）的原子结合中也会出现少量的共价结合，这正是过渡金属具有高熔点的内在原因。又如金属与金属形成的金属间化合物（如 CuGe），尽管组成元素都是金属，但是两者的电负性不一样，有一定的离子化倾向，于是构成金属键与离子键的混合键，两者的比例视组成元素的电负性差异而定，因此它们不具有金属特有的塑性，往往很脆。

陶瓷等非金属化合物中出现离子键与共价键混合的情况更是常见，通常金属正离子与非金属离子所组成的化合物并不是纯粹的离子化合物，它们的性质不能仅用离子键予以理解。化合物中离子键的比例取决于组成元素的电负性差，电负性相差越大，则离子键比例越高。表 7-1 给出了某些陶瓷化合物的混合键特征。

表 7-1 某些陶瓷化合物的混合键特征

化 合 物	结合原子	电负性差	离子键比例（%）	共价键比例（%）
MgO	Mg—O	2.13	68	32
Al_2O_3	A1—O	1.83	57	43
SiO_2	Si—O	1.54	45	55
Si_3N_4	Si—N	1.14	28	72
SiC	Si—C	0.65	10	90

另一种混合键表现为两种类型的键独立地存在。例如，一些气体分子以共价键结合而分

子凝聚则依靠范德华力。聚合物和许多有机材料的长链分子内部是共价结合，链与链之间则为范德华力或氢键结合。又如石墨碳的片层上为共价结合，而片层间则为范德华力结合。正是由于大多数工程材料的结合键是混合的，混合的方式、比例又可随材料的组成而变，此材料的性能可在很广的范围内变化，从而满足实际工程各种不同的需要。

三、离子晶体中正负离子的堆积方式

无机非金属材料主要是由金属元素和非金属元素通过离子键或兼有离子键和共价键的方式结合起来，多数无机非金属材料可以看成是由带电的离子而不是由原子组成。金属原子由于失去其外层电子而成为正离子，而非金属元素由于得到电子而成负离子。因此，大多数无机非金属材料中的晶相都属于离子晶体。无机非金属材料的组成是多样化的，从元素上来说，可以由一种元素组成（如金刚石、单晶硅等），也可由多种元素组成；从化合物来说，从简单的化合物到由多种复杂的化合物组成的混合物。所以，无机非金属材料的晶体结构要比金属材料的晶体结构复杂得多。许多无机非金属材料是多元氧化物，1928 年，L. Paoling 根据离子晶体的特点，在试验的基础上概括出五条规则，这些规则能够帮助了解多元氧化物的晶体结构。

1. 配位多面体规则

在离子晶体中，阴离子半径通常大于阳离子半径，阴离子在阳离子周围组成配位多面体，阴离子的配位数决定于阴、阳离子半径之比，见表 7-2。

表 7-2 阴离子配位多面体与 r_+/r_- 比值的关系

配位多面体构型	阴离子配位数	r_+/r_- 比值
三角形	3	0.15～0.22
四面体	4	0.22～0.41
八面体	6	0.41～0.73
立方体	8	＞0.73

2. 电价规则

在一个稳定的离子化合物结构中，每个阴离子的电价数（除了符号相反外）等于或近似于相邻各阳离子到该阴离子各静电键强度 S（$S=Z^+/n$，Z^+ 为阳离子电荷数，n 为配位数）的总和。

例如 MgO 晶体是 NaCl 型结构，Mg^{2+} 的配位数为 6，故其 $S=2/6=1/3$。O^{2-} 的配位数也为 6，这六个 Mg^{2+} 到 O^{2-} 离子的静电键强度的总和是 $6\times1/3=2$，这正是 O^{2-} 的电价数（−2）。又如在 CaF_2 晶体中，Ca^{2+} 的配位数是 8，静电键强度 $S=2/8=1/4$，F^- 的配位数是 4，四个 Ca^{2+} 离子到 F^- 离子的总静电键强度是：$4\times1/4=1$，这正等于 F^- 的电价数（−1）。

电价规则有助于推测阴离子多面体的连接方式，这对于了解硅酸盐等晶体结构非常有益。硅酸盐的基本结构单元是［SiO_4］四面体，可以认为它由 Si^{4+} 和四个 O^{2-} 离子组成，Si^{4+} 离子位于由四个 O^{2-} 组成的四面体空隙中，Si^{4+} 给予每个 O^{2-} 离子的静电键强度 $S=4/4=1$，而 O^{2-} 的电价为 −2，所以每个 O^{2-} 离子还可以与另一个［SiO_4］四面体 Si^{4+} 离子结合，即两个［SiO_4］四面体共用一个 O^{2+} 离子。用同样的方法可以分析硅酸盐结构中的结合方式。硅酸盐结构中基本结构单元除了［SiO_4］四面体外，还有［AlO_6］八面体。在［AlO_6］八面体中，每个 Al^{3+} 离子给予每个 O^{2-} 的静电键强度 $S=3/6=1/2$，因此，［AlO_6］八面体中的每个 O^{2-} 还可同时与另一个［AlO_6］八面体中的 Al^{3+} 离子以及［SiO_4］四面体

中的 Si^{4+} 离子相结合，即三个配位多面体（两个［AlO_6］八面体和一个［SiO_4］四面体）共用一个 O^{2-} 离子，这样才能使 O^{2-} 离子的电价饱和。硅酸盐的结构虽复杂，利用这个基本规律去分析也就不感到困难了。

3. 阴离子多面体共用顶点、棱和面的规则

L. Paoling 第三规则指出：在一个配位体结构中，配位多面体共用的棱，特别是共用面的存在，会降低这个结构的稳定性，尤其是对电价高、配位数低的阴离子，这个效应更显著。当阴、阳离子半径接近于稳定多面体下限时，该效应特别大。这是因为两个多面体的中心的阴离子间的距离会随着它们之间共用顶点数的增加而缩短。假设两个四面体中心的距离在共用一个顶点时为 1，共用两个顶点时就是 0.58，共用三个顶点（共用面）时则为 0.33。如果是两个八面体，则在上述三种情况下中心距离各为 1、0.71 与 0.58。可见随着共用顶点数的增加，两个多面体的中心阳离子间距离逐渐缩短，阳离子间的静电斥力加大，尤其是阳离子电价高时，静电斥力就更大，因而影响到晶体的稳定性。［SiO_4］四面体一般只共用顶点而不共用棱和面，［AlO_6］等八面体却可以共用棱，有时还可以共用面。

在金红石晶体结构中有 TiO_6 八面体，Ti^{4+} 离子对每个 O^{2-} 离子的静电键强度 $S=4/6=2/3$，O^{2-} 的电价为 -2，故每个 O^{2-} 离子可以和三个 Ti^{4+} 离子配位，也即同时是三个［TiO_6］八面体的顶点。

4. Paoling 第四规则

在含有一种以上阳离子的晶体中，电价高而配位数又低的阳离子，配位多面体倾向于互不连接，即尽可能不共用顶点、棱或面。例如，在镁橄榄石 Mg_2SiO_4 的［SiO_4］四面体互不连接，但［SiO_4］四面体却和［MgO_6］八面体共用顶点或棱。

5. Paoling 第五规则

在同一晶体中，不同组成的结构单元的数目趋向于最少。例如硅酸盐晶体中没有［SiO_4］与［Si_2O_7］双四面体同时存在。

Paoling 规则只适用于离子型晶体，不适用于以共价键结合的晶体。它是经验规则，因此，有例外。

四、简单氧化物的晶体结构

金属材料中，一般只考虑体心立方、面心立方和密排六方这三种最重要的晶体结构，非金属材料则要复杂得多，其中立方、四方与六方晶系仍是最重要的。在非金属材料中，某些晶体结构用典型化合物的名字表示，如 NaCl 结构、CaF_2 结构、ZnS 结构等。这些典型化合物的化学制品本身在非金属材料中并非很重要，但它们代表一大批结构群。许多简单氧化物非金属材料的晶体结构属于 NaCl 型、CaF_2 型（包括反 CaF_2 型）、闪锌矿型。

1. NaCl 型结构（图 7-1）

这是一个典型的二元离子晶体，它的空间群是 $Fm3m$，属面心立方点阵。体积较大的负离子（Cl^-）占据面心立方点阵的结点位置，而正离子（Na^+）则占据所有的八面体间隙位置。每个钠周围有六个氯离子，即配位数为 6。具有 NaCl 型结构的氧化物有 MgO、CaO、SrO、BaO、CdO、MnO、FeO、CeO、NiO、TiO、ZrO 等，所有的碱金属卤化物（CsCl、CsBr、CsI 除外）、碱金属硫化物以及 H_fC 等都具有这种结构。

2. CsCl 型结构（图 7-2）

氯化铯的晶体结构为体心立方晶系，$a=4.11$Å，Cs^+ 离子处于立方原始格子的 8 个角顶

上，Cl^-或Cs^+各自组成简立方结构的子晶格。因此，CsCl是由两个简立方的子晶格彼此沿立方体空间对角线移动1/2的长度而成的，Cl^-离子位于立方体的中心。属于CsCl型结构的晶体有CsBr、CsI、TiCl和NH_4Cl等。

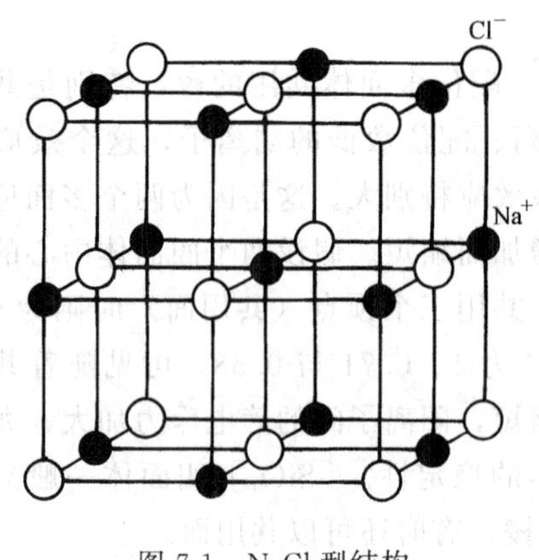

图 7-1 NaCl型结构

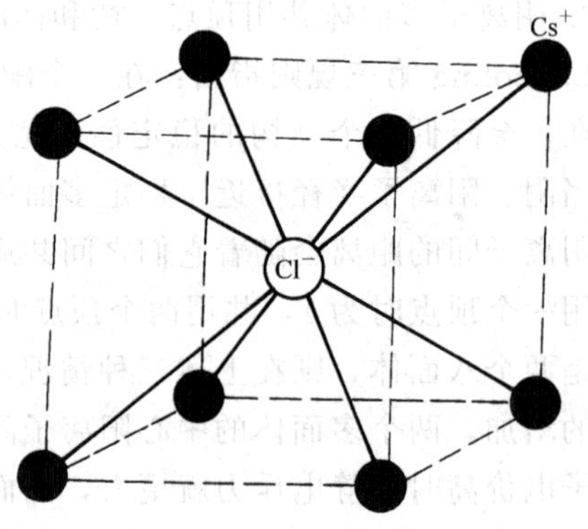

图 7-2 CsCl型结构

3. CaF_2型结构（图 7-3）

这也是一种常见的离子晶体结构，它的空间群是F，面心立方点阵，正离子的配位数为8，钙离子位于立方体的顶角，氟离子则位于立方体的间隙。具有CaF_2型结构的氧化物有ThO_2、CeO_2、PrO_2、UO_2、ZrO_2、H_fO_2、NpO_2、AmO_2等，由于这种结构的八面体间隙全部空着，使得可用作核燃料，而裂变产物则可以留在这些间隙处。

如果负离子位于面心立方结构的结点位置，而正离子则占据所有的四面体间隙，这样结构中正、负离子的配置与正常的CaF_2型结构正好相反，因此称为反CaF_2型结构，具有这种结构的氧化物有Li_2O、Na_2O、K_2O等。

4. 闪锌矿型（图 7-4）

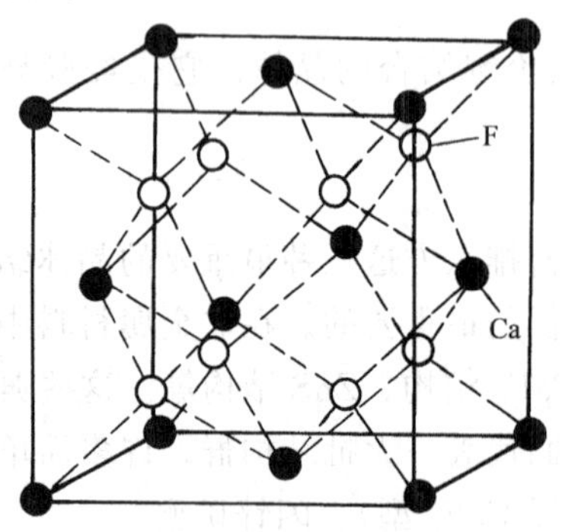

图 7-3 CaF_2型结构

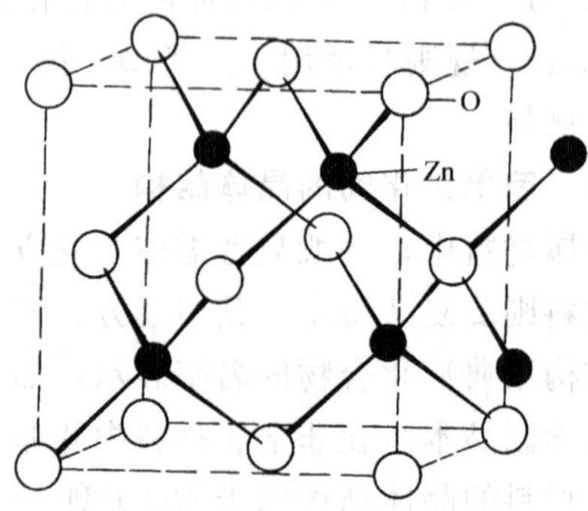

图 7-4 闪锌矿型结构

具有小的阳离子而形成四配位的硫化物或氧化物如ZnS、ZnO等属面心立方点阵，在闪锌矿的立方晶胞中，一种原子（S或Zn）占据面心立方结构的结点位置，另一种原子（Zn或S）则占据四面体间隙的一半。在闪锌矿的Zn—S键中，共价键成分约占89%，因此闪锌矿的晶体结构基本上是共价键，锌和硫原子的配位数均为4。许多半导体化合物，例如CdS、InAs、InSb、ZnSe等以及高温下的BeO均具有闪锌矿型结构。

五、比较复杂氧化物的晶体结构

1. TiO_2型（图 7-5）

属于简单四方空间点阵，一个晶胞有六个原子，其中两个为钛原子，4 个为氧原子。具有 TiO_2 型结构的氧化物有 GeO_2、PbO_2、SnO_2、MnO_2、VO_2、NbO_2、TeO_2、MnO_2、RuO_2、OsO_2、IrO_2 等。

2. 尖晶石型（图 7-6）

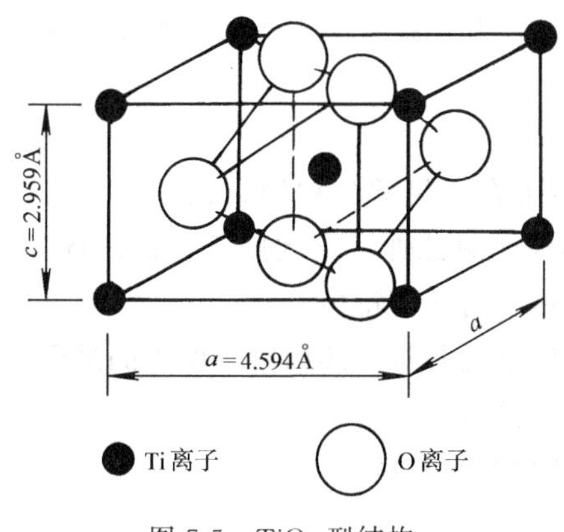

图 7-5 TiO_2 型结构

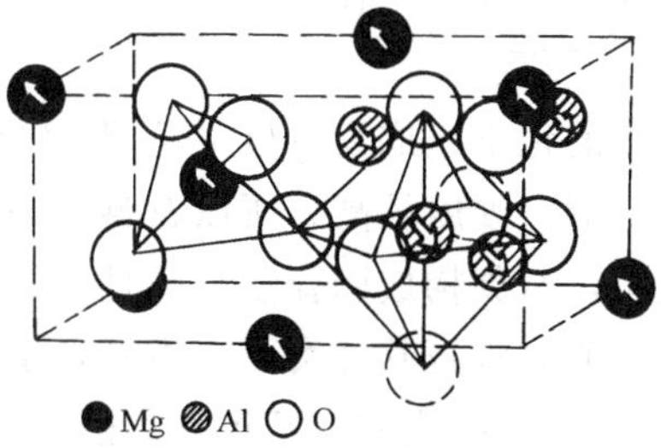

Mg Al O

图 7-6 尖晶石型结构

$MgAl_2O_4$，空间群 $Fd3m$，属面心立方空间点阵。一个晶胞有 56 个原子，其中镁原子 8 个，铝原子有 16 个，氧原子有 32 个。

六、共价晶体的晶体结构

1. 金刚石结构

由共价键结合而形成的晶体为共价晶体。周期表中ⅣA 族元素 C、Si、Ge 及其相互间化合物 SiC 等晶体是这类晶体的典型代表。图 7-7 为金刚石的晶体结构，一个碳原子在正四面体的中心，另外四个同它共价的碳原子在正四面体的顶角上，属立方面心格子，晶胞参数 $a=3.56$Å，在面心立方晶胞内有 4 个 C 原子，它们分别位于 4 个空间对角线的 1/4 处，每个碳原子周围都有 4 个碳，碳原子之间形成共价键。

2. 石墨结构

石墨也属于共价晶体，石墨的晶体结构为六方晶系，晶胞参数 $a=2.46$Å，$c=6.70$Å，其碳原子为层状排列，在同一层内的碳原子之间为共价键，而层与层之间的碳原子以范德华力相互作用，如图 7-8 所示。碳原子的 4 个外层电子在层内形成三个共价键，多余的 1 个电子可以在层内部移动，与金属中的自由电子相似，因此，石墨具有良好的导电性。

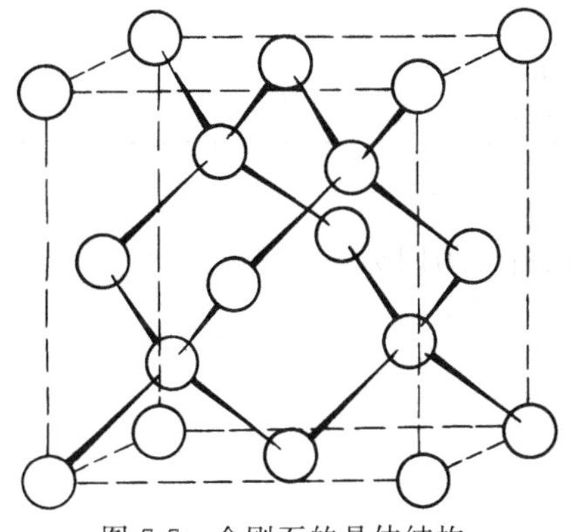

图 7-7 金刚石的晶体结构

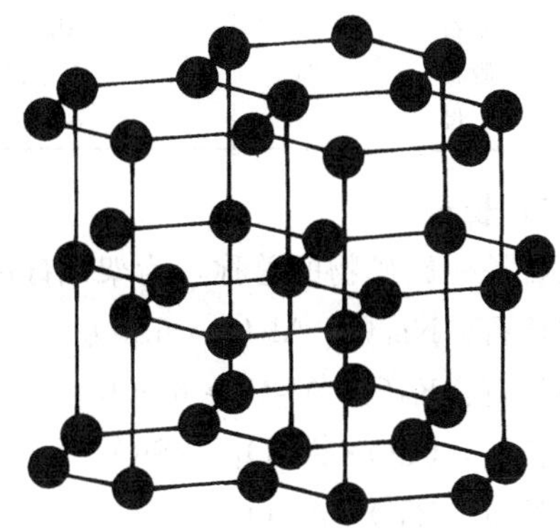

图 7-8 石墨的晶体结构

第二节 陶瓷的化学组成

大多数非金属材料如陶瓷、玻璃、水泥、耐火材料等都是由石英、粘土、长石三部分组成的，只是各组分的含量及加工工艺不同，因而其性能和用途各异。石英、粘土、长石这三种矿物在自然界广泛存在。

（一）石英

石英的化学组成为 SiO_2，石英不受 HF 以外的所有无机酸的侵蚀，在室温下与碱不发生化学反应，硬度较高，所以石英是一种具有耐热性、耐蚀性、高硬度等特征的优异物质。在陶瓷中，石英构成陶瓷制品的骨架，赋予制品耐热、耐蚀等特性。

石英的外观视其种类不同而异，呈乳白色或灰色半透明状，其相对密度依晶型而异，一般在 2.23～2.65 之间，石英在加热过程中发生晶型转变。即

α石英↔α鳞石英↔α方石英↔熔融态石英

↓↑

β石英↔β鳞石英↔β方石英↔石英玻璃

↓

γ鳞石英

石英晶型转变的结果，会引起一系列物理变化（如体积、密度、强度等），其中对陶瓷生产较大的是体积变化。

石英的粘性很低，属非可塑性原料，无法做成制品的形状，为了使其具有成型性需掺入粘土。

（二）粘土

粘土是一种含水铝硅酸盐矿物，主要化学成分为 SiO_2、Al_2O_3、H_2O、Fe_2O_3、TiO_2 等，粘土具有独特的可塑性与结合性，调水后成为软泥，能塑造成型，烧后变得致密坚硬。粘土矿物有多种（表 7-3），其中以高岭土最重要。

表 7-3 常见的粘土矿物

粘土矿物	粘土矿物理想的化学式
高岭土	$Al_2(Si_2O_5)(OH)_4$
多水高岭土	$Al_2(Si_2O_5)(OH)_4 \cdot 2H_2O$
叶蜡石	$Al_2(Si_2O_5)_2(OH)_2$
蒙脱石	$Al_{1.67}Mg_{0.33}(Si_2O_5)_2(OH)_2$
云　母	$Al_2K(Si_{1.5}Al_{0.5}O_x)_2(OH)_2$

（三）长石

长石是一族矿物的总称，为架式硅酸盐结构。长右分为四类：

钠长石：$Na_2O \cdot Al_2O_3 \cdot 6SiO_2$

钾长石：$K_2O \cdot Al_2O_3 \cdot 6SiO_2$

钙长石：$CaO \cdot Al_2O_3 \cdot 2SiO_2$

钡长石：$BaO \cdot Al_2O_3 \cdot 2SiO_2$

长石在高温下为有粘性的熔融液体，并润湿粉体，冷却至室温后，可使粉体中的各组分

牢固地结合，成为致密的陶瓷制品。

陶瓷制品中使用的长石是几种长石的互溶物，并含有其他杂质，所以没有固定的熔融温度，它只是在一个温度范围内逐渐软化熔融，成为乳白色粘稠玻璃态物质。熔融后的玻璃态物质能够溶解一部分粘土分解物及部分石英，促进成瓷反应的进行，并降低烧成温度，长石的这种作用称为助熔作用。冷却后以长石为主的低共熔体以玻璃态存在于陶瓷制品中，构成陶瓷的玻璃基质。

石英、粘土、长石构成传统的三组分瓷，其中石英为耐高温的骨架成分，粘土提供可塑性，长石为助熔剂。应该指出，上述三组分中，真正不可少的组分只有骨架成分，其余两个组分的存在，破坏了骨架成分所具有的耐高温、耐腐蚀、高硬度等特性。

第三节 陶瓷制造（烧结）过程的化学变化

经过成型的坯料，必须最后通过高温烧成才能获得陶瓷的特性。烧成也称烧结，目的是去除坯体内所含溶剂、粘结剂、增塑剂等，并减少坯体中的气孔，增强颗粒间的结合强度。

普通陶瓷一般采用窑炉在常压下进行烧结，坯体在烧结过程中发生一系列物理化学变化，这些变化在不同阶段中进行的状况决定了陶瓷的质量与性能，该过程大致分为如下四个阶段：

1. 蒸发期（室温～300℃）

此阶段不发生化学变化，主要是排除坯体内的残余水分。

2. 氧化物分解和晶型转化期（300～950℃）

此阶段发生较复杂的化学变化，这些变化主要包括粘土中结构水的排除，碳酸盐的分解，有机物、碳素、硫化物的氧化，以及石英的晶型转变（β石英↔573℃↔α石英）。

3. 玻化成瓷期（950℃～烧结温度）

这是烧结过程的关键，坯体的基本原料长石和石英、高岭土在三元相图上的最低共熔点为985℃，随着温度升高，液相量逐渐增多，液相使坯体致密化。同时，液相析出新的稳定相莫来石，莫来石晶体的不断析出和线性尺寸的长大，交错贯穿在瓷坯中起骨架作用，使瓷坯强度增大，最终，莫来石、残留石英及瓷坯内的其他组分借助玻璃状物质而连结在一起，组成了致密的瓷坯。

4. 冷却期（止火温度～室温）

冷却过程中，玻璃相在775～550℃之间由塑性状态转变为固态，残留石英在573℃由α石英转变为β石英。在液相固化温度区间必须减慢冷却速率，以避免由于结构变化引起较大的内应力。

第四节 水 泥

水泥是水硬性胶凝材料，具有良好的粘结性，凝结硬化后有很高的机械强度，是基本建设中不可缺少的建筑材料。广泛应用于工业建筑、民用建筑、道路、桥梁、水利工程、地下工程以及国防工程中。

水泥的品种很多，大多是硅酸盐水泥，其主要化学成分是钙、铝、硅、铁的氧化物，其中绝大部分是 CaO，约占 60%以上；其次是 SiO_2：约占 20%以上；剩下部分是 Al_2O_3，Fe_2O_3 等。水泥中的 CaO 来自石灰石；SiO_2 和 Al_2O_3 来自粘土；Fe_2O_3 来自粘土和氧化铁粉。

水泥的生产过程是将粘土、石灰石和氧化铁粉等按一定比例混合磨细，制成水泥生料，送进回转窑里进行煅烧。回转窑为倾斜的金属圆筒，内衬耐火砖。制备时，由上端放进生料，从下端喷入燃料，温度自上而下逐渐升高。随着回转窑的转动，生料从顶端逐渐下移。回转窑中各部分的温度不同，最高温度约在 1400～1500℃。在不同的温度带发生不同的反应，其主要反应如下

$$CaCO_3 \xlongequal{750\sim1000℃} CaO + CO_2\uparrow$$

$$2CaO + SiO_2 \xlongequal{1000\sim1300℃} 2CaO\cdot SiO_2$$ （硅酸二钙）

$$3CaO + Al_2O_3 \xlongequal{1000\sim1300℃} 3CaO\cdot Al_2O_3$$ （铝酸三钙）

$$4CaO + Al_2O_3 + Fe_2O_3 \xlongequal{1000\sim1300℃} 4CaO\cdot Al_2O_3\cdot Fe_2O_3$$ （铁铝酸四钙）

$$CaO\cdot SiO_2 + 2CaO \xlongequal{1300\sim1400℃} 3CaO\cdot SiO_2$$ （硅酸三钙）

经过上述变化，生料即烧结成块，从窑中出来的产品就是熟料。将熟料磨成细粉，加入少量石膏（其作用是调节水泥在建筑施工过程中的硬化时间），即成硅酸盐水泥。

水泥加水调和后具有可塑性，并逐渐硬化，在硬化过程中对砖瓦、碎石和钢骨等都有很强的粘着力，从而结合成坚硬、完整的构件。

水泥的凝结和硬化是很复杂的物理化学变化过程，水泥与水作用时，颗粒表面的成分很快与水发生水化或水解作用，产生一系列新的化合物，反应如下

$$3CaO\cdot SiO_2 + n\,H_2O = 2CaO\cdot SiO_2(n-1)H_2O + Ca(OH)_2$$

$$2CaO\cdot SiO_2 + m\,H_2O = 2CaO\cdot SiO_2\cdot mH_2O$$

$$3CaO\cdot Al_2O_3 + 6H_2O = 3CaO\cdot Al_2O_3\cdot 6H_2O$$

$$4CaO\cdot Al_2O_3\cdot Fe_2O_3 + 7H_2O = 3CaO\cdot Al_2O_3\cdot 6H_2O + CaO\cdot Fe_2O_3\cdot H_2O$$

从上述反应可以看出，硅酸盐水泥和水反应后，形成四个主要化合物：氢氧化钙、含水硅酸钙、含水铝酸钙和含水铁酸钙。这几种主要化合物决定了水泥硬化过程中的一些特性。

水泥凝结硬化过程大致分为三个阶段：溶解期（或称准备期）、胶化期（或称凝结期）、结晶期（或称硬化期）。

溶解期：水泥遇水后，在颗粒表面进行上列化学反应，生成氢氧化钙、含水硅酸钙和含水铝酸钙。前两个化合物在水中易溶解，随着它们的溶解，水泥颗粒的新表面又暴露出来，再与水作用，使周围水溶液很快成为它们的饱和溶液。

胶化期：当溶液已达饱和时，水分继续深入颗粒内部，颗粒内部作用的新生成物不能再被溶解，只能以分散状态的胶体析出，并包围在颗粒的表面形成一层凝胶薄膜，使水泥浆具有良好的塑性。随着化学反应的继续进行，新生成物不断增加，凝胶体逐渐变稠，使水泥浆失去塑性，而表现为水泥的凝结。

结晶期：水泥浆凝结后，凝胶体中水泥颗粒未水化部分将继续吸收水分进行水化、水解作用，因此，凝胶体逐渐脱水而紧密，同时氢氧化钙及含水铝酸钙也由胶体状态转变为稳定的结晶状态，析出的结晶体嵌入凝胶体，并互相交错结合，使水泥产生强度。

水泥硬化后，生成的游离氢氧化钙微溶于水，但空气中的 CO_2 能和 $Ca(OH)_2$ 作用生成一层 $CaCO_3$ 硬壳，可防止氢氧化钙的溶解。

水泥凝结硬化的快慢与水泥的组成、细度、加水量及硬化时的温度和湿度等因素有关。

第五节 特种陶瓷的工艺过程

特种陶瓷区别于普通陶瓷的主要特征是：①原料系人工合成而非天然；②制品基本上由骨架成分构成。特种陶瓷的原料纯度高，颗粒细小，只加入很少甚至完全不加入助溶剂与提高可塑性的添加剂。

1. SiC

SiC 原料的生产方法主要有两种。一种是将硅石（石英）、焦炭等配料直接加热。

$$SiO_2 + 3C \xlongequal{1900\sim2000℃} SiC + 2CO\uparrow$$

最终得到 β-SiC 与 α-SiC 的混合物。α-SiC 为高温下的稳定相，呈六方结构。β-SiC 为低温下的稳定相，呈立方结构，该法制得的 SiC 粉末纯度在 99%以上。

另一种方法是使硅与碳直接进行反应如下

$$Si + C \xlongequal{1000\sim1400℃} SiC$$

此法使用的硅原料的成本高于 SiO_2，但工艺简单。

目前 SiC 粉末的纯度可达 96%～99%，平均粒径在 0.5μm 以下，比表面积 $15m^2/g$ 左右，β-SiC 为球形颗粒，α-SiC 通常为不规则形状。一般来说，近似球状的粉末填充性好，坯体密度容易提高。

2. Si_3N_4

Si_3N_4 粉末有两种制造方法，即氮化法与氯化法。

直接氮化法是将细硅粉在 N_2 气或 NH_3 气体中进行反应。

$$3Si + 2N_2 \xlongequal{1200\sim1500℃} Si_3N_4$$

反应结束后，进行粉碎和必要的精处理。

氯化硅法是采用 $SiCl_4$ 为原料，在 NH_3 气中进行反应。

$$3SiCl_4 + 4NH_3 \xlongequal{1100\sim1200℃} Si_3N_4 + 12HCl\uparrow$$

反应后得到非晶态的氮化硅，再经 1500～1600℃加热处理后，得到 α-Si_3N_4。也可以用化学气相沉积法，使 $SiCl_4$ 和 N_2 在 H_2 气氛保护下反应，产物 S_3N_4 沉积在石墨基体上，形成一层致密的层。此法得到的氮化硅纯度较高，其反应如下

$$3SiCl_4 + 2N_2 + 6H_2 \longrightarrow Si_3N_4 + 12HCl$$

此外，还有还原氮化法、聚合物分解法等。

3. 氧化锆（ZrO_2）

ZrO_2 有多种晶形转变，m-ZrO_2 $\xlongequal{1600℃}$ t-ZrO_2 $\xlongequal{2300℃}$ c-ZrO_2，1600℃左右的晶形转变会引起很大的体积变化，从而导致制品开裂。作为高温材料使用时，采用稳定化方法，即添加 MgO、CaO、Y_2O_3 等作为稳定剂，使其成为从高温到低温均稳定的立方相 c-ZrO_2，作为耐火材料使用。

ZrO_2 粉末的制取方法有电炉法与气相法两种。电炉法是将锆英石（含 98%～99% ZrO_2）与适量稳定剂在电炉中熔融，把所得的结晶块粉碎、造粒，即得到 ZrO_2 粉末。该法制得的粉末纯度低，颗粒粗。

气相法是将锆英砂加热到 800～1200℃，吹入氯气即生成 $ZrCl_4$ 和 $SiCl_4$，用二者的沸点差异分离得到 $ZrCl_4$，在其中加入水后分解并析出 $ZrOCl_2$，煅烧后得到颗粒状 ZrO_2。

4. Al_2O_3

Al_2O_3 性能优良，制造成本低，是应用最为广泛的特种陶瓷材料。

工业上 Al_2O_3 粉末主要采用拜耳法生产。将含铝量高的矾土矿侵入 NaOH 溶液中，将析出的 $Al(OH)_3$ 晶体在 1000℃ 以上煅烧，即得到 Al_2O_3。此法生产的 Al_2O_3 纯度为 99.6%～99.9%，粉碎后粒径 0.5～5μm。

成型主要采用模压成型、挤压成型、注射成型等。高温下不出现或仅出现极少量的液相。其烧结过程主要依赖于超细粉末高比表面积导致的活性及高温下固态原子间扩展造成的颗粒间合并与连接，属固相烧结。

SiC、Si_3N_4 等机械强度高、硬度大、导热性好、热膨胀系数低、化学稳定性高，是很好的高温结构陶瓷材料。在航空涡轮发动机、火箭喷管、汽车发动机等领域具有非常重要的用途。汽车发动机一般用铸铁铸造，耐热性能有一定限度，同时由于需要用冷却水冷却，热能散失严重，热效率只有 30%左右。如果用 Si_3N_4 等高温结构陶瓷制造发动机，发动机的工作温度能稳定在 1300℃左右，燃料燃烧充分且不需要水冷系统，可以使热效率大幅度提高。

第六节　半导体材料

用作半导体材料的硅和锗必须具有极高的纯度，否则将大大降低其性能。由于不存在天然的纯硅和纯锗，所以只能从含锗或含硅的矿物中提取出锗和硅，再用适当的提纯方法制得纯硅和纯锗。

一、超纯锗的制备

1. 锗的资源

在地壳中，锗的含量约占百万分之二，并不比锌和铅少。然而，锗在自然界中非常分散，锗的提取和制备相当困难，因此被认为是一种稀有元素。

锗的资源主要有三个方面：

1）煤，通常一吨煤中只含有几克锗。从煤中提取锗的重要途径有两种：一种是从煤燃烧产物烟道灰中提取；另一种是从煤干馏的副产物煤焦油和氨水中提取。

2）在锗石（$7CuS \cdot FeS \cdot GeS_2$）矿和硫银锗（$4Ag_2S \cdot GeS_2$）矿等矿石中含锗较多，最多的含锗量可达 10%，但这些矿石是极罕见的。

3）在一些锌、铜、银等金属矿（如闪锌矿）中，含有微量的锗，含量为 0.01%～0.1%。

2. 锗的制备和化学提纯

制备化学纯锗的过程大致分为以下几步：

1）使含锗的矿石或原料转变成粗二氧化锗 GeS_2。

2）用盐酸处理，使二氧化锗变成容易提纯的四氯化锗，即

$$GeO_2 + 4HCl = GeCl_4 + 2H_2O$$

这一反应是可逆的，加热和使用过量的盐酸可使平衡向右移动，有利于正反应的进行，得到更多的 $GeCl_4$。但是为了避免氯化氢气体大量逸出，反应温度一般控制在盐酸的恒沸点（110℃）以下。

3）用精馏的方法提纯四氯化锗。$GeCl_4$ 在常温下是液体，沸点较低，易蒸发，因此蒸馏时可使 $GeCl_4$ 与其他金属的氯化物分离。但由于三氯化砷的沸点与 $GeCl_4$ 较接近，所以，若 $GeCl_4$ 中含有砷时，必须加入浓盐酸，并通入大量的氯气，使其生成砷酸而留在溶液中。此反应为

$$As_2O_3 + 6HCl = 2AsCl_3 + 3H_2O$$

$$AsCl_3 + Cl_2 + 4H_2O = H_3AsO_4 + 5HCl$$

4）用纯水进行水解得到高纯度的 GeO_2，即

$$GeCl_4 + 4H_2O = GeO_2 \cdot 2H_2O + 4HCl$$

$$GeO_2 \cdot 2H_2O = GeO_2 + 2H_2O$$

5）用氢气或锌还原二氧化锗，得到纯度为 4 个 9（99.99%）的锗。

$$CeO_2 + 2H_2 \xlongequal{650℃} Ge + 2H_2O$$

$$GeO_2 + 2Zn \xlongequal{950℃} Ge + 2ZnO$$

制备化学纯锗的流程可表示如下：

锗矿石→富集→转化粗 CeO_2→HCl 处理粗 $GeCl_4$→精馏法提纯 $GeCl_4$→水解纯 GeO_2→还原（H_2 或 Zn）化学纯锗

3. 区域熔炼法提纯

用化学方法提纯的锗，再经过区域熔炼法可使锗的纯度提高到 8～9 个 9。下面介绍区域熔炼法的过程。

先将化学纯的锗熔化成长条形的锗锭放入高纯度的石墨舟皿或石英舟皿中，再把舟皿放入石英管内，向管内通入可使锗在高温下不发生化学变化的保护性气体（如氮或氩），管外用一组通有高频电流的线圈加热。这时在线圈包围着的锗处就形成一个狭窄的熔化状态的区域（简称熔区），而其余部分的锗仍保持固体状态。将高频线圈缓慢地沿石英管向一个方向移动，这时原先处于熔化状态的锗就逐渐凝固，而原先处于凝固状态的锗就逐渐溶入熔区。如果线圈从管的左端逐渐移向右端，则锗的熔区也逐渐从左端移向右端。由于锗中大多数杂质在液相中溶解度比在固相中大，所以当锗凝固时就使一部分杂质留在熔区里，而使凝固出来的锗得到纯化。随着熔区的移动，熔区里的杂质就越来越多，聚集到锗锭的一端。让线圈从左到右反复移动多次，杂质就被集中到锗锭的右端。将右端切除，其余部分的锗就可以有 8～9 个 9 的纯度。也有少数杂质在固相中的溶解度比在液相中大，随熔区的移动，这种杂质聚集在锗锭的另一端，因此有时把锗锭的两端都切除，中间一段即是很纯的锗。

二、超纯硅的制备

1. 硅的资源

硅的资源非常丰富，它是地壳中分布最广的元素，含量达 25.8%。但是提纯硅要比提纯锗困难得多，这是因为硅的熔点较高（熔点：硅 1423℃，锗 960℃），而且熔融时硅的化

学性质较活泼，因此在半导体工业发展的初期锗的应用占上风，近年来随着硅材料生产工艺问题的解决，加上硅器件具有某些比锗器件优越的特性，硅的应用迅速发展，已超过锗。

2. 硅的制备和化学提纯

通过化学反应制取高纯度硅的方法很多，首先用焦炭在高温电炉中将石英还原成纯度为97%的粗硅，其反应式为

$$SiO_2 + 3C = SiC + 2CO$$

$$2SiC + SiO_2 = 3Si + 2CO$$

所得粗硅再用化学方法提纯。目前应用较广的主要有以下三种方法：

（1）三氯化硅还原法　先使粗硅与干燥的氯化氢气体在300℃左右的温度下进行反应，可得三氯氢硅 $SiHCl_3$，即

$$Si + 2HCl \xlongequal{300℃} SiHCl_3 + H_2$$

上述反应是放热反应，为抑制副反应的发生，提高产品三氯氢硅的纯度和收率，必须及时传走反应过程中释放的热量。为此反应物氯化氢气体常用不参加反应的氢气、氮气或氩气等稀释，这些稀释的气体能带走放出的热量，起冷却剂的作用，使反应温度控制在300℃左右。

三氯氢硅是无色透明的油状液体，它的沸点较低（31.5℃），可用精馏的方法提纯。纯化后的三氯氢硅放于还原炉中，在1050～1150℃的温度下用氢气还原，即可得到纯度较高的硅，即

$$SiHCl_3 + H_2 \xlongequal{1050\sim1100℃} Si + 3HCl$$

在还原炉中三氯氢硅的转化率较低，一般只达到10%～20%，排出的尾气中还含有大量未反应的三氯氢硅和氢气。为提高原料的利用率，降低成本，减少三废对环境的污染，必须对还原炉尾气进行回收。

（2）四氯化硅还原法　粗硅与氯气可直接反应生成四氯化硅，即

$$Si + 2Cl_2 = SiCl_4$$

这一反应是放热反应，温度通常控制在450～500℃，温度过高，一些杂质易被同时氯化，降低了四氯化硅的纯度；温度过低，则降低了四氯化硅的收率。

四氯化硅是无色透明的液体，沸点为57.6℃，可用精馏方法提纯。纯化后的四氯化硅再用纯度达99.99%的锌或氢气还原，即制得纯度较高的硅，即

$$SiCl_4(g) + 2Zn(g) \xlongequal{950\sim1000℃} Si(s) + 2ZnCl_2(g)$$

这一反应是可逆反应，在101.325kPa、1000℃下达到平衡时，硅的生成率可达98.2%。升高压力还可增大硅的生成率。

$$SiCl_4 + 2H_2 \xlongequal{1100℃} Si + 4HCl\uparrow$$

此反应也是可逆反应，为了尽量利用四氯化硅，需要加入过量的氢气，氢气流还能带走生成的氯化氢气体，使化学平衡向生成硅的方向移动。

（3）硅烷热分解法　硅烷热分解法是制备高纯度硅很有前途的一种方法。制备硅烷的方法很多，一般先合成硅化镁，将硅粉和镁粉按一定比例混合，在真空或氢气流中加热到500～550℃，即得到硅化镁。

$$2Mg + Si \xlongequal{} Mg_2Si$$

在加热到 850℃的锌镁合金中，通入含足量氢气的四氯化硅蒸气，也可生成硅化镁

$$2Mg + SiCl_4 \xlongequal{} Si + 2MgCl_2$$

$$2Zn + SiCl_4 \xlongequal{} Si + 2ZnCl_2$$

$$2Mg + Si \xlongequal{} Mg_2Si$$

硅化镁与浓盐酸或在液氨介质中与氯化铵反应即得到甲硅烷（SiH_4）

$$Mg_2Si + 4HCl \xlongequal{} SiH_4 + 2MgCl_2$$

$$Mg_2Si + 4NH_4Cl \xlongequal{NH_3} SiH_4 + 4NH_3 + 2MgCl_2$$

甲硅烷是无色有特殊气味的有毒气体，沸点－112℃，在空气中易自燃。硅烷的提纯方法有物理吸附、预热分解和精馏等。物理吸附法是利用分子筛有巨大的吸附表面，能选择性地吸附杂质，从而达到吸附的目的。这是一种简单而有成效的方法，若与热分解法结合则效果更好。预热分解法是利用各种氢化物热稳定性的不同，使比硅烷分解温度低的杂质预先分解除去。这种方法设备简单，不引进外来试剂；其缺点是不能除去比硅烷更稳定的杂质氢化物，因此常作为一种辅助方法与其他提纯方法结合使用。精馏方法也能用于硅烷的提纯，但由于硅烷沸点低，需要进行低温精馏，对设备要求较严，成本高。

提纯后的甲硅烷在加热到 800～850℃时即分解，得到纯硅，即

$$SiH_4 \xlongequal{} Si + 2H_2 \uparrow$$

硅烷热分解法所得产品纯度高，硅的收率达 99％以上；缺点是硅烷的制备和提纯较困难。

以上三种制备化学纯硅的方法各有优缺点，目前采用较多的是三氯氢硅还原法。

3. 悬浮区域熔融法提纯

化学提纯法能得到纯度 6～7 个 9 的硅，通常已可满足半导体器件的生产要求。某些器件要求硅有更高的纯度，就要对硅进行区域提纯，提纯的原理和锗一样。然而硅原子在高温状态下易和构成器皿的材料石墨或石英发生化学作用，即

$$Si + C \xlongequal{} SiC$$

$$Si + SiO_2 \xlongequal{} 2SiO$$

为了克服上述困难，现在采用无容器的悬浮区域熔融法。这种方法是将化学提纯的硅制成棒状，用上下两夹头把硅棒竖直固定于石英管内，然后用高频电流等加热，使硅棒的下端先造成熔区，熔区要适当窄，由于熔融的硅有较大的表面张力，可以克服重力作用，不会从熔区中流下来。随着加热器自下而上的移动，熔区也自下而上的移动，达到区域提纯的目的。用这种方法能得到 11 个 9 的高纯硅。

4. 硅单晶的制备

经过提纯的锗、硅一般是多晶（由许多取向不同的微小单晶颗粒聚集而成），不能直接用来制作半导体器件，必须将多晶转化为单晶才能适应需要。

生长硅、锗单晶一般用直拉法和区域熔炼法。直拉法是在单晶炉内进行的，把一小块预制好的硅（或锗）单晶（称为籽晶）和石英坩埚中的熔体接触，籽晶以一定速率旋转并提升，在籽晶缓慢提升过程中，熔体内和籽晶接触的原子就按照籽晶中的原子排列方式不断地生长在籽晶上，直到坩埚中的熔体被拉完为止。只要控制适当的温度、籽晶的转速和提升速

率，就能用一小块单晶拉出较粗的棒状单晶。有些器件要求用高电阻率、长寿命的硅单晶制作，制备这种单晶常用无坩埚的悬浮区域熔融法，它避免了坩埚对硅的污染，成品率较高。用这种方法拉制硅单晶时，上夹头夹多晶硅棒，下夹头夹硅籽晶，先把硅棒和籽晶熔接在一起，然后自下而上缓慢移动加热器，使多晶硅棒部分融化形成熔区，这样单晶不断地从熔体中凝集到籽晶上并逐渐加长。

三、砷化镓的制备

除了硅、锗的单质可作半导体材料外，还有很多具有半导体性质的材料，其中由ⅢA族元素和ⅤA族元素形成的化合物占有重要地位。砷化镓（GaAs）是最典型的一种，它有许多锗、硅所不及的性能，也是很重要的半导体材料。

现在制备砷化镓单晶的方法主要是水平区熔法（亦称横拉法）。这一方法是按合成、提纯、拉单晶的顺序，在同一设备中完成制得单晶的进程。先把高纯度的镓和砷分开放入石英封闭管内，镓放在石英舟皿内，置于约1250℃的高温区，砷置于约610℃的低温区。不断蒸发出的砷蒸气进入镓中，与镓化合成砷化镓熔体。接着就按制备超纯硅或锗的原理和方法进行区域提纯和拉单晶，使熔体从一端凝固并缓慢地向另一端移动，逐渐生成一条单晶。

制备砷化镓单晶比制备硅、锗单晶复杂得多，目前还存在一些问题，有待进一步完善。

第八章　高分子材料

塑料、橡胶、纤维、涂料、粘合剂等高分子材料的广泛使用是20世纪人类物质文明的重要标志之一。高分子材料的原料丰富，制造方便，加工成型容易，性能变化大，在日常生活、工农业生产和尖端科学领域都具有广泛的用途，所以高分子材料也是20世纪提高人类生活质量的主要物质基础之一。

第一节　高分子材料概论

高分子一般是指相对分子质量大于10^4、链的长度在$10^3\sim10^5$Å甚至更大的分子。而高分子材料一般是指那些天然或人工合成的在一定条件下可以满足一定使用要求的有机高分子物质，主要是指五大合成材料——塑料、橡胶、化学纤维、涂料、粘合剂。

高分子材料可通过小分子的聚合反应而制得。因此常将合成的高分子化合物称为高聚物，而把生成高分子化合物的那些低分子原料称为单体。例如生成聚四氟乙烯$\text{+}CF_2—CF_2\text{+}_n$的单体是四氟乙烯 $CF_2═CF_2$；合成尼龙66的单体是己二酸 $HOOC—(CH_2)_4—COOH$和己二胺 $H_2N—(CH_2)_6—NH_2$

单体或单体混合物变成聚合物的过程称为聚合（反应）。例如在常温常压下为气体的氯乙烯单体，经聚合反应形成固体高聚物聚氯乙烯。其反应式如下

$$n\,CH_2=CHCl \rightarrow \sim CH_2—CHCl—CH_2—CHCl—CH_2—CHCl\sim$$

这种很长的聚合物分子，通常称为分子链。将存在于聚合物分子中重复连接的原子团称为结构单元。如聚氯乙烯重复结构单元为$—CH_2—CHCl—$，尼龙66的重复结构单元为$\text{+}NH(CH_2)_6NHCO(CH_2)_4CO\text{+}$，结构单元在高分子链中又称为链节。

高聚物结构中，形成高聚物的结构单元数目叫聚合度。如聚四氟乙烯$\text{+}CF_2—CF_2\text{+}_n$的聚合度为$n$。就某一高聚物而言，各个高分子链的聚合度是不一样的，即高分子链的长短是不一致的，相对分子质量自然也不一样，因此高分子的聚合度和相对分子质量都是一个平均值。一般常用数均相对分子质量来表示高分子相对分子质量的大小。数均相对分子质量Mn的定义为

$$Mn=(n_1M_1+n_2M_2+n_3M_3+\cdots)/(n_1+n_2+n_3+\cdots)=\Sigma n_iM_i/\Sigma n_i$$

式中，M_i为相对分子质量；n_i为相对分子质量为M_i的物质的量。Mn可通过测高分子稀溶液的粘度或依数性（渗透压、沸点升高等）来确定。由平均相对分子质量及结构单元的相对分子质量可以求出平均聚合度。如PVC的$Mn=50000$，$Mo=62.5$，$n=Mn/Mo=800$。

高分子材料的种类很多，而且还在不断增加。为了研究的方便，需对其进行分类。依据高分子来源的不同可分为天然高分子材料和合成高分子材料。如天然橡胶、虫胶、棉麻纤维、蚕丝、土漆等都属于天然高分子材料。合成高分子材料更多，如聚乙烯、聚丙烯、聚苯乙烯、氯丁橡胶、丁腈橡胶、尼龙、涤纶等不胜枚举。依据聚合物性能用途的不同，可分为塑料、橡胶、纤维、涂料、粘合剂等。塑料是以合成树脂为基础，加入（或不加）各种助剂

和填料可塑制成型的材料。塑料按其热性能可分为热塑性和热固性两种。前者受热后软化或熔化，冷却后定型，这一过程可以反复，它们都是线形或支链形聚合物；后者是经加工成型后再受热也不软化，形成体形聚合物。按使用性能塑料又可分为通用塑料和工程塑料。所谓工程塑料，即具有较高强度和其他特殊性能的聚合物，在工业上可制成机械结构和零部件使用。橡胶是具有可逆形变的高弹性聚合物材料；在很小外力作用下，形变可达1000%，而外力去除后，又可复原。纤维是纤细而柔软的丝状物，根据原料来源可分为天然纤维和化学纤维，化学纤维又分为人造纤维和合成纤维。人造纤维是将天然纤维经过化学加工重新抽丝制成的纤维（如粘胶纤维）；合成纤维是全人工合成的线性聚合物抽成的纤维。合成纤维的强度高，弹性大，优于天然纤维，但吸湿性小，染色性差。此外还可按聚合物主链的结构分为碳链、杂链及元素有机聚合物。碳链聚合物的主链是由碳原子组成，例如聚烯烃及其衍生物等；杂链聚合物链上除碳原子外尚含有氧、氮、硫、磷等，如聚醚$\mathrm{[R—O]_n}$、聚酯$\mathrm{[CO—R—CO—O—R—O]_n}$、聚氨酯$\mathrm{[O—R—O—CO—NH—R—NH—CO]_n}$、聚硫醚$\mathrm{[R—S]_n}$、聚砜$\mathrm{[R—O—R—S(OO)—R]_n}$等。元素有机聚合物主链中含有硅、钛、铝等天然有机物中不常见的元素，如聚硅氧烷$\mathrm{[Si(RR)—O]_n}$、聚钛氧烷$\mathrm{[Ti(RR)—O]_n}$等。许多杂链聚合物和元素有机聚合物因具有较高的耐热性和强度，在航空、航天等高技术领域具有重要的或潜在的用途。

第二节 高分子材料的合成方法

一、缩合聚合——缩聚

缩聚反应是具有两个或两个以上反应官能团的低分子化合物相互作用而生成大分子的过程。这里有反应官能团的置换-消除反应，即在生成大分子的同时生成低分子化合物，如水、氯化氢、醇等；也有加成反应，即只生成大分子而没有低分子产物（如生成聚氨酯的反应）。反应官能团常见的有氨基、羟基、羧基、异氰酸酯基等。

缩聚反应区别于加聚反应最重要的特征是大分子链的增长是一个逐步的过程。以聚酯化反应为例：当一个二元酸分子和一个二元醇分子进行酯化反应时，生成一个一端含有羧基、另一端含有羟基，仍能继续进行酯化反应的酯分子。

$$\mathrm{HOR'OH+HOOCRCOOH \longrightarrow HOR'OCORCOOH+H_2O}$$

这个酯分子可以进一步与一个二元酸或二元醇分子起酯化反应，生成含多一个酯键和R（或R′）基，两端都是羧基或羟基的酯分子。

$$\mathrm{HO—R'OCORCOOH+HO—R'OH \longrightarrow HO—R'OCORCOO—R'OH+H_2O}$$

$$\mathrm{HOOCRCOO—R'OH+HOOCRCOOH \longrightarrow HOOCRCOO—R'OCORCOOH+H_2O}$$

它们之间又可以进一步酯化，使原来含有两个酯键的分子变成含有五个酯键的更大的分子。

$$\mathrm{HO—R'OCORCOO—R'OH+HOOCRCOO—R'OCORCOOH \rightarrow}$$
$$\mathrm{HO—R'OCORCOO—R'OCORCOO—R'OCORCOOH+H_2O}$$

这样的大分子两端仍然具有羧基和羟基，还能进一步使酯化反应进行下去，羧基和羟基逐步反应的结果，就生成了大分子的聚酯。在反应后期反应系统中单体二元酸和单体二元醇消失后，主要是低聚体的聚酯分子之间的酯化反应，生成聚酯大分子。

$$HO-R'O\!\!-\!\!\!\!\![CORCOO-R'O]_x CORCOOH + HO-R'O[CORCOO-R'O]_y$$
$$CORCOOH \rightarrow$$

$$HO-R'O[CORCOO-R'O]_{x+y+1}CORCOOH + H_2O$$

从上述反应历程可以看出在缩聚反应中聚合物相对分子质量的增长是逐步的，并且生成的是相对分子质量大小不一的同系物，它们的组成具有多分散性。

在涤纶树脂的生产中，树脂粘度随减压、缩聚时间增长而逐步上升的事实（表 8-1），也能反映出缩聚反应中链的增长是一个逐步的过程。

表 8-1 减压缩聚时间与涤纶树脂粘度的关系

减压缩聚时间/min	特性粘度 [η][①]/Pa·s	数均相对分子质量 Mn
150	0.46	13800
180	0.49	15000
240	0.53	16000
270	0.69	22000
300	0.70	22500
315	0.73	23500
330	0.73	23500
420	0.77	25000

① 以苯酚、四氯化碳（质量）混合溶剂，25℃时测定的溶液特性粘度。

缩聚反应依据反应的性质可分为可逆缩聚反应和不可逆缩聚反应。就可逆缩聚反应来说，其链的增长不仅是一个逐步的过程，而且是一个可逆的过程。如上面提到的酯化反应就是一个可逆反应，生成的酯还可以被水解为醇和酸。在反应的初期正反应的速率比逆反应的速率大，聚酯化反应占优势，聚合物的相对分子质量不断上升；当反应进行到一定程度，正反应速率与逆反应速率相等时，反应就到达平衡状态，相对分子质量不再随反应时间增长而上升。要使聚合物相对分子质量增大，必须排除低分子产物，从而破坏平衡，使反应不断朝着生成聚合物的方向进行。但是当反应到了后期，反应介质粘度相当大，低分子产物难以排除，逆反应速率加大，就会阻碍高相对分子质量聚合物的形成。以线形聚酯的合成为例，在通常的情况下，一般聚酯的相对分子质量较低（不超过 1 万），即使在高真空中仔细地除去低分子产物，得到的聚合物相对分子质量也很难超过 3 万。因此，一般说来，缩聚产物的相对分子质量要比加聚反应产物的相对分子质量低。为了提高缩聚反应的相对分子质量，首先必须严格控制反应物官能团的等当量比，任何一种组分过量都会引起产物相对分子质量的降低。可以采取除去反应中生成的小分子，延长反应时间，对于吸热反应还可采用提高反应温度等措施来促使可逆反应向着生成聚合物的方向进行。

需要指出的是，并不是所有的聚合物都是相对分子质量越大越好。根据不同的用途，可能需要不同相对分子质量的聚合物；此外，相对分子质量太大时也给加工带来困难，例如用界面缩聚反应生产聚碳酸酯时，若不加任何控制，相对分子质量可达 200000，这样大的相对分子质量很难加工，这时就需要对聚合物的相对分子质量进行控制。生产上经常采用如下措施：

（1）改变原料的当量比　如果使其中某一官能团适当过量，则有利于另一官能团作用完全，最后使大分子两端均为同样的一种官能团，这样大分子之间就不会再继续反应下去而使相对分子质量稳定下来。例如在用己二酸和己二胺生产尼龙时，往往投入稍过量的己二酸。己二酸在这里既是相对分子质量调节剂又是缩聚反应的催化剂。

(2) 向反应体系中加入单官能团的活性物质（如一元酸、一元胺等） 以此来控制缩聚产物的相对分子质量。这项措施的原理与改变原料的当量比相同。因为当单官能团的分子连接到大分子上后，反应便无法再进行下去。如上面提到的聚碳酸酯的生产就是加入苯酚来控制产物的相对分子质量的。生产尼龙 6 时常采用乙酸来控制生成产物的相对分子质量。

不可逆缩聚反应的基本特征是，在整个缩聚反应过程中聚合物不被缩聚反应的低分子产物所降解，也不发生其他的交换降解反应。

反应不可逆的原因在于：①不可逆缩聚反应的单体（原料）的反应活性足够大，使反应可在很低的温度下进行，在这样的条件下通常不可能发生逆反应；②生成的高聚物的分子结构非常稳定，在反应过程中不与低分子产物或原料发生降解反应。例如在航空航天技术中具有重要应用价值的 Kevlar-29 纤维，就是由对苯二胺与对苯二甲酰氯在二甲酰胺等极性溶剂中，用低温溶液缩聚的方法制得的。该反应为不可逆的缩聚反应。

$$n\ H_2N-C_6H_4-NH_2 + ClCO-C_6H_4-COCl \rightarrow \left[NH-C_6H_4-NH-CO-C_6H_4-CO \right]_n + 2n\ HCl$$

Kevlar-29 纤维的最大特点是高强度和高模量。它的强度相当于钢丝的 6～7 倍，模量为钢丝和玻璃纤维的 2～3 倍。它的熔点高达 550℃，在高温下的强度保持率也非常高，是制作高性能复合材料、高速轮胎帘子线、特种缆绳的重要原料。

表 8-2 列出了一些利用不可逆缩聚反应合成的聚合物的例子。这些高聚物因分子链中含有苯环或氢键，链比较僵硬，结晶度较高，因此具有较高的强度和耐热性，许多在航空航天领域有重要的潜在应用价值。

表 8-2　不可逆缩聚反应合成的聚合物的例子

反　应	原　料	生成的聚合物
聚酯化反应	$ClOCRCOCl + HOR'OH$ $ClOCArCOCl + HOArOH$ $ClOCRCOCl + NaOArONa$	聚　酯 聚芳酯
聚酰胺化反应	$ClOCRCOCl + H_2NR'NH_2$ $ClOCArCOCl + H_2NArNH_2$ $ClOCOROCOCl + H_2NR'NH_2$	聚酰胺 聚芳酰胺 聚胺酯
氧化脱氢缩聚反应	$H-Ar(CH_3)_2-OH + H-Ar(CH_3)_2-OH$ $C_6H_6 + C_6H_6$	聚苯醚 聚　苯
重合聚合反应	$ArCH_2Ar + ArCH_2Ar$	聚碳氢化合物
聚环化反应	$RCOCH_2COR'COCH_2COR + H_2NNHR''NHNH_2$ $O(CO)_2Ar(CO)_2O + H_2NRNH_2$ $ClOCR'COCl + H_2NNHCORCONHNH_2$ $(H_2N)_2Ar(NH_2)_2 + O(CO)_2Ar(CO)_2O$	聚吡唑 聚酰亚胺 聚恶二唑 聚苯并咪唑

二、加成聚合

加成聚合绝大多数是由烯类单体出发，通过连锁加成作用而生成高聚物的。依其反应历程的不同，可分为三大类：游离基加聚反应、离子型加聚反应和配位离子加聚反应。其中游离基加聚反应是合成高聚物的一大类重要方法，聚乙烯、聚氯乙烯、聚苯乙烯、聚四氟乙烯、聚甲基丙烯酸甲酯、聚丙烯腈、聚丁二烯、聚异戊二烯等都是通过游离基加聚反应合成的，其中有塑料，也有纤维和橡胶。游离基加聚反应与缩聚反应的特征比较简略地归纳在表8-3中。

游离基加聚反应主要包括链引发、链增长、链转移和链终止四个步骤。下面以高压聚乙烯的合成来说明这个过程。

表 8-3　游离基加聚反应与缩聚反应的特征比较

游离基加聚反应	缩　聚　反　应
1. 绝大多数是不可逆反应	1. 一般是可逆反应
2. 绝大多数是连锁反应	2. 多是逐步反应
3. 增长反应主要通过单体逐一加在链的活性中心上	3. 增长反应可通过大分子与大分子、大分子与单体的反应，主要是前者
4. 在整个反应中单体浓度逐渐减少	4. 反应初期，单体浓度很快下降，而趋于零
5. 反应速率快，相对分子质量很快达到定值，反应时间增加，产率增大，相对分子质量变化不大	5. 反应过程中相对分子质量逐渐增大，相对分子质量分布宽，反应时间增加，相对分子质量亦随之增大

(1) 链引发　在高温高压下，氧与乙烯反应生成过氧化物引发剂，进而热分解成为初级游离基，它能再与乙烯分子作用生成单体游离基，进行链的引发，即

$$O_2 + CH_2{=}CH_2 \rightarrow R{-}O{-}O{-}R$$

$$ROOR \longrightarrow 2RO\cdot \longrightarrow 2R\cdot + O_2$$

$$R(或\ RO\cdot) + CH_2{=}CH_2 \rightarrow R{-}CH_2{-}CH_2\cdot$$

(初级游离基)　　(单体游离基)

如用过氧化物引发剂，则先分解生成初级游离基，即

$$ROOR \longrightarrow 2RO\cdot$$

氧、过氧化物用量不能过多，一般不超过 0.05%，否则连锁反应进行太剧烈，温度骤升而发生爆炸。

(2) 链增长　链引发产生的单体游离基具有高度反应活性，能与乙烯作用产生二聚体游离基，它仍具有活性，便再与乙烯作用。这样反复多次地进行连锁反应，便产生大分子链游离基，进行链的增长过程，即

$$R{-}CH_2{-}CH_2\cdot + CH_2{=}CH_2 \rightarrow R{-}CH_2{-}CH_2{-}CH_2{-}CH_2\cdot$$

(单体游离基)　　(二聚体游离基)

$$R{-}CH_2{-}CH_2{-}CH_2{-}CH_2\cdot + CH_2 = CH_2{-}R{+}CH_2{-}CH_2{+}_2CH_2{-}CH_2\cdot \rightarrow\cdots$$

$$\rightarrow R{+}CH_2{-}CH_2{+}_{n+1}CH_2{-}CH_2\cdot$$

(大分子链自由基)

在链增长过程中，每增长一个链节都产生聚合热，每个聚乙烯大分子的聚合度约为$(1\sim2)\times10^3$，所需链增长时间约几秒至几十秒，速率极快，故主要放热就在这链增长过程。高温可促使反应物活性增大，高压促使反应物密集，增加碰撞机会，都有利于链增长反应的进行。

(3) 链转移　链增长中的游离基，在达到一定聚合度后还可进行链转移反应，主要有三

种转移方式：

1）向大分子转移，产生支链大分子

$$\cdot CH_2CH_2 \sim\sim\sim + \sim\sim\sim CH_2CH_2 \sim\sim\sim \longrightarrow CH_3CH_2 \sim\sim\sim + \sim\sim\sim CH_2\dot{C}H \sim\sim\sim$$

$$\sim\sim\sim CH_2\dot{C}H \sim\sim\sim + CH_2=CH_2 \longrightarrow \sim\sim\sim \underset{\displaystyle\overset{|}{CH_2-\dot{C}H_2}}{CH_2-CH}\sim\sim\sim \rightarrow \rightarrow$$

2）链自由基内转移，产生短支链大分子

$$\sim\sim\sim CH_2CH_2CH_2CH_2\dot{C}H_2 \longrightarrow \left[\begin{array}{c} \sim\sim\sim CH_2 \\ \dot{C}H_2 \quad CH_2 \\ CH_2-CH_2 \end{array}\right] \longrightarrow \begin{array}{c} \sim\sim\sim \dot{C}H \\ CH_3 \quad CH_2 \\ CH_2-CH_2 \end{array}$$

$$\xrightarrow{CH_2=CH_2} \sim\sim\sim \underset{\displaystyle\overset{|}{CH_2CH_2CH_2CH_2CH_3}}{CH-CH_2CH_2\cdot} \rightarrow \rightarrow END$$

3）向小分子（例如向氢、烷烃等）转移，产生无支链大分子

$$\sim CH_2-CH_2\cdot + H_2(RH) \longrightarrow \sim CH_2-CH_3(\text{无支链大分子}) + H\cdot(R\cdot)$$

由上可知，链转移的前两个方式是产生支链的原因，反应温度越高，支化的程度也越大。

高压聚乙烯每 1000 个碳原子含有的支链数平均为 21 个，其中纯甲基约 2.5 个，纯乙基约 14 个。聚合物支链越多，大分子之间聚集态越不规则，结晶度就越小，密度也越小。高压聚乙烯的结晶度约为 65%，密度约为 $0.92g\cdot cm^{-3}$左右，制成品较透明、较软。与低压聚乙烯比较，后者结晶度约为 85%～90%，密度为 $0.95\sim0.96g\cdot cm^{-3}$，制成品不透明、较硬，这与低压聚乙烯有很少的支链有关。

（4）链终止　反应体系中链引发所产生的游离基数目是远比乙烯分子数目少（因引发剂数目极少），故游离基之间互相碰撞的机会很小，这就保证了链增长反应是主要的。当增长到一定程度后，链游离基之间相碰便可能发生链终止反应，有两种终止方式：

1）双基结合终止

$$\sim CH_2-CH_2\cdot + \cdot CH_2-CH_2\sim \longrightarrow \sim CH_2-CH_2-CH_2-CH_2\sim$$

2）双基歧化终止

$$\sim CH_2-CH_2\cdot + \cdot CH_2-CH_2\sim \longrightarrow \sim CH_2-CH_3 + CH_2=CH\sim$$

双基结合终止可得到一个聚合度增大的稳定大分子，双基歧化终止得到两个稳定的大分子，其中一个端基含有不饱和双键。两种类型的双基终止反应可同时进行，其比例随反应物质和条件而异。

离子型加聚反应和游离基加聚反应相似，也分为链引发、链增长和链终止等步骤，同属于连锁反应的历程。但是反应的活性中心是离子而不是独电子的游离基。适合离子型加聚反应的单体多是一些双键上连接有给电子基团或吸电子基团的烯烃，如异丁烯、乙烯基醚、丙烯酸酯、丙烯腈等，反应的开始需要催化剂的引发。

配位离子加聚反应是一种较新型的加聚反应，1955 年 Ziegler 以 $TiCl_4$ 和 $Al(C_2H_5)_3$的混合物为催化剂进行乙烯的加聚，合成了高密度聚乙烯；继此之后，Natta 等以 $TiCl_3$ 和 $Al(C_2H_5)_3$的混合物作为催化剂进行丙烯的加聚得到了结晶性聚丙烯，从 X 射线的结构分析

显示出这一聚丙烯具有规整性的结构，这是用 Ziegler-Natta 催化剂配位加聚的开始。用此法生产的低压聚乙烯，压力在 0.2～1.5MPa，温度在 60～90℃下进行，较之高压聚乙烯需在 100～200MPa 和 200℃下用游离基加聚的反应条件要容易多了。更有意义的是，像丙烯这样一个石油化工中重要的单体，用游离基加聚法无论是通常条件还是高温高压条件下也得不到聚丙烯，用配位离子加聚法却在大约与低压聚乙烯类似的条件下，便可顺利地生产出聚丙烯，并在产量上成为当代的主要塑料之一。

配位离子加聚反应链增长的机理，是先由烯烃（或二烯烃）单体的 C ═ C 双键与配位催化剂中活性中心的过渡元素原子（如 Ti、V、Cr、Mo、Ni 等）空的 d 轨道进行配位，然后进一步发生移位，使链节增长，如此相继进行，迅速产生大分子。配位离子加聚反应的活性中心既不是带独电子的游离基，也不是带电荷的离子，而是催化剂中含有烷基的过渡元素的空的 d 轨道。单体能在空的 d 轨道上配位而被活化，随后烷基及双键上的电子对发生移位，得以链增长，所以叫做配位离子加聚。

配位离子加聚反应有一重要的特点就是，由 α-烯烃或二烯烃产生的聚合物的链节排列具有立体构型的规整性，包括有规立构和几何立构。聚合物的支链少，结晶度高，软化点和机械强度也比游离基加聚时所得到的同类聚合物高。在配位离子加聚的链增长时，单体先与催化剂的活性中心进行的配位反应是具有立体定向性的，使链增长后的每一个大分子链节的排列也就有了立体定向性，故配位离子加聚又叫定向离子加聚。

应该指出，不是所有的单体都能进行配位离子加聚，目前适于配位离子加聚的单体仅限于 α-烯烃和二烯烃类，如 1-丁烯、苯乙烯、丁二烯、异戊二烯等。

第三节　高分子材料的结构与性能

高分子材料的物理状态是由高分子聚集而成的，高分子链是以特定的基本链节构成的。高聚物广义的结构是多层次的，按层次可以分为下面三级结构：

一级结构是指一个高分子链节的化学结构、空间构型、链节序列及链段的支化（或交联）度及其分布，并包括高分子的立体化学问题，这是最基本的高分子结构。

二级结构是指一个高分子链由于主链价键的内旋转和链段的热运动而产生的各种构象。无定形高聚物的构象是长程无序的；结晶高聚物的构象则是长程有序的，呈现一定的空间规整性和重复性。

三级结构也就是聚集态结构，许多高分子链聚集时，其链段之间的相对空间位置有紧密或疏松、规整与凌乱之分，链段间相互作用力随之也有大小之别。按聚集态的紧密和规整程度，聚合物可分为无定形、介晶（包括液晶）和结晶三类相态。

高聚物各级结构综合决定了其各种物理状态及物性，一级结构主要是由单体经聚合反应而制取高分子的化学过程所决定的，要改变一种高分子的一级结构，必须通过化学反应即价键的变化才能实现。二、三级结构主要受外界物理因素的影响，例如因温度、压力及成型加工过程的条件不同而改变。一级结构是二、三级结构的基础；反过来，二、三级结构也会影响到一级结构的化学变化的难易，彼此相互制约，共同决定着高聚物的性质。

一、高分子链的化学结构与构型

1. 链节的化学组成与结构

高分子材料是由无数高分子链聚集而成的，高分子链的结构单元是链节，不同链节的高聚物具有不同的性质，因此高分子链的结构应首先从链节结构来分析。表 8-4 列举了一些高聚物的链结构与一般物理性能的关系。孤立地看待某一链节结构时，它的化学基团具有低分子有机化合物的基本属性；但链节连接成高分子链，并进一步聚集起来，使链节不再是单一孤立的分子，其性质也就发生了根本的变化。

表 8-4 高聚物的链结构与一般物理性能的关系

高聚物名称	链节结构	分子链柔顺性	室温时的一般物性	应用
聚乙烯	$-CH_2-CH_2-$	+	软、韧	纤维、塑料
聚丙烯（等规）	$\lbrack CH_2-CH(CH_3) \rbrack_n$	+	硬、韧	纤维、塑料
聚氯乙烯（无规）	$\lbrack CH_2-CH(Cl) \rbrack_n$	+	硬、韧	纤维、塑料
聚苯乙烯（无规）	$\lbrack CH_2-CH(C_6H_5) \rbrack_n$	+	硬、脆	塑料
聚乙烯醇	$\lbrack CH_2-CH(OH) \rbrack_n$	+	硬、脆	纤维
聚丙烯腈	$\lbrack CH_2-CH(CN) \rbrack_n$	+	硬、韧	纤维
聚甲基丙烯酸甲酯（PMMA）	$\lbrack CH_2-C(CH_3)(COOCH_3) \rbrack_n$	+	硬、脆	塑料
聚己二酸己二胺（尼龙 66）	$\lbrack NH(CH_2)_6NH-CO(CH_2)_4CO \rbrack_n$	+	硬、韧	纤维、塑料
聚对苯二甲酸乙二醇（涤纶）PET	$\lbrack CO-C_6H_4-CO-O(CH_2)_2O \rbrack_n$	+	硬、韧	纤维、塑料
聚碳酸酯	$\lbrack O-C_6H_4-C(CH_3)_2-C_6H_4-O-CO \rbrack_n$	−	硬、脆	塑料
聚对苯二甲酰对苯二胺（Kevlar）	$\lbrack CO-C_6H_4-CO-NH-C_6H_4-NH \rbrack_n$	+	硬、韧	纤维、塑料
聚醚醚酮（PEEK）	$\lbrack C_6H_4-CO-C_6H_4-O-C_6H_4-O \rbrack_n$	+	硬、韧	纤维、塑料
天然橡胶	$\lbrack CH_2C(CH_3)=CHCH_2 \rbrack_n$	+	软、弱	橡胶
聚二甲基硅氧烷（硅橡胶）	$\lbrack Si(CH_3)_2-O \rbrack_n$	−	软、弱	橡胶

高分子链的大小可以用所含链节的数目（聚合度）或用相对分子质量来表征，它对高聚物的物理性能有很大影响，例如聚乙烯的相对分子质量为 1 万或聚苯乙烯的相对分子质量为 5 万时都极易被破碎，只有重均相对分子质量分别在 8 万及 30 万以上时，才具有较好的使用强度。

链节中各种键的键能是决定高聚物稳定性的主要因素，碳链高分子主链上的键主要是 C—C 和 C═C 两种，杂链高分子主链上尚有 C—O、C—N 及 Si—O 等键，键能数据列于表 8-5。

表 8-5　各种键的键能和键长

化学键	键能/kJ·mol^{-1}	键长/Å	化学键	键能/kJ·mol^{-1}	键长/Å
C—C	347	1.54	C—N	305	1.47
C═C	610	1.34	C—Cl	339	1.77
C—O	359	1.46	N—H	389	1.01
C═O	748	1.21	O—H	464	0.96
C—H	414	1.10			

2. 链节的构型——高分子链的立体化学

高分子链节结构与低分子有机化合物一样，也存在立体化学的结构问题，随着链节的构型不同而有立体结构存在，主要有有规立构，顺、反立构，旋光立构，现分述如下。

（1）有规立构高分子　例如聚丙烯有 d—与 l—两种链节构型：

```
              CH3                      H
               |                       |
          —CH2C—                  —CH2C—
               |                       |
d—链节         H     ，l—链节          CH3
```

当聚丙烯的高分子链全部由 d—链节（或全部由 l—链节）构成时，称为等规聚丙烯或称全同聚丙烯（熔点 175℃）；若由 d—链节和 l—链节交替相间连接时，称为间规聚丙烯或间同聚丙烯（熔点 134℃）；若 d—及 l—链节无规则地连接时，称为无规聚丙烯（室温为液态）。聚苯乙烯、聚氯乙烯、聚甲基丙烯酸甲酯等碳链高分子以及聚甲醚类都有相似的有规立构高分子。现将 d—与 l—两种链节的立体构型用如下通式表示：

碳链高分子：

```
               x                       y
               |                       |
          —CH2C—                  —CH2C—
               |                       |
d—链节         y     ，l—链节          x
```

聚甲醚类高分子：

```
               x                       y
               |                       |
            —O—C—                   —O—C—
               |                       |
d—链节         y     ，l—链节          x
```

随着 d—与 l—链节连接的序列不同，可组成如下几种异构高分子：

等规高分子（全同高分子）：…ddddd（…llllll…）

间规高分子（间同高分子）：…dldldldl…

嵌规高分子：$\cdots[\mathrm{d}-]_k-[\mathrm{l}-]_l-[\mathrm{d}-]_m-\cdots$

无规高分子：…ddldllldlldldldd…

表 8-6 为聚甲基丙烯酸甲酯（有机玻璃）的四种异构高分子的一些性质比较。

表 8-6　聚甲基丙烯酸甲酯的性质

异构高分子	玻璃化温度 t_g/℃	熔点 t_m/℃	密度/g·cm^{-3}
等规高分子	45	160	1.22
间规高分子	115	200	1.19
嵌规高分子	60～95	170～190	1.20～1.22
无规高分子（通常产品）	104	—	1.19

（2）顺、反立构高分子　从单体丁二烯用配位聚合方法，可合成两类聚合物：一类是聚 1,2-丁二烯，通式是 $\left[\mathrm{CH_2-\underset{\underset{\displaystyle CH=CH_2}{|}}{CH}}\right]_n$；另一类是$\left[\mathrm{CH_2-CH=CH-CH_2}\right]_n$。每一类都可能存在立体异构，如图 8-1 所示，各种异构高分子的性质列于表 8-7。

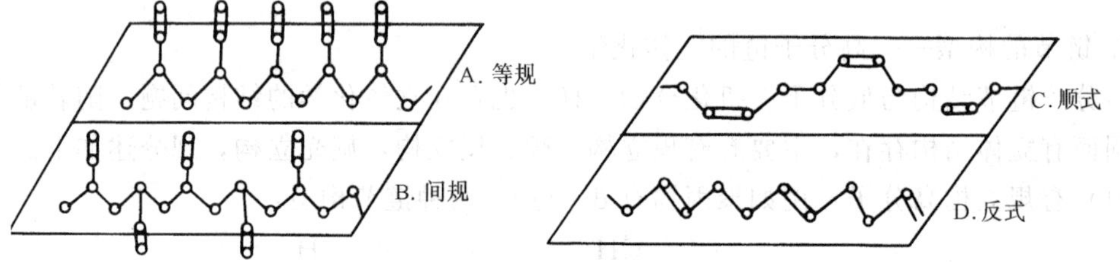

图 8-1　聚丁二烯的各种立体异构

表 8-7　聚丁二烯的物理性质

异构高分子	熔点/℃	密　度 /g·cm^{-3}	溶解性（烃类溶剂）	物性（常温）	回弹性(%)（20℃）
等规聚 1，2-丁二烯	120～125	1.96	难	硬、韧、结晶性	45～55
间规聚 1，2-丁二烯	154～155	0.96	难	硬、韧、结晶性	
顺式聚 1，4-丁二烯	4	1.01	易	无定形弹性体	88～90
反式聚 1，4-丁二烯	135～148	1.02	难	硬、韧、结晶性	75～80

由表 8-7 可以看出，顺式聚 1,4-丁二烯在常温下是无定形的弹性体，是重要的顺丁橡胶材料，而其他异构高分子的用途则不大；同样，顺式聚 1,4-异戊二烯（天然橡胶）也是优良的弹性体。反式的聚 1,4-异戊二烯在常温下则是结晶性的聚合物，弹性很差。

（3）旋光立构高分子　聚乳酸（PLA）是以乳酸为原料制备的。众所周知，乳酸分子是一种简单的手性分子，存在两种光学异构体：D 型和 L 型。

$$\mathrm{H-\underset{\displaystyle CH_3}{\overset{\displaystyle COOH}{\vert}}-OH} \qquad\qquad \mathrm{HO-\underset{\displaystyle CH_3}{\overset{\displaystyle COOH}{\vert}}-H}$$

D-乳酸　　　　　　L-乳酸

由石油化工途径生产的乳酸为等量 D、L 构型的外消旋体；发酵法制得的乳酸主要为 L 型的乳酸。由乳酸缩合制得的聚乳酸也存在着聚 D-乳酸、聚 L-乳酸以及聚 D,L-乳酸，前两者为结晶性聚合物，而后者为半结晶或无定形聚合物，三种不同构型聚合物的基本性能见表 8-8。

3. 高分子链段中链节序列、支化和交联

在上面我们看到了相同单体的聚合物，因链节构型及其连接序列不同而导致高分子的异构及性质的差异。若是两种单体 A 与 B 进行共聚合反应，两种链节的连接序列不同，所得到的也是性能完全不同的聚合物，共有如下几种：

表 8-8　不同构型 PLA 的基本性能

性　　能	P-D-LA	P-L-LA	P(D,L)-LA
固体结构	结晶性	半结晶性	无定形
熔点/℃	180	170～180	—
玻璃化温度/℃	—	56	50～60
热分解温度/℃	200	200	185～200
伸长率(%)	20～30	20～30	—
断裂强度/MPa	20～40	15～30	10～20
水解性(37℃生理盐水中的强度减半时间)	4～6 个月	4～6 个月	2～3 个月
溶解性	不溶于脂肪烃、甲醇、乙醇等	可溶于二氯甲烷、氯仿、乙腈等	溶解性更好

1）交替共聚物：$\cdots ABABABAB \cdots$

2）无序共聚物：$\cdots ABAAABABBABBBB \cdots$

3）嵌均共聚物：$\cdots ABB\ [A]_m BAABBB\ [A]_n B \cdots$

4）嵌段共聚物：$\cdots\ [A]_m -\ [B]_n -\ [A]_k -\ [B]_l \cdots$

5）接枝共聚物：
$$\begin{array}{c}\cdots AAAAAAAAAAAAA \cdots \\ \quad | \qquad\qquad | \\ \quad [B]_m \qquad [B]_n\end{array}$$

因序列不同，得到的共聚物的性能不同。序列本身是由共聚反应的规律控制的，也与投料比、投料时间等有关。共聚是聚合物改性的重要手段之一，利用共聚反应的规律，并通过控制投料比、投料时间等因素，可以合成出许多重要的高分子材料，如 ABS、乙丙橡胶、丁苯橡胶等都是非常重要的共聚高分子材料。

高分子链除了线形之外，尚有支化和交联等不同结构形态。一般来说，交联度越大的高分子，物性越刚硬，耐热及稳定性较好，如热固性的树脂、供调制油漆等。线形或支化度较大的高分子，物性较柔软，受热后流动性增大，可转变为粘流体，如热塑性的树脂、供制纤维或塑料。

高分子主链尚有含环、氢键、梯形、网状和体形的结构形式，这些形式的共聚物一般具有优良的耐热性、稳定性、高模量和高强度等特点，是研制新型高性能高分子材料的重要方向。

二、高分子链的构象与柔顺性

无论是低分子或高分子链，凡是由分子中键的内旋转所形成的各种立体形态，均叫做构象。构象有别于我们讨论过的构型，构象的转变是物理现象，主要是由热运动引起的；而构型的转变则必须通过化学反应，改变化学键的立体结构。

键的内旋转不是完全自由无阻的，要受到相邻基团的阻碍，阻碍程度的大小直接影响到高分子链各链节中单键内旋转的难易。一个高分子链能形成的构象越多，即表示越柔顺。实际上高分子总是聚集在一起，链与链之间，化学基团之间有各种作用力，进一步阻碍了每个单键的内旋转和柔顺性。归纳起来，影响高分子链柔顺性的因素有以下几点：

(1) 主链的结构、长短及交联度的影响　主链上有环状结构链节的，柔顺性下降。这种刚硬性的链使共聚物的弹性下降，透气性较小，但耐热性提高。

主链越长，距离稍远的链段间互相牵制减少，高分子可能存在的构象数目就增加，也表现为更柔顺。

主链交联度增加，链段运动受到限制，阻碍了键的内旋转，构象数目减少，整个高分子便较刚硬。

(2) 分子间作用力的影响　分子间的吸引力越小，链的柔顺性越大，因此，非极性主链比极性主链柔顺；侧链基团极性较小时，它们之间的吸力降低，内旋转容易，柔顺性也较好，如聚乙烯比聚氯乙烯柔顺。侧链基团体积越小，空间位阻效应降低，柔顺性也较好，如聚丁烯-1 比聚苯乙烯柔顺。链段之间不形成氢键的，要比有氢键的柔顺性好，如聚酯要比聚酰胺柔顺得多。

(3) 结晶度的影响　高分子链处于结晶态时，链之间受晶格能的束缚，相互作用力很大，故几乎没有柔顺性。在晶格中高分子链的构象是规整的锯齿形伸展链或是螺旋形旋转链，后者在主链上的每个键都有一定的旋转角。

半结晶态的高聚物中含有微晶粒时，晶区起着物理交联的作用，使晶区附近区域的无定形高分子链运动受到限制，故高聚物结晶度越大，链柔顺性越小。

高分子链的柔顺性可用均方根末端距来表征，即

$$\sqrt{\overline{h}^2} = A_m \sqrt{Z}$$

式中，$\overline{h}$为平均末端距；A_m 为统计链节的长度；Z 为统计链节的总数，即统计聚合度。用光散射的实验结果可以推算出 $\sqrt{\overline{h}^2}$，当聚合度固定时，$\sqrt{\overline{h}^2}$越小，反映链的柔顺性越大，例如聚合度为 1000 时，计算出聚乙烯的 $\sqrt{\overline{h}^2}$为 16.5nm，聚苯乙烯的 $\sqrt{\overline{h}^2}$为 24nm，表明前者较柔顺，后者较刚硬。

三、高分子的聚集态（晶态）结构

高分子材料是由许多高分子链聚集而成，聚集起来的链与链的形态和结构称为聚集态结构，可分为无定形态、结晶态和半结晶态结构。对高分子材料的性能影响最大的是高分子的晶态结构。通常将高聚物含晶体结构的质量分数，称为高聚物的结晶度。结晶度为零时是指纯粹的无定形态，结晶度为 100%时，是指纯粹的理想结晶体。通常所说的晶态高聚物并不是完全结晶的，结晶度多数在 50%左右，超过 80%的都很少。

1. 高聚物的结晶条件

金属材料、无机非金属材料和高分子材料都有晶态结构，但后者的特点是有很长的分子链，如何排列进入晶格中去是长期以来研究的课题。高聚物结晶度的大小是受内在的高分子链化学结构因素和外在的温度、应力等因素所影响的，现分述如下：

(1) 高分子链化学结构的影响　综合起来说，凡是高分子链的化学结构越简单的，主链的立体构型规整性及对称性越大的，主链上侧链基团的空间位阻越小的，以及主链上有一定的极性基团能增大链间作用力或形成氢键的都有利于结晶。换言之，凡高分子链间能紧密而又规整地排列的结构因素（包括构型和构象因素），都有利于结晶。例如构型为无规的聚丙烯、聚氯乙烯、聚苯乙烯等聚合物都很难结晶，但一旦合成出构型为等规或间规的相应聚合

物便都可能结晶，并使耐热性大大提高。

（2）温度的影响　为使结晶过程能顺利进行，高分子链必须有足够的活动性，温度过低，链段运动被“冻僵”；温度过高，链段运动过剧，均不利于结晶。因为在玻璃化温度 T_g 与熔点 T_m 之间有一个结晶最适温度 T_k，该时结晶速率最快。T_k 大致可用经验公式表示，即

$$T_k = 0.5(T_g + T_m)$$

在注射成型中，注模后的冷却速率对高聚物结晶度关系很大。聚乙烯、涤纶等纤维和塑料为了提高结晶度以增大制品强度，冷却速率宜慢；若作为薄膜时，为了降低结晶度以增大透明度，就要采用急冷（淬火）。

（3）拉应力的影响　拉伸能促使高分子链取向、排列较紧密且增大链间作用力。如将涤纶拉伸长 4 倍，结晶度可从 3%增至 41%。在合成纤维的抽丝工艺中，拉伸是个十分重要的工序，有利于高分子链取向、结晶，从而提高纤维强度。天然橡胶在常温下不结晶，在拉伸下却易提高结晶度并增大链间吸引力和抗拉强度，次结晶的熔点约为 30～40℃，故在常温下拉伸结晶是不稳定的，易吸热熔化恢复为无定形。

（4）成核剂的影响　成核剂起着晶种的作用，能大大加快结晶的速率，并可得到微晶结构的薄膜材料。这种微晶由于尺寸小于光的波长，故既能提高薄膜的机械强度又能提高透明度。

2. 高聚物结晶链的构象

高聚物结晶链的构象是很规整的，在晶相中长程有序地排列着。构象的形态，根据 X 射线衍射法研究的结果，有如下几种形状：

（1）平面锯齿形构象　如聚乙烯主碳链在晶相中的重复周期等于 2.52Å，相当于一个平面锯齿的距离。聚乙烯结晶链的三维空间排列也非常规整，属于正交晶系，晶胞参数为 $a=7.45$Å，$b=4.97$Å，$c=2.52$Å（链轴），夹角 $\alpha=\beta=\gamma=90°$，如图 8-2 所示。

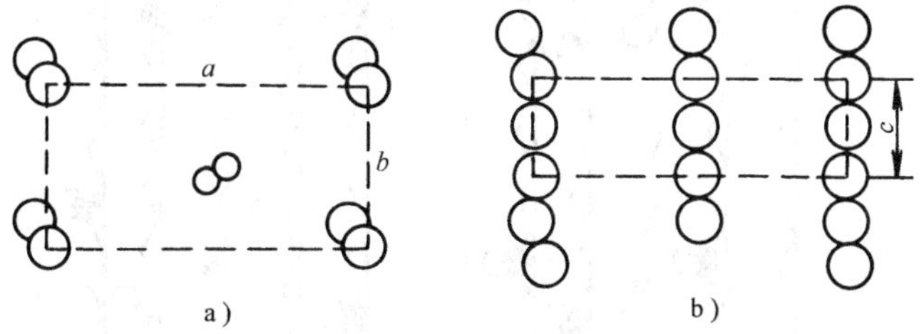

图 8-2　聚乙烯结晶链的排列

a）横截面投视　b）链排列侧视

无规聚氯乙烯是无定形高聚物，因链节构型的无规连接，不可能排进一定晶格中去，间规聚氯乙烯则是可以结晶的，结晶链也是锯齿形，重复周期为 5.1～5.2Å，相当于两个链节锯齿的距离。

（2）螺旋形构象　如等规聚丙烯、等规聚苯乙烯结晶链，由于侧基团间的相互排斥，其主体构象形如螺旋（图 8-3），重复周期为 6.5Å，包括三个单体链节，每个链节的轴转向 120°。

聚四氟乙烯结晶链的螺旋构象周期包含 13 个链节，使碳链骨架的四周被氟包围，呈螺

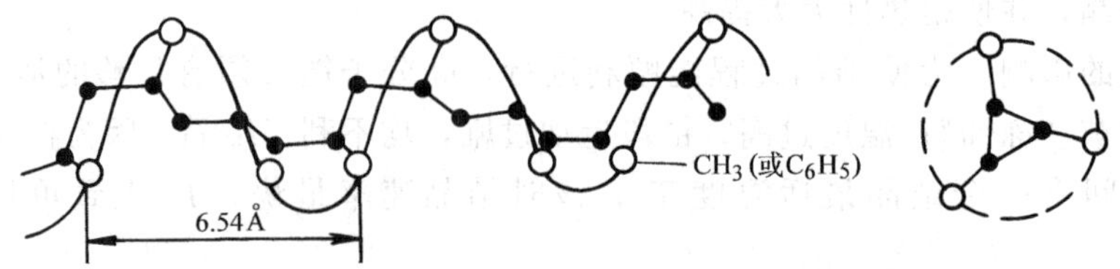

图 8-3　等规聚 α-烯烃结晶链的构象（右图为投视）

旋硬棒状，具有光滑的表面和极好的耐化学腐蚀性。

（3）缩聚物结晶链的构象　缩聚物结晶以聚酯与聚酰胺为典型，它们的结晶链构象都是平面锯齿形的。

乙二醇的聚酯，当酸中碳的数目为奇数时，例如聚壬二酸乙二醇酯，晶胞包含一个结构单元。当酸中碳数为偶数时，如聚癸二酸乙二醇酯，晶胞包含两个重复结构单元，如图 8-4 所示。

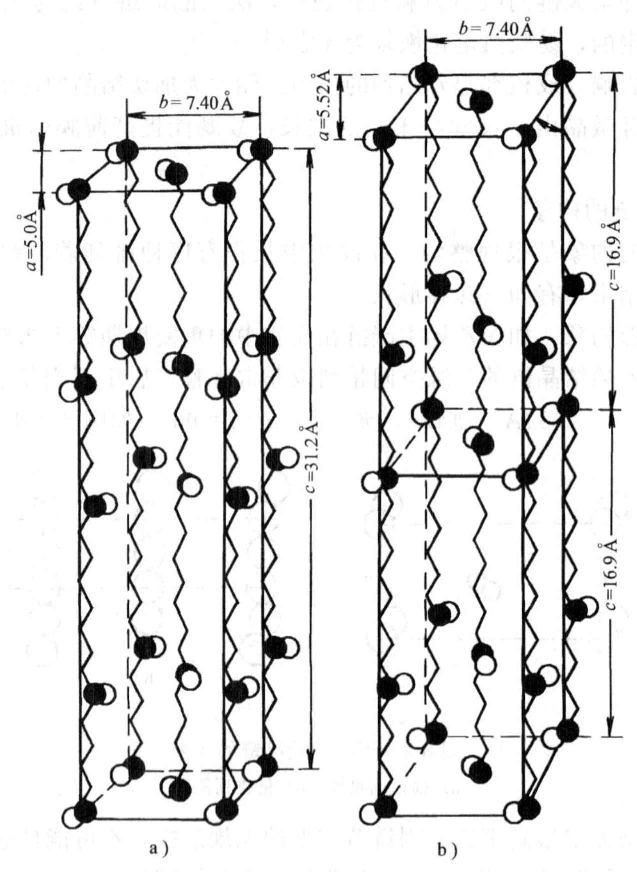

图 8-4　聚酯的晶胞结构

a）奇数碳原子二元酸的聚酯（聚壬二酸乙二醇酯）

b）偶数碳原子二元酸的聚酯（聚癸二酸乙二醇酯）

聚酰胺可视作聚酯碳链上的氧原子被—NH 基所取代的聚合物，其结晶链的构型也相似，特征就是相邻的 C═O 基与—NH 基形成氢键，图 8-5 为聚酰胺分子间的氢键结构图。

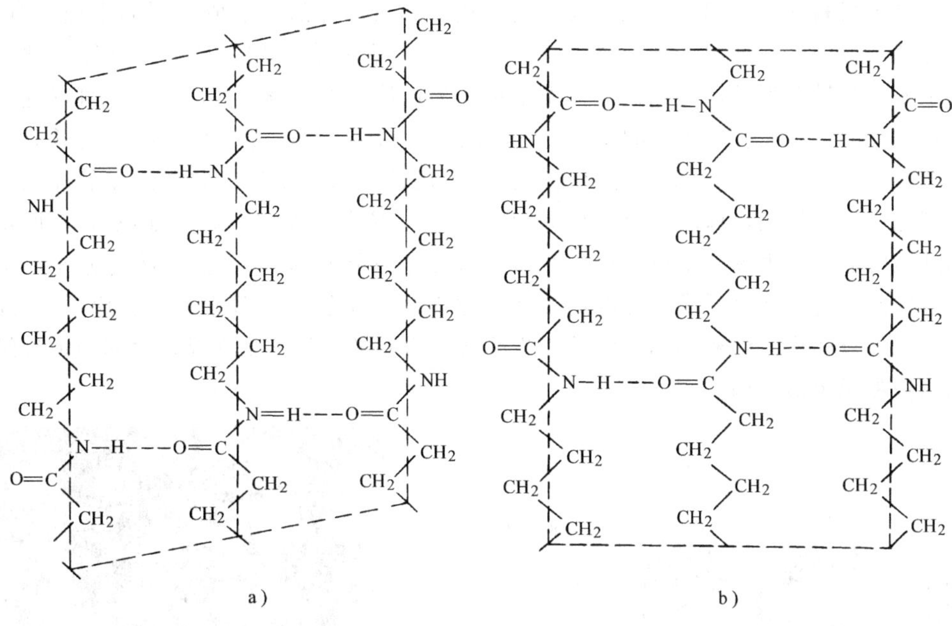

图 8-5 聚酰胺分子间的氢键

a）聚己二酸己二胺 b）聚己内酰胺

3. 高聚物的结晶形态及结晶过程

结晶形态是高分子材料聚集态结构中的重要形式，不同的高分子、不同的结晶条件及结晶过程，生成的结晶形态不同，主要有以下几种：

（1）单晶 是最完整的一种晶态结构，多从线形高分子的稀溶液中培养而得。例如，在78℃，聚乙烯可从0.1%二甲苯溶液中慢慢地生成菱形晶片，并可叠起成多层，如图 8-6 所示。单晶片边长最长可达50μm，每片厚度约 100Å，且与相对分子质量无关。晶片平面可用高倍光学显微镜观察，截面厚度可用 10 万倍电子显微镜观察。

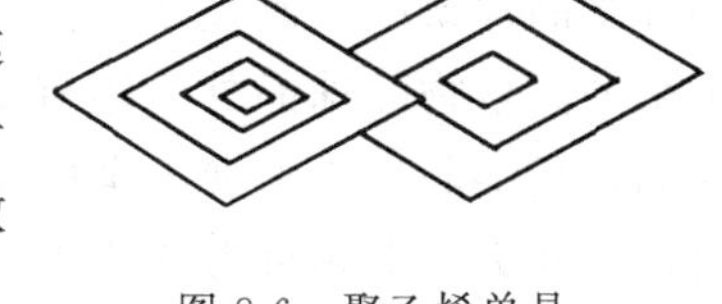

图 8-6 聚乙烯单晶

晶片的成型过程是聚乙烯构象（二级结构）的规整化及聚集态结构（三级结构）的规整化过程。如图 8-7 所示，无规线团的高分子链的构象先行伸直取向成锯齿形并互相有序地排列成链束，链束可再折叠（180°）起来形成折叠“带”，折叠“带”又进一步合成晶片。

（2）球晶 线形高分子聚合物从熔融态慢慢冷却下来，生成球晶，夹杂在无定形区中，

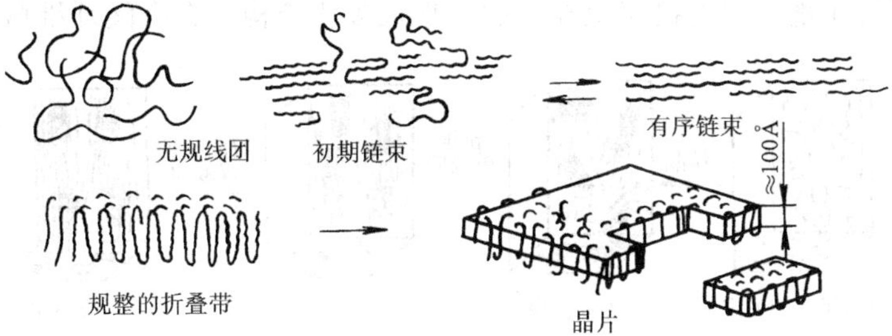

图 8-7 聚乙烯单晶片形成过程示意图

对提高高分子材料的强度和耐热性等有重要作用。如聚乙烯的注射成型制品中便含有球晶。球晶是有球形界面的内部组织复杂的多晶（图 8-8）。有些高聚物的球晶，直径达到几十甚至几百微米，呈散射形结构，用偏光显微镜可容易辨认。由于偏光效应，每个球晶显示出暗十字图像，如图 8-9 所示。球晶的生长过程先是中心有一个晶核，可能是预先形成的折叠带，如图 8-10 所示。从核出发再向四周生长许多扭转形的长晶片，称之为球晶纤维，并有分支，其上有许多缺陷，球晶纤维之间是纤维束状半晶态和无定形区。如图 8-10 所示，构成球晶纤维的晶片是由高分子折叠链合并而成（参考单晶的形成），折叠链的方向与球晶纤维的散射轴向垂直。球晶纤维晶片的规整性往往不及单晶晶片，即球晶的晶片平面有隧毛，这种隧毛小部分能贯穿到相邻晶片中成为折叠链，也有部分是夹杂在晶片之间组成纤维束状半晶态结构和无定形结构。

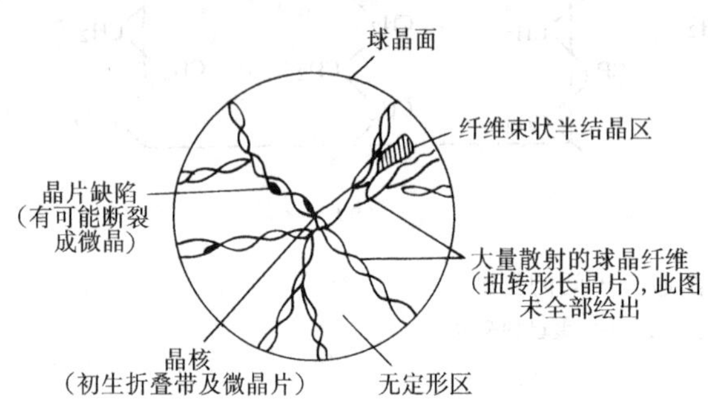

图 8-8 球晶内部组织示意图

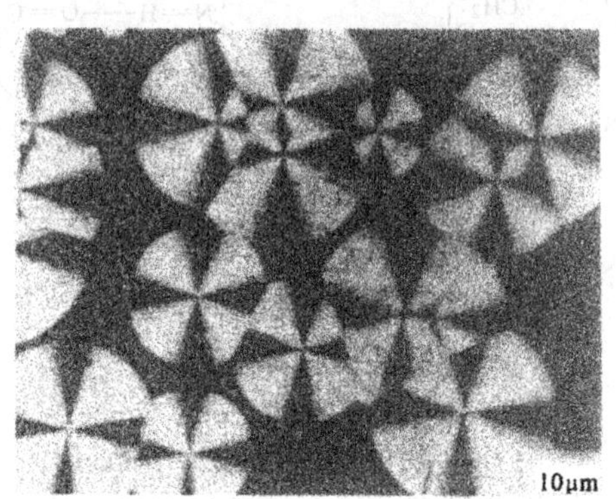

图 8-9 球晶的偏光显微镜图像

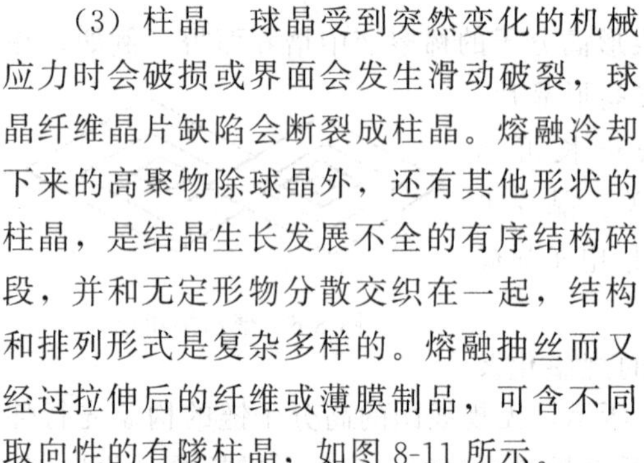

（3）柱晶 球晶受到突然变化的机械应力时会破损或界面会发生滑动破裂，球晶纤维晶片缺陷会断裂成柱晶。熔融冷却下来的高聚物除球晶外，还有其他形状的柱晶，是结晶生长发展不全的有序结构碎段，并和无定形物分散交织在一起，结构和排列形式是复杂多样的。熔融抽丝而又经过拉伸后的纤维或薄膜制品，可含不同取向性的有隧柱晶，如图 8-11 所示。

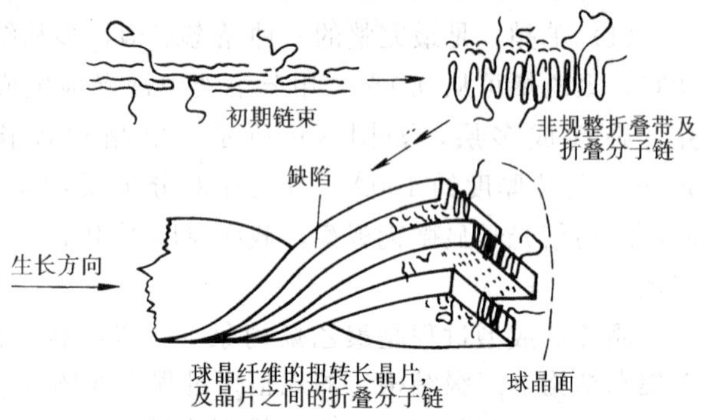

图 8-10 球晶生长过程示意图

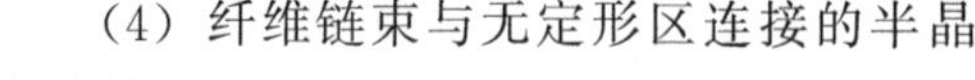

（4）纤维链束与无定形区连接的半晶态结构 是指没有条件形成折叠链晶片的聚集态结构，只有长程有序地排列成有隧纤维微束，并与无定形的无规线团连接交织在一起，形成多相结构。在有隧纤维微束中，高分子是

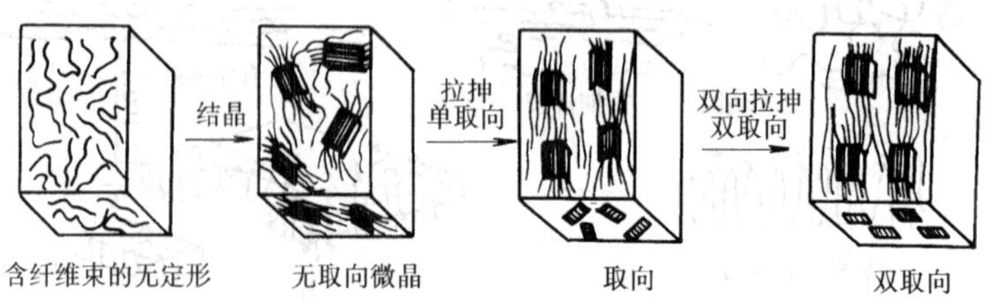

图 8-11 柱晶及拉伸取向排列

处于有序构象排列的，进入无定形区后，则是无规线团。部分高分子链有可能贯穿经过此两个区域。当两种区域比例中无定形态占主要组分比（80%以上）时，便可以叫做含纤维束的无定形高聚物（图 8-12）；当纤维微束所占比例增大（20%以上）时，便成为半（或次）晶态高聚物。天然高分子如纤维素、β-胶愿蛋白质多属于前者，合成高分子多属于后者。

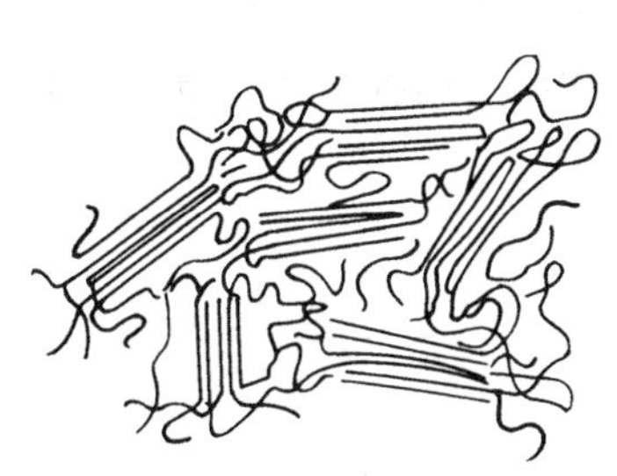
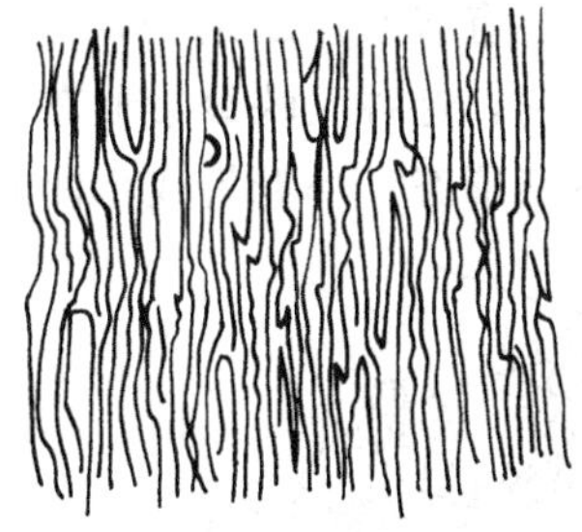

图 8-12　纤维束半晶态的模型

（5）串晶　伸展链束与晶片区连接的晶态结构可称为串晶，如图 8-13 所示。

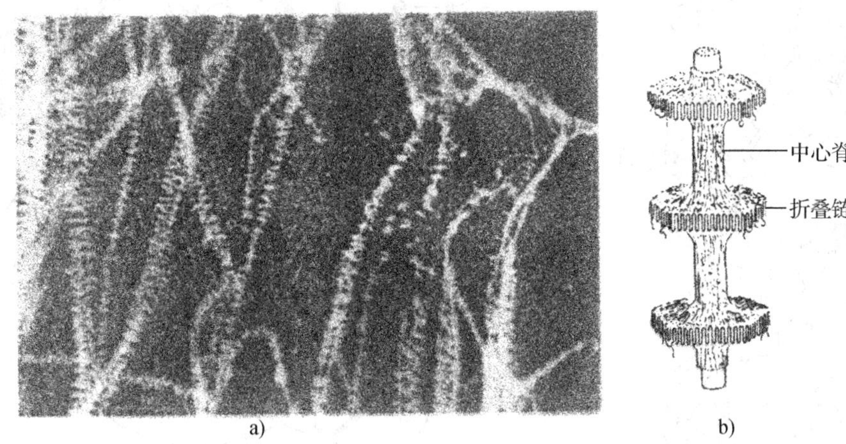

图 8-13　串晶及串晶结构模型（高分子链连接着纤维束与晶片结构）
a）串晶电镜照片　b）串晶结构模型

折叠链晶片与晶片之间能存在许多伸展链纤维束结构。例如将聚乙烯放在石蜡中一起结晶，再用溶剂抽提掉石蜡，留下的聚乙烯晶态结构，用电子显微镜观察，就有这种现象，晶片之间的伸展链可达数百埃（Å）或更长。近年来含伸展链的超模量的聚乙烯的晶态结构曾极被人们重视研究。据报道，高密度聚乙烯、聚丙烯及聚甲醛在熔点温度附近或低于熔点之下进行两步或一步固态拉伸，移动了大部分的晶片折叠链使之成为伸展链。聚甲醛拉伸比为 20 倍，聚乙烯为 40 倍，伸展链的厚度可达 2000～3000Å，可获得超高模量的聚合物（聚甲醛的模量为 $3.5\times10^{10}N\cdot m^{-2}$，聚乙烯的模量为 $7\times10^{10}N\cdot m^{-2}$）。也可采用高压挤出-拉伸法，即在高密度聚乙烯熔点附近温度（～130℃），以 2400 标准压力或更大压力将聚乙烯从毛细管中挤出，拉伸比为 12 倍，可得到含伸展链的高模量聚乙烯。挤出压力越大，模量也越大，这是因为伸直的纤维束之间有更大的粘合力，和高分子链与链之间有更紧密的排列所致。聚乙烯在二甲苯中用流动结晶法，也能提高伸展链晶态结构的比例。

（6）单分子晶体及双股螺旋晶态结构　从 X 射线分析得知，天然高分子中蛋白质多肽线形高分子一级结构能通过分子内部链节之间酰胺的 C ═ O 与—HN 基团氢键的作用，形

成单一高分子链的 α-螺旋结构，如图 8-14 所示。螺旋每转一周相当于 3.6 个氨基酸，这种构象极规整的二级结构可视为分子链内部进行结晶过程中所得的“分子晶体”，是晶态结构的特殊形式。由于氢键作用，蛋白质（如胶原蛋白，相对分子质量 36 万）即使在溶液中也能保持这种稳定的螺旋结构。

许多蛋白质还有双股螺旋结构，这是三级结构，如图 8-15 所示。当它们再相互聚集起来便形成四级结构，这种反映聚集形态的结构亦称织态结构。血红蛋白、染色体等都可从电子显微镜中观察其形态，呈卷折或扭曲的条状。

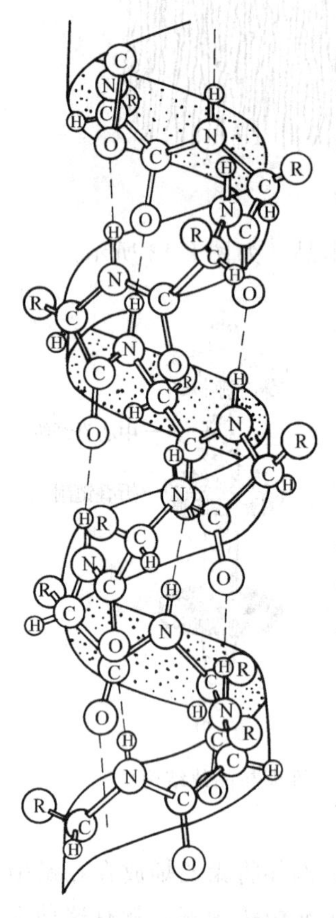

图 8-14 多肽 α-螺旋结构

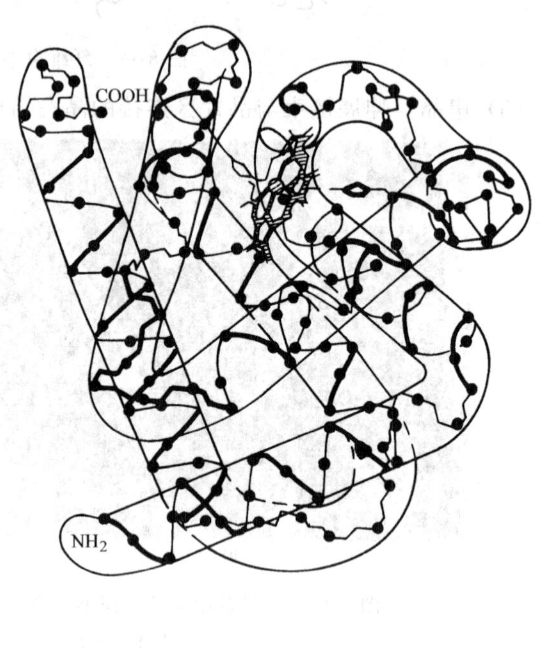

图 8-15 肌红蛋白的双股螺旋结构

四、高聚物的结构因素对其性能的影响

高聚物的弹性模量依赖于结构因素，凡相对分子质量较大、柔顺性较小、极性较大、结晶度较大和交联度较大的高聚物，其弹性模量 E 值均较大。高聚物的其他力学性能与弹性模量之间有相互对应的关系。凡弹性模量较大的高聚物，其抗冲击强度就较小，但硬度、挠曲强度、抗压强度较大。应该指出，抗冲击强度是高分子材料的重要使用性能，从结构因素来分析，凡能提高大分子链柔顺性的，就可以提高抗冲击强度。因为冲击作用力极急速，往往使高聚物大分子链构象来不及作强迫性粘弹形变，即链段来不及作松弛运动以分散应力便出现脆性断裂。只有无定形高聚物处于高弹态，或大分子链柔顺性大者，粘弹性也大，耐冲击性才较好。下面分述各种结构因素对高聚物性能的影响。

1. 链节结构的影响

为了提高高分子材料的强度，可以在聚合物分子的链节中引入极性基团如—CN、—OH、—Cl，环状结构如苯环，能生成氢键的基团如—CONH—及稠环基团等，以增加高分子链间的作用力及适当地提高高分子链的僵硬性。例如聚苯乙烯中苯基的体积大，不利于大分子链节转动，妨碍了链段运动，故聚苯乙烯性能较硬且脆，拉伸到屈服点附近时即发生脆断。

橡胶类高聚物则相反，表现为柔软，因为它们的重复结构单元是$\text{+}CH_2—CR=CH—CH_2\text{+}_n$，R代表H—、$CH_3$—、Cl—等，虽然双键是不能转动的，但在它旁边的单键由于位阻比较小而容易转动，有利于大分子的链段运动，从而增加了柔顺性，所以不用多大的外力便能使之产生高弹形变，因此较软，屈服点低，弹性模量小。总之，容易形变而且伸长率很大的高聚物，虽然有一定抗拉强度但其值较低。例如顺丁橡胶的分子链很柔顺，故其玻璃化温度低（$T_g=68K$），弹性和耐寒性好。一般地说，分子链间的作用力小，取代基体积小、数量少、极性弱的大分子链，其柔顺性较好。

除了橡胶大分子的双键之外，大分子主链上还有一些基团能使高聚物变软而韧，例如聚醚主链上的醚基（—O—），聚酯主链上的酯基（—COO—）。适当地引入这些基团，有可能提高材料的抗冲击强度或降低弹性模量和抗拉强度。涤纶聚酯主链上虽含有僵硬的苯环，但同时有许多酯基，所以涤纶既保持着较高的熔点又有较高的韧性。

2. 交联、结晶及取向的影响

体形高聚物如酚醛树脂、脲醛树脂、三聚氰胺树脂等具有体形网状结构，这种高度交联的结构，使形变困难、抗弯强度高、弹性模量大，缺点是脆性也大，在形变很小时就断裂。

线形高聚物通过化学变化使大分子间形成适当的交联桥键，则可以防止大分子在受外力作用时彼此发生滑动，从而增大高聚物的抗拉强度和弹性。例如橡胶的硫化便是最常见的一种交联作用，再如聚乙烯的辐射交联、过氧化物交联等，都提高了材料的强度、耐热性、耐磨性等。硫化橡胶的性质与硫化程度（即含硫量）有关，一般 $w_S<5\%$，链间生成“硫桥”后，机械强度及弹性明显增加。但如果含硫量太多，交联度太大，就变成了硬橡皮。共聚物交联度太高，会逐步过度到热固性塑料，所以要控制交联度，否则出现脆性。

高聚物大分子经过取向及结晶的物理作用，都会增加大分子间的作用力，从而限制链段的运动，提高聚合物的强度。

3. 相对分子质量及其分布的影响

高聚物必须具有某一最低限度的相对分子质量。在一定范围内，伸长率或冲击韧度随相对分子质量的增大而增大。这是因为当相对分子质量较小时，断裂主要是由于外力作用下大分子间发生滑动，如图8-16所示。外力需克服大分子间作用力才能发生滑动断裂，相对分子质量越大，大分子间作用力也越大，能经受更大的外力才能滑断；当相对分子质量增大到

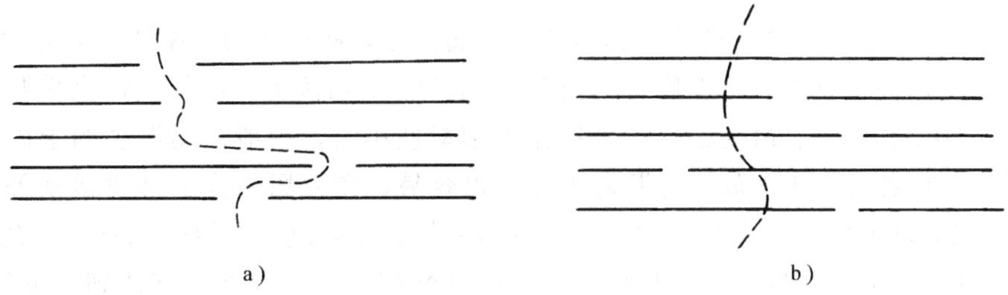

图8-16　高分子材料的断裂机理

a）大分子间发生滑动而断裂　b）主链价键断裂而导致的断裂

某一范围以上，外力达到足使大分子主链价键断裂而不足使大分子滑动时，断裂便发生于主价键上，强度便不再随相对分子质量的增大而增大了。

相对分子质量分布对力学性能也有影响，若分布很宽，低分子含量达10%～15%时，强度便会明显下降。在高分子材料中添加低聚物或增塑剂，在改善高分子材料柔顺性、流动性、加工性的同时，也损失了高分子材料的强度。

4. 分子链结构对气密性及耐油性的影响

橡胶类高聚物，分子链的柔顺性较大的，透气性较好，气密性则较差，这是因为气体分子易向链间空隙钻进去所致；当分子链的僵硬性较大时，气体分子不易穿透进去，气密性便较好。例如，聚硫橡胶分子链柔顺性差，气密性好，适于制造密封层及封堵容器缝隙的腻子；又如丁基橡胶分子链中有许多甲基$\mathrm{\{C(CH_3)_2—CH_2\}}$，气密性较好，适于制造内胎和无内胎轮胎的密封层。

耐油性方面，因为氯丁橡胶、丁腈橡胶和氟橡胶的大分子链上有—Cl、—CN、—F等极性基团，耐油性要比天然橡胶和丁苯橡胶好。基团极性越大，数目越多，耐油性就越好。但是基团数太多时，分子间作用力增大，使分子链柔顺性下降，有损其耐寒性和弹性。

五、高聚物的物理状态及其与结构的关系

材料的物理状态随温度而变化，可处于固态、液态和气态，但高聚物的物理状态只有固态和液态。固态高聚物中可分结晶性和无定形两种聚集态。在结晶性高聚物中晶区与无定形区是相互交织在一起的，随结晶性晶区大小不同，其力学性质和热行为与无定形的高聚物不同。液态高聚物是具粘性流动的熔融体，故又称为粘流态。

1. 无定形高聚物的物理状态的转变

无定形高聚物的物理状态及力学性质随温度的转变可用图8-17来表示。图中T_g为玻璃化温度，T_f为粘流温度，T_B为脆点温度。在温度较低的情况下（低于T_g），无定形高聚物处于玻璃态，质硬无弹性，此时大分子链的运动方式主要是原子基团和小链段的短程振动，在温度较高时（大于T_g），转变为高弹态，质软有弹性。在力场中，大分子链的运动方式有可能是链段的长程运动，这是基于动能随温度增大，链段运动自由度增大，链节内旋转及构象的变化容易。玻璃态和高弹态均属固态，两态之间互相转变的温度叫玻璃化温度T_g，无定形高聚物的软化温度T_s与玻璃化温度T_g相接近，而结晶性高聚物的软化温度T_s则与其熔点温度T_m相接近。高聚物作为塑料使用时，一般使用温度的上限为低于软化温度15～30℃之间。粘流态的高聚物热运动很容易，在力场中除了链段运动外还可让整个大分子链以移动或滑动的方式运动。热塑性高聚物在注射成型及熔融抽丝等工艺过程中都必须处于粘流态，此时温度越高，粘性越小，流动性则越大。温度太高达到热分解温度时，大分子链便会断裂。

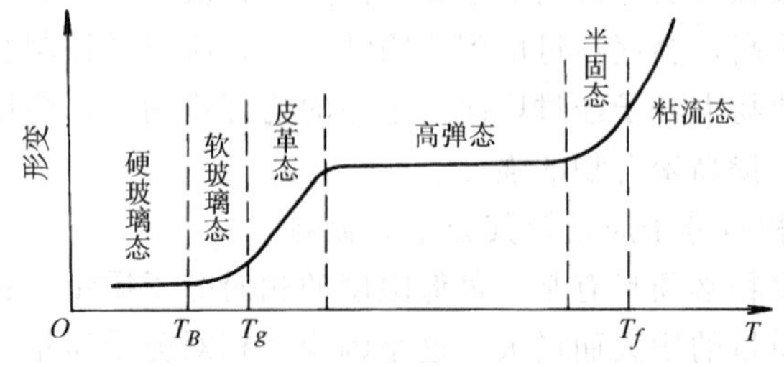

图8-17 线形无定形高聚物的热-形变曲线

2. 结晶性高聚物的物理状态转变

一般高结晶度的高聚物，大分子链受晶格能的束缚，链段难于自由运动，故只能处于玻璃态。如图 8-18a 在玻璃化温度以上，无高弹态，只有“软”、“硬”玻璃态之分。当温度升到熔点附近和更高时，大分子突破晶格结构的限制，便软化熔融为粘流态，故熔点温度也就是粘流温度（$T_m=T_f$）。但如果结晶性高聚物的相对分子质量极大，到达熔点时先转变为无定形的高弹态，只有温度再上升至粘流温度时才转变为粘流态，如图 8-18b 所示。相对分子质量越大，粘流温度也越高。例如超高相对分子质量聚乙烯（重均相对分子质量为 100 万以上）的熔点为 463K，而一般聚乙烯（相对分子质量在 10 万～15 万）的熔点及粘流温度在 398～408K。

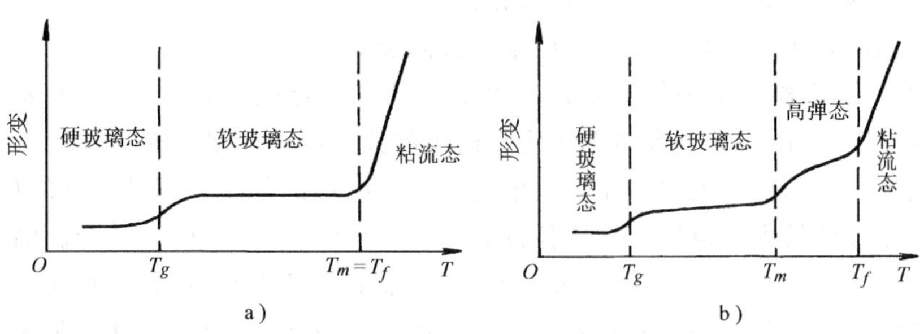

图 8-18　结晶性高聚物的热-形变曲线

3. 玻璃化温度、熔点与高聚物结构的关系

（1）相对分子质量的影响　相对分子质量对物理状态转变温度的影响可用图 8-19 表示。无定形高聚物相对分子质量相对地很小时，链的末端数目增多，链的排列较松，有利于链段运动而不易“冻结”，故 T_g 和 T_f 温度较低。在温度高于 T_g 后，甚至不出现高弹态。只有当相对分子质量增加到足够大时，大分子链能够互相缠绕，又有足够长的链段可以运动，这才出现高弹态。相对分子质量越大，高弹态的温度区间也越大。

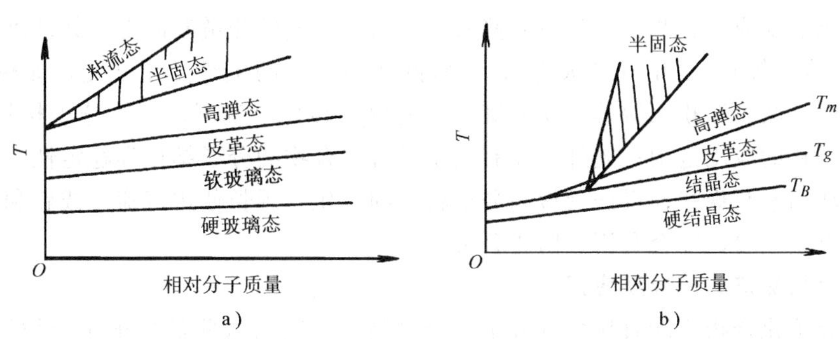

图 8-19　高聚物的物理状态与相对分子质量、温度的关系示意图
a）线形无定形高聚物　b）结晶性高聚物

结晶性高聚物一般没有高弹态，只有在相对分子质量特别大，在熔点以上温度，才转变为无定形高弹态。温度高于粘流温度以上，才便于注射成型，超高相对分子质量的结晶性高聚物，往往由于粘流温度太高，并已接近热分解温度，故注射成型温度不易控制。

（2）分子链柔顺性的影响　柔顺性越大，T_g 越低，因链段运动容易，需在更低温度下链段才会被“冻结”成为僵硬的玻璃态。

链的柔顺性主要受大分子链的大侧基空间位阻和链间作用吸力两因素的影响。侧基越大，链段运动位阻越大，柔顺性越低，T_g 便越高。例如聚苯乙烯（T_g=373K）、聚 α-甲基苯乙烯（T_g=448K）、聚甲基丙烯酸甲酯（T_g=378K）等。在结晶性聚烯烃类高聚物中的无定形区，由于大分子链不易排列紧密，造成疏松的组织结构，有利于链段运动而不易“冻结”，故 T_g 较低。例如聚乙烯（T_g=193K）、聚丁烯-1（T_g=253K）、聚戊烯-1（T_g=249K）。

含极性基团高聚物，大分子链间吸力增大，易“冻结”，柔顺性降低，所以 T_g 也较高。聚甲基丙烯腈、聚砜、聚碳酸酯及其他芳环、杂环高聚物、梯形高聚物由于大分子链本身含有庞大的苯环或杂环，主链刚硬，兼有极性基，链间吸力大，故 T_g 和 T_m 特别高，是优良的耐热工程塑料。尼龙和涤纶是结晶性的极性高聚物，熔点较高，T_g 则并不太高（尼龙 T_g=323K，涤纶 T_g=340K），这是因为无定形区中的分子链排列相对疏松所致。

(3) 共聚的影响　两种以上单体无规共聚物，由于结构的规整性降低，链的排列较松，链间吸力较低，柔顺性较大，链段运动较各自的均聚物链段为易，故 T_g 较低。例如聚丁二烯的 T_g 为 378K，聚苯乙烯的 T_g 为 373K，含 75/25 比例的丁苯橡胶的 T_g 则为 213K。

(4) 交联的影响　大分子间的交联限制了链段运动，使 T_g 增高。交联度很大时，链段运动几乎完全被抑制，则不出现高弹态，例如高硫化度的硬橡胶；再如苯乙烯与二乙烯苯（后者可视为交联剂）共聚得到体形的离子交换树脂骨架，因交联而不出现受热软化状态，高温时只会使之热分解。

第四节　高分子材料的化学转变及老化

大多数高分子化合物在常温、常压的条件下对大气、水分等都是稳定的，因此可以作为各种材料来使用。但在一定的条件下，如高温、强酸、强碱、长时间光照、高能射线等条件下也可发生化学反应，这些化学反应有些发生在高分子链的侧链基团上，如纤维素的乙酰化（制人造丝、清漆等）、硝化（制火药）；有些则使高分子的主链发生变化，如橡胶的硫化、聚乙烯的辐射交联、淀粉水解等。研究聚合物的化学转变，就可以对高分子材料进行改性，扩大高分子材料的应用范围；此外，还有助于了解聚合物的分子结构和稳定性的关系，掌握聚合物的破坏因素与规律；设法延缓高分子材料的老化，延长使用寿命；或者利用其破坏因素，回收、再生废料，综合利用，防止公害。

一、聚合物侧链的反应及应用

某些高分子化合物不能直接由低分子化合物制备，因为这些低分子化合物是不稳定的，或者反应活性很差。但是却可以通过聚合物的化学转变而得到它们。下面这些高分子材料都是通过聚合物侧链反应制备的，通过这些例子也可以看到聚合物侧链的反应及应用。

1. 离子交换树脂

在水处理和医药、化工等领域具有广泛用途的离子交换树脂，是以苯乙烯与二乙烯苯的共聚物为母体，通过磺化反应而制成阳离子交换树脂；通过氯甲基化和胺化两步反应而制得阴离子交换树脂。其反应过程如下：

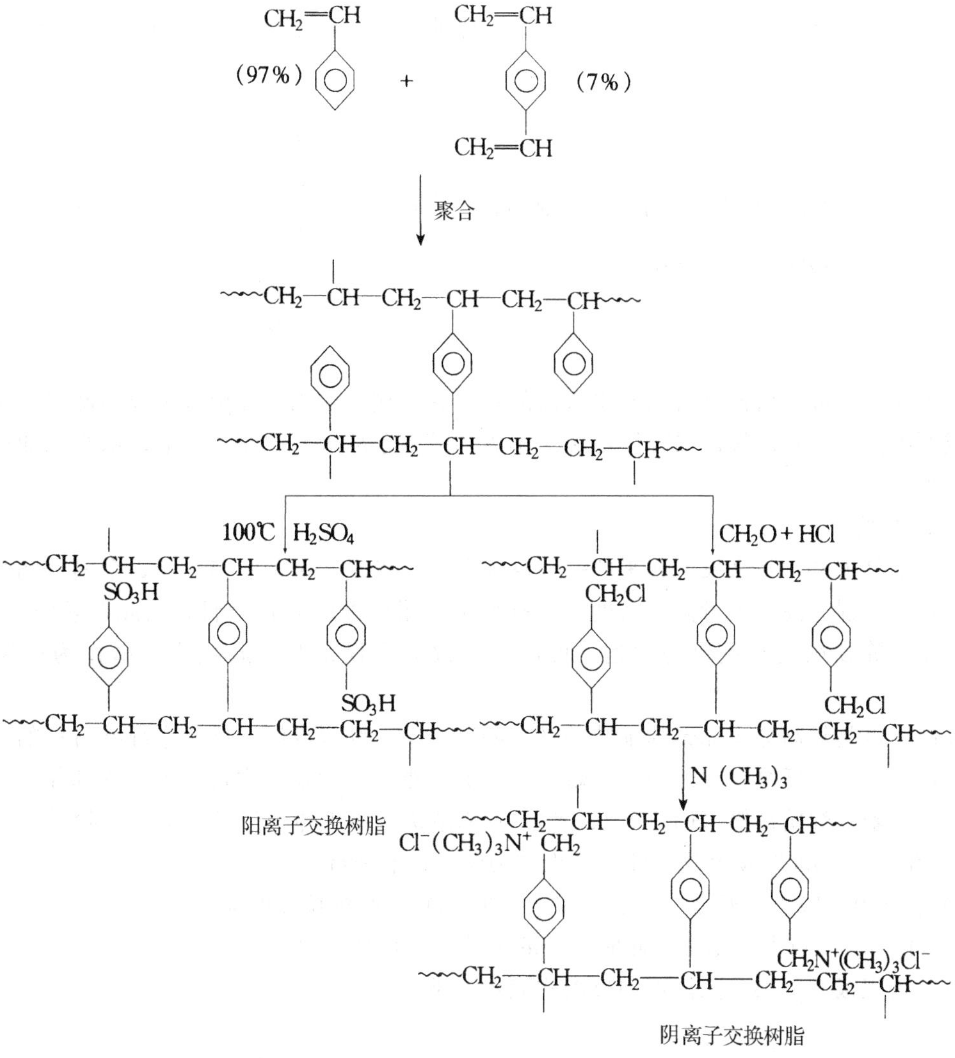

$CH_2{=}CH$ $CH_2{=}CH$

(97%) C_6H_5 + C_6H_4 (7%)

$CH_2{=}CH$

↓ 聚合

$\sim CH_2-CH-CH_2-CH-CH_2-CH\sim$

$\sim CH_2-CH-CH_2-CH-CH_2-CH_2-CH\sim$

100℃ H_2SO_4 ↓ ↓ CH_2O+HCl

$\sim CH_2-CH-CH_2-CH-CH_2-CH\sim$ $\sim CH_2-CH-CH_2-CH-CH_2-CH\sim$

SO_3H CH_2Cl

SO_3H CH_2Cl

$\sim CH_2-CH-CH_2-CH-CH_2-CH_2-CH\sim$ $\sim CH_2-CH-CH_2-CH-CH_2-CH_2-CH\sim$

↓ $N(CH_3)_3$

阳离子交换树脂

$\sim CH_2-CH-CH_2-CH-CH_2-CH\sim$

$Cl^-(CH_3)_3N^+CH_2$

$CH_2N^+(CH_3)_3Cl^-$

$\sim CH_2-CH-CH_2-CH-CH_2-CH_2-CH\sim$

阴离子交换树脂

2. 维尼仑

维尼仑是重要的合成纤维之一，但它并不是直接通过单体合成的，而是由聚乙烯醇的缩醛化反应制备的。聚乙烯醇是制备维尼仑的直接原料，也是优良的乳化剂和粘合剂；但是，它也不能直接由乙烯醇聚合而成，因为乙烯醇是一个非常不稳定的化合物。但它的乙酸酯很稳定，目前是由乙酸乙烯酯先制得聚乙酸乙烯酯，再进行如下醇解反应而得。

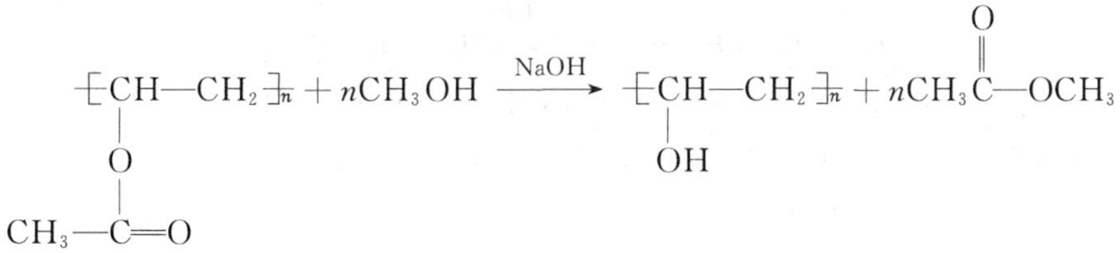

$$\left[CH(OCOCH_3)-CH_2\right]_n + nCH_3OH \xrightarrow{NaOH} \left[CH(OH)-CH_2\right]_n + nCH_3C(=O)-OCH_3$$

生成的聚乙烯醇可用水为溶剂进行纺丝，所得聚乙烯醇纤维因大分子上有许多羟基，是亲水性高分子，能溶于热水中，故不能直接使用。但大分子链上所具有的这种1,3-二醇结构可以和醛类（甲醛、乙醛、芳醛等）进行特征反应——缩醛反应，生成六元环的缩醛结构。

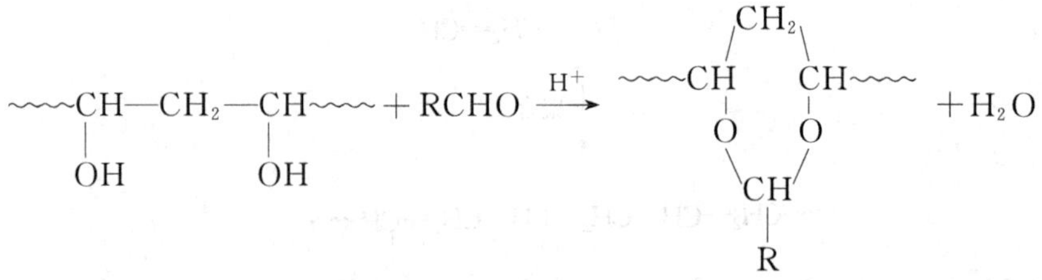

$$\sim\sim CH(OH)—CH_2—CH(OH)\sim\sim + RCHO \xrightarrow{H^+} \sim\sim CH\overset{CH_2}{\frown}CH\sim\sim\ (—O—CH(R)—O—\ \text{环}) + H_2O$$

聚乙烯醇缩醛化后便可得到非水溶性的维尼仑。例如聚乙烯缩甲醛可以耐沸水，是重要的合成纤维品种之一。聚乙烯醇缩乙醛、聚乙烯醇缩丁醛等，在制漆工业、涂料工业中具有重要的地位。

3. 碳纤维

碳纤维是近几十年来发展起来的一种高强度、高模量纤维，它与树脂、金属、陶瓷等复合后，可得到强度高、模量高、密度小、抗疲劳、耐腐蚀的复合材料，因此在航空、航天、航海、化工等领域具有重要的用途，可取代或部分取代某些金属或非金属作为结构材料使用。

碳纤维也是靠高分子如聚丙烯腈纤维、粘胶纤维、沥青纤维、维尼仑纤维材料的高分子反应生产的，这些纤维在加热中不会熔融，因此在整个碳化过程中每一根纤维都保持它原来的形态。用聚丙烯腈纤维（PAN）（w_C63%）制造碳纤维大体上经过以下三个阶段：

1）在200～300℃预氧化，此时纤维的力学性能有所降低。

2）在800～1900℃碳化，其中在1300～1700℃之间抗拉强度最高。

3）在2500℃以上石墨化，此时纤维的弹性模量也随之提高。

反应机理极其复杂，大体可用反应式表示如下：

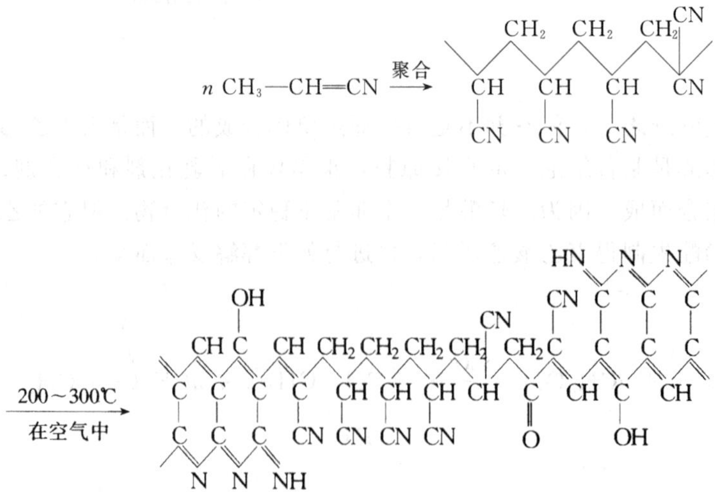

$$n\ CH_3—CH=CN \xrightarrow{\text{聚合}} —CH_2—CH(CN)—CH_2—CH(CN)—CH_2—CH(CN)—CH_2—C(CN)(CN)—$$

$$\xrightarrow[\text{在空气中}]{200\sim300℃}$$

HN N N
OH CN C C C
CN
CH C CH CH_2 CH_2 CH_2 CH_2 CH_2 C C C C
C C C C CH CH CH CH C CH C CH
C C C CN CN CN CN O OH
N N NH

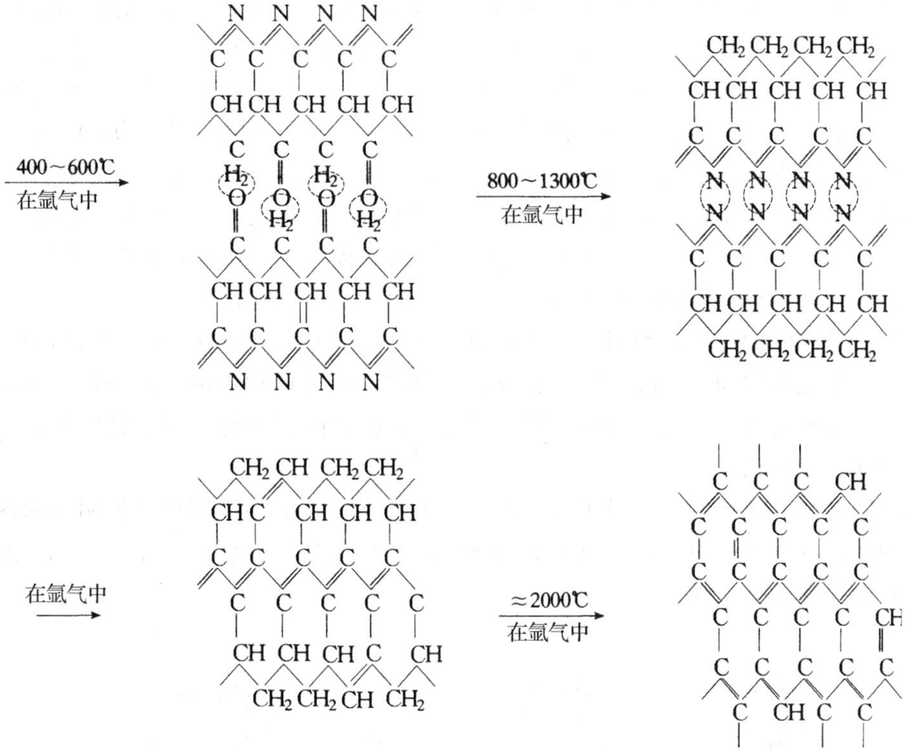

$\xrightarrow[\text{在氩气中}]{400\sim600^{\circ}C}$ $\xrightarrow[\text{在氩气中}]{800\sim1300^{\circ}C}$

$\xrightarrow{\text{在氩气中}}$ $\xrightarrow[\text{在氩气中}]{\approx2000^{\circ}C}$

PAN经预氧化及环化，生成能耐高温的梯形高聚物，然后进一步在高温下进行碳化和石墨化。上述反应式表示的是主反应，尚有其他副反应存在，因此聚丙烯腈的碳化收率只有40%～45%，它并不是一个典型的相似聚合度的转变，实际上经氧化后纤维强度有所降低，其原因就是主链有某种程度的断裂，带来聚合物相对分子质量的降低。

二、聚合物的交联与降解

线型大分子链之间以新的化学键连接，转变为三维网状或体形结构的反应，称为交联反应。适当交联的高聚物在机械强度、耐寒性、耐溶剂性、化学稳定性等方面都比相应的线形高聚物有所提高，因而，交联反应被广泛地应用于高聚物的改性。例如聚乙烯在过氧化物存在的条件下加热，或利用高能射线照射均可实现交联。高密度聚乙烯的使用温度在100℃左右，经辐射交联可将使用温度提高到135℃，若在无氧条件下，还可高达200～300℃，显而易见，辐射交联提高了聚乙烯的耐热性。此外，聚乙烯的缺点之一是应力开裂问题，若在成型时加入交联剂进行化学交联或辐射交联，都可大大提高耐环境应力开裂的性能。随着这些性能的改善，交联聚乙烯在电缆工业上成为非常重要的材料。

橡胶或弹性体的交联常称为硫化。高聚物的硫化最早的含义是指用元素硫使橡胶转变为适量交联键的网状高聚物（橡皮）的化学过程，经过硫化后使橡胶的弹性、稳定性和抗张强度都得到改善。橡胶硫化的机理是相当复杂的，可简单地示意如下：

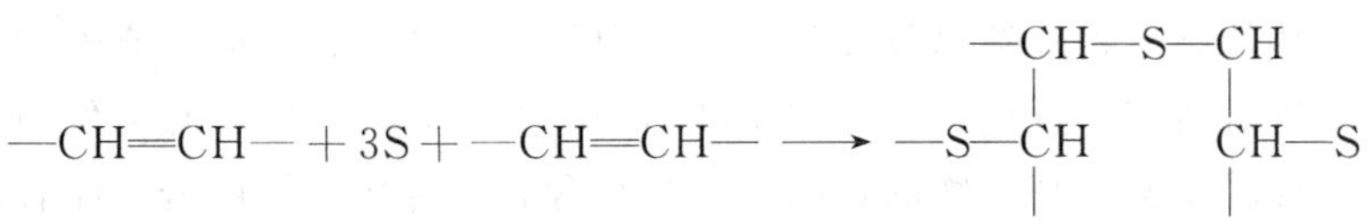

$$-CH{=}CH- + 3S + -CH{=}CH- \longrightarrow \begin{array}{ccc} & -CH-S- & CH \\ & | & | \\ -S- & CH & CH-S \\ & | & | \end{array}$$

后来，利用过氧化物、重氮化物及其他金属氧化物使橡胶分子交联的化学反应也称为硫化。例如氟橡胶、硅橡胶的硫化并不用硫磺，而是用氧化物（ZnO、PbO）和过氧化物（过氧化苯甲酰）作为硫化剂，因此，现在硫化的含义更广了，是指由化学因素或物理因素引起的弹性体交联的总称。例如辐射硫化便是由物理因素引起的交联过程，饱和的或不饱和的高聚物都可在高能射线的作用下实现大分子链间的交联，而且这种硫化无需高温和高压，也不需加入硫化剂。例如辐射交联聚乙烯电线电缆的生产已工业化多年，交联后的聚乙烯在耐热性、化学稳定性和其他力学性能方面都有较大提高。辐射硫化橡胶的力学性能与电性能也比一般的硫化橡胶要好；但辐照设备的投资较大，管理要求也较高。

降解是分子链的主链断裂引起聚合物相对分子质量下降的反应。聚合物降解反应可由化学试剂——极性物质如水、醇、酸、胺或氧等引起，也可在物理因素的作用下（如热、光、高能辐射、机械力等）发生；在多数情况下往往是物理因素和化学因素共同起作用的结果，例如热氧化、光氧化等。

化学降解是有选择性的，对于杂链化合物来说是最特征的，即化学作用（水解、酸解、胺解或醇解）的结果是引起碳杂原子键的断裂，最终产物是单体。例如，纤维素或淀粉水解的最终产物是葡萄糖，即

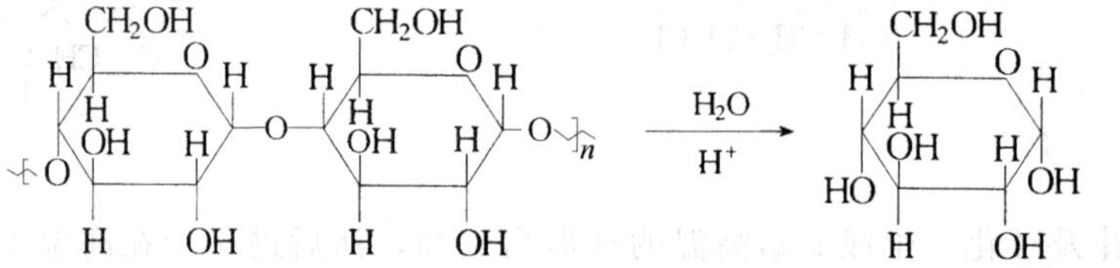

$$\xrightarrow[H^+]{H_2O}$$

α-葡萄糖

聚酰胺的水解，可用酸或碱作为催化剂，链节经水解后产生—NH_2及—COOH端基，即

$$\sim NH-CO\sim \xrightarrow[\text{或 OH}]{H_3O^+} \sim NH_2 + HOOC\sim$$

聚酯同样可用酸或碱作为催化剂进行水解，产物的端基为—OH及—COOH，即

$$\sim O\text{+}CH_2\text{+}_n O-CO(CH_2\text{+}_m CO\sim \xrightarrow[\text{或 } OH^-]{H_3O^+} \sim O\text{+}CH_2\text{+}_n OH + HOOC\text{+}CH_2\text{+}_m CO\sim$$

芳香族二元酸的聚酯对水解具有较大的稳定性，在水解聚对苯二甲酸乙二醇酯时，水解速率尚依赖于聚合物的物理结构（聚态结构），晶区较无定形区还难水解。

聚酰胺与聚酯的水解反应常被应用于处理该物质的工业品废料，将废料水解后得到单体可重新用来聚合。

C—C 键对化学试剂是稳定的。因此饱和的碳链聚合物对化学降解的倾向性很小。在通常的情况下碳杂链聚合物对化学试剂（酸、碱等）的耐腐蚀性要比饱和的碳链结合差。

物理因素引起的聚合物降解反应，选择性较小，因为各种化学键键能都相差不大。例如 C—C 键能为 334.4kJ/mol，而 C—O 及 Si—O 则分别为 330.4kJ/mol 及 372.02kJ/mol。

热降解：加热使高聚物降解是物理降解方式中最常用的一种，同时高聚物的热稳定性往往在裂解条件下进行研究，近代技术要求耐高温的材料，因此阐明在热的作用下高聚物被破坏的行为具有重要的意义。高聚物的热稳定性与其含有各种化学键的分解能有很大关系，如

加入足够的能量，可使主链断裂，首先是在分子链中最薄弱的环节被破坏，因此高聚物的结构是决定其裂解行为的主要因素。共聚物热裂解时键的稳定次序如下：

C—F＞C—H＞C—C＞C—Cl

主链中各种 C—C 键的相对强度如下：

$$\sim\mathrm{C-C-C}\sim \;>\; \sim\mathrm{C-\underset{\displaystyle C}{\underset{|}{C}}-C}\sim \;>\; \sim\mathrm{C-\overset{\displaystyle C}{\overset{|}{\underset{\displaystyle C}{\underset{|}{C}}}}-C}\sim$$

即：聚亚甲基＞聚乙烯（支化）＞聚丙烯＞聚异丁烯，因此聚异丁烯、聚甲基丙烯酸甲酯、聚 α-甲基苯乙烯等有很高的分解速率。

光降解：聚合物在紫外线照射下会发生老化，是因为紫外线的能量足以引起聚合物发生化学变化，即所谓光化学反应。根据光化学反应第一定律，要引起光化学反应，物质必须首先吸收光能。只有当构成物质的分子和原子吸收了光能，才能使分子和原子处于激发态，从而进行化学反应。而物质是按其分子结构来吸收特定范围波长的光的。例如醛和酮的羰基、双键等能强烈吸收 2500～3200Å 的光。涤纶对 2800Å 紫外线有强烈的特征吸收而导致光降解。由于降解的主要产物是 CO、H_2、CH_4，所以认为发生了下面的反应：

$$-\overset{\displaystyle O}{\overset{\|}{C}}-\langle\bigcirc\rangle-\overset{\displaystyle O}{\overset{\|}{C}}-OCH_2CH_2O-\overset{\displaystyle O}{\overset{\|}{C}}-\langle\bigcirc\rangle \xrightarrow{h\upsilon} \cdot\overset{\displaystyle O}{\overset{\|}{C}}-OCH_2CH_2\sim$$

$$\longrightarrow CO+\cdot OCH_2CH_2\sim$$

$$\cdot CH_2CH_2\sim\sim \xrightarrow{H\cdot} CH_3CH_2\sim\sim \xrightarrow{h\upsilon} \cdot CH_3+\cdot CH_2\sim\sim$$

$$\xrightarrow{\cdot H} CH_4$$

$$2H\cdot \longrightarrow H_2$$

某些饱和的聚烯烃如聚乙烯、聚丙烯，虽然其分子本身没有能吸收地表面太阳光的基团，按理它们不应该受到光作用而被破坏，但实际上它们同样会受到光的破坏，其原因是杂质吸收了光所引起的光降解反应。在聚烯烃中有两种杂质：一种杂质是添加进去的，例如热稳定剂、填料，尤其是一些聚合时的催化剂残余，如齐格勒-纳塔催化剂中一些过渡金属（钛、铬、钼、钒和金属有机化合物如烷基铝）；另一种杂质是聚合物转变的产物，如过氧化物、羰基化合物和含双键的化合物等。第一种杂质会引发聚合物的光氧化，第二种杂质在光氧化过程中引起链的增长。

高能辐射降解：在高能射线的作用下，聚合物的结构会发生很大变化，导致离子化作用和游离基产生，使聚合物主链断裂，侧基脱落，或互相交联成网状，对其物理状态和力学性能均有很大影响。辐射降解和聚合物的结构有很大的关系，含有较多侧链的碳链聚合物和纤维素类高分子容易受辐射而降解；但主链或侧链含芳香环的高聚物，耐辐射较强，如聚苯乙烯、聚碳酸酯、聚芳酯等。由于有共轭体系的存在，会将能量传递分散而不致能量集中于某一键，导致降解。随着现代技术的发展，要求高分子材料必须具有综合的性能，例如在宇航事业中要求的高分子材料不仅能耐高温，有高的比强度和比模量，同时也要求这些材料必须有很好的耐宇宙线的性能，因此研究高分子材料在高能射线作用下的特性在航空航天领域也具有十分重要的意义。

三、聚合物的老化与防老化

高分子材料在加工使用过程中，由于受各种环境因素的作用而性能逐渐变坏，以致丧失使用价值，这种现象叫做老化。例如农用薄膜经日晒雨淋，发生变色、变脆和透明性下降；塑料凉鞋、雨衣或其他制品穿用久了发生变色、变脆和长霉；有机玻璃观察窗用久后透明度下降并出现银纹；玻璃钢制品长期暴露在空气中，其表面逐渐露出玻璃纤维（起毛）、变色，失去光泽并发生强度下降；轮胎在储存和使用过程中发生龟裂；油漆涂层经一段时间后失去光泽，甚至粉化、龟裂、起泡和剥落等。

老化因素是由内因和外因构成的：外因有物理（热、光、电、高能辐射等，参阅高分子反应）、化学（氧化和酸、碱、水等化学介质）、生物霉菌及加工成型的条件等因素；内因则有组成高分子材料的基本成分、高分子化学结构、聚集状态和配方条件等。高分子材料由于受到外界因素的影响使得大分子的分子链发生裂解，因而材料发粘变软；或者由于大分子的分子链间产生交联作用而使材料变僵变脆，丧失弹性。

一般认为老化机理主要是游离基的反应过程。当高分子材料受到大气中氧、臭氧、光、热等作用时，使高分子的分子链产生活泼的游离基，这些游离基进一步能引起整个大分子链的降解和交联或者侧基发生反应，最后导致高分子材料老化变质。

高分子材料本身的化学结构和物理状态是高分子材料耐老化性能好坏的基本因素。譬如硅氧键结构的高分子比碳碳键结构的高分子耐老化性能好，这是因为硅氧键结合的键能比较大，因此需要外界有较大的能量才能使硅氧键断裂。聚四氟乙烯的耐老化性能比较好，这是因为它的基本结构是由氟碳键组成的，氟碳键也是比较牢固的键，不易断裂。聚丙烯的耐热、光、氧老化性能就比较差，因为在聚丙烯结构中含有大量的叔碳原子，叔碳上的氢易被氧化所致。其他如高分子的聚集状态、结晶度、立体构型的规整性、取向性、交联度、链的不饱和度、相对分子质量大小和分布等情况都会影响到高分子材料的老化性能。例如热固性塑料，在它固化后因为分子结构是体形的网状结构，它的耐热老化性能就较固化前好。天然橡胶和一些合成橡胶，硫化后在高分子结构中仍存在双键，所以它们的耐热氧化性能不如饱和结构的高分子化合物。支化程度大比支化程度小的聚乙烯容易老化，因为前者有较多的叔碳原子存在。叔碳原子的键是比较容易断裂的，这些支链是破坏晶体结构的主要原因。聚乙烯一般结晶度高，支链少，耐热性能较高；但结晶度低、支链多的耐候性又比较好。而且聚乙烯塑料的抗拉强度、断裂现象、表面硬度、弹性系数等性能都与它的相对分子质量和结晶度有关，因此如果相对分子质量和结晶度有了变化就会影响到聚乙烯的使用性能，这说明高分子的结构状态对于材料的耐老化性能是很重要的。

老化是高分子材料的普遍现象，只是由于聚合物的组成结构、加工条件、使用环境等不同而老化的速率快慢不同而已。因此如何防止高分子材料的老化是高分子材料使用过程中必须解决的一项重要问题。总的来说；高分子材料的防老化有如下几种途径：

1）添加各种稳定剂，如抗氧剂、光稳定剂。

2）施行物理防护，如表面涂层和表面保护膜。

3）改进聚合条件和聚合方法，例如采用高纯度单体、进行定向聚合、改进聚合工艺、减少大分子的支链和不饱和结构、改进后处理工艺、减少聚合物中残留的催化剂等。

4）改进加工成型工艺，例如降低加工温度和受热时间、控制模温及冷却速率、熔融抽丝时采用惰性气体保护等。

5）改进聚合物的使用方法，避免不必要的阳光曝晒、烘烤，改进洗涤方法，正确使用洗涤剂等。

6）进行聚合物的改性，如改进大分子结构、共混、共聚、交联等。

上述方法可以单独使用也可以并用。

第九章 复合材料

第一节 复合材料概论

一、复合材料的定义与发展

复合材料是由两种或两种以上的单一材料，用物理或化学的方法经人工复合而成的一种新型材料。复合材料不仅具有原组成材料的特点，而且通过各组分的相互补充与叠加还可以获得比原组分更优的性能。例如，玻璃纤维硬而脆，聚合物一般具有柔韧的特点，但刚度和强度不够，而通过玻璃纤维与聚合物复合制成的复合材料则具有强度高、韧性好的特点。

复合材料的范围极其广泛，其发展和应用可以追溯到人们使用草杆粘土的时代。对半坡遗址的考古发现，我们的祖先早在6000多年以前，就知道用木柴和草梗和泥筑墙。我国古代传统的手工艺品漆器则是麻丝和土漆制成的复合材料（图 9-1)。生物材料如竹子、木头是由纤维素和木质素组成的复合体；而牙齿和贝壳等都是磷酸盐和胶原蛋白组成的天然复合

黑漆嵌螺细执壶
江千里（明）
通高 35cm
口长 7cm
宽 6.3cm
中国历史博物馆藏

图 9-1 复合材料制成的中国漆器

材料；还有许多现代的充分利用不同材料组分性能的功能性复合材料。现代复合材料作为一门学科，一般是指由增强纤维和材料基体构成的复合材料。它是随着现代科学技术的发展和应用需求而发展起来的，其发展历程大致分为三个阶段。20世纪40～60年代是复合材料的第一代，以开发重量轻、强度高、价格便宜的复合材料为中心（以E玻纤增强不饱和聚酯为代表)，是玻璃纤维增强树脂的时代。树脂基复合材料于1932年在美国出现，1940年以手糊成型制成了玻璃纤维增强聚酯的军用飞机的雷达罩，其后不久，美国莱特空军发展中心设计制造了一架以玻璃纤维增强树脂为机身和机翼的飞机，并于1944年3月在莱特-帕特空

军基地试飞成功，从此纤维增强复合材料开始受到军界和工程界的注意。第二次世界大战以后这种材料迅速扩展到民用，风靡一时，发展很快。1960 年在美国利用纤维缠绕技术，制造出大型固体火箭发动机的壳体，为航天技术开辟了轻质高强结构的最佳途径。1963 年前后，美、法、日等国先后开发了高产量、大幅宽、连续生产的玻璃纤维复合材料板材生产线，使复合材料制品形成了规模化生产。20 世纪 60～80 年代玻璃纤维增强树脂得到进一步完善，同时这 20 年也是先进复合材料的开发时期。人们一方面不断开辟玻纤-树脂复合材料的新用途，同时也发现，这类复合材料难以满足很多尖端技术的要求，因而开发了一批如碳纤维、碳化硅纤维、氧化铝纤维、硼纤维、芳纶纤维、高密度聚乙烯纤维等高性能增强材料，并使用高性能树脂、金属与陶瓷为基体，制成先进复合材料（Advanced Composite Materials，ACM）。这种先进复合材料具有比玻璃纤维复合材料更好的性能，是用于飞机、火箭、卫星、飞船等航空航天飞行器的理想材料。1980 年以后，复合材料除了在航空及航天领域中应用外，在其他工业领域中也得到了广泛应用，性能也得到不断改善。与此同时，还出现了许多不以强度和刚度为主要设计目标的功能性复合材料，这类材料遍及材料的各个行业。这一时期是先进复合材料得到充分发展的时期，为复合材料发展的第三代。

自从先进复合材料投入应用以来，有三件值得一提的成果。第一件是全部用碳纤维复合材料制成一架八座商用飞机——里尔芳 2100 号，并试飞成功。这架飞机仅重 567kg，它以结构小巧、重量轻而称奇于世。第二件是采用大量先进复合材料制成的哥伦比亚号航天飞机，这架航天飞机用碳纤维/环氧树脂制作长 18.2m、宽 4.6m 的主货舱门，用 Kevlar 纤维/环氧树脂制造各种压力容器，用硼/铝复合材料制造主机身桁架和翼梁，用碳/碳复合材料制造发动机的喷管和喉衬，发动机组的传力架全用硼纤维增强钛合金复合材料制成，被覆在整个机身上的防热瓦片是耐高温的陶瓷基复合材料。在这架代表近代最尖端技术成果的航天飞机上使用了树脂、金属和陶瓷基复合材料。第三件是在波音-767 大型客机上使用了先进复合材料作为主承力结构，这种飞机使用碳纤维、有机纤维、玻璃纤维增强树脂以及各种混杂纤维的复合材料制造了机翼前缘、压力容器、发动机罩等构件，不仅使飞机结构重量减轻，还提高了飞机的各种飞行性能。复合材料在这几个飞行器上的成功应用，表明了复合材料的良好性能，这对于复合材料在重要工程结构上的应用是一个极大的推动。

二、复合材料的种类

按照复合材料基体种类的不同，一般将复合材料分为金属基复合材料、陶瓷基复合材料、聚合物基复合材料和碳碳复合材料。其中尤以聚合物基复合材料的研究、发展和应用最为广泛，据估计占到所有复合材料的 85%以上。因此本书主要讨论聚合物基复合材料，兼顾其他。按增强纤维的种类不同也可将复合材料分为玻璃纤维增强复合材料、碳纤维增强复合材料、芳纶纤维增强复合材料、聚乙烯纤维增强复合材料等。此外，复合材料也可按功能大致分为结构复合材料和功能复合材料。结构复合材料是以承重为主要目的的复合材料，因此特别关注其力学性能。由于复合材料在比强度上的突出优势以及航空航天领域的客观需求，所以现代复合材料的发展主要以结构复合材料为目标。功能复合材料的范围很宽，它们突出的是除力学性能以外的其他性能，如耐热、透波、吸波等复合材料。

三、复合材料的组成

复合材料从结构和功能上来看是由基体、增强纤维及二者之间的界面层三部分组成的。复合材料的基体是复合材料中的连续相，起到粘结增强体，并赋予复合材料一定形状、传递外界应力、保护增强材料免受外界环境侵蚀的作用。增强纤维是高性能复合材料的关键部分，在复合材料中起着增加强度、改善性能的作用。复合材料中基体与增强纤维之间是一层具有一定厚度（纳米以上），与基体和增强材料存在明显差异的新相——界面相。界面相具有传递应力、阻断应力和防止基体与增强纤维之间的化学反应的作用。基体、增强纤维及界面层这三部分的组成比例、结构及性能特点共同决定了复合材料的最终性能。

第二节 基体材料

复合材料的基体可分为金属基、陶瓷基和聚合物基。聚合物基体材料由于具有质轻（和金属、陶瓷基复合材料相比可减重20%～60%）、和纤维的粘接力强及结构可设计等诸多特点，成为应用领域最广、用量最大的结构复合材料基体。聚合物基复合材料的功能叠加效应最为突出，其在航空、航天、导弹等飞行器结构部件及轮船、汽车、建筑、家具等领域中的应用也非常广泛，因此本章主要介绍聚合物基（树脂基）复合材料的聚合物基体。

一、环氧树脂

环氧树脂（epoxy resin）是指有 2 个或 2 个以上环氧基（$-\underset{\diagdown O \diagup}{C-C}-$），脂肪族、脂环族或芳香族缩聚产物为主链的高分子预聚物。根据分子结构，环氧树脂大体上可分为五大类：①缩水甘油醚类环氧树脂；②缩水甘油酯类环氧树脂；③缩水甘油胺类环氧树脂；④线形脂肪族类环氧树脂；⑤脂环族类环氧树脂。

复合材料工业上使用量最大的环氧树脂品种是上述第一类缩水甘油醚类环氧树脂，虽然许多多元醇和多元酚都可与环氧氯丙烷反应制得环氧树脂，但目前使用量最大的是二酚基丙烷型环氧树脂，简称双酚 A 型环氧树脂。它是由双酚 A 与过量的环氧氯丙烷在 NaOH 水溶液中进行缩聚反应而制得的。反应过程如下：

$$(n+2)\,\underset{\mid \atop Cl}{CH_2}-\overset{O}{CH-CH_2}+(n+1)\,HO-C_6H_4-\overset{CH_3}{\underset{CH_3}{C}}-C_6H_4-OH \xrightarrow{NaOH}$$

$$\overset{O}{CH_2-CH}-CH_2\left[O-C_6H_4-\overset{CH_3}{\underset{CH_3}{C}}-C_6H_4-O-CH_2-\underset{OH}{CH}-CH_2\right]_n$$

$$O-C_6H_4-\overset{CH_3}{\underset{CH_3}{C}}-C_6H_4-O-CH_2-\underset{O}{CH-CH_2}+(n+2)NaCl$$

大分子链实际上是经过一系列的开环、闭环反应逐步增长的。

开环反应：

$$\underset{\mid \atop Cl}{CH_2}-\overset{O}{CH-CH_2}+HO-C_6H_4-\overset{CH_3}{\underset{CH_3}{C}}-C_6H_4-OH \longrightarrow$$

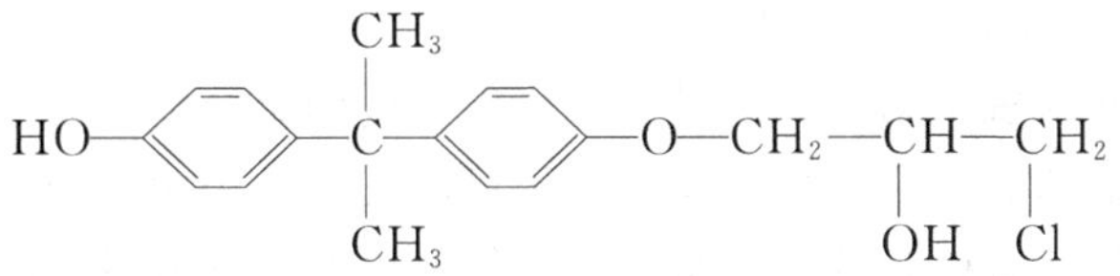

$$HO-C_6H_4-C(CH_3)_2-C_6H_4-O-CH_2-CH(OH)-CH_2Cl$$

闭环反应：

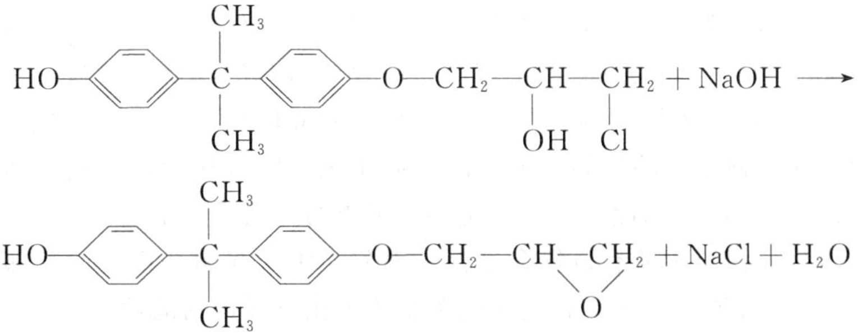

$$HO-C_6H_4-C(CH_3)_2-C_6H_4-O-CH_2-CH(OH)-CH_2Cl + NaOH \longrightarrow$$

$$HO-C_6H_4-C(CH_3)_2-C_6H_4-O-CH_2-\underset{\backslash O /}{CH-CH_2} + NaCl + H_2O$$

开环反应：

$$HO-C_6H_4-C(CH_3)_2-C_6H_4-O-CH_2-\underset{\backslash O /}{CH-CH_2}$$

$$+ HO-C_6H_4-C(CH_3)_2-C_6H_4-OH \longrightarrow$$

$$HO-C_6H_4-C(CH_3)_2-C_6H_4-O-CH_2-CH(OH)-CH_2-O-C_6H_4-C(CH_3)_2-C_6H_4-OH$$

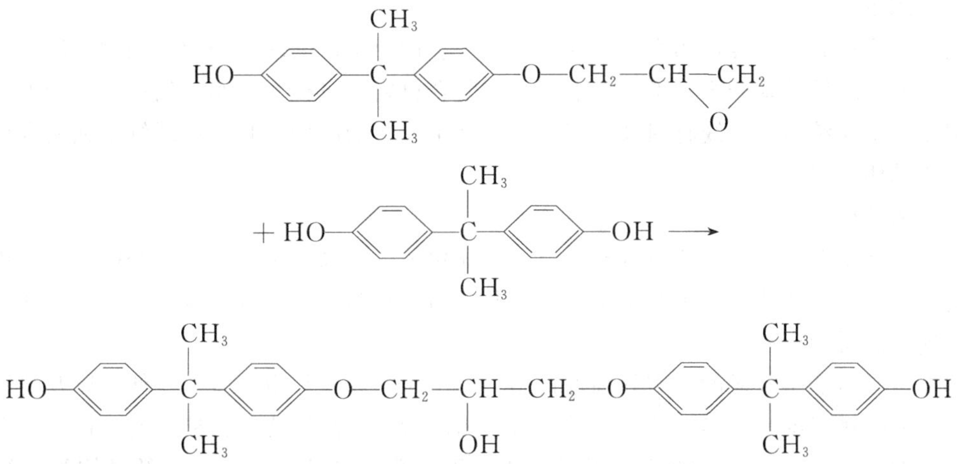

经过多次重复就可生成两端保留有环氧基的大分子。根据需要可以调整环氧树脂的相对分子质量。随着相对分子质量的不同，聚合物可以是粘稠的液体，或是具有脆性的固体。

由环氧树脂的结构特点可知，环氧树脂具有以下特性：

1）粘结强度高。环氧树脂的结构中有羟基（$-\underset{OH}{CH}-$）、醚键（$-O-$）和活性极大的环氧基，它们使环氧树脂的分子和相邻界面产生电磁吸附或化学键，因此环氧树脂型基体粘结性特别强。

2）固化收缩率低。环氧树脂的固化主要是依靠环氧基的开环加成聚合，因此固化过程中不产生低分子物，再加上环氧基固化时派生的部分残留羟基，它们的氢键缔合作用使分子排列紧密，因此环氧树脂的固化收缩率是热固性树脂中最低的品种之一，一般为1%～2%，这样小的固化收缩率使环氧树脂制品的尺寸稳定，内应力小，不易开裂。

3）稳定性好。环氧树脂的贮存寿命长，固化后主链是醚键和苯环，三向交联结构致密又封闭，因此它既耐酸又耐碱等多种介质。

4）良好的加工工艺性。

5）优良的电绝缘性能和力学性能。

工业二酚基丙烷型环氧树脂实际上是含不同聚合度的聚合物分子的混合物。其中大多数分子是含有两个环氧基端的线形结构，少数分子可能支化，极少数分子终止的基团是氯醇基团而不是环氧基。因此环氧树脂的环氧基含量、氯含量等对树脂的固化及固化物的性能有很大的影响。工业上作为树脂的控制指标如下：

① 环氧值。环氧值是鉴别环氧树脂性质的最主要的指标，工业环氧树脂型号就是按环氧值不同来区分的。环氧值是指每 100g 树脂中所含环氧基的物质的量数。环氧值的倒数乘以 100 就称为环氧当量。环氧当量的含义是：含有 1mol 环氧基的环氧树脂的克数。

② 无机氯含量。树脂中的氯离子能与胺类固化剂起络合作用而影响树脂的固化，同时也影响固化树脂的电性能，因此氯含量也是环氧树脂的一项重要指标。

③ 有机氯含量。树脂中的有机氯含量标志着分子中未起闭环反应的那部分氯醇基团的含量，它的含量应尽可能地降低，否则影响树脂的固化及固化物的性能。

④ 挥发分。

⑤ 粘度或软化点。

由于环氧树脂具有良好的力学性能、成型工艺性及丰富的使用经验，因此，纤维（包括硼纤维、芳纶纤维及碳纤维）增强环氧树脂基复合材料在飞机、汽车、轮船、火箭外壳、飞船、卫星的本体结构、天线材料及支架中均得到了大量的应用，是目前纤维增强复合材料的主要树脂基体材料。

二、酚醛树脂

酚醛树脂是合成树脂中最早发现并最早工业化的一个高聚物品种，迄今已有近百年的历史。它是用酚类（如苯酚、甲基苯酚、二甲基苯酚等）与醛（甲醛、糠醛等）在酸性或碱性介质中缩聚而得的产物。

酚醛树脂虽然是最老的一类热固性树脂，但由于它原料易得、合成方便，以及酚醛树脂具有良好的机械强度和耐热性能，尤其具有突出的瞬时耐高温烧蚀性能，而且树脂本身又有广泛改性的余地，所以目前酚醛树脂仍广泛用于制造玻璃纤维增强、碳纤维增强等复合材料。酚醛树脂复合材料尤其在宇航工业方面（空间飞行器、火箭、导弹等）作为瞬时耐高温和烧蚀的结构材料有着非常重要的用途。

1. 酚醛树脂的合成

酚醛树脂大体上分为两大类，即热固性酚醛树脂和热塑性酚醛树脂。以苯酚和甲醛反应为例，热固性树脂是由苯酚在碱性情况下与过量的甲醛发生反应而成；热塑性树脂是苯酚在酸性的情况下与少量的甲醛反应生成。

（1）热固性酚醛树脂的合成反应　热固性酚醛树脂的缩聚反应一般是在碱性催化剂存在下进行的，常用的催化剂为氢氧化钠、氢氧化钡、氨水、氢氧化钙、氢氧化镁、碳酸钠、叔胺等，氢氧化钠用量为 1%～5%，氢氧化钡为 3%～6%。苯酚和甲醛的物质的量之比一般控制在 1∶(1～1.5)，甚至 1∶(1～3.0)，甲醛量比较多。总的反应过程可分为两步，即甲醛与苯酚的加成反应和羟甲基化合物的缩聚反应。

1）甲醛与苯酚的加成反应。用氢氧化钠为催化剂时，首先苯酚与甲醛进行加成反应，生成多种羟甲基，并形成一元酚醇和多元酚醇的混合物。这些羟甲基苯酚在室温下是稳定的，呈液态、半固态或固态，可溶于乙醇、丙酮、乙酸及酯类等。羟甲基苯酚可进一步发生

加成反应，即

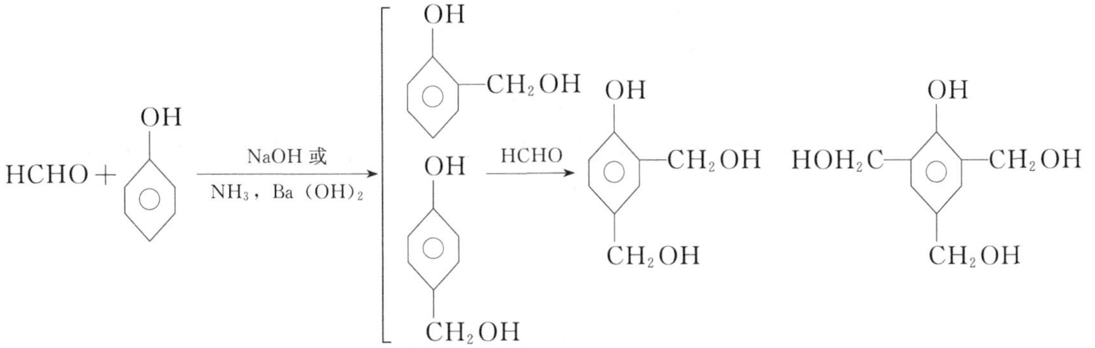

$$\mathrm{HCHO} + \mathrm{C_6H_5OH} \xrightarrow[\mathrm{NH_3,\ Ba(OH)_2}]{\mathrm{NaOH\ 或}} \left[\begin{array}{l} o\text{-}\mathrm{HOC_6H_4CH_2OH} \\ p\text{-}\mathrm{HOC_6H_4CH_2OH} \end{array}\right] \xrightarrow{\mathrm{HCHO}} \mathrm{HOC_6H_3(CH_2OH)_2} \quad (\mathrm{HOH_2C})\mathrm{HOC_6H_2(CH_2OH)_2}$$

2）羟甲基化合物的缩聚反应，即

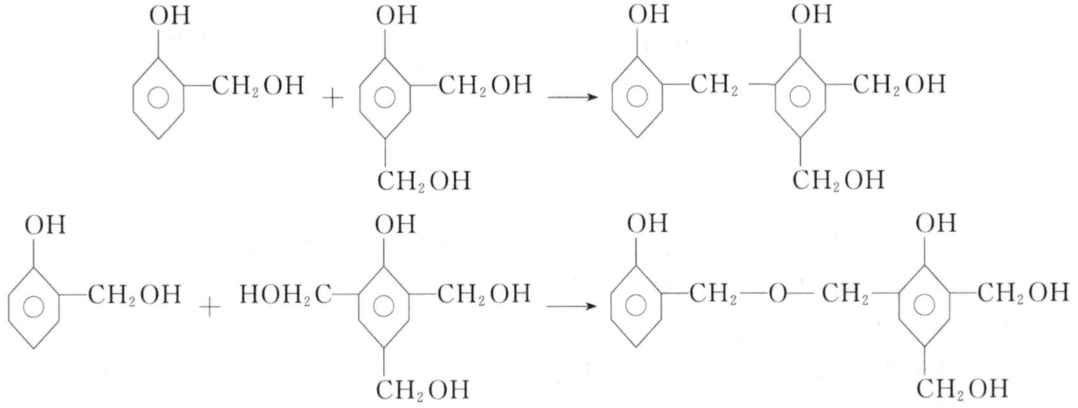

$$\mathrm{HOC_6H_4CH_2OH} + \mathrm{HOC_6H_3(CH_2OH)_2} \longrightarrow \mathrm{HOC_6H_4{-}CH_2{-}C_6H_2(OH)(CH_2OH)_2}$$

$$\mathrm{HOC_6H_4CH_2OH} + \mathrm{HOH_2C{-}C_6H_2(OH)(CH_2OH)_2} \longrightarrow \mathrm{HOC_6H_4{-}CH_2{-}O{-}CH_2{-}C_6H_2(OH)(CH_2OH)_2}$$

缩合的结果形成以含亚甲基为主的二聚、三聚体，亚甲基醚的数量较少；甲醛越多，多羟基甲基苯酚含量越高，相应的醚键化合物就多。二聚体可以进一步缩合，得到多聚体的初级缩合物。它们的结构特点是：分子为线形和支链形结构，其中仍有未被缩聚的羟甲基，相对分子质量不高；冷时性脆，热时成弹性体，不熔化但软化，在乙醇等有机溶剂中不溶解，仅能溶胀；加热或加酸可获得 C 阶段的体形缩聚物（即固化），加热不熔，几乎不溶于所有的有机溶剂，耐酸、耐碱、耐热，为淡黄色至褐色固体物。

热固性酚醛树脂在加热和有酸的条件下都会固化，这是热固性酚醛树脂在贮存过程中粘度升高、凝胶速度加快的原因。所以，热固性酚醛树脂必须贮存在低温条件下，才能够尽量延长它的寿命。

（2）热塑性酚醛树脂的合成反应　热塑性酚醛树脂的缩聚反应一般是在强酸性催化剂存在下（$\mathrm{pH}<3$ 时），甲醛和苯酚的物质的量之比小于 1（如 0.75～0.85）进行的。其反应过程可分为两个步骤：

1）羟甲基苯酚的形成。在酸存在下，醛的亲电能力增强，从而易与芳环上电子云密度较高的位置发生亲电取代（SE）反应，形成以一羟甲基苯酚为主的产物，即

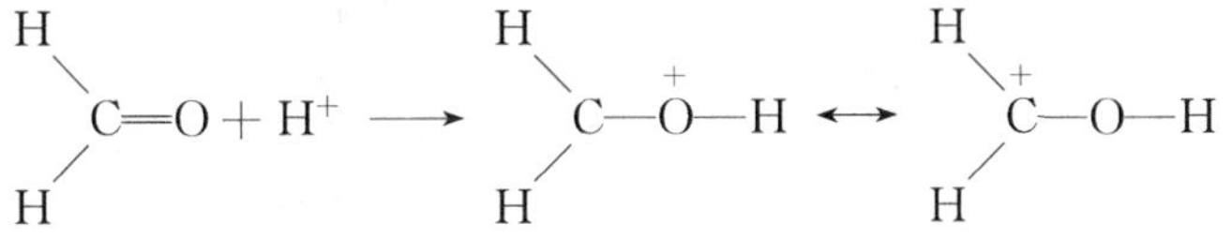

$$\mathrm{H_2C{=}O} + \mathrm{H^+} \longrightarrow \mathrm{H_2C{-}\overset{+}{O}{-}H} \longleftrightarrow \mathrm{H_2\overset{+}{C}{-}O{-}H}$$

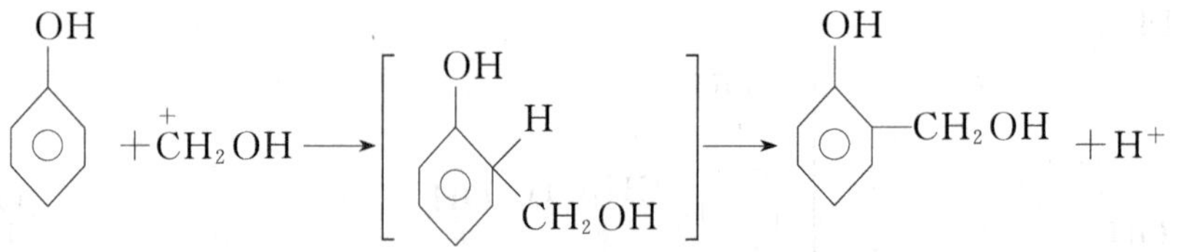

$$C_6H_5OH + {}^{+}CH_2OH \longrightarrow [\,HO{-}C_6H_5(H)(CH_2OH)^{+}\,] \longrightarrow HO{-}C_6H_4{-}CH_2OH + H^{+}$$

2）羟甲基苯酚的缩合。酸不但能催化醛的反应，还能活化羟甲基苯酚的反应，即

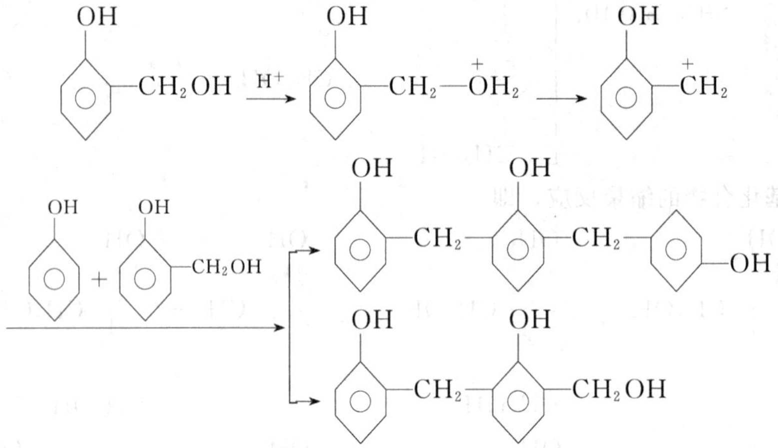

$$HO{-}C_6H_4{-}CH_2OH \xrightarrow{H^+} HO{-}C_6H_4{-}CH_2{-}\overset{+}{O}H_2 \longrightarrow HO{-}C_6H_4{-}\overset{+}{C}H_2$$

$$C_6H_5OH + HO{-}C_6H_4{-}CH_2OH \longrightarrow \begin{cases} HO{-}C_6H_4{-}CH_2{-}C_6H_3(OH){-}CH_2{-}C_6H_4{-}OH \\ HO{-}C_6H_4{-}CH_2{-}C_6H_3(OH){-}CH_2OH \end{cases}$$

在热塑性酚醛树脂中加入过量的甲醛或六次甲基四胺（乌洛托品），可使它转变成为不溶不熔的C阶段树脂。乌洛托品起固化剂的作用。

（3）影响酚醛反应的因素

1）苯酚取代基的影响。苯酚的酚羟基的邻、对位上有三个活性点，官能度为3。取代酚有几种情况：

① 当苯酚的邻、对位取代基位置上三个活性点全部被R基取代后，一般就不能再和甲醛发生加成缩合反应。

② 若苯酚的邻、对位取代位置上二个活性点被R基所取代，则其和甲醛反应只能生成低相对分子质量的缩合物。

③ 若苯酚的邻、对位取代位置上一个活性点被R基取代，其和甲醛反应只可生成线形酚醛树脂。由于余下的两个活性点已反应掉，故即使再加入六次甲基四胺之类的固化剂，一般也不能生成具有网状结构的树脂。

④ 若苯酚的邻、对位取代位置上三个活性点都未被取代，则它与甲醛反应可以生成交联体形结构的酚醛树脂。间位取代基的酚类会增加邻、对位的取代活性；邻位或对位取代基的酚类则会降低邻、对位的取代活性。所以烷基取代位置不同的酚类的反应速率很不一样，见表9-1。

表9-1　酚类烷基取代位置与相对反应速率的关系

化　合　物	相对反应速率	化　合　物	相对反应速率
2,6-二甲基苯酚	0.16	苯酚	1.00
邻甲基苯酚	0.26	2,3,5-三甲基苯酚	1.49
对甲基苯酚	0.35	间甲基苯酚	2.88
2,5-二甲基苯酚	0.71	3,5-二甲基苯酚	7.75
3,4-二甲基苯酚	0.83		

从表 9-1 可以看出，3,5-二甲基苯酚的相对反应速率最大，2,6-二甲基苯酚的相对反应速率最小，两者相差可达 50 余倍。当酚环上部分邻对位的氢被烷基取代加成后，由于活性点减少，故通常只能得到低分子或热塑性树脂；而间位取代加成后，虽可增加树脂固化速度，但树脂的最后固化速度却会因空间位阻效应的影响反而比未取代的树脂还低。

2）单体物质的量的比的影响。从碱性催化的热固性酚醛树脂固化后的理想结构来看，只有当一个苯酚环分别和三个次甲基的一端相连接，即甲醛和苯酚的物质的量之比为 1.5 时，固化后才可得到这种体形结构整齐的酚醛树脂。同时，当用碱作催化剂时，会因甲醛量超过苯酚量而使初期的加成反应有利于酚醇的生成，最后可得到热固性树脂。工业上常用量为醛酚的物质的量之比为（1.1～1.5）∶1。如果酚的用量比醛的大，将因醛量不足而使酚分子上活性点不能被完全利用，反应开始时所生成的羟甲基就与过量的苯酚反应，最后只能得到热塑性树脂。

用酸作催化剂时，工业上制造这种热塑性酚醛树脂的醛与酚的物质的量之比为（0.80～0.86）∶1。表 9-2 列出了甲醛与苯酚比例对热固性树脂性能的影响。甲醛量提高，树脂的滴点、粘度、硬化速度均提高，而游离酚含量降低。

表 9-2 甲醛与苯酚比例对热固性树脂性能的影响

苯酚与甲醛的物质的量之比	树脂产率（以苯酚用量计）（%）	树脂滴点/℃	150℃时凝胶化时间/s	50%乙醇溶液的粘度/mPa·s	游离酚含量（%）
5∶4	112	42	160	23.0	24.3
5∶5	118	50	98	39.5	16.8
5∶6	122	65	100	42.0	15.5
5∶7	126	66	96	42.5	14.8

3）催化剂的影响。在制造酚醛树脂的过程中，催化剂的影响也是一个重要因素。常用的催化剂有下列三种：

① 碱性催化剂 。最常用的碱性催化剂是氢氧化钠，它的催化效果好，用量可小于 1%，但反应结束后树脂需用酸（如草酸、盐酸、磷酸等）中和。反应可得热固性树脂，但由于中和生成的盐的存在，使树脂电性能较差。氨水（常用质量分数为 25%的氨水）也是常用的催化剂，其催化性质温和，用量一般为 0.5%～3.0%，也可制得热固性树脂。由于氨水可在树脂脱水过程中除去，故树脂的电性能较好。也有用氢氧化钡作催化剂的，用量一般在 1.0%～1.5%，反应结束后通入 CO_2，使催化剂与 CO_2 反应生成 $BaCO_3$ 沉淀，过滤后可除去残留物，因此也可得到电性能良好的树脂。

② 碱土金属氧化物催化剂。常用的有 BaO、MgO、CaO，催化效果比碱性催化剂差，但可形成高邻位的酚醛树脂。

③ 酸性催化剂。盐酸是常用的酸性催化剂，具有良好的催化效果，用量在 0.05%～0.3%之间。当醛与酚的物质的量之比小于 1 时（大于 1 时反应难控制，易形成凝胶），可得热塑性酚醛树脂。也有用碳酸 H_2CO_3、有机酸（如草酸、柠檬酸等）作催化剂的，一般用量为 1.5%～2.5%。使用草酸的优点是缩聚过程较易控制，生成的树脂颜色较浅，并有良好的耐光性。

需特别指出的是，酸性催化剂的浓度对树脂固化速度非常灵敏，反应速率随氢离子浓度增加而增大；但碱性催化剂则不然，氢氧根离子浓度超过一定值后，催化剂浓度变化对反应速度基本上没有明显的影响。

4）反应介质pH值的影响。有人认为反应介质的pH值对产品性质的影响比催化剂的影响还大。研究指出：将37%的甲醛溶液与等量的苯酚混合反应，当介质pH＝3.0～3.1时，加热沸腾数日也无反应，若加入酸使pH＜3.0或加入碱使pH＞3.0时，则缩聚反应就会立即进行，故称pH的这个范围为酚醛树脂反应的中性点。所以，当甲醛与苯酚的物质的量之比小于1时，在强酸性催化剂存在下（pH＜3.0），反应产物为热塑性树脂；在弱酸性或中性碱土金属催化剂存在下（pH＝4.0～7.0），可得高邻位线形酚醛树脂。当甲醛与苯酚物质的量之比大于1时，在碱性催化剂存在下（pH＝7.0～11），可得热固性树脂。一般认为，苯酚和甲醛缩聚反应初期的最适当的pH值应在6.5～8.5之间。

5）其他因素的影响。以上讨论酚类结构对树脂的影响时，认为苯酚分子中能参加化学反应的活性点只有三个，但进一步的研究表明并非完全如此。由酚醛树脂的氢化裂解试验表明，产物中尚有间甲酚存在，这说明反应中也存在少量间位取代反应物。因此，当甲醛大大过量时，邻或对甲基苯酚与甲醛反应也可得到热固性树脂，因为只要有极少数的间位取代反应就已足够引起交联而形成体形结构的树脂。同时，甲醛过量时，在强酸性催化剂存在下（pH＝1.0～2.0）会发生次甲基之间的交联反应。

综上所述，可根据酚和醛的官能度，两者的物质的量之比以及反应介质的pH值获得工业上两类重要的酚醛树脂：pH＞7.0，酚：醛＝1：(1.0～1.5)，得到热固性酚醛树脂；pH＜7.0，酚：醛＝1：(0.80～0.86)，得到热塑性酚醛树脂。表9-3列出了两类酚醛树脂的基本性能。

表9-3　两类酚醛树脂的基本性能

性　　能	热　塑　性	热　固　性
甲醛/苯酚（物质的量之比）	0.5～1.0	1～3
聚合催化剂	酸	碱
相对分子质量	400～1000	150～500
常温下形态	固体为主	液体为主
应用形态	粉状或乙醇溶液	乙二醇或乙醇溶液
固化形态	添加固化剂（六次甲基四胺等）加热	加热或加酸
稳定性	固体易吸潮，稳定性好	低温稳定

2. 酚醛树脂的改性

普通的酚醛树脂脆性大、韧性差、耐热性不足，限制了其在汽车、电子、航空、航天等高新技术领域的应用，对酚醛树脂进行改性，提高其韧性及耐热性是酚醛树脂的发展方向。

（1）酚醛树脂的增韧改性　提高酚醛树脂的韧性主要有以下几种途径：①在酚醛树脂中加入外增韧物质，如天然橡胶、丁腈橡胶、丁苯橡胶及热塑性树脂等；②在酚醛树脂中加入内增韧物质，如使酚羟基醚化、在苯环之间引入长的亚甲基链及其他柔性基团等。这些改性方法在提高酚醛树脂韧性的同时，有可能会降低其耐热性，因此，酚醛树脂的韧性和耐热性的提高必须根据需要统筹考虑。

1）橡胶改性酚醛树脂。橡胶增韧酚醛是最常见的增韧体系，多选用丁腈、丁苯、天然橡胶对酚醛树脂增韧。从工艺角度看，橡胶增韧酚醛树脂属物理掺混改性。但在固化过程中可能发生橡胶与树脂间的接枝反应，增韧效果除与酚醛橡胶间化学反应程度有关外，与两组分的相容性、共混物形态结构、共混比例等都有关系。橡胶增韧酚醛树脂效果显著，是兼顾增韧、耐热、价格等综合性能的最有效途径之一。但若橡胶含量较高，也会影响耐热性，因此橡胶的加入量一般宜控制在6%～15%。

2）环氧改性酚醛树脂。用40%的A阶热固性酚醛树脂和60%的二酚基丙烷型环氧树脂混合物制成的复合材料可以兼具两种树脂的优点，改善它们各自的缺点，从而达到改性的目的。这种混合物具有环氧树脂优良的粘结性和酚醛树脂优良的耐热性，同时克服了酚醛树脂的脆性和环氧树脂耐热性较差的缺点。这种改性是通过酚醛树脂中的羟甲基与环氧树脂中的羟基及环氧基进行化学反应，以及酚醛树脂中的酚羟基与环氧树脂中的环氧基进行化学反应，最后交联成复杂的体形结构来达到的。

3）聚乙烯醇缩醛改性酚醛树脂。工业上应用得最多的是用聚乙烯醇缩醛改性酚醛树脂，它不仅改善酚醛树脂的脆性，还可提高树脂对玻璃纤维的粘结力，增加复合材料的力学强度，降低固化速率，从而有利于降低成型压力。用作改性的酚醛树脂通常是用氨水或氧化镁作催化剂合成的苯酚甲醛树脂。用作改性的聚乙烯醇缩醛是一个含有不同比例的羟基、缩醛基及乙酰基侧链的高聚物，其性质取决于：①聚乙烯醇缩醛的相对分子质量；②聚乙烯醇缩醛分子链中羟基、乙酰基和缩醛基的相对含量；③所用醛的化学结构。由于聚乙烯醇缩醛的加入，使树脂混合物中酚醛树脂的浓度相应降低，减慢了树脂的固化速率，使低压成型成为可能，但制品的耐热性有所降低。

4）腰果壳油（CNSL）改性酚醛树脂。CNSL是一种天然产物，是从成熟的腰果壳中萃取而得的粘稠性液体，其主要结构是在苯酚的间位上带一个15个碳的单烯或双烯烃长链。因此CNSL既有酚类化合物特征，又有脂肪族化合物的柔性，用其改性酚醛树脂，系化学改性，属分子内增韧，韧性有明显改善，而且改性产物用于摩擦材料中，摩擦性能优良，摩擦过程中表面形成的碳化膜柔软而又有韧性，不易脱落，摩擦材料表面的组成和发热状态均匀，保证了稳定的摩擦性能。

5）桐油改性酚醛树脂。桐油是我国优势林产资源，其主要成分是9,11,13-十八碳三烯酸的甘油酯。利用桐油中共轭双键具有较大的反应活性之特点，可改进酚醛树脂的韧性。桐油改性酚醛树脂系化学改性，亦属分子内增韧。其改性树脂固化后，不但硬度降低，韧性提高，耐热性也有一定改善，热分解活性较改性前提高了60%～80%，耐热指数提高了30%。

6）新型固化剂改性酚醛树脂。酚醛树脂固化剂除用六次甲基四胺外，工业上还尝试用三羟甲基苯酚、多甲基三聚氰胺及多羟甲基双氰胺、环氧树脂等。所得到的固化物在保持难燃、低烟、耐热性高的同时，也可提高树脂的韧性。

（2）酚醛树脂的耐热改性　酚醛树脂结构上的薄弱环节是酚羟基和亚甲基容易氧化，耐热性受到影响。普通酚醛树脂在200℃以下能够长期稳定使用，若超过200℃，会明显发生氧化，从340～360℃起进入热分解阶段，到600～900℃时就释放出CO、CO_2、H_2O、苯酚等物质。改善酚醛树脂耐热性通常采用化学改性途径，如将酚醛树脂的酚羟基醚化、酯化、重金属螯合以及严格后固化条件，加大固化剂用量等。

1）钼改性酚醛树脂。钼酚醛树脂（钼-酚醛树脂）是在普通酚醛树脂中引入钼的一种改性酚醛树脂，是通过化学反应的方法，使过渡性金属元素钼以化学键的形式键合于酚醛树脂分子主链中。由于钼-酚醛树脂以 O—Mo—O 键连接苯环，其键能大，钼-酚醛树脂的热分解温度和耐热性比普通酚醛树脂提高很多。六次甲基四胺为10%的钼-酚醛树脂，固化温度和成型温度在160℃左右，在522～600℃下的热失重率为17.5%，可作为火箭、导弹等空间飞行器的耐烧蚀材料。

2）有机硅改性酚醛树脂。有机硅改性酚醛树脂具有耐热性高、热失重小、韧性高等优异性能。改性方法主要有两种：一是将酚醛树脂与含有烷氧基的有机硅化合物进行反应，形成含硅氧键结构的立体网络，反应过程中存在着酚醛自聚的竞争反应，因此两种反应之间的竞聚就成了改性成败的关键；二是采用烯丙基化的酚醛树脂与有机硅化合物反应，形成耐热性能优异的有机硅改性酚醛树脂。用有机硅改性酚醛树脂制得的摩擦材料摩擦性能稳定，磨损率低，在100～350℃温区内摩擦因数变化很小（μ=0.36～0.40）。采用不同的有机硅单体或其混合单体与酚醛树脂改性，可得不同性能的改性酚醛树脂，具有广泛的选择性。用有机硅改性酚醛树脂制备的复合材料可在200～260℃下工作相当长时间，并可作为瞬时耐高温材料，也可用作火箭、导弹等烧蚀材料。

3）聚酰亚胺（PI）改性酚醛树脂。PI是由芳香族二胺与二酐缩合而成，具有优异的耐热性和阻燃性，可显著提高酚醛树脂耐热性。PI与酚醛树脂分子间发生化学反应，其特点是：无小分子挥发物生成，可低压成型，将其用于线形酚醛树脂的改性，耐热性提高50℃以上，其摩擦材料制件热衰退明显改善，250～300℃时摩擦因数为0.40～0.41。

4）磷改性酚醛树脂。磷化合物改性酚醛树脂，具有优异的耐热性和突出的抗火焰性。常用的磷化物有磷酸、磷酸酐、氧氯化磷。

5）硼酸改性酚醛树脂。采用硼化合物对酚醛树脂改性，是提高其耐热性能的有效方法之一。其热分解温度比普通酚醛树脂可提高100～140℃，它在700℃的分解残留物还有63%。

6）纳米材料改性酚醛树脂。近些年来纳米材料已被用于改性酚醛树脂，并取得了一些研究成果。纳米粒子由于尺寸小、表面积大，因而与酚醛树脂基体结合能力强，并可对酚醛树脂的物化性能产生特殊作用。将纳米粒子加入酚醛树脂中可克服常规刚性粒子不能同时增强、增韧的缺点，提高酚醛树脂的韧性、强度和耐热性等。

研究表明，用碳纳米管改性酚醛树脂的耐热性比普通酚醛树脂的耐热性有较大的提高，在420℃时材料的残留量仍保持在85%以上，可以用于制备耐高温的高性能专用酚醛树脂。但由于碳纳米管比表面积大，表面曲率半径大，致使其分散相当困难，因此在进行聚合反应之前，应对碳纳米管进行表面处理，用溶剂洗去碳纳米管表面的低分子裂解产物，才可使碳纳米管在酚醛树脂中分散相对均匀。

采用插层聚合方法制备的线性酚醛树脂/有机改性蒙脱土纳米复合材料也比纯线性酚醛树脂具有更好的耐热性能。

三、聚酰亚胺

聚酰亚胺是一类主链上含有酰亚胺环的高分子材料。由于主链上含有芳香环，它作为先进复合材料基体，具有突出的耐温性能和优异的力学性能，是目前树脂基复合材料中耐温性最高的材料之一。聚酰亚胺除了具有突出的耐高温性能外，还具有突出的介电性能与抗辐射性能，是当前微电子信息领域中最好的封装和涂覆材料之一。除此之外，聚酰亚胺树脂用作胶粘剂、纤维、塑料与光刻胶等方面也表现出综合性能优异的特点。

1. 缩聚型聚酰亚胺（C 型 PI）

缩聚型聚酰亚胺主要是由芳香族二酸酐和芳香二胺合成的。合成的方法是先合成可溶的聚酰胺酸预聚物，然后再使之环化成所要求的聚酰亚胺。反应物可在室温下于极性溶剂中反应，常用的溶剂有二甲基甲酰胺、二甲基乙酰胺或 N-甲基吡咯烷酮等。环化步骤可借助于加热来完成。典型的反应如下：

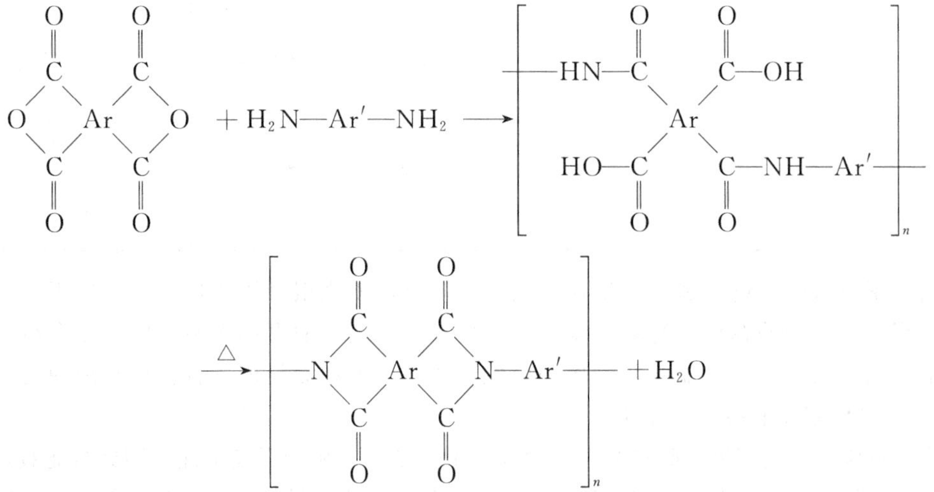

$$\text{O}{<}\begin{matrix}\text{C(=O)}\\ \text{C(=O)}\end{matrix}{>}\text{Ar}{<}\begin{matrix}\text{C(=O)}\\ \text{C(=O)}\end{matrix}{>}\text{O} + H_2N\text{—}Ar'\text{—}NH_2 \longrightarrow \left[\text{—HN—}\overset{O}{\overset{\|}{C}}\text{—Ar}(\text{—}\overset{O}{\overset{\|}{C}}\text{—OH})(\text{HO—}\underset{\|}{\underset{O}{C}})\text{—}\underset{\|}{\underset{O}{C}}\text{—NH—Ar}'\text{—}\right]_n$$

$$\xrightarrow{\triangle} \left[\text{—N}{<}\begin{matrix}\text{C(=O)}\\ \text{C(=O)}\end{matrix}{>}\text{Ar}{<}\begin{matrix}\text{C(=O)}\\ \text{C(=O)}\end{matrix}{>}\text{N—Ar}'\text{—}\right]_n + H_2O$$

选用不同的单体可以制备具有不同性能的缩聚型聚酰亚胺，表 9-4 给出了用于缩聚型聚酰亚胺的代表性的芳香族二酸酐和芳香族二胺。

表 9-4 用于缩聚型聚酰亚胺的代表性芳香族二酸酐和芳香族二胺

名　　称	芳香族二酸酐	名　　称	芳香族二胺
均苯四甲酸二酐(PMDA)	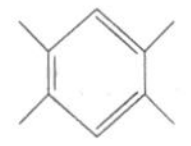 （结构式）	间或对苯二胺	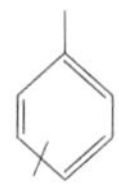 （结构式）
2,3,6,7-萘四酸二酐	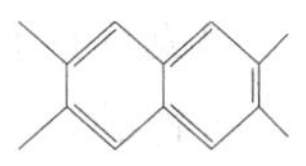 （结构式）	1,5-二氨基萘	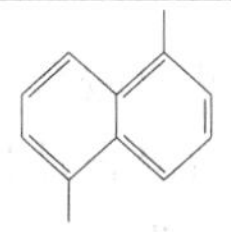 （结构式）
3,3',4,4'-二苯基四酸二酐	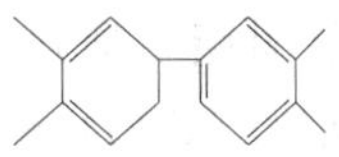 （结构式）	间或对苯二甲胺	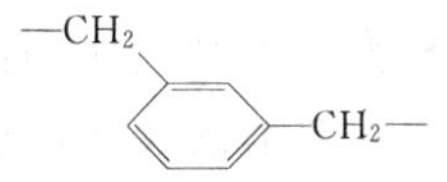 —CH_2 ⋯ CH_2—
3,3',4,4'-二苯甲酮四酸二酐(BTDA)	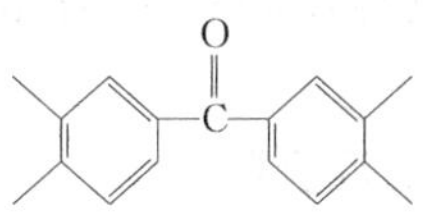 O ‖ C	4，4'-二氨基二苯醚(DAPE)	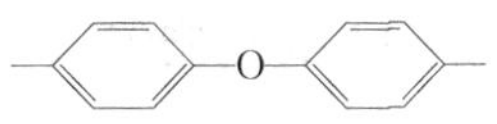 —O—
二(3,4-二酸苯基)醚二酐	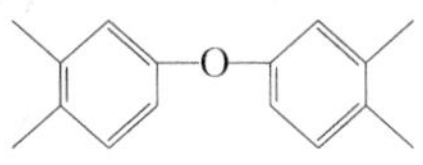 —O—	4,4-二氨基二苯基甲烷(DADM)	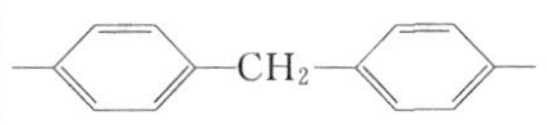 —CH_2—
2,2-二(3,4-二酸苯基)六氟异丙烷二酐(HFDA)	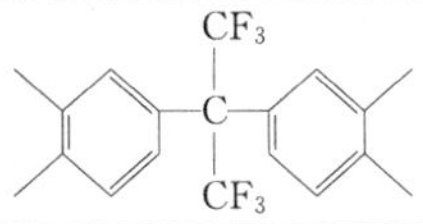 CF_3—C—CF_3	4,4'-二氨基二苯硫醚	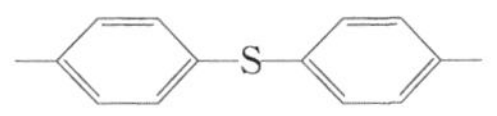 —S—

（续）

名　　称	芳香族二酸酐	名　　称	芳香族二胺
		4,4′-二氨基二苯硫砜	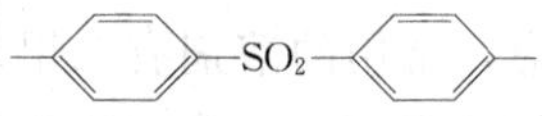 $-C_6H_4-SO_2-C_6H_4-$
		2,2-二(4-氨基苯)丙烷	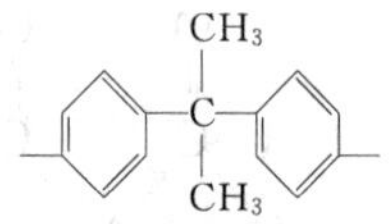 $-C_6H_4-C(CH_3)_2-C_6H_4-$
		2,2-二(4-氨基苯)六氟丙烷	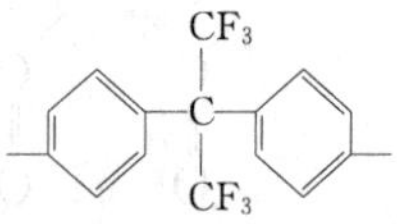 $-C_6H_4-C(CF_3)_2-C_6H_4-$

由于聚酰胺酸的熔点和环化反应的温度很接近，使之很难用于模压和层压工艺，再加之环化过程有小分子的释放，容易在制品中产生空隙，因此缩聚型聚酰亚胺在复合材料树脂基体中的应用已较少。尽管如此，缩聚型聚酰亚胺作为膜和涂料还一直被成功地使用。

2. 加聚型聚酰亚胺（A 型 PI）

为了克服缩聚型聚酰亚胺在复合材料使用上的缺点，相继开发了加聚型聚酰亚胺，如双马来酰亚胺、降丙片烯封端酰亚胺、乙炔封端酰亚胺等。这些材料一般都是端部带有不饱和基团的低相对分子质量聚酰亚胺。应用时，不饱和端基再进行加成聚合，可以均聚，也可以共聚。

双马来酰亚胺（BMI）是由顺丁烯二酸酐和芳香二胺缩聚而成的，其反应如下：

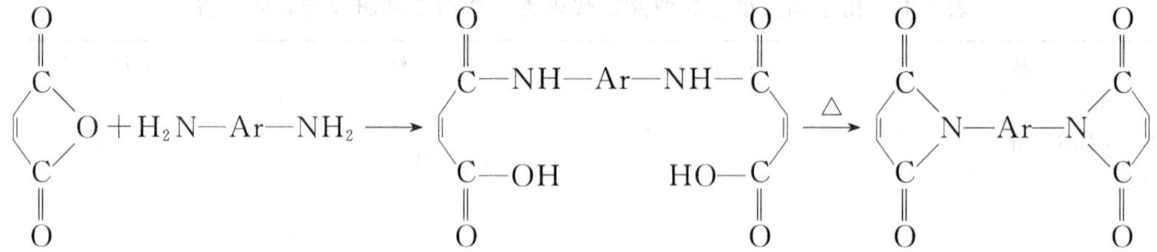

$$\text{(马来酸酐)} + H_2N-Ar-NH_2 \longrightarrow HOOC-CH=CH-C(=O)-NH-Ar-NH-C(=O)-CH=CH-COOH \xrightarrow{\triangle} \text{(马来酰亚胺环)}N-Ar-N\text{(马来酰亚胺环)}$$

双马来酰亚胺分子中含有活泼双键，它不仅可以进行加成反应形成均聚物和共聚物，还可与环氧树脂混合使用，形成互穿网络结构，使材料具有两者的性能。双马来酰亚胺具有一般聚酰亚胺树脂的耐高温、耐辐射、耐热、耐湿环境的特点，同时又具有易加工的特点，但固化后较脆。BMI 树脂耐湿热性能和耐热性均优于环氧树脂，通过和多种化合物共聚和采用新型增韧剂增韧改性，目前已经获得了冲击后抗压强度（CAI）值达 296MPa、最高使用温度达 177℃的 BMI 复合材料。典型的已商品化的双马树脂有 Kerimid601、Kerimid353、XU-292、PMR 树脂等。

Kerimid601 树脂是如下结构的双马来酰亚胺的混合物。

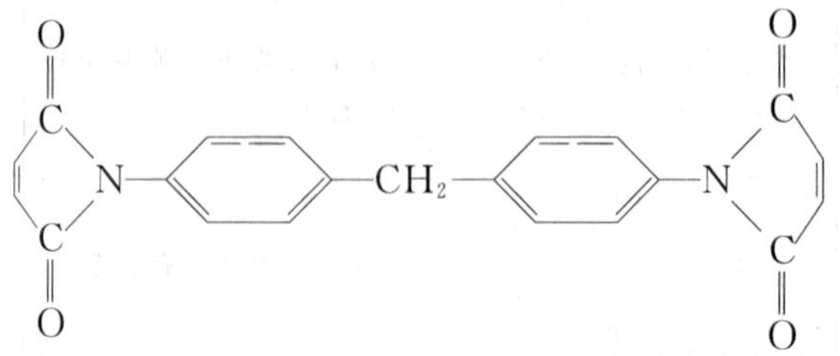

$$\text{(马来酰亚胺环)}N-C_6H_4-CH_2-C_6H_4-N\text{(马来酰亚胺环)}$$

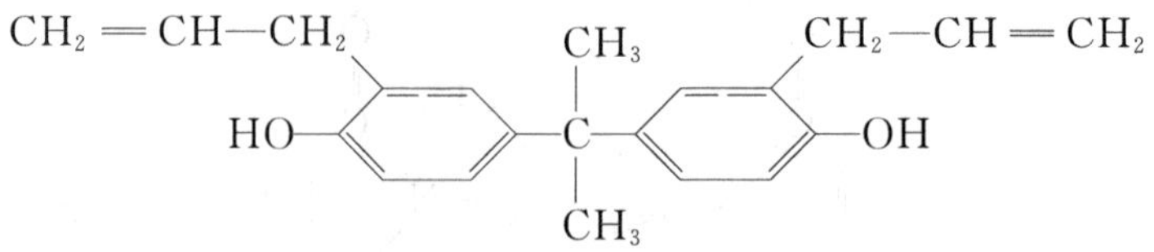

$CH_2=CH-CH_2$　　CH_3　　$CH_2-CH=CH_2$

HO—⟨苯环⟩—C(—CH_3)(—CH_3)—⟨苯环⟩—OH

Kerimid601 树脂是黄色的粉末，能溶解在如 N-甲基吡咯烷酮、1，2-二氯乙烷等许多溶剂中，这虽然有利于应用，但也应注意溶剂在固化后的复合材料中形成的空隙。Kerimid601 树脂在空气中初始降解发生在 300℃，在 370℃失重 10%。

1986 年为适应中国新歼击机研制的需要，北京航空材料研究院及西北工业大学等单位开展了对双马来酰亚胺及其复合材料的研究。QY8911 是我国第一个通过国家鉴定并获得国家科技进步奖的双马来酰亚胺树脂基体。QY8911 的主要组成物是 4，4-二苯基甲烷双马亚酰亚胺，以烯丙基化合物作为双马来酰亚胺的改性剂。双马来酰亚胺环上的双键受邻近基团的影响，表现出较高的亲电子性，使它可以与许多烯丙基类单体如o,o’-烯丙基双酚 A 共聚。烯丙基化合物与双马来酰亚胺的反应较为复杂，简单地说先进行双键加成，双马亚酰亚胺基加成到烯丙基上，然后双马亚酰亚胺与上述加成体进行 Diels-Alder 反应，和阴离子酰亚胺齐聚反应而形成具有良好韧性交联网络结构，但 Diels-Alder 反应需在 250℃左右方能进行完全。为此，在 QY8911 配方含有第二改性剂组分，以降低反应温度，使它的后处理温度控制在 200℃以内，从而减轻对辅助材料、模具材料的压力，有利于提高产品的经济效益。

双马来酰亚胺既有接近聚酰亚胺（以 PMR- 15 为例）的耐热性，又基本保留环氧树脂易成型的工艺性，因而引起国内飞机设计师的关注。它已在五种飞机上获得应用，并被两种飞机选用。此外，在一个导弹结构上获得应用。

四、氰酸酯树脂

1. 氰酸酯树脂简介

氰酸酯树脂（CE）是一类分子中含有—OCN 基团的化合物，其结构通式可用 NCO—R—OCN 表示，其中 R 可根据需要有多种选择。

氰酸酯树脂的合成可追溯到 1857 年，当时，Cloez 等人想通过次氯酸酯与氰化物反应或者通过酚盐化合物与卤化氰反应获得氰酸酯，但由于过量的酚盐会导致产物中含有大量的异氰酸酯或其他化合物，因此均未获得具有实际使用价值的氰酸酯树脂。直到 20 世纪 50 年代末 60 年代初，R. Stroh 和 H. Gerber 等人采用邻位取代苯酚首次合成出了具有真正使用价值的氰酸酯树脂。1963 年 E. Grigat 首次发现了采用酚类化合物与卤化氰合成氰酸酯树脂的简单方法，并对此进行了大量的研究。

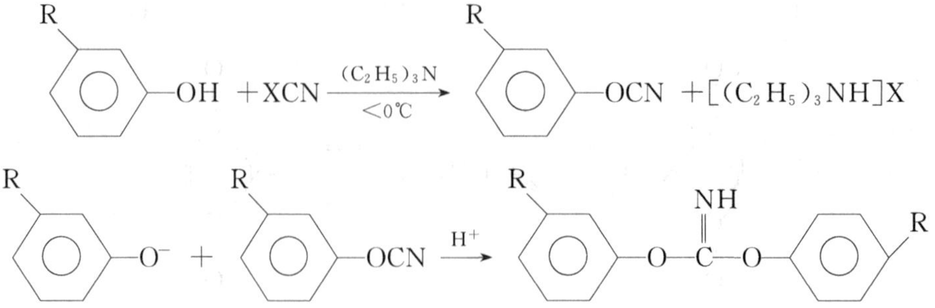

$$R\text{-}C_6H_4\text{-}OH + XCN \xrightarrow[<0℃]{(C_2H_5)_3N} R\text{-}C_6H_4\text{-}OCN + [(C_2H_5)_3NH]X$$

$$R\text{-}C_6H_4\text{-}O^- + R\text{-}C_6H_4\text{-}OCN \xrightarrow{H^+} R\text{-}C_6H_4\text{-}O\text{-}\underset{}{\overset{NH}{\overset{\|}{C}}}\text{-}O\text{-}C_6H_4\text{-}R$$

$$(C_2H_5)_3N + BrCN \longrightarrow \left[H_5C_2-\overset{C_2H_5}{\underset{C_2H_5}{N^+}}-CNBr \right] \longrightarrow (C_2H_5)_2NCN + C_2H_5Br$$

在 E. Grigat 发现氰酸酯树脂制备方法的一年后，D. Martin 和 Berlin 等人发现了一类新的制备氰酸酯树脂的方法，即热分解苯基-1,2,3,4-噻三唑和乙氧基-1,2,3,4-噻三唑制备氰酸酯树脂，即

$$R-OH + Cl-\overset{S}{\overset{\|}{C}}-Cl \rightarrow R-O-\overset{S}{\overset{\|}{C}}-Cl \xrightarrow{NaN_3} R-O-(1,2,3,4\text{-噻三唑基}) \xrightarrow{\triangle} R-OCN + N_2 + S \xrightarrow{\text{异构化}} R-NCO$$

$$R-OH + KOH \xrightarrow[H^+]{CS_2} R-O-\overset{S}{\overset{\|}{C}}-SH \xrightarrow[OH]{N_2H_4} R-O-\overset{S}{\overset{\|}{C}}-NHNH_2 \xrightarrow{HONO} R-O-(1,2,3,4\text{-噻三唑基})$$

式中的 R 基可以是芳香基，也可以是脂肪基，因此采用这种方法不仅可以制备芳香族氰酸酯，也可得到产率和纯度都较高的脂肪族氰酸酯，但产率低于 Grigat 制备方法的产率，而且这类合成方法的工艺路线相当复杂。

表 9-5 为几种商品化的氰酸酯树脂。氰酸酯树脂在常温下多为固态或半固态物质，可溶于常见的溶剂如丙酮、氯仿、四氢呋喃、丁酮等，与增强纤维如玻璃纤维、Kevlar 纤维、碳纤维等有良好的浸润性，表现出优良的粘性、涂覆性及流变学特性。其工艺性与环氧树脂相近，不但可用传统的注射、模压等工艺成型，也适用于先进的宇航复合材料成型工艺，如缠绕、热压罐、真空袋和树脂传递模塑（RTM）等。

表 9-5 几种商品化的氰酸酯树脂

结构式	牌号	供应商	相态	熔点/℃
$N\equiv C-O-C_6H_4-C(CH_3)_2-C_6H_4-O-C\equiv N$	AROCY B BT—2000	Ciba-Geigy Mitsubishi GC	晶体	79
$N\equiv C-O-C_6H_4-C(CH_3)(H_3)-C_6H_4-O-C\equiv N$	AROCY M	Ciba-Geigy	晶体	106
$N\equiv C-O-C_6H_4-C(CH_3)_2-C_6H_4-O-C\equiv N$	AROCY F	Ciba-Geigy	晶体	86

（续）

结构式	牌号	供应商	相态	熔点/℃
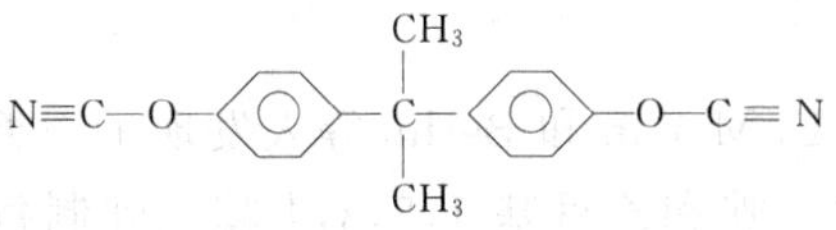 $N\equiv C-O-C_6H_4-C(CH_3)_2-C_6H_4-O-C\equiv N$	AROCY L—10	Ciba-Geigy	液体	—
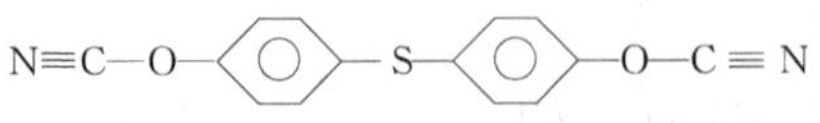 $N\equiv C-O-C_6H_4-S-C_6H_4-O-C\equiv N$	RTX—366	Ciba-Geigy	半固态	—
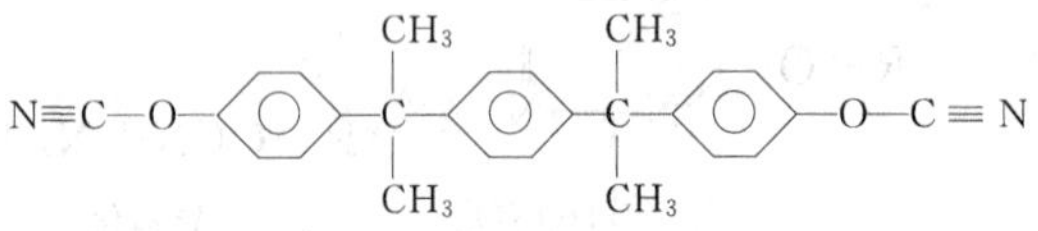 $N\equiv C-O-C_6H_4-C(CH_3)_2-C_6H_4-C(CH_3)_2-C_6H_4-O-C\equiv N$	Primasf PT REX—371	Allied-Signal Ciba-Geigy	半固态	—
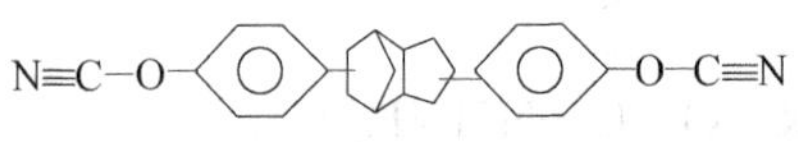 $N\equiv C-O-C_6H_4-(C_{10}H_{14})-C_6H_4-O-C\equiv N$	XU—71787	Dow Chemical	半固态	—

2. 氰酸酯树脂复合材料

氰酸酯树脂是一种耐热性处于 BMI 和环氧树脂之间的热固性树脂，固化后的氰酸酯树脂具有良好的力学性能和热学性能、优异的介电性能和耐湿性能、和环氧树脂相类似的成型加工性能及较高耐空间环境的能力，被认为是最有可能替代环氧树脂而成为下一代结构用复合材料的树脂基体，在宇航、汽车、电子等许多领域有着广泛的应用前景。

目前，各发达国家正致力于氰酸酯树脂基复合材料的研究，并取得了巨大进展。这里简单介绍一些氰酸酯树脂基复合材料的最新研究状况。

C. Marieta 等人采用单丝拔出及短梁剪切试验研究了不同涂层处理所得的碳纤维/氰酸酯复合材料的力学性能，结果发现，未经任何处理的碳纤维与氰酸酯树脂具有良好的粘接强度，其复合材料的层间抗剪强度与经氰酸酯树脂及氧化剂处理的碳纤维/氰酸酯树脂复合材料的层间抗剪强度相当。由于环氧树脂与氰酸酯树脂间能发生相互反应，因此采用环氧树脂作涂层对碳纤维进行表面处理后，可使碳纤维/氰酸酯树脂复合材料的层间抗剪强度明显提高。

美国 Peter C. Chen 和 Robert Romeo 研制出了低密度（面密度仅有 $2kg/m^2$）、高光滑表面的石墨纤维/氰酸酯树脂复合材料太空望远镜镜面。他们利用人工铺层法将石墨纤维/氰酸酯树脂复合材料预浸料成型于石墨纤维/环氧树脂复合材料制作的模具上，形成镜面的骨架结构，在预浸料与模具间引入了一层纯的氰酸酯树脂层，如图 9-2 所示。固化后树脂层会形成极其光滑的镜面反射面，克服了预浸料成型后的纤维纹路对光线的影响问题。采用石墨纤维/氰酸酯树脂复合材料制作的镜面不但降低了生产成本和生产周期，还提高了产品质量。另外所选用的碳纤维/氰酸酯树脂复合材料还具有固化温度低、太空环境下尺寸稳定性好、不“放气”及耐太空辐射能力强等特点。

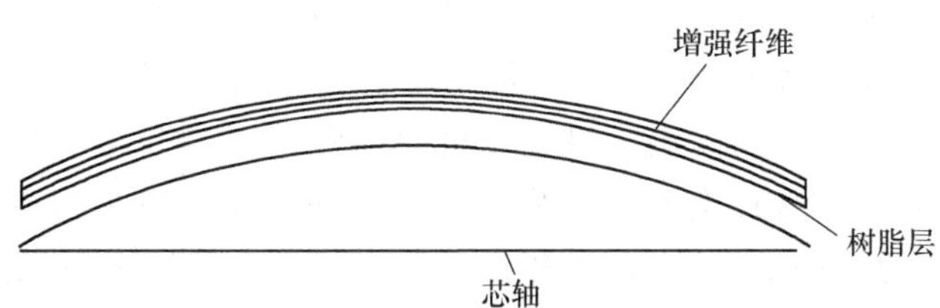

图 9-2 太空望远镜镜面制备结构图

Paul B. Willis 和 Dainel R. Coulter 比较了传统的玻璃和金属材料与石墨纤维/氰酸酯树脂复合材料制作的太空望远镜镜面。与玻璃和金属材料相比，石墨纤维/氰酸酯树脂复合材料不但具有低的面密度，还具有良好的力学性能、成型工艺性、热稳定性、耐太空辐射、低吸湿率及镜面性能，是一种理想的太空望远镜镜面材料。

他们还将高模量碳纤维增强氰酸酯树脂复合材料与已广泛应用于太空结构材料的碳纤维/环氧复合材料进行了对比。结果发现，氰酸酯基复合材料的抗拉、抗弯、层间抗剪及耐环境性能均优于环氧基复合材料，而其热膨胀系数（CTE）却低于环氧树脂基复合材料。由此表明，作为太空结构材料而言，碳纤维增强氰酸酯树脂基复合材料比碳纤维/环氧树脂基复合材料更具优势。

五、不饱和聚酯

不饱和聚酯树脂（Unsaturated Polyester Resin，UPR）一般是指分子链上有不饱和键（一般为双键）的酯类聚合物，由不饱和二元酸（酐）、饱和二元酸（酐）与二元醇或多元醇经缩聚而成，并在缩聚反应结束后趁热加入一定量的乙烯基类单体，形成具有一定粘度的液体树脂。习惯上就把这种不饱和聚酯与乙烯类单体的混和物称为不饱和聚酯树脂（UPR）。通过改变其原料的种类与配比，可以合成具有各种不同性能的不饱和聚酯树脂，以适应不同的使用要求，例如，胶衣树脂、阻燃树脂等。

1. 不饱和聚酯的发展简史

不饱和聚酯的发现可以追溯到 1847 年，瑞典科学家伯齐利厄斯（Berzelivs）用酒石酸和甘油反应生产聚酒石酸甘油酯，是一种块状树脂。以后，1894 年和 1901 年又出现了乙二醇和顺丁烯二酸合成的聚酯以及用邻苯二甲酸酐和甘油反应得邻苯二甲酸甘油酯。1934 年以后出现了过氧化苯甲酰固化（引发）剂。1937 年布雷德利（Bradley）发现利用游离基引发剂可使线形聚酯变为不溶的固体。随后不久，发现不饱和聚酯和苯乙烯单体可以发生交联反应，其反应速度比没有交联单体时的反应要快 30 倍左右，这是现代不饱和聚酯（UP）的起点。不饱和聚酯树脂于 1942 年首先在美国实现了工业化生产，用玻璃纤维布增强制得第一批聚酯玻璃钢雷达天线罩，其重量轻、强度高、透波性能好、制造简便，迅速用于战争。此后，英国（1947 年）、日本（1953 年）、德国、法国、意大利、荷兰等也相继投产。

我国不饱和聚酯树脂研究工作始于 1958 年，当时最先从事这项技术开发工作的是化工部北京化工研究院，之后天津合成材料工业研究所和上海新华树脂厂相继开展研究。1960

年初，上海新华树脂厂建成两台 500L 反应装置，它是我国最早投入工业化生产的单位。1964 年常州 253 厂从英国斯考特巴科（Scott Backer Co.）公司引进技术与设备，建成了 500t/a 的生产装置，对推动我国聚酯工业和玻璃钢工业的发展起了一定的作用。此后天津合成材料厂采用天津合成材料工业研究所的技术，于 1968 年建成了 150t/a 生产装置。1970 年初，玻璃钢制品开始由军工到民用，得到较快的推广，1970 年末我国的不饱和聚酯工业初具规模。改革开放后，随着社会经济的发展，不饱和聚酯工业也得到了快速发展。1976 年我国 UPR 总产量不足 3000t，而美国当年产量为 43 万 t。经过 30 年的发展，美、日、欧等发达国家中发展最快的美国 UPR 产量翻了一番，2004 年达到 87.5 万 t，而我国则于 2006 年已达 103 万 t，居世界首位。目前，我国 UPR 产量、消费量均居世界首位，生产能力已达 200 万 t/a，2007 年产量达 120 多万 t。表 9-6 为我国不饱和聚酯工业的发展。

表 9-6 我国不饱和聚酯工业的发展 （单位：10^4 t/a）

年份	1980	1985	1987	1989	1990	1991	1996	1997	1998
产量	1.07	4.05	2.9	4.0	3.31	5.09	16	20	22
年份	1999	2000	2001	2002	2003	2004	2005	2006	2007
产量	32	45	50	58	72	87	94	103	120

UPR 是热固性树脂中用量最大的品种，约占 85%～90%，也是复合材料（玻璃钢）制品生产中用得最多的树脂。由于 UPR 的生产工艺简便，原料易得，耐化学腐蚀，力学、电学性能优良，最重要的是可以常温常压固化而具有良好的施工工艺性能，故广泛用于结构、防腐、绝缘复合材料产品。

2. UPR 的结构及其特点

不饱和聚酯树脂分子结构中含有非芳族的不饱和键，可用适当的引发剂引发交联反应而成为一种热固性塑料。典型的不饱和聚酯具有下列结构，即

$$\mathrm{H}\left[\mathrm{O-G-O-\overset{\displaystyle O}{\overset{\|}{C}}-P-\overset{\displaystyle O}{\overset{\|}{C}}}\right]_x\left[\mathrm{O-G-O-\overset{\displaystyle O}{\overset{\|}{C}}-CH{=}CH-\overset{\displaystyle O}{\overset{\|}{C}}}\right]_y\mathrm{OH}$$

其中 G 及 P 分别代表二元醇及饱和二元酸中的烷基或芳基，x 和 y 表示聚合度。从上式可见，不饱和聚酯在没有固化前是具有线形结构的长链形分子，其相对分子质量一般为 1000～3000，故有时也叫线形不饱和聚酯。

在引发剂（过氧化物）、促进剂（环烷酸钴等）的作用下，这种长链形的分子可以与乙烯类单体（如苯乙烯等）发生反应，形成不均匀的连续网状结构，在密度较大的连续网之间有密度较低的链形分子相联结，如图 9-3 所示。

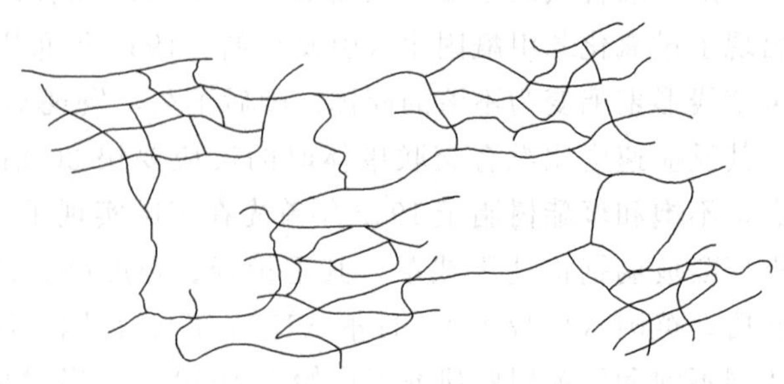

图 9-3 聚酯的网状结构

UPR 所用酸与醇的品种不同，饱和酸酐和不饱和酸酐的用量不同，可合成不同性质及不同相对分子质量的各种 UPR。

常用的饱和二元酸酐为邻苯二甲酸酐（简称为苯二甲酸酐或苯酐），不饱和酸酐为顺丁烯二酸酐（简称顺酐，也称马来酸酐）。常用的二元醇为丙二醇、乙二醇等。用间苯二酸酐能改善耐蚀性能，用卤化单体使产品具有阻燃性。在这基础上产生了间苯型、双酚 A 型、新戊二醇型等不同类型的 UPR。

UPR 具有以下优点：

1）成型工艺性良好。粘度、触变性、适用期、空气干燥性等都可调节。通过引发剂种类和数量的选择，可以从常温到 160℃的任意温度下任意的时间内固化，并且不产生副产物，依据产品的大小和数量可选择各种各样的成型方法以满足不同用途和要求。

2）有较好的力学性能、耐蚀性能及电气性能。当 UPR 组成为邻苯二甲酸酐：马来酸酐：丙二醇：二甘醇＝2：1：3.2：1.98（物质的量之比），苯乙烯的质量分数为 40％时，固化后 UPR 树脂的性能为：抗拉强度约为 38 MPa，弹性模量约为 2GPa，断裂伸长率约为 4.4％。

3）着色自由，易涂饰和加胶衣层，使产品外表颜色多种多样。

4）易与不同增强材料、填料组合，得到不同特性的复合材料制品。

5）价格低廉并有降低成本的一系列办法，易于投资生产。

UPR 的缺点有：含有较多的苯乙烯，对人眼、气管和粘膜都有刺激；阻燃性差；收缩率大。目前可以通过改进配方得到低苯乙烯含量的 UPR，阻燃 UPR 的氧指数可达 40％以上，也可生产低收缩率的 UPR。

3. UPR 配方设计

由于 UPR 用途广泛，有通用型、耐热型、耐化学型、阻燃型、耐气候型、高强型、胶衣型、片状模塑料（SMC）或团状模塑料（BMC）专用型，还有缠绕、注射、树脂传递模塑（RTM）、拉挤等成型工艺专用 UPR。不同类型 UPR，其配方设计是不同的。以下几点，在配方设计中应加以考虑：

1）选择合适的饱和与不饱和二元酸，并确定其用量。

2）选择合适的二元醇组分，并确定其用量。

3）交联单体种类及用量。

4）聚酯分子链的平均相对分子质量。

5）选择合适的引发剂和阻聚剂，必要时采用促进剂和加速剂，确定其用量。

6）选择其他辅助添加剂，确定其用量。

典型的不饱和聚酯由 1，2-丙二醇、邻苯二甲酸酐和马来酸酐等物质合成。饱和二元酸能改变树脂的性能，邻苯二甲酸酐可赋予聚酯以强度，减少聚酯的结晶倾向，与苯乙烯混溶性好；用间苯二甲酸合成的不饱和聚酯与邻苯二甲酸酐比较，虽可提高强度、耐热与耐化学性能，但由于其熔点高，反应困难，故需采用二步法反应。

不饱和聚酯需用单体来与之交联，此外，交联体可以对不饱和聚酯加以稀释，从而得到良好的应用性能并增加干燥速度，反应性稀释剂的选择非常重要。由于苯乙烯和马来酸酐的反应性高，因而被最广泛地用作稀释剂，甲苯乙烯也是受欢迎的稀释剂。一些交联单体的反应性比较如下：

$$苯乙烯>甲苯乙烯>氯化苯乙烯>丁基苯乙烯$$

由于丙烯酸酯单体的干燥速度快及其树脂固化后具有特别好的透光性，现在也被用作交联剂，甲基丙烯酸甲酯作交联剂时，因其均聚倾向大，单独使用会使固化不完全，故往往与苯乙烯合用。

4. UPR 固化特性

UPR 的固化过程是 UPR 分子链中的不饱和双键与交联单体（通常为苯乙烯 ST）发生自由基交联聚合反应，从而形成三维网络结构的过程。在这一固化过程中，存在三种可能发生的化学反应，即①ST 与 UPR 之间的反应；②ST 与 ST 之间的反应；③UPR 与 UPR 之间的反应。

$$\mathrm{H{+}O{-}R{-}O{-}\overset{\overset{\displaystyle O}{\|}}{C}{-}CH{=}CH{-}\overset{\overset{\displaystyle O}{\|}}{C}{\!}_{x}OH} + \mathrm{C_6H_5{-}CH{=}CH_2} \xrightarrow[\text{加热或紫外光}]{\text{(固化剂+促进剂)}}$$

$$\begin{array}{c}
\mathrm{H{+}O{-}R{-}O{-}\overset{\overset{\displaystyle O}{\|}}{C}{-}\overset{|}{C}H{-}CH{-}\overset{\overset{\displaystyle O}{\|}}{C}{\!}_{x}OH} \\
\mathrm{[\,C_6H_5{-}CH{-}CH_2\,]_{n}} \\
\mathrm{H{+}O{-}R{-}O{-}\underset{\underset{\displaystyle O}{\|}}{C}{-}\overset{|}{C}H{-}\underset{|}{C}H{-}\underset{\underset{\displaystyle O}{\|}}{C}{\!}_{x}OH}
\end{array}$$

UPR 在固化过程中分凝胶、定型和熟化三个阶段。熟化阶段是从定型阶段到从表观上已变硬而具有一定力学性能，经过后处理即具有稳定的化学和物理力学性能而可供使用的阶段。UPR 从定型阶段到熟化阶段所需要的时间较长，若不经热处理，一般至少要一周时间。

UPR 一般可通过引发剂、光、高能辐射等引发 UPR 中的双键与可聚合的乙烯基类单体进行游离基型共聚反应，使线形的聚酯分子链交联成具有三向网络结构的体形分子。在网络结构中交联密度大，则呈现刚性与脆性。调节线形 UPR 中双键间距离和反式与顺式双键的比例，使网络结构的交联密度和交联点不同，使固化树脂具有多种不同的性能，可以满足不同用途。

应用较广的有机引发剂主要有：过氧化苯甲酰、过氧化环己酮和过氧化甲乙酮。目前前两种引发剂已较少应用，主要应用过氧化甲乙酮（MEKP）。

MEKP 为无色透明澄清液体，不仅活性氧含量较高，而且无结晶、无沉淀物，极易在树脂中分散均匀，固化效果好，在国内外是使用最为广泛的一种 UPR 常温引发剂。

MEKP 是由甲乙酮与 H_2O_2 在适当的催化剂存在下制备的。由于生产纯的 MEKP 有危险，市售的 MEKP 一般是在稀释剂 DMP（邻苯二甲酸二甲酯）存在下生产的。根据反应物配比的不同及反应条件的不同，MEKP 的化学组成与活性含量也不尽相同，它们对 UPR 固化效果自然也不相同。市售的 MEKP 均会有少量的 H_2O_2 作为反应残留物而存在，而 H_2O_2 在树脂中也会与钴盐反应而加快胶凝。在一般 UPR 配方中，MEKP 用量为树脂质量的 1%～2%。

UPR 要在常温下固化还必须加促进剂或加速剂。它们和过氧化物之间发生一种氧化还原反应，使过氧化物的 O—O 键发生对称裂解，取代了原有的热裂解，这种方法也可称为化学裂解。化学裂解不仅可用于常温下激活引发剂，也可用在升温固化中，加速引发剂的分解，并降低固化温度。

促进剂一般是钴盐化合物，如辛酸钴、环烷酸钴等。

一组浇铸型UPR，采用不同用量引发剂的固化时间、最高放热温度的试验结果列于表9-7；采用不同用量促进剂的试验结果列于表9-8。

表 9-7 引发剂用量对树脂放热及收缩的影响

引发剂用量（%）	0.5	1	1.5	2
最高放热温度/℃	不固化	85	100	116
固化时间/min	不固化	10.8	8.0	6.6
收缩率（%）	不固化	1.1	1.1	1.3

注：促进剂用量为0.5%。

表 9-8 促进剂用量对树脂放热及收缩的影响

促进剂用量（%）	0.2	0.3	0.4	0.5
最高放热温度/℃	87	89	107	116
固化时间/min	10	7.4	7.0	6.0
收缩率（%）	1.6	1.6	1.4	1.3

注：引发剂用量为2%。

苯乙烯用量对树脂性能的影响列于表9-9。

表 9-9 苯乙烯用量对树脂性能的影响

苯乙烯含量（%）	31.5	35	40
收缩率（%）	1.6	1.8	2.0
最高放热温度/℃	110	108	104
硬度 HS	37.8	35.8	33.1
粘度/Pa·s	0.690	0.460	0.245

除上述常温引发剂外，在片状模塑料（SMC）、团状模塑料（BMC）以及其他热压成型工艺，必须采用如过苯甲酸叔丁酯等高温固化引发剂。

MEKP 引发剂是易爆物质，在贮运及使用中必须注意安全。

很多单体可在紫外线照射下直接进行聚合，一般速度很慢，可加入适当的光敏剂，使光聚合加速。

光敏剂实际是光聚合的引发剂，主要有：过氧化物，如过氧化氢、过氧化二苯甲酰、过氧化二叔丁酯等；羰基化合物，如二乙酰、二苯酰、二苯甲酮、苯醌、蒽醌、安息香醚等；偶氮化合物，如偶氮二异丁腈、偶氮苯等。

5. UPR 使用中常见问题

UPR 常见问题有：①易出现白色混浊和产生白色沉淀；②水、醇等杂质混入树脂中；③树脂不到存放期即固化；④制成的复合材料产品发白、发粘、有气泡等。

出现问题①的主要因素有：a. 酸值过高，聚酯反应进行不彻底，小分子酸和水的含量高；或酸值过低，则说明二元醇过量太多，使聚酯相对分子质量降低，易被小分子醇类醇解，可能出现混浊和沉淀；b. 抽真空时机不适，没有到规定的酸值抽真空，是一些待反应的小分子酸被强行抽出到冷凝器，然后在解除真空并在反应釜内热量作用下又重新回到反应釜内；c. 包装桶内有水分；d. 苯乙烯中有聚苯乙烯存在，而聚苯乙烯不溶解于树脂，所以沉淀。

出现问题②的主要因素有：a. 在反应釜和稀释釜为上下串联而又连续生产时，二元醇易混入树脂中；b. 水主要通过一些质量不好的苯乙烯进入树脂中，质量差的苯乙烯含有水分。

出现问题③的主要因素有：a. 苯乙烯未加阻聚剂，或存放过长，使苯乙烯中的阻聚剂消耗殆尽；b. 稀释温度过高；c. 运输、贮存不当，如受到暴晒或遇到高温。

出现问题④的主要因素有：a. 树脂中有水分或杂质；b. 引发剂、促进剂有水分或活性和钴含量不到规定值；c. 玻璃纤维布或纱有水分，或没有进行增强型表面处理剂处理；d. 生产环境（温湿度等）或操作工没有达到规定要求（在操作过程中有可能会带入水分或杂质等）。

6. 今后的发展方向

目前及今后 UPR 的发展有以下几方面：

1）用乙烯基、聚氨酯、聚氰酸酯、环氧树脂等接枝改性 UPR，提高其力学、耐化学介质、电性能等。

2）改进和开发低挥发（无）苯乙烯的 UPR。

3）低成本 UPR 的研究和开发，如采用双环戊二烯（DCPD）等应用到 UPR 生产中，得到低成本的 UPR，并提高产品质量，从而降低了树脂成本。

4）高阻燃 UPR 的开发研究。日本公司制备了无卤含磷阻燃 UPR 组合物，其固化物达到 UL—94V—0 级，常州天马集团、江苏富菱化工等公司生产的阻燃 UPR 氧指数达 40%以上，还有报道利用水镁石阻燃 UPR，添加 75%，氧指数达 46%。

5）环境友好，再生利用方面的开发研究。一方面是 UPR 生产中的环保、节能、再利用的开发研究；另一方面是复合材料的再生利用。如日本，将废弃物进行粉碎，然后混入乙二醇进行分解，再加入马来酸或对苯二甲酸重新合成，对分解的树脂和玻璃纤维全部加以利用，利用率在 70%左右，预计可再利用的数量每年可达 40 万 t 左右。

6）纳米改性方面。主要用纳米填料改性 UPR 复合材料，提高力学、阻燃等性能，降低收缩率。

第三节　增强纤维

按照纤维的化学组成，复合材料的增强纤维可分为无机纤维和有机纤维两大类。无机纤维主要有玻璃纤维、碳纤维、氧化铝纤维、氧化硅纤维和硼纤维；有机纤维主要有芳纶纤维、尼龙纤维和聚烯烃纤维等。目前用于复合材料的增强纤维主要有玻璃纤维、有机芳纶纤维、碳纤维、硼纤维及碳化硅纤维。

玻璃纤维生产成本低，与树脂的粘结性强，制成的复合材料拉伸强度高于 Al 合金和 Ti 合金，但由于玻璃纤维的拉伸模量低，密度大（可达 $2.54g/cm^3$），制成的复合材料比模量比 Al 合金和 Ti 合金差。碳（石墨）纤维复合材料、Kevlar 有机纤维复合材料、硼纤维复合材料和碳化硅纤维复合材料具有较高的比强度、比模量及小的 CTE，是航空航天结构件的理想材料。几种高性能增强体的性能列于表 9-10 中。

表 9-10 高性能增强体的性能

高性能增强体名称	直径/μm	密度/g・cm⁻³	拉伸强度/MPa	拉伸模量/GPa
T300（PAN 基、中强型）	6～7	1.76	3500	230
M40（PAN 基、高模型）	6～7	1.81	2700	390
T1000（PAN 基、超高强型）	6～7	1.72	7200	220
P120（沥青基、超高模型）	7	2.18	2100	810
E-130（沥青基、超高模型）	—	2.19	3930	900
Kevlar -49（聚芳酰胺）	12	1.54	3900	120
Kevlar -149（聚芳酰胺）	12	1.54	3100	146
Borsic（B、W 芯 CVD 法）	147	3.44	3240	400
SCS -6（SiC、C 芯 CVD 法）	142	2.55	2400	365
Nicalon（SiC、先驱体法）	10～15	2.40	3000	200
Tyranno（含 Ti 的 SiC、先驱体法）	9		3000	220
SiC 晶须（β 晶形）	0.1～1	3.19	70000	>6000

一、玻璃纤维

1. 玻璃纤维的分类及特点

玻璃纤维（Glass Fiber）按其原料组成可分为碱性玻璃纤维和特种玻璃纤维两大类；还可以按单丝直径分为粗纤维（单丝直径为 30μm）、初级纤维（单丝直径为 20μm）、中级纤维（单丝直径为 10～20μm）、高级纤维（单丝直径为 3～10μm）；根据纤维本身的性能可分为高强玻璃纤维、高模量玻璃纤维、耐高温玻璃纤维、耐碱玻璃纤维、耐酸玻璃纤维、普通玻璃纤维等。

玻璃纤维的主要成分是 SiO_2 和金属氧化物，表 9-11 列出了常用玻璃纤维的主要成分。

表 9-11 玻璃纤维的主要成分（质量分数） （%）

种类 / 成分	国内			国外				
	无碱 1 号	无碱 2 号	中碱 5 号	A	C	D	E	S
SiO_2	54.1	54.5	67.5	72.0	65.0	73	55.2	65
Al_2O_3	15.0	13.8	6.6	2.5	4.0	4	14.8	25
B_2O_3	9.0	9.0		0.5	5.0	2.3	7.3	
CaO	16.5	16.2	9.5	9.0	14.0	4	18.7	
MgO	4.5	4.0	4.2	0.9	3.0	4	3.3	10
Na_2O	<0.5	<0.2	11.5	12.5	8.5	4	0.3	
K_2O			<0.5	1.5		4	0.2	
Fe_2O_3				0.5	0.5		0.3	

注：A 为普通纤维；C 为耐酸玻璃纤维；D 为低介电常数纤维；E 为无碱玻璃纤维，电绝缘性能好；S 为高强度玻璃纤维。

玻璃纤维是非结晶型无机纤维，具有成本低、不燃烧、耐热、耐化学腐蚀性好、拉伸强度和冲击强度高、断裂伸长率小、绝热性和绝缘性好等特点，是纤维增强复合材料中应用最为广泛的增强体。

2. 玻璃纤维的制造方法

玻璃纤维的制造方法主要有玻璃球法和直接熔融法。

(1) 玻璃球法　又称坩埚法，是将沙、石灰石和硼砂与玻璃原料干混后，在大约1260℃的熔炼炉中熔融后，流入造球机制成玻璃球，把玻璃球再在坩埚中熔化拉丝而得。

(2) 直接熔融法　又称池窑拉丝法，该法是将熔炼炉中熔化的玻璃直接流入拉丝炉中拉丝，省去了制球工序，提高了热能利用率，生产能力大，成本低。

连续纤维的生产过程是：熔融玻璃在铂坩埚拉丝炉中，借助自重从漏孔板中流出，快速冷却并借助绕丝筒以1000～3000m/min线速度转动，拉成直径很小的玻璃纤维。单丝经过浸润剂槽集束成原纱。原纱经排纱器以一定的角速度规则地缠绕在纱筒上。原纱的粗细与单丝直径和漏板孔数有关，单丝直径则与熔融玻璃的温度、粘度、拉丝速度有关。短纤维的生产更多地是采用吹制法，即在熔融的玻璃液从熔炉中流出时，立即受到喷射空气流或蒸汽流冲击，将玻璃液吹拉成短纤维，将飞散的短纤维收集在一起，并均匀喷涂粘结剂，则可进而制成玻璃棉或玻璃毡。玻璃纤维质地柔软，可以纺织成玻璃布、玻璃带与织物，其制品主要有玻璃纱、无捻粗纱、玻璃带、玻璃毡、短切纤维和玻璃布以及一些特殊形式的制品，如编织夹层织物及三向织物。

3. 玻璃纤维的性能

玻璃纤维的物理性能见表9-12。

表9-12　玻璃纤维的物理性能

物理性能＼种类		A	C	D	E	S	R
抗拉强度(原纱)/GPa		3.1	3.1	2.5	3.4	4.6	4.4
弹性模量/GPa		73	74	55	71	85	86
伸长率（%）		3.6			3.4	4.6	5.2
密度/$g \cdot cm^{-3}$		2.46	2.46	2.14	2.55	2.5	2.55
比强度/$MN \cdot kg^{-1}$		1.3	1.3	1.2	1.3	1.8	1.7
比模量/$MN \cdot kg^{-1}$		30	30	26	28	34	34
线膨胀系数/$10^{-6}K^{-1}$			8	2～3			4
折光指数		1.520			1.548	1.523	1.541
介电损耗角正切（10^6Hz）				0.0005	0.0039	0.0072	0.0015
介电常数	10^{10}Hz				6.11	5.6	
	10^6Hz			3.85			6.2
体积电阻率/$\Omega \cdot m$		10^8			10^{13}		

玻璃纤维具有较高的抗拉强度，一般玻璃的抗拉强度只有40～100MPa，而直径为3～9μm的玻璃纤维的抗拉强度高达1500～4000MPa，比一般合成纤维高约10倍，比合金钢高约2倍。玻璃纤维的抗拉强度与其化学成分密切相关，一般来说，含碱量越高，强度越低。玻璃纤维存放一段时间后，会出现强度下降的现象，称为纤维的老化，这主要取决于纤维对

大气水分的化学稳定性。无碱玻璃纤维存放两年后强度基本不变，而有碱纤维强度不断下降，开始比较迅速，以后下降缓慢，存放两年强度下降33%。

玻璃纤维是一种优良的弹性材料，应力-应变曲线基本上是一条直线，没有塑性变形阶段。玻璃纤维的断裂伸长率很小，一般在3%左右，这主要是由于纤维中硅氧键结合力较强，受力后不易发生错动。

玻璃纤维的密度一般在2.16～4.3g/cm^{3}之间，一般无碱纤维比有碱纤维的密度大。玻璃纤维的密度比有机纤维高，但比一般金属低，和铝的密度接近，这也是玻璃纤维增强复合材料在航空航天领域广泛应用的原因之一。

除了氢氟酸、浓碱、浓磷酸外，玻璃纤维对常见化学药品和有机溶剂都有良好的化学稳定性。玻璃纤维的化学稳定性主要取决于其成分中二氧化硅和碱金属氧化物的含量。显然，二氧化硅含量多能提高玻璃纤维的化学稳定性，而碱金属氧化物则会使化学稳定性降低。在玻璃纤维中增加SiO_2或Al_2O_3含量，或加入ZrO_2及TiO_2都可以提高玻璃纤维的耐酸性；增加SiO_2或CaO、ZrO_2及ZnO含量能提高玻璃纤维的耐碱性；在玻璃纤维中加入Al_2O_3、ZrO_2及TiO_2等氧化物，可大大提高耐水性。不同种类的玻璃纤维的化学稳定性有很大的区别，这在很大程度上也决定了它们的使用范围。

玻璃纤维组分中的二氧化硅或其他碱金属氧化物是由极性共价键和金属键结合在一起的，因此，容易吸收水分或在纤维的表面形成羟基，这样不仅影响玻璃纤维的强度等性能，而且也不利于玻璃纤维与树脂基体的复合，进而影响复合材料的性能，因此必须对玻璃纤维的表面进行处理，有关这方面的内容在下一节讨论。

二、碳纤维

1. 碳纤维的种类及特点

碳纤维（carbon fiber）是由不完全石墨结晶沿纤维轴向排列的一种多晶的新型无机非金属材料，化学组成中碳的质量分数达95%以上。常根据其强度和模量的高低，将碳纤维分为通用型（GP）、高强型（HT）、高模型（HM）和高强高模型（HP）。其性能指标列于表9-13。

表9-13 碳纤维的规格与性能

性能指标＼规格	高强型（HT）	通用型（GP）	高模型（HM）	高强度模型（HP）
直径/μm	7	10～15	5～8	9～18
抗拉强度/MPa	2500～4500	420～1000	2000～2800	3000～3500
弹性模量/GPa	2000～2400	3800～4000	3500～7000	4000～8000
伸长率（%）	1.3～1.8	2.1～2.5	0.4～0.8	0.4～0.5
密度/g·cm^{-3}	1.78～1.96	1.57～1.76	1.4～2.0	1.9～2.1

目前世界上生产碳纤维的主要厂家有日本的东丽公司（Toray Co.）、东邦人造丝公司（Toho Rayon）、三菱人造丝公司（Mitsubishi Rayon Co.），美国的赫柯力士公司（Hercules Inc）、阿莫柯（Amoco）公司和俄罗斯的石墨研究所（Niigrafit Kaisor）。

日本东丽公司生产的T300、美国赫柯力士公司生产的AS-4等牌号是国际上高性能碳纤维中最通用、最基础的品种。它们的抗拉强度、弹性模量、断裂伸长率相应为3500MPa、

235GPa、1.5%和3930MPa、221GPa、0.6%。随着航空航天事业的不断发展，对碳纤维的要求越来越高，T300类型碳纤维远远不能满足实际需要，已被高强中模型碳纤维逐渐取代，属于这一类的碳纤维有日本东丽公司的T400H、T700、T800，美国赫柯力士公司的IM6、IM7、IM8，阿莫柯公司的T650/42等，它们的抗拉强度一般在4500～5500 MPa，弹性模量为250～303GPa，断裂伸长率为1.63%～1.90%。并且抗拉强度超过6000MPa的超高强度碳纤维也已经工业化生产，典型的牌号是日本东丽公司的T1000和美国赫柯力士公司的IM9，它们的抗拉强度、弹性模量和断裂伸长率分别为7060MPa、294GPa、2.40%和6343MPa、290GPa、2.20%。

在高模量碳纤维中，最基础的是日本东丽公司生产的M40碳纤维，其弹性模量为390GPa，抗拉强度为2700MPa，断裂伸长率为0.7%。沥青基碳纤维一般具有较高的弹性模量，因此超高模量的碳纤维多为沥青基，如美国阿莫柯公司生产的P120和日本三菱化工厂生产的K13B，其弹性模量分别达到830GPa和842GPa，但沥青基碳纤维的密度都比较高，P120的密度达到2.18g/cm^3，K13B的密度达到2.16g/cm^3。碳纤维模量的提高是以牺牲强度为代价的，为此国外碳纤维生产厂家开发出同时具有高强度和高模量的碳纤维，最典型的是1987年日本东丽公司推出的MJ系列碳纤维，它在保持M系列碳纤维高模量的同时兼备高的强度。例如M40J和M40相比，弹性模量都是390GPa，而M40J的抗拉强度高达4400MPa，是M40碳纤维的163%，断裂伸长率为1.1%，是M40的157%；M60J的抗拉强度、弹性模量和断裂伸长率分别高达3800MPa、590GPa和0.7%。

碳纤维的化学性能与碳十分相似，在空气中当温度高于400℃时即发生明显的氧化，氧化产物CO_2、CO在纤维表面散失，所以其在空气中的使用温度不能太高，一般在360℃以下。但在隔绝氧的情况下，使用温度可大大提高到1500～2000℃，而且温度越高，纤维强度越高。碳纤维的径向强度不如轴向强度，因而碳纤维忌径向强力（如不能打结）。

碳纤维具有低密度、高强度、高模量、耐高温、耐化学腐蚀、低电阻、高导热、低热膨胀、耐辐射等特性，此外还具有纤维的柔顺性和可编织性，比强度和比模量也优于其他无机纤维，因此，碳纤维是先进复合材料最常用也是最重要的增强材料。碳纤维可以作为树脂、碳、金属、陶瓷以及水泥基复合材料的增强体。由碳纤维增强的复合材料已广泛应用于制造火箭喷管、导弹头部鼻椎、飞机和人造卫星结构件以及文体用品等。

2. 碳纤维的制造工艺

碳纤维的制造工艺分为先驱体法和气相生长法。有机先驱体法制备的碳纤维是由有机纤维经高温固相反应转变而成，应用的有机纤维主要有聚丙烯腈（PAN）纤维、人造丝和沥青纤维。目前世界各国发展的主要是PAN碳纤维和沥青碳纤维。PAN碳纤维的制备工艺及化学转变过程在高分子材料的化学转变章节已讨论过，在这里不再赘述。

沥青基碳纤维的研究开发始于20世纪50年代末期，60年代初由日本群马大学研制成功，60年代末在日本吴羽化学公司实现工业化生产，生产规模为120t/a，目前该公司沥青基碳纤维的生产能力已经发展到900t/a。美国联合碳化物公司于1970年也成功开发出了以石油沥青为原料的沥青基碳纤维，并于1975年通过中试，1982年开始投入工业化生产，其生产规模已经达到230t/a。日本三菱化学公司于1998年10月又投产了一条200t/a的沥青基碳纤维生产线，使该公司的沥青基碳纤维的生产能力达到了500t/a。我国对沥青基碳纤维的研制已有30年的历史，目前国内共有3套百吨级通用型沥青基碳纤维生产线，总生产能力为400～500t/a。

沥青基体纤维的制备过程和PAN碳纤维的制造工艺类似，首先是准备沥青，然后纺丝并拉成连续的纤维，再经氧化、碳化和石墨化处理获得碳纤维。生产工艺如图9-4所示。

沥青 —调制→ 中间相沥青 —熔融纺丝→ 沥青纤维 —稳定化 250～400℃→ 不熔化纤维 —惰性气氛碳化 1000～1400℃→ 碳纤维 —惰性气氛石墨化 2500～3000℃→ 石墨纤维

图9-4 沥青基碳纤维的生产工艺

(1) 原料沥青的精制 沥青中，特别是煤焦油沥青中常含有游离碳和固体杂质，它们在纺丝过程中可能堵塞纺丝孔，细小颗粒残留在纤维中则是碳纤维的断裂源。为此，必须对沥青进行精制，以除去这些不溶物杂质。通常采取的方法是在沥青中加入一定量的溶剂，并将沥青加热到100℃以上，用不锈钢网或耐热玻璃纤维等进行过滤；在热过滤过程中，用氮气进行保护，防止过滤时沥青的氧化。

(2) 沥青的调制 沥青调制的目的一是除去沥青中的轻组分，防止在纺丝过程中产生气泡，造成丝的断裂；二是提高软化点，使相对分子质量分布均匀。调制是通过沥青的热缩聚、加氢预处理、溶剂萃取的方法制取可纺沥青。

(3) 沥青碳纤维的制取 沥青的熔纺与一般的高分子不同，它们在极短的时间内固化后就不能再进行牵伸，得到的沥青纤维十分脆弱，因此，在纺丝时就要求能纺成直径在15μm以下的低纤度纤维，以提高最终碳纤维的强度。碳纤维的纺丝方法主要有挤压法、离心法、熔吹法、涡流法。挤压法是用高压泵将熔化的高温液体沥青压入喷丝头，挤出成细丝；离心法是将熔化的高温沥青液体在高速旋转的离心转鼓内，通过离心力作用被甩出，立即凝固成纤维丝；熔吹法是将熔化的高温沥青液体送到喷丝头内，沥青液体从小孔压出后立即被高速流动的气体冷却和携带，牵伸成纤维丝；涡流法是将高温液体沥青由热气流在其流出的切线方向吹出并被牵伸，所纺出的纤维具有不规则的卷曲。

(4) 沥青纤维的预氧化（不熔化）处理 沥青纤维必须通过碳化，充分除去其中非碳原子，最终发挥碳元素所固有的特性；但由于沥青的可溶性和粘性，在刚开始加温时就会粘合在一起，而不能形成单丝的碳纤维，所以必须先进行碳纤维的预氧化处理。另外，预氧化还可以提高沥青纤维的力学性能，增加碳化前的抗拉强度。预氧化有气相法和液相法两种：气相法氧化剂通常采用空气、NO_2、SO_3、臭氧和富氧气体等；液相法氧化剂采用硝酸、硫酸、高锰酸钾和过氧化氢等溶液。氧化温度一般在200℃以下进行，在氧化过程中，要求纤维氧化均匀，不应形成中心过低、边缘过高的皮芯结构。

(5) 沥青纤维的碳化和石墨化处理 不熔化处理后的沥青纤维应送到惰性气氛中进行碳化或石墨化处理，以提高最终力学性能。碳化是在1200℃左右进行处理，而石墨化则是在接近3000℃的条件下进行。碳化时，单分子间产生缩聚，同时伴随着脱氢、脱甲烷、脱水反应，由于非碳原子不断被脱除，碳化后的纤维中碳的质量分数可达到92%以上，碳的固有特性得到发展，单丝的抗拉强度、弹性模量增加。

(6) 沥青纤维的后处理 为进一步提高沥青纤维与复合基体的亲合力和粘结力，还必须对沥青纤维进行表面处理，以消除表面杂质，并在纤维表面形成微孔，增加表面能。处理方法有空气氧化法、液相氧化法等。

虽然聚丙烯腈（PAN）碳纤维仍是今后发展的主流，但沥青基碳纤维因生产成本低、市场价格低廉，再加上新用途的不断开发和扩大，需求量将会相应地增加，市场将进一步扩大，发展前景将十分乐观。

3. 碳纤维的应用领域

碳纤维可以和树脂、金属、陶瓷、碳、水泥等基体构成碳纤维增强复合材料，是先进复合材料的代表。碳纤维增强复合材料不仅质轻、耐高温，而且有很高的抗拉强度和弹性模量，是航空航天工业中不可缺少的工程材料，另在交通、机械、体育娱乐、休闲用品、医疗卫生和土木建筑方面也有广泛应用。

(1) 航空航天　由于碳纤维复合材料具有比强度、比模量高，耐疲劳性能好，可设计性强等一系列独特优点，其在航空航天装备的轻量化、小型化和高性能化上起着无可替代的作用。飞机通过使用复合材料达到轻量化、省能化，使乘客数与飞行距离增加。一架波音777客机碳纤维的耗用量达到7t左右，飞机领域的碳纤维需求量不断增加。在航天领域，高强碳纤维复合材料也是导弹、运载火箭、人造卫星、宇宙飞船等结构上不可或缺的战略材料。如碳/碳复合材料由于能耐1800℃以上的高温，耐烧蚀性与抗热震能力好，比强度高，热膨胀系数小，适合制作火箭发动机的绝热壳体、喷管喉衬、导弹端头等。

(2) 体育和医疗用品　碳纤维复合材料可应用在高档文体休闲用品中，如高尔夫球杆、网球拍和钓鱼杆等。碳纤维复合材料的高尔夫球杆要比金属杆轻近50%。还可用于自行车、赛艇、赛车、弓箭、滑雪板、撑杆和乐器外壳。应用于医疗器械中，主要包括假肢、人造骨骼、韧带、关节以及X射线透视机等。

(3) 一般工业　碳纤维复合材料在汽车工业应用于车轴、弹簧板、车壳、制动片等；在以风力发电为主的能源领域应用于风机叶片、机舱罩、导流罩以及塔架结构；在武器装备防弹产品方面应用于防弹头盔、防弹服、运钞车、防弹汽车等。另外，碳纤维在海洋石油开采、纺机配件剑杆织机等也已普遍应用。碳纤维吸附材料还广泛应用于各工业领域的空气净化、三废处理。

(4) 土木建筑　碳纤维增强材料与钢筋混凝土相比，抗拉强度与抗弯强度高5～10倍，弯曲韧度和伸长应变能力高20～30倍，重量却只有钢筋混凝土的一半；绝热性好，用作外装材料可解决高层建筑的高精度防水，减轻地震负荷，节省钢材。碳纤维用于制造层压胶合板梁，为建筑业提供了一种更经济、结构更完美的建筑梁。为此，碳纤维增强材料已被广泛应用于房屋、桥梁、隧道等基础设施的混凝土结构增强工程中。

三、硼纤维

硼纤维（Boron Filament）是重要的高科技纤维之一。硼纤维是用化学气相沉积法使硼（B）沉积在钨（W）丝或其他纤维状的芯材上制得的连续单丝，芯丝的直径一般为3.5～50μm，通过反应管由电阻加热，三氯化硼（BCl_3）和氢气的化学混合物从反应管的上部进口流入，被加热至1300℃左右，经过化学反应，在干净的钨丝表面上就沉积了一层硼，制成的硼纤维被导出后缠绕在丝筒上。三氯化硼和氢气的化学反应式为

$$BCl_3 + 3/2\ H_2 \longrightarrow B + 3HCl$$

HCl和未反应的H_2及BCl_3从反应管的底部出口排出，BCl_3经过回收工序可再利用。硼纤维直径有100 μm、140 μm、200 μm三种，目前以直径140 μm的纤维应用较多。

最早开发研制硼纤维的是美国空军增强材料研究室，其目的是研究轻质、高强纤维材料，在研制过程中，受到美国国防部高度重视与支持。随后，又以Textron Systems公司为

中心，面向商业规模生产并继续研发。该公司将硼纤维与环氧树脂进行复合制成 BFRP，以及与金属 Al 等复合制成 BFRM，面向飞机、宇航用品、体育娱乐用品以及工业用品等方面进行应用。现在能生产硼纤维的国家还有瑞士、英国、日本等。

硼纤维的抗压强度是其抗拉强度的 2 倍（6900MPa），目前已有的增强纤维均不具备这样的特性。硼纤维的抗拉强度由化学气相沉积过程中产生的缺陷决定。硼纤维产生的缺陷主要有二硼化钨的芯材与硼层界面附近有空隙，沉积过程中产生的压扁以及结晶时产生的表面缺陷等。另外，纤维的弹性模量是由芯材和纯硼的体积分数来决定的。表 9-14～表 9-16 列出了硼纤维及其复合材料的部分性能。

表 9-14 硼纤维的性能

抗拉强度/MPa	拉伸弹性模量/GPa	抗压强度/MPa	CTE/10^{-6}℃$^{-1}$	密度/g·cm^{-3}
3600	400	6900	4.5	2.57

表 9-15 硼纤维/环氧树脂复合材料的性能

型号	抗拉强度/MPa	拉伸弹性模量/GPa	抗压强度/MPa	压缩弹性模量/GPa	抗弯强度/MPa	弯曲弹性模量/GPa	抗剪强度/MPa	CTE/10^{-6}℃$^{-1}$
5521	1520	210	2930	210	1790	190	97	4.5
5505	1590	210	2930	210	2050	190	110	4.5

表 9-16 硼纤维/Al 基复合材料的性能

抗拉强度/MPa	拉伸弹性模量/GPa	抗压强度/MPa	压缩弹性模量/GPa	抗剪强度/MPa	切变模量/GPa	CTE/10^{-6}℃$^{-1}$
1520	214	2760	207	159	41	6.1

硼纤维抗拉强度约为 3.6GPa，拉伸弹性模量约为 400GPa，密度约为 2.57g/cm^3。由此可知硼纤维的突出优点是密度低、力学性能好。硼纤维与金属 Al 及环氧树脂制成的复合材料已广泛地应用于航空结构件中。硼纤维与碳纤维混杂结构具有很高的刚度，且 CTE 趋近于零，能适应宇宙环境中苛刻的温度变化需要，常作为航天飞行器的结构件使用。

四、SiC 纤维

SiC 增强体主要分连续纤维和晶须（Whisker）。SiC 晶须是尺寸细小的高纯度单晶短纤维，直径为 0.1～1μm，长为 20～50μm。连续 SiC 纤维是近年来受材料界关注的高性能陶瓷纤维，是重要的先进复合材料用高科技纤维之一。其生产方法主要有化学气相沉积法（CVD）和先驱体法。

1970 年初，美国采用化学气相沉积法制得 SiC 纤维。化学气相沉积 SiC 纤维主要是利用含 C 和 Si 元素的先驱体气源与基体纤维（C 纤维或 W 纤维）接触，在一定条件下，气相中的化合物发生热解或彼此间发生化学反应，反应产物 SiC 以固态形式沉积在基体纤维的表面而形成 SiC 涂层。常用的先驱体气源有甲基氯代硅，如 CH_3SiCl_4、CH_3SiHCl_3、$(CH_3)_2SiCl_2$、四氯化硅和甲烷混合气体等。基体纤维要求能耐沉积温度，不和气相物质反应，沉积物厚度较小时能附着在基体上，并具有较好的附着力。化学气相沉积反应是一个复杂的过程，包括气态反应物输送到基体，反应物在基体表面吸附，被吸附的物质在基体表面进行化学反应，并在基体表面进行扩散，反应后的气态物质从基体表面脱附，从基体表面离开并被排除。

20世纪70年代后期，日本采用先驱体法，由聚碳硅烷经热分解制SiC纤维获得成功后，日本碳公司经过数年研制，成功制成连续SiC纤维制品，并以Nicalon为商品名进入市场。日本碳公司生产的部分SiC纤维的性能见表9-17。

表9-17　日本碳公司生产的部分SiC纤维的性能

型号	单丝直径/μm	单丝根数/根	线密度/$g \cdot km^{-1}$	抗拉强度/MPa	拉伸弹性模量/GPa	断裂伸长率(%)	密度/$g \cdot cm^{-3}$	价格/千日元·kg^{-1}
Nicalon NL－200	14	500	210	3.0	220	1.4	2.55	130
Hainika	14	500	200	2.8	270	1.0	2.74	300～500
Hainika S型	14	500	180	2.6	420	0.6	3.10	1000

先驱体法制备连续SiC纤维的工艺路线类似于碳纤维，可分为聚碳硅烷合成、熔融纺丝、不熔化处理、高温烧成四大工序，即首先由二甲基二氯硅烷脱氯聚合为聚二甲基硅烷(PDMS)，再经过高温(450～500℃)热分解、重排、缩聚转化为聚碳硅烷(PCS)。PCS在多孔纺丝机上熔纺成500根一束的连续PCS纤维，再经过空气中约200℃的氧化或电子束照射得到不熔化PCS纤维，最后在高纯氮气保护下1000℃以上高温处理便得到SiC纤维，如图9-5所示。

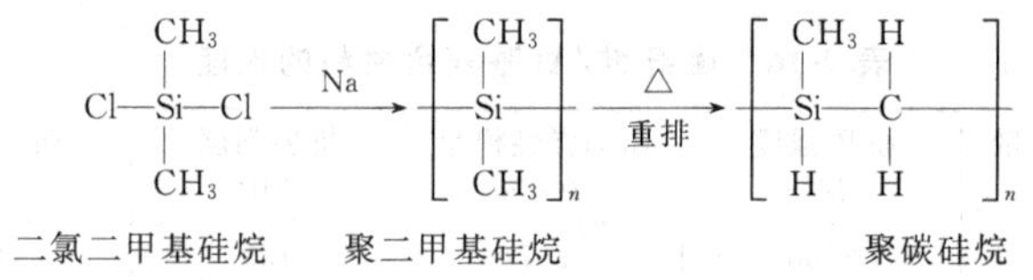

图9-5　PCS的合成路线和结构示意图

研究表明，PCS纤维的预氧化交联过程是影响SiC纤维性能的关键步骤。PCS纤维同很多有机纤维一样，在高温下可发生降解和交联反应。PCS因为特殊的Si-C结构，在500℃以下主要发生交联反应。实验发现，如果在PCS纤维中引入少量氧，则可使PCS纤维热交联顺利进行，而不发生粘连，达到不熔化的目的。

考虑低预氧化PCS分子内所存在的三种可参与反应的活性基团，即Si—H、Si—CH_2—Si和Si—CH_3，在热交联过程中，发生如下4种可能的反应，生成三种交联产物。

$$\text{Si—H} + \text{H—Si} \rightarrow \text{Si—Si} + H_2\uparrow \quad (1)$$

$$\text{Si—}CH_3 + \text{H—Si} \rightarrow \text{Si—Si} + CH_4\uparrow \quad (2)$$

$$\text{Si—}CH_3 + \text{H—Si} \rightarrow \text{Si—}CH_2\text{—Si} + H_2\uparrow \quad (3)$$

$$\text{Si—}CH_2\text{—Si} + \text{H—Si} \rightarrow \text{Si—}\underset{\text{Si}}{\underset{|}{\text{CH}}}\text{—Si} + H_2\uparrow \quad (4)$$

影响以上四个反应的因素包括基团数量、反应活性和主链空间位阻等三个主要因素。对于参与反应的3种活性基团，相对数量最多的为Si—CH_2—Si，其次为Si—CH_3，Si—H的数量最少。对于反应活性，键能越小则越容易参加反应。反应中各键能如下：Si—H键为298kJ/mol，Si—CH_3中Si—C键为305kJ/mol，Si—CH_2—Si中Si—C键为435kJ/mol，Si—Si键为327kJ/mol。位阻效应取决于与活性原子相连的基团以及周围基团的体积大小。依照以上三种影响因素进行分析：反应(1)，活性基团数量最少，虽然具有较高的反应活性，但生成 Si—Si 键，主链位阻大，不利于反应的进行；反应（2），活性基团数量较少，生成 Si—Si 键，主链位阻较大，不利于反应的进行；反应（3），活性基团数量较多，反应活性较高，且生成物主链位阻较小，此反应可以顺利进行；反应（4），活性基团数量较多，但反应活性较低，且生成物主链位阻较大，不利于反应的进行。由以上分析可见，在这四个反应中，反应（3）的几率最大。可以推断，在热交联的反应过程中，大量消耗了 Si—H，形成 PCS 纤维整体的进一步交联。

PCS 预氧化纤维增重与硅氢反应程度基本上呈线性关系。这是因为预氧化过程中产生增重的氧，基本上全部与纤维中的硅氢键发生了反应，当增重为 9%时，Si—H 反应程度为 40%左右。由凝胶含量分析得知，不经预氧化处理的 PCS 纤维和预氧化增重低于 9%的 PCS 纤维，凝胶含量都比较低，在热交联处理过程中，出现了粘连现象；而预氧化增重高于 9%的 PCS 纤维，凝胶含量比较高，顺利通过热交联处理后，凝胶含量达到了 100%。可知预氧化中引入的氧在热交联过程中起到了一定作用。

PCS 纤维的预氧化过程是气-固反应。研究表明，引入的氧由表及里与 Si－H 键发生反应，高预氧化 PCS 纤维烧成的 SiC 纤维表层富含氧。研究还发现，PCS 纤维低预氧化后出现了位于 $3700cm^{-1}$ 处（Si—OH）的特征峰，经过热交联后该峰消失。可以推断，在预氧化处理中，引入的氧仅与纤维表皮一定深度范围内的 Si—H 键反应，大多生成 Si—OH 键，热交联中发生了如下的脱水缩合反应

$$2\text{Si—OH} \rightarrow \text{Si—O—Si} + H_2O$$

从而在纤维的表层形成了一层交联层，使得 PCS 中的 Si—H 键在热的作用下发生反应，形成内部交联，交联层起到了保护作用，阻止了纤维的粘连。高温烧成后所得 SiC 纤维，其结构基本与高预氧化 PCS 纤维烧成所得 SiC 纤维相同，但氧含量与之相比降低了约 1/3。

先驱体法与化学气相沉积法（CVD 法）制备的连续 SiC 纤维相比，具有适合工业化、生产效率高、成本较低的优点，且所制得的 SiC 纤维直径细，可编织性好，可成型复杂构件，可改变制备条件获得不同用途的纤维，纤维性能及成本均有进一步改善的前景。目前，通过先驱体法制备的连续 SiC 纤维——Nicalon、Tyranno 已经商品化，在树脂基、金属基与陶瓷基复合材料方面已经开展了大量的应用研究，但其很难满足航空发动机、航天飞行器等对材料提出的更高性能要求。因此，高性能 SiC 纤维向低氧含量、近化学计量比方向发展，以适应耐高温性能不断提高的要求。Nippon Carbon 公司的 Hi-Nicalon SiC 纤维（含有质量分数约 20%自由碳和 0.5%氧）在 Ar 气氛下使用温度可以达到 1400℃，在发动机的燃气环境中，已通过了 1200℃、1000h 的考核。此外，该公司开发的 Hi-Nicalon-S 型 SiC 纤维组成接近化学计量比 SiC，在 Ar 气氛下使用温度可以达到 1600℃以上，在发动机的燃气环境中，使用温度在 1400℃以上。Ube 公司开发的 Tyranno-SA SiC 纤维组成接近化学计量比 SiC，在惰性气氛短期最高使用温度可达 1800℃，在发动机的燃气环境中性能同 Hi-Nicalon-S 型 SiC 纤维类似。与 Nicalon 类型纤维不同的是 Tyranno-SA 中含有少量的铝，经高温烧结后，纤维组成接近化学计量比，而且具有高结晶度。目前这两种纤维的 95%以上供给美国，主要用于高性能武器装备和航空航天领域，从而保持了美国在高性能陶瓷基复合材料应用方面的领先地位。

美国 Dow Corning 公司在 SiC 纤维的研究上，虽然也采用了 PCS 为先驱体，但依据其引入烧结助剂制备多晶纤维的创新思维，在制备过程中引入 B，再在 1800℃高温下烧结制得了含硼的多晶 SiC 纤维，纤维的强度、模量高，耐热性能好，并已制得连续长纤维，工业化产

品所开发的 Sylramic 系列 SiC 纤维在 Ar 气氛下使用温度达到 1500℃。德国 Bayer 公司则另辟蹊径，基于制备无定形纤维的思路，于 1990 年合成了新型的聚硼氮烷（Polyborosilazane, PBSN）先驱体，并经热分解转化制得了在 2000℃仍能维持无定形态的 SiBN3C 纤维，其力学性能及耐热性俱佳，并已制得连续长纤维，正进行工业化开发中（商品名为 Siboramic）。美国和德国在日本制备技术路线的基础上都有显著的改进和创新，制得的纤维性能优异，大有后来居上之势。几种高性能 SiC 纤维的主要特性对比见表 9-18。

表 9-18 几种高性能 SiC 纤维的主要特性对比

特 性	NicalonNL-200	Hi-Nicalon	Hi-Nicalon-S	Tyranno-SA	Sylramic	Siboramic
纤维直径/μm	14	14	12	10	10	12～14
抗拉强度/GPa	3.0	2.8	2.6	2.8	2.8	4.0
弹性模量/GPa	220	270	420	380	420	390
伸长率(%)	1.4	1.0	1.0	0.7	0.8	1.0
密度/g·cm^{-3}	2.55	2.74	3.10	3.10	3.10	2.85
Si 的质量分数(%)	56.4	63.7	68.9	67.8	66.6	～34
C 的质量分数(%)	31.3	35.8	30.9	31.3	28.5	～12
O 的质量分数(%)	12.3	0.5	0.2	0.3	0.80	1.0
异质元素的质量分数(%)	—	—	—	A1(0.6%)	B(2.30%)	B(11.6%)
不同温度和时间在氩气中处理后的抗拉强度/GPa	0 1400℃	1.8 (1550℃×1h)	2.0 (1500℃×10h)	2.5 (1900℃×1h)	2.6 (1550℃×10h)	>3.0GPa (1800℃)
不同温度和时间在空气中处理后的室温强度保留率(%)	0 (1300℃×100h)	23 (1300℃×100h)	60 (1400℃×10h)	55 (1300℃×100h)	66 (1370℃×12h)	80 (1500℃×50h)

SiC 纤维不仅密度小、比强度大、比模量高、线膨胀系数小，还具有耐高温氧化性能，与金属、陶瓷、聚合物具有很好的复合相容性，是高性能复合材料的理想增强纤维。

SiC 纤维复合材料的特点有：

1）比强度和比模量高。

2）高温性能好。SiC 纤维具有卓越的高温性能，SiC 纤维增强复合材料可提高基体材料的高温性能，比金属基体的高温性能更好。

3）尺寸稳定性好。SiC 纤维的 CTE 比金属小，仅为（2.3～4.3）$\times 10^{-6}$/℃，因此，SiC 增强金属基复合材料具有很小的 CTE，尺寸稳定性能良好。

4）不吸潮、不老化，使用可靠。SiC 纤维和金属基体性能稳定，不存在吸潮、老化、分解等问题，保证了使用性和可靠性。

5）优良的抗疲劳和抗蠕变性。SiC 纤维增强复合材料可有效地阻止裂纹扩展，从而使其具有优良的抗疲劳和抗蠕变性能。

6）较好的导热和导电性。可避免静电和减少温差。

SiC 纤维增强金属基及陶瓷基复合材料的部分性能见表 9-19 和表 9-20。可以看出 SiC 纤维增强 Al 基复合材料 SCS-6/6061 的抗拉强度高达 1550MPa，弹性模量 193GPa，比 6061

铝合金提高了好几倍。SiC 纤维增强 Ti 基复合材料 SCS-6/Ti6Al4V 的抗拉强度达 1725MPa，弹性模量 193GPa，比 Ti6Al4V 钛合金有成倍提高。SiC 纤维增强氮化硅陶瓷基体后，材料的抗弯强度及模量、抗拉强度及模量虽然没有金属基复合材料高，但和陶瓷相比有较大程度的提高。

表 9-19 SiC 纤维增强金属基复合材料性能

增强纤维	基体金属	纤维的质量分数（%）	密度/g·cm^{-3}	0°抗拉强度/MPa	0°拉伸弹性模量/GPa	90°抗拉强度/MPa
SCS-6	6061（Al）	48	2.84	1550	193	83
SCS-6	Ti6Al4V	35	3.86	1725	193	415

表 9-20 SiC 纤维增强陶瓷基复合材料性能

材料	密度/g·cm^{-3}	抗弯强度/MPa	弯曲弹性模量/GPa	抗拉强度/MPa	拉伸弹性模量/GPa	抗剪强度/MPa	CTE/10^{-6}℃$^{-1}$
Nicalon/Si-N-C	2.1～2.2	350～420	84～105	175～210	70～91	10.5～17.5	4.3
Nicalon/Si-C-O	2.2	350～420	84～105	180～315	70～91	10.5～17.5	4.3

目前国外十分重视 SiC 纤维（或颗粒、晶须）增强 Al 基和 Ti 基复合材料的研究与开发，SiC 纤维增强的 Al、Ti 基复合材料已被 NASA 确定为 NASA 的 X-30 试验机用壁板的备选材料。SiC 纤维增强的金属基（MMC）复合材料、陶瓷基复合材料由于具有良好的耐高温特性，已用于制造航天飞机部件、高性能发动机等高温结构材料中，是 21 世纪航空、航天及高技术领域的新材料。目前国外对 SiC/MMC 的研究已进入到实际应用阶段，影响其推广应用的主要问题是成本较高、基体/增强体界面的可靠性差及质量大等。

五、芳纶纤维

芳香族聚酰胺纤维（Aromatic Polyamide Fiber）是指分子链上至少含有 80%的直接与两个芳香环相连接的酰胺基团的聚酰胺以溶液纺丝所得到的合成纤维，通称芳纶纤维。其结构式如下

$$\left[CO-C_6H_4-CONH-C_6H_4-NH \right]_n \quad (\text{Ⅰ型})$$

$$\left[HN-C_6H_4-CO \right]_n \quad (\text{Ⅱ型})$$

芳纶纤维由美国杜邦（Dupont）公司于 1965 年发明，早期名称为 Aramid 纤维。于 1972 年商品化，其商品名称为 Kevlar 纤维。自从芳纶纤维问世以来，前苏联、日本和西欧等发达国家对其进行了大量的研究，主要围绕在进一步提高纤维性能、改进工艺技术和生产效率，以适应各主要市场的需求。国外同类纤维还有德国-荷兰 Enka 公司的 Twaron 纤维，俄罗斯的 Apmoc、CBM 纤维，日本的 Technora 纤维等。由芳纶纤维制成的芳纶纸蜂窝芯材有 Nomex 和 Korex。

我国于 1972 年开始进行芳纶纤维的研制工作，并于 1981 年通过芳纶 14（II 型）的鉴定，1985 年又通过了芳纶 1414（I 型）的鉴定，它们分别相当于美国杜邦公司的 Kevlar49 和 Kevlar29 纤维。但生产工艺及产品的性能仍存在明显不足，加快芳纶纤维的开发及其产业化步伐，已成为促进我国国防军工及相关产业快速发展的迫切需要。

1. 芳纶纤维的合成方法

（1）界面缩聚法　界面缩聚法于1959年由美国杜邦公司发表，方法是将二羧酸酰氯溶解在与水不相混合的有机溶剂中，如苯、四氯化碳等，再将二元胺溶于水中（水中加少量Na_2CO_3或NaOH，以吸收反应生成的盐酸），然后将上述两种溶液混合，在加入的瞬间，就在两种液体界面上发生缩聚反应，生成聚合体薄膜，由于反应在界面上进行，所以称为界面缩聚。其反应式如下

$$n\,H_2N-C_6H_4-NH_2+n\,ClOC-C_6H_4-COCl+$$

$$n\,Na_2CO_3\longrightarrow\left[NH-C_6H_4-NH-CO-C_6H_4-CO\right]_n+2n\,NaCl+n\,CO_2$$

为获得产量高且易于分离、水洗和干燥的粉状或颗粒状的聚合物，还是要搅拌。通常将有机溶剂配制的酰氯液体加入搅拌的二胺水溶液中，反应在室温下开始，因反应放热，温度可升至50～60℃，生成的高聚物可经过分离而得。在这种合成方法里，选择合适的有机溶剂、反应物的浓度比都是比较重要的因素。

（2）直接低温法制备　在三苯基膦-多卤代烷-吡啶存在下二元酸可直接与二元胺在室温下缩聚成聚合物。

聚合过程中若活泼中间体与过量羧基反应则产生含有酸酐的结构，即

$$(C_6H_5)_3\overset{\oplus}{P}(NC_5H_5)-O\overset{O}{\overset{\|}{C}}-R\ Cl^{\ominus}+HO-\overset{O}{\overset{\|}{C}}-R\longrightarrow R-\overset{O}{\overset{\|}{C}}-O-\overset{O}{\overset{\|}{C}}-R$$

副反应将破坏单体的功能基间的等当量配比，从而降低聚合物的相对分子质量。因此反应体系中三苯基膦与六氯乙烷对单体羧酸基团当量数计量是过量的。最佳物质的量配比是：三苯基膦∶六氯乙烷∶单体羧基＝1.2∶1.5∶1。

原料的加料顺序为：先将对苯二甲酸与三苯基膦、六氯乙烷以及吡啶混合，而后加对苯二胺。反应示例如下：

取0.356 g（0.002 mol）对苯二甲酸和1.26 g（0.0048 mol）三苯基膦溶液于5mL吡啶中。另取0.234 g（0.002 mol）对苯二胺和1.42 g（0.006 mol）C_2Cl_6溶于5mL吡啶。将上述两溶液混合，反应立即放热并立即产生黄色沉淀。30 min后加入100mL丙酮洗去副产物，过滤得到聚合物。聚合物以水洗3次，再加少量丙酮洗2次，产物减压干燥。

（3）低温溶液缩聚法　低温溶液缩聚法是目前工艺最成熟的合成芳纶纤维的方法。目前已工业化的Kevlar、Technoral纤维的合成均采用此种方法。

在装有不锈钢搅拌器并通有干燥N_2的玻璃聚合反应器中，加入含一定量无水LiCl和吡啶的N-甲基-吡咯烷酮（N-methyl-2-pyrrolidene，NMP）溶液，在室温下加入粉末状对苯二胺，待其溶解后，用冰水浴将溶液降到一定温度，然后加入化学计量的粉末状对苯二甲酰氯，同时加快搅拌速度，随着反应进行，溶液粘度增大，液面凸起，数分钟后，发生爬杆现象并出现凝胶化；继续搅拌数分钟，粉碎黄色凝胶团，然后将产物静置6h以上；将所得的聚合体加少量水，粉碎过滤，再用冷水及热水洗涤多次，以除去残留的溶剂、LiCl、HCl及

吡啶，至洗液显中性，再将聚合物于100℃下干燥5 h以上，得干燥聚合体；然后将聚合体于冷浓硫酸中混合，再加热至75℃，成为向列型液晶溶液，再进行纺丝。日本帝人公司是采取直接溶液纺丝，聚合采用新型二胺单体，即

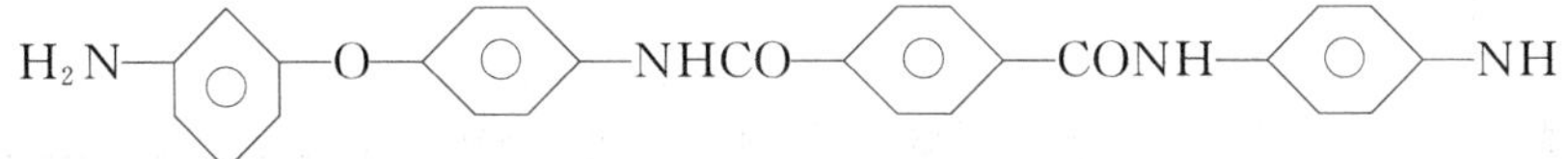

它是3,4′-二氨基二苯醚与对苯二甲酰氯、对苯二胺缩合而成。提纯精制后投入到反应釜中，然后加入对苯二甲酰氯，激烈搅拌，溶液粘度慢慢上升，接着继续加热使液温升至85℃，保持15 min，然后加入$Ca(OH)_2$-NMP（w6%），使温度上升到90℃不断搅拌，继续反应1h；将制得的聚合物溶液过滤脱泡；制得的纺丝浆液通过0.2mm的5孔喷丝头喷出，纺丝经NMP-H_2O（w30%）进行凝固，然后按常法用水将丝条洗涤干净，干燥后在热板上拉丝。

（4）酯交换反应　日本帝人公司采用酯交换反应来合成芳纶。在二芳砜（如二苯砜）和具有两个苯环或萘环的醚或碳氢化物存在下，芳香族二芳酸二芳酯（如对苯二甲酸二苯酯）和芳香族二胺（如对苯二胺，间苯二胺）进行缩聚反应。反应温度高于150℃，最好为180～400℃，反应时间是2～30h，为了加速反应，可以加入聚酯交换反应及缩聚反应用的催化剂。反应初期在常压下进行，生成的芳香族羟基化合物不需排出。反应后期应将副产物及部分溶剂蒸出。

（5）气相聚合法　将芳香族二胺和芳香族二酰氯汽化，并在惰性气体和气态叔胺类化合物（如三乙胺或吡啶）存在下进行混合，然后在管式反应器中进行气相缩聚反应，单体浓度为2～50mol%，反应温度150～350℃。此法制得的芳香族聚酰胺，可以经过干法、湿法或干-湿法纺制成纤维。

（6）其他一些方法　也有文献报道，把溶于150mL四氢呋喃中的间苯二甲酰氯和对苯二甲酰氯（物质的量之比为60∶40）的混合液于搅拌下加到12℃的间苯二胺的碳酸钠溶液中（浓度为0.14 mol/L），2 min后把150mL四氯化碳加入到反应体系中，分层后得到水相和有机相两相。分离两相，除水后可得到平均大小为10～30μm的不互相粘合的非晶态聚合物。此法可简化有机溶剂回收操作过程，减少母液量，从而制取微粒分散的芳香族聚酰胺。

2. 芳纶纤维的纺丝工艺

（1）两步法工艺　杜邦公司的Kevlar纤维用的就是两步法工艺，其步骤如下：①溶解，将合成好的聚合物与冷冻浓硫酸混合，固含量约为1914 %；②熔融，将混合好的纺丝液加热到85℃的纺丝温度，此时形成液晶溶液；③挤出，纺丝液经过滤后用齿轮泵从喷丝口挤出；④拉伸，挤出液在一个被称为气隙的约为8 mm的空气层，在气隙中进行约为6倍的拉伸；⑤凝固，液态丝条在温度为5～20℃，含5%～20%硫酸的凝固浴中凝固成形；⑥水洗/中和/干燥，丝条从凝固浴出来后水洗，在160～210℃加热干燥；⑦卷绕，干的Kevlar纤维在卷筒上卷绕。这个工艺的纺速大于200m/min。

（2）一步法制备工艺　两步法芳纶纺丝过程复杂，生产成本较高。由于硫酸有腐蚀性，对设备的要求很高，且残存的浓硫酸会使纤维在纺丝过程中导致聚合物的降解，这就限制了纤维的强度和模量。为缩短流程，简化工艺，人们探索出由聚合物原液直接纺丝制纤维的新工艺。比较著名的是旭化成公司的生产工艺（图9-6）和帝人公司的生产工艺（图9-7）。

（3）芳纶浆粕型纤维的制备工艺　芳纶纤维的另一个差别化的产品是浆粕纤维

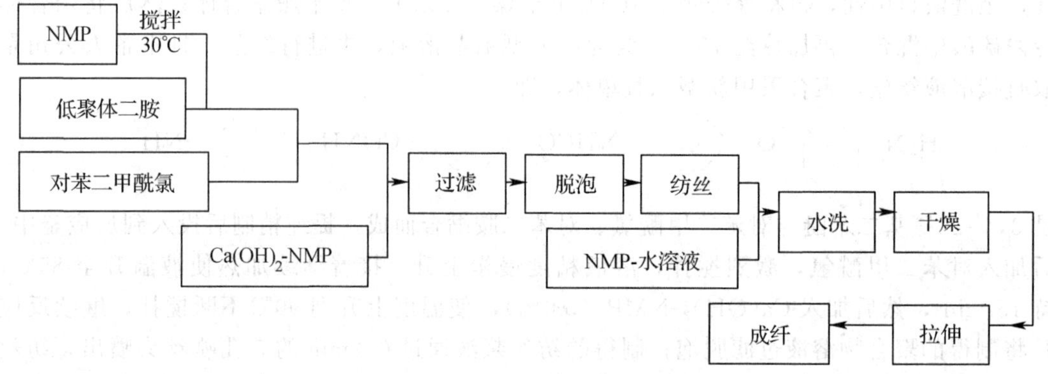

图 9-6 旭化成公司生产工艺

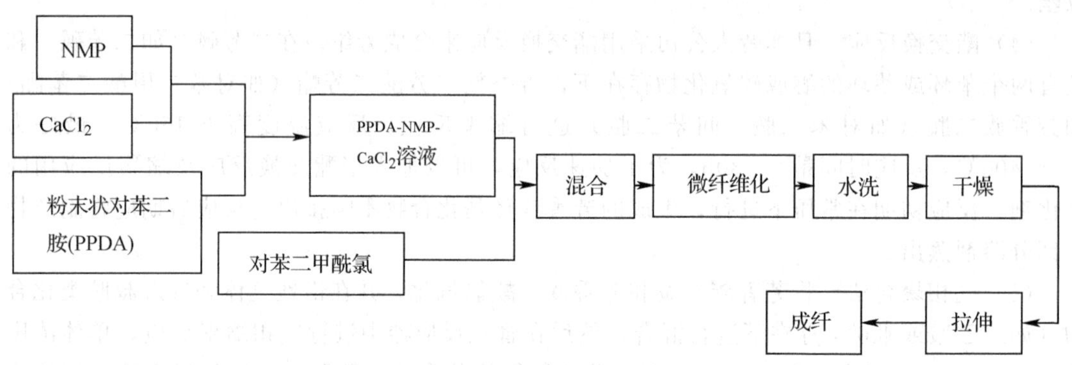

图 9-7 帝人公司生产工艺

(PPTA-pulp)。它具有长度短（小于等于 4mm）、毛羽丰富、长径比高、比表面积大（可达 $7\sim9m^2/g$）等优点，可以更好地分散于基体中制成性能优良的各向同性复合材料，加之良好的耐热性、耐蚀性和好的力学性能，在摩擦密封复合材料（代替石棉）中得到了极佳的应用。PPTA-pulp 的制造方法主要有直接法和纺丝法两类。

1）直接法。直接法制造 PPTA 浆粕是使用低温溶液缩聚制得一定粘度的聚合体，待反应体系出现冻胶后停止搅拌；加入沉淀剂，冻胶体被破坏，原纤呈聚集状聚合物析出；这种原纤聚集状聚合物经过粉碎、中和、水洗而形成具有一定长径比，一定长度分布的浆粕。生产过程如图 9-8 所示。

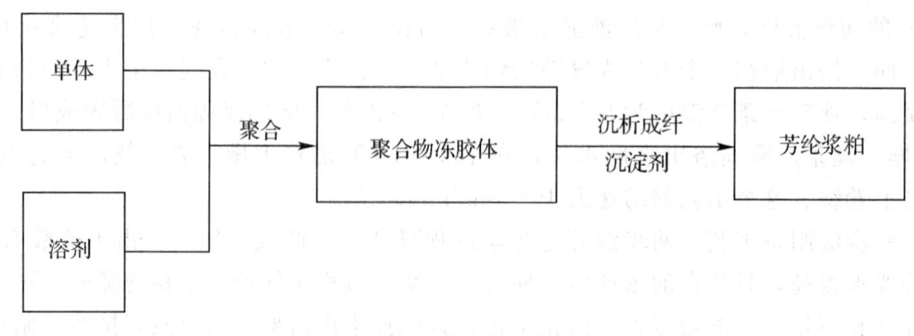

图 9-8 直接法生产芳纶浆粕过程

2）纺丝法。切割由 PPTA-H_2SO_4 液晶溶液纺织出的 PPTA 长丝成 20mm 长的纤维，再进行原纤化制备的 PPTA 浆粕，是目前国际市场上出售的 Kevlar979、Twaron-pulp 的主要制备方式，生产工艺成熟，产品性能也相当稳定。

这种生产浆粕的方法前道工序与纺制 Kevlar 纤维没有什么区别。通过特殊的切割设备把长纤维切割成 20 mm 长的短纤维，然后进行原纤化，使纤维的表面变得毛糙、毛羽化，从而形成芳纶浆粕纤维。还有报道将长纤维放在高压容器中，加入 980kPa 以上的水蒸气压，保持该压力一定时间，然后突然释放气压，从而使纤维破裂原纤化。

3. 芳纶纤维的性能及应用

对位芳纶聚对苯二甲酰对苯二胺（PPTA）是一种溶致液晶型高分子。历史上，高分子液晶的工业化就是以杜邦公司 1972 年投产的 PPTA 纤维（商品名 Kevlar29）系列为先导的。该纤维具有高强度、高模量、耐高温、耐酸碱、耐大多数有机溶剂腐蚀的特性，其比强度是钢丝的 5～6 倍，比模量是钢丝的 2 倍，分解温度高达 560℃，纤维不熔化和燃烧，低于 －196℃也不发生明显的脆裂。同时，Kevlar 纤维的尺寸稳定性也非常好，热膨胀系数为 -2×10^{-60}/℃。各国生产的芳纶纤维性能对比见表 9-21。

表 9-21 各国生产的芳纶纤维性能对比

商品名称	生产国家	纤维直径 / μm	密度 /g・cm^{-3}	抗拉强度 /MPa	弹性模量 / GPa	断裂伸长率（%）	CTE/ /10^{-6}℃$^{-1}$
Kevlar29	美国	12	1.45	2800	63	2.5	
Kevlar49	美国	12	1.44	3620	134	2.5	－2.8
Kevlar149	美国		1.47	3830	176	1.45	
Nomex	美国	4	1.57	700	14～17.5	22	
CBM	俄罗斯		1.43	2800～3500	80～120	2～4	
Twaron	德国-荷兰		1.44	3000～3100	125	12.3	
Technora	日本	12	1.39	2800～3000	70～80	4.4	－2.6
芳纶 14	中国	12	1.43	2700	176	1.45	0.47
芳纶 1414	中国	12	1.43	2980	103	2.7	0.41

对位芳纶的上述优点使得它在航天工业、轮胎、帘子线、通信电缆及增强复合材料等方面得到了广泛的应用。

芳纶纤维增强复合材料不仅具有优异的电绝缘性能和透波性能，还具有抗拉强度高、耐紫外线老化等性能，虽然弹性模量不高，但其密度较小，可进行部分的补偿，这使得芳纶纤维复合材料在星载雷达天线罩、雷达开线馈源功能结构件、轻型天线支撑结构、高架天线及拉索等方面的应用比碳纤维和硼纤维更加有利，因此，芳纶纤维及其复合材料在卫星天线系统的结构中得到了广泛应用。如 1986 年欧空局（ESA）为卫星通信和数据传输研制的双色副反射器，直径为 1.1m、质量为 4.5kg，采用蜂窝夹层结构，蒙皮为 Kevlar 纤维复合材料，蜂窝芯为 Nomex 芯材，其谐振频率为 73Hz，使用于 11.2GHz 频段的传输和 9.1GHz 频段的反射。1996 年研制的双色副反射器采用了 Kevlar 纤维与玻璃纤维混杂复合材料为蒙皮，Nomex 蜂窝芯夹层结构，其透波损耗在 2.2GHz 下小于 0.3dB，反射损耗小于 0.5dB。

双栅天线是把两副中径和焦距相近的天线叠加放在同一个介质天线反射体上，使两副天线仅占一副天线的空间。双栅天线是近年来应用研制的热点，其结构如图 9-9 所示。我国研制的C波段中等容量通信卫星DHF-3的双栅多馈源赋形波束天线，其反射面为蜂窝夹层结构，内外蒙皮为Kevlar纤维复合材料，蜂窝芯为Nomex纸蜂窝芯材。芳纶纤维复合材料在轻型天线中的应用除双栅天线外还有不少实例，如日本的广播卫星天线，口径为0.508m×1.27m，天线反射面为椭圆形偏置抛物面。反面为Kevlar纤维复合材料夹层结构，反射面背面支撑结构用Kevlar纤维织物增强复合材料制造。另外美国RCA公司为多颗卫星研制的多部抛物面天线，其反射面均采用Kevlar纤维织物增强复合材料。

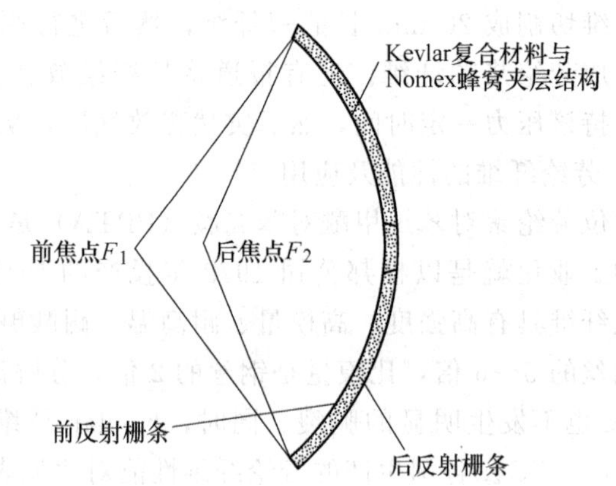

图9-9 双栅天线反射面示意图

作为复合材料的新型增强体，主要是利用其力学性能、耐热性能和复合性能，有些应用领域还要求耐化学腐蚀性能和耐辐射性等。为此，目前芳纶纤维的研究开发方向仍是围绕提高纤维强度、模量、伸长率和生产效率等方面进行，同时改进其表面缺陷和提高层间抗剪与抗压强度以扩大其应用领域也是目前研究的热点。

美国空军研究所为进一步改进Kevlar纤维的力学性能及耐热性，于1970年开始研究一种新有机纤维——刚棒型聚合物材料PBX，X可为O、S、NH基团，分别称为聚对亚苯基苯并双噁唑（PBO）、聚对亚苯基苯并双噻唑（PBT）和聚对亚苯基苯并双咪唑（PBI）。其中以PBO纤维的性能最为优异，研究也最为广泛。其结构式如下

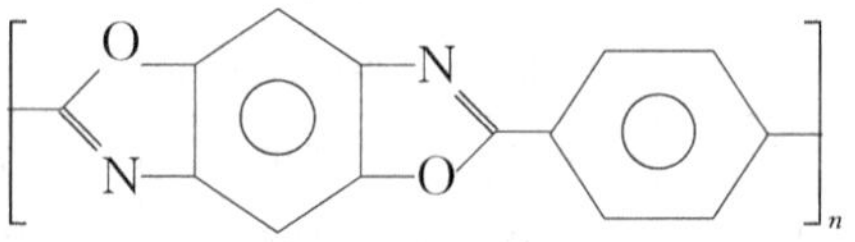

由于高相对分子质量PBO纤维的制作比较困难，因此，直到1994年，美国Dow化学公司和日本Toyobo（东洋纺）公司联合采用干喷－湿纺法才使PBO纤维工业化，商品牌号为Zylon。该纤维具有比芳纶纤维更高的比强度、比模量，同时还具有超常的耐热性和阻燃性，被视为新一代的超级纤维，是一种能和高性能碳纤维进行竞争的有机纤维。PBO纤维与几种高性能纤维的性能对比见表9-22。

表9-22 PBO纤维与几种高性能纤维的性能对比

性能指标	HM-PBO	AS-PBO	K-49	K-129	UHWMPE	碳纤维
密度/g·cm^{-3}	1.56	1.54	1.45	1.44	0.96	1.76
抗拉强度/GPa	5.80	5.80	2.80	3.40	3.43	3.3
弹性模量/GPa	280	180	109	96.6	98	206
伸长率（%）	2.5	3.5	2.5	3.3	4.0	1.5
比强度/10^6m	37.2	37.7	19.3	24	36.5	18.8
比模量/10^8m	18.0	11.6	7.7	6.8	10.4	11.7
吸湿率（%）	0.6	2.0	4.5	4.5	0	—
耐热性/℃	670	670	400	550	150	—

六、超高相对分子质量聚乙烯纤维

超高相对分子质量聚乙烯（UHMWPE）纤维是20世纪80年代初由荷兰DSM公司以其独创的凝胶纺丝超拉伸技术研制的高性能有机纤维，到80年代中期，美国Allied Signal公司将凝胶纺丝的溶剂由十氢萘改进为矿物油体系。这种纤维兼有高强度、高模量两大特性，因此又被称为高强高模纤维，也称超高模聚乙烯纤维或伸长链聚乙烯纤维，它是继碳纤维、Kevlar（芳纶）纤维之后的第三代高性能纤维。

1. UHMWPE纤维的性能

(1) 优良的物理力学性能 UHMWPE纤维经凝胶热拉伸后，分子链完全伸展，纤维内部高度取向和高度结晶，使其强度、模量大为提高，是目前高性能纤维中比模量、比强度最高的纤维，它的比强度比钢高14倍，比高强度型碳纤维高2倍，比对位芳酰胺纤维高40%。表9-23列出了荷兰DSM公司的Dyneema SK66 UHMWPE纤维与其他几种高性能纤维单丝的性能比较。从表9-23可以看出，UHMWPE纤维具有质量轻、高比模量、高比强度的特点。

表9-23 UHMWPE纤维与其他几种高性能纤维单丝的性能比较

性能指标	Dyneema SK66	Kevlar		碳纤维		玻璃纤维S-2	PA66 HT
		29	49	HM	LM		
密度/$g \cdot cm^{-3}$	0.97	1.44	1.45	1.85	1.78	2.55	1.14
抗拉强度/GPa	3.10	2.67	2.76	2.30	3.40	2.00	0.90
弹性模量/GPa	100	88	124	390	240	73	6
断裂伸长率（%）	3.7	3.6	2.5	1.5	1.4	2.0	20.0
比强度/$10^5 m^2 \cdot s^{-1}$	3.30	1.85	1.90	1.24	1.91	0.78	0.80
比模量/$10^5 m^2 \cdot s^{-1}$	103	61	86	210	135	1	5

(2) 优越的耐化学介质性和环境稳定性 UHMWPE纤维是一种非极性材料，分子链中不含极性基团，其表面会在拉伸应力下产生一层弱界面层（10～100nm），因而纤维表面呈化学惰性，对酸、碱、一般化学药品和有机溶剂有很强的抗腐蚀能力。由于分子链上不含不饱和基团，UHMWPE纤维的耐光、热老化性能优良，环境稳定性异常优越。表9-24列出了商品名为Spectrar的UHMWPE纤维与Kevlar纤维在不同化学介质中浸泡6个月后的强度保留率。从表9-24可以看出，在同样环境下，UHMWPE纤维只有在次氯酸钠溶液中浸泡6个月后其强度有所损失（降为91%），而Kevlar纤维在汽油、1mol/L HCl溶液等多种介质中的强度保留率降低，在次氯酸钠溶液中其强度保留率为0，可见UHMWPE纤维的环境稳定性非常优异。

表9-24 UHMWPE纤维与Kevlar纤维在不同化学介质中浸泡6个月后的强度保留率（%）

介质	Spectrar	Kevlar纤维	介质	Spectrar	Kevlar纤维
海水	100	100	5mol/L NaOH溶液	100	42
蒸馏水	100	100	次磷酸盐溶液	100	79
煤油	100	100	次氯酸钠溶液	91	0
汽油	100	93	1mol/L HCl溶液	100	40
甲苯	100	72	冰乙酸	100	82

（3）优异的耐冲击性和防弹性能　由于 UHMWPE 纤维的高模量、高韧性，使其具有相应的高断裂能和高的传播声速，防弹性能好。

（4）其他性能　UHMWPE 纤维还具有良好的疏水性、自润滑性和耐磨性，且抗霉、耐疲劳性好，柔软，有较长的挠曲寿命，低温性能突出，在－150℃时也无脆化点，所以该纤维的使用温度范围宽（－150～100℃），在较高温度下短时间不会引起性能降低；由于其主链的氢原子含量高，因而防中子、防 γ 射线、抗紫外线性能优良。

2. UHMWPE 纤维增强复合材料的基体树脂

基体树脂在纤维复合材料中的作用主要是提供适当的界面结合强度，避免纤维在拉伸、冲击等外力作用下产生滑移，充分发挥纤维的增强特性。UHMWPE 纤维复合材料用基体树脂需具备的条件是：①能改善界面的相容性、粘接性，对纤维具有良好的浸润性；②固化温度不能高于 120℃，这是由于 UHMWPE 纤维在熔点（150℃）以上处于高弹态，熔体延展性差，受力易断裂，受热后收缩较大，对纤维性能影响很大；③基体树脂所用的溶剂必须是易挥发的低毒溶剂；④满足 UHMWPE 纤维复合材料作为结构材料、防弹材料等方面的性能要求。满足以上条件的基体树脂主要有聚氨酯（PUR）、橡胶、不饱和聚酯（UP）、聚乙烯（PE）、环氧树脂（EP）等。近年来，有关对 UHMWPE 纤维增强复合材料用基体树脂的研究越来越多，主要集中于对常规的树脂进行改性，或研发新型的基体树脂。基体树脂的性质和含量，特别是与纤维形成的界面层性质直接影响到复合材料的最终力学性能。近年来的研究表明，低模量基体树脂制备的复合材料比高模量基体树脂制备的复合材料耐高冲击效果好，这是由于低模量基体树脂的阻尼性能优于高模量的基体树脂，有利于能量吸收所致。

（1）聚氨酯（PUR）　PUR 是最早被用作 UHMWPE 纤维复合材料用基体树脂的。由于 PUR 中含有柔性的分子链，故具有极好的弯曲、冲击等力学性能，吸能能力强，有较强的剥离强度和化学稳定性，以及优异的耐低温性能，被认为是理想的防弹材料用基体。

研究发现，热塑性聚氨酯中，无定形的 PUR 比结晶态 PUR 可以产生更小的凸伤。虽然热塑性聚氨酯具有相当优异的防弹性能，但由于其与 UHMWPE 纤维的粘接性能不佳，且属于弹性体，耐高温蠕变性差，很难适应目前 UHMWPE 纤维复合材料用作结构材料时对综合性能的较高要求。

（2）橡胶　由于橡胶粘合剂具有粘着时成膜性能良好、胶膜富有韧性和抗振性、对纤维具有良好的浸润性等特性，因而被广泛用作防弹类 UHMWPE 纤维复合材料用基体树脂。根据高分子材料的溶解性原则，对于非极性 UHMWPE 纤维应选用非极性的橡胶来提高其界面粘接效果。目前主要采用的橡胶及其共聚物主要有异戊橡胶、丁苯橡胶、（苯乙烯/异戊二烯/苯乙烯）共聚物（D1107）及（苯乙烯/丁二烯/苯乙烯）共聚物（G1650）等。

橡胶基体的防弹性能从整体上要优于 PUR 类，而且橡胶基体模量越小，防弹性能越好。这表明要寻找优良的防弹材料应从模量较小的无定形热塑性弹性体来考虑。

橡胶基体材料的尺寸稳定性差，蠕变性明显，力学强度和耐热性较之热固性树脂有很大的差距，对耐高温蠕变性及强度高的 UHMWPE 纤维不能起到增强作用，而且存在着老化、耐油性、耐有机溶剂和耐氧化性能不佳等缺点，制约了其向结构材料方向的发展。

（3）热固性乙烯基酯树脂（UP）　乙烯基酯树脂酯基密度低、耐蚀性好，兼具环氧树脂的粘接性能和 UP 的加工工艺，且由于乙烯基酯中含有羟基，而羟基对 UHMWPE 纤维有很好的浸润性，所以乙烯基酯树脂与UHMWPE纤维具有很好的粘接性，采用紫外线、电子束等光固化可以避免因基体树脂固化温度过高而引起的UHMWPE纤维性能降低。

(4) 聚乙烯树脂 (PE) UHMWPE纤维的界面粘接性极差，选择同一类型的PE树脂作为基体树脂，因材料的化学结构相似，通过在纤维表面融化的聚合体外延结晶实现粘接。由粘接理论可知，它应具有相对较好的粘接性，因为这两种材料的化学相似性，成型时纤维表面会发生局部熔融，在基体高分子和纤维表面高分子之间会发生共结晶过程。通过偏光显微镜观察穿晶界面，可以看到这种外延结晶或共结晶。这种现象的发生证实了这两种成分之间物理化学相互作用的存在。通常认为穿晶界面的存在是改善UHMWPE纤维与PE树脂之间粘接的一个因素，可使复合材料的热行为有所改善。PE树脂是热塑性树脂，大致可分为高密度聚乙烯（HDPE）、低密度聚乙烯（LDPE）和线性低密度聚乙烯（LLDPE）三类。其中，HDPE树脂结晶度高，耐冲击性差；LDPE树脂结晶度低（约48%），断裂伸长率高（约760%），但抗拉强度较低；LLDPE树脂的冲击强度、抗拉强度、断裂伸长率及耐高低温性能都优于HDPE树脂和LDPE树脂。采用分子结构类似的PE树脂作为UHMWPE纤维的基体，可以得到"无界面"的复合材料，而且满足回收再利用的现代环保要求。值得注意的是，近年来人们开始关注将UHMWPE树脂作为UHMWPE纤维复合材料的基体。

LDPE树脂作为基体，可分别加工成软质和硬质防弹复合材料。弹道冲击实验表明，硬质防弹复合材料由于整体性较好、纤维的协同效应更明显而表现出更高的防弹性能。

LLDPE树脂的熔点较低（123℃），因而较适合用作UHMWPE纤维复合材料的基体。研究表明，在UHMWPE/LLDPE复合材料中，UHMWPE纤维表面的结晶较LLDPE基体的结晶快，且随着冷却速率而改变，冷却速率越快，UHMWPE纤维在LLDPE树脂中的单纤拔出强度越高，当冷却速率为1～10℃/min时，单纤拔出强度可达到9～13MPa。所以可通过控制UHMWPE/LLDPE复合材料的冷却速率来控制界面的结晶行为，达到改善界面粘接的目的。

研究表明，以HDPE为树脂基体的复合材料较以LLDPE树脂为基体的复合材料有更高的动态模量，在0.3～50Hz范围内，频率越高，损耗模量越小，其原因是HDPE树脂的结晶度高、分子链活动能力更低的缘故。

由于UHMWPE纤维的表面十分光滑、比面积小、呈化学惰性，且存在弱边界层（UHMWPE纤维凝胶加工后，表面会残留一些溶剂、酸和低分子聚合物，从而形成较弱的界面层），使得该纤维的表面能很低，基体与纤维界面粘附性极差，导致UHMWPE纤维的高强度、高模量特性难以充分发挥，因而必须对UHMWPE纤维进行表面处理，相关内容在本章第四节讨论。

3. UHMWPE纤维增强复合材料的应用

通常采用层压方法制备UHMWPE纤维增强复合材料。将经预处理的UHMWPE纤维或其织物与基体树脂先通过预浸方法（又分为粉末熔化预浸和预制树脂薄膜预浸两类）进行初步复合，然后对UHMWPE纤维预浸料层合堆叠，加压固化。各层间纤维层叠角度随性能要求可呈0～90°多种分布，固化时（除LDPE树脂外）须加一定的压力，并应将温度控制在纤维的熔点以下（<150℃）。另外，纤维与基体的体积比一般为（50～70）∶100。

UHMWPE纤维增强复合材料与其他纤维增强复合材料相比，具有质量轻、耐冲击、介电性能高等优点，在武器装备、工农业生产、医疗卫生等领域有着广阔的应用前景。因此，UHMWPE纤维自问世起就倍受重视，发展很快。

在武器装备方面，用于装甲车辆的防护板、雷达防护外壳、头盔、坦克的防护内衬、防弹衣等。目前，军用头盔大都由钢或纤维增强热固性树脂制成。钢头盔笨重，且防护力有限，增强热固性树脂头盔易受低速冲击损伤。而使用UHMWPE纤维复合材料内衬外加钢壳头盔，使用寿命长，具有很好的抗弹、抗低速冲击能力，且质轻、价廉。在波黑战争中，装备法国士兵的Spectra制F2头盔（CGF加勒公司产）拯救了许多名法国士兵的生命。英军用UHMWPE纤维织物复合材料0/90°铺层制作的防弹头盔，减重16%，且有比其他防弹材料更好的防弹性能。我国警用轻型防弹头盔采用UHMWPE纤维复合材料热压而成，内衬采用抗振橡胶加固，能有效防54式手枪射击的普通子弹。另外，UHMWPE纤维增强复合材料的介电常数和介电损耗值低，能抑制电弧和火花的转移，反射雷达波很少，适用于制造各种雷达罩。

在航空航天工程中，UHMWPE纤维增强复合材料因轻质、高强和抗撞击性能好而适用于制造各种飞机的翼尖结构、飞船结构和浮标飞机部件等，其发展速度异常迅速。

在体育用品方面已经制成安全帽、雪橇、滑雪板、帆船板、钓竿、球拍及自行车、滑翔板、超轻量飞机零部件等，其性能较传统材料好。由于UHMWPE纤维增强复合材料的比强度、比模量高，加之韧性和损伤容限好，制成的运动器械既耐用又能出好的成绩。

UHMWPE纤维增强复合材料作为牙托材料、医用移植物和整形材料等具有良好的生物相容性和耐久性，并具有高的稳定性，不会引起过敏，已作临床应用，而且还可用于X射线室的工作台等。

工业上，UHMWPE纤维增强复合材料可用作耐压容器、传送带、过滤材料、汽车缓冲板、防护挡牌、大型储罐、扬声器振动膜、光缆的保护层、无线电发射装置的天线整流罩等。

第四节　复合材料界面的化学问题

一、概述

复合材料的界面是指基体与增强物之间化学成分有显著变化的、构成彼此结合的、能起载荷传递作用的微小区域。界面虽然很小，但它是有尺寸的，约几个纳米到几个微米，是一个区域或一个带、或一层，厚度不均匀，它包含了基体和增强物的部分原始接触面、基体与增强物相互作用生成的反应产物、此产物与基体及增强物的接触面，基体和增强物的互扩散层、增强物上的表面涂层、基体和增强物上的氧化物及它们的反应产物等。在化学成分上，除了基体、增强物及涂层中的元素外，还有基体中的合金元素和杂质及由环境带来的杂质。这些成分或以原始状态存在、或重新组合成新的化合物。因此，界面上的化学成分和相结构是很复杂的。

界面是复合材料的特征，可将界面的机能归纳为以下几种效应：

(1) 传递效应　界面能传递力，即将外力传递给增强物，起到基体与增强物之间的桥梁作用。

(2) 阻断效应　结合适当的界面有阻止裂纹扩展、中断材料破坏、减缓应力集中的作用。

(3) 不连续效应 在界面上产生物理性能的不连续性和界面摩擦出现的现象，如抗电性、电感应性、磁性、耐热性、尺寸稳定性等。

(4) 散射和吸收效应 光波、声波、热弹性波、冲击波等在界面产生散射和吸收，如透光性、隔热性、隔声性、耐机械冲击及耐热冲击性等。

(5) 诱导效应 一种物质（通常是增强物）的表面结构使另一种（通常是聚合物基体）与之接触的物质的结构由于诱导作用而发生改变，由此产生一些现象，如强的弹性、低的膨胀性、耐冲击性和耐热性等。

界面上产生的这些效应，是任何一种单体材料所没有的，它对复合材料具有重要作用。例如粒子弥散强化金属中微形粒子阻止晶格位错，从而提高复合材料强度；在纤维增强塑料中，纤维与基体界面可阻止裂纹进一步扩展等。因而，在任何复合材料中如何改善界面性能的表面处理方法，是关于这种复合材料是否有使用价值、能否推广使用的一个极重要的问题。

界面效应既与界面结合状态、形态和物理-化学性质等有关，也与界面两侧组分材料的浸润性、相容性、扩散性等密切相联。

复合材料中的界面并不是一个单纯的几何面，而是一个多层结构的过渡区域。该区域是从与增强剂内部性质不同的某一点开始，直到与树脂基体内整体性质相一致的点间的区域，此区域的结构与性质都不同于两相中的任一相，从结构来分，这一界面区由五个亚层组成（图 9-10）。界面的性能均与树脂基体和增强剂的性质、偶联剂的品种和性质、复合材料的成型方法等密切相关。

基体和增强物通过界面结合在一起，构成复合材料整体，界面结合的状态和强度无疑对复合材料的性能有重要影响，因此对于各种复合材料都要求有合适的界面结合强度。界面的结合强度一般是以分子间力、溶解度指数、表面张力（表面吉布斯自由能）等表示的。而实际上还有许多因素影响着界面结合强度，如表面的几何形状、分布状况、纹理结构；表面吸附气体程度；表面吸水情况；杂质存在；表面形态（形成与块状物不同的表面层）；在界面的溶解、浸透、扩散和化学反应；表面层的力学特性；润湿速率等。

由于界面区相对于整体材料所占比例甚微，欲单独对某一性能进行度量有很大困难，因此常借用整体材料的力学性能来表征界面性能，如层间抗剪强度（ILSS）就是研究界面粘结的良好办法，如再能配合断裂形貌分析等即可对界面的其他性能作较深入的研究。由于复合材料的破坏形式随作用力的类型、原材料结构组成不同而异，故破坏可开始在树脂基体或增强剂，也可开始在界面。有人通过力学分析指出，界面性能较差的材料大多呈剪切破坏，且在材料的断面可观察到脱粘、纤维拔出、纤维应力松弛等现象。但界面间粘结过强的材料，呈脆性也降低了材料的复合性能。界面最佳态的衡量是当受力发生开裂时，这一裂纹能转为区域化而不产生进一步界面脱粘，即这时的复合材料具有最大的断裂能和一定的韧性。由此可见，在研究和设计界面时，不应只追求界面粘结而应考虑到最优化和最佳综合性能。如在某些应用中，如果要求能量吸收或纤维应力很大时，控制界面的部分脱粘也许是所期望的，如用淀粉或明胶作为增强玻璃纤维

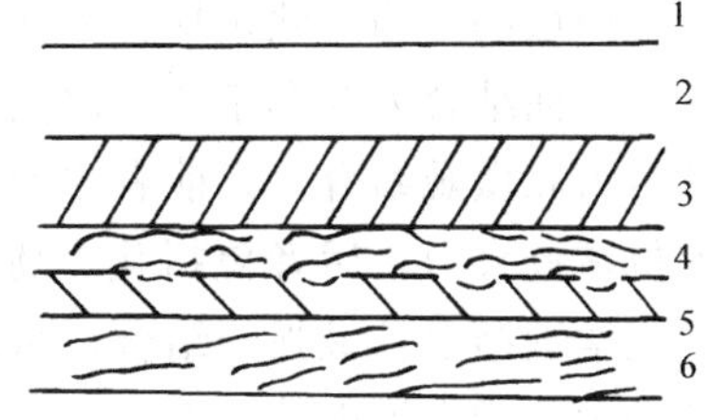

图 9-10 界面区域示意图

1—外力场 2—树脂基体 3—基体表面区 4—相互渗透区 5—增强剂表面区 6—增强剂

表面浸润剂的 E 粗纱已用于制作具有高冲击强度的防弹衣。

由于界面尺寸很小且不均匀、化学成分及结构复杂、力学环境复杂，故对于界面的结合强度、界面的厚度、界面的应力状态尚无直接的、准确的定量分析方法，对于界面结合状态、形态、结构以及它对复合材料性能的影响尚没有适当的试验方法，需要借助拉曼光谱、质谱、红外、X 衍射等试验逐步摸索和统一认识。另外，对于成分和相结构也很难做出全面的分析。因此，迄今为止对复合材料界面的认识还是很不充分的，更谈不上以一个统一的模型来建立完整的理论。尽管存在很大的困难，但由于界面的重要性，所以仍吸引着大量研究者致力于认识界面的工作，以便掌握基规律。

二、复合材料的界面

1. 聚合物基复合材料的界面

（1）界面的形成　对于聚合物基复合材料，其界面的形成可以分成两个阶段。

第一阶段是基体与增强纤维的接触与浸润过程。由于增强纤维对基体分子的各种基团或基体中各组分的吸附能力不同，它总是要吸附那些能降低其表面能的物质，并优先吸附那些能较多降低其表面能的物质。因此界面聚合层在结构上与聚合物本体是不同的。

第二阶段是聚合层的固化阶段。在此过程中聚合层通过物理的或化学的变化而固化，形成固定的界面层。固化阶段受第一阶段影响，同时它直接决定着所形成的界面层的结构。以热固性树脂的固化过程为例，树脂的固化反应可借助固化剂或靠本身官能团反应来实现。在利用固化剂固化的过程中，固化剂所在位置是固化反应的中心，固化反应从中心以辐射状向四周扩展，最后形成中心密度大、边缘密度小的非均匀固化结构。密度大的部分称为胶束或胶粒，密度小的称为胶絮。在依靠树脂本身官能团反应的固化过程中已出现类似的现象。

界面及其附近区域的性能、结构都不同于组分本身，因而构成了界面层。或者说，界面层是由纤维与基体之间的界面以及纤维和基体的表面薄层构成的，基体表面层的厚度约为增强纤维的数十倍，它在界面层中所占的比例对复合材料的力学性能有很大影响。对于玻璃纤维复合材料，界面层还包括偶联剂生成的偶联化合物。增强纤维与基体表面之间的距离受化学结合力、原子基团大小、界面固化后收缩等方面因素影响。

界面层的结构大致包括：界面的结合力、界面的区域（厚度）和界面的微观结构等几个方面。界面结合力存在于两相之间，并由此产生复合效果和界面强度。界面结合力又可分宏观结合力和微观结合力。前者主要指材料的几何因素，如表面的粗糙度、裂纹、孔隙等所产生的机械铰合力；后者包括化学键和次价键，这两种键的相对比例取决于组成及其表面性质。化学键结合是最强的结合，可以通过界面化学反应而产生，通常进行的增强纤维表面处理就是为了增大界面结合力。水的存在常使界面结合力明显减弱，尤其是玻璃纤维表面吸附的水严重削弱玻璃纤维与树脂之间的界面结合力。

（2）界面作用机理　界面层使纤维与基体形成一个整体，并通过它传递应力。若纤维与基体之间的相容性不好，界面不完整，则应力的传递面仅为纤维总面积的一部分。因此，为使复合材料内部能够均匀地传递应力，显示其优异性能，要求在复合材料的制造过程中形成一个完整的界面层。

界面对复合材料特别是力学性能起着极为重要的作用。牢固和完善的界面结合状态可以明显提高复合材料的横向和层间抗拉强度及抗剪强度，也可适当提高横向和层间弹性模量、切变模量。碳纤维、玻璃纤维等的韧性差，如果界面很脆、断裂应变很小而强度较大，则纤维的断裂可能引起裂纹沿垂直于纤维方向扩展，诱发相邻纤维相继断裂，所以这种复合材料的断裂韧性很差。在这种情况下，如果界面结合强度较低，则纤维断裂所引起的裂纹可以改变方向而沿界面扩展，遇到纤维缺陷或薄弱环节时裂纹再次跨越纤维，继续沿界面扩展，形成曲折的路径，这样就需要较多的断裂功。因此，如果界面和基体的断裂应变都较低时，从提高断裂韧性的角度出发，适当减弱界面强度和提高纤维伸长率是有利的。

界面作用机理是指界面发挥作用的微观机理。关于这方面的研究工作，目前已有许多理论，但还不能说已达到完善的程度。

1）界面浸润理论。1963 年 Zisman 首先提出了这个理论，其主要论点是填充剂被液体树脂良好浸润是极其重要的，因浸润不良会在界面上产生空隙，易使应力集中而使复合材料发生开裂；如果完全浸润，则基体与填充剂间的粘结强度将大于基体的内聚强度。

首先，从热力学观点出发来考虑两个表面结合与其表面能的关系。一般用表面张力来表征表面能，即

$$\sigma = (\partial F/\partial A)TV \tag{9-1}$$

式中，σ 为表面张力；F 为吉布斯自由能；A 为面积。可以看出，表面张力实际上就是在温度和体积不变的情况下，吉布斯自由能随表面积增加的增量。如果两个表面结合了，则体系中由于减少了两个表面和增加了一个界面使吉布斯自由能降低了。这种吉布斯自由能的下降可以定义为粘合功 W_A，则

$$W_A = \sigma_{s-g} + \sigma_{l-g} - \sigma_{s-l} \tag{9-2}$$

式中，σ_{s-g}、σ_{l-g}、σ_{s-l}分别表示固气、液气及固液界面张力。从现象上来看，任何物体都有减少其自身表面能的倾向，因此液体尽量收缩成圆球状，固体则把其接触的液体铺展开来覆盖其表面。如果一滴液体滴在固体表面，则如前面图 5-12 所示的情况。此处 θ 为接触角。当 $\theta>90°$，液体不能润湿固体；当 $\theta=180°$时，固体表面完全不能被液体润湿，液体呈球状；当 $\theta<90°$，液体能润湿固体；当 $\theta=0°$，这时液体完全润湿固体。根据力的合成可写成

$$\sigma_{l-g}\cos\theta = \sigma_{s-g} - \sigma_{s-l} \tag{9-3}$$

由式（9-2）、式（9-3）可得

$$W_A = \sigma_{s-g} + \sigma_{l-g} - \sigma_{s-l} = \sigma_{l-g}(1+\cos\theta) \tag{9-4}$$

由式（9-4）可以看出，结合最好的情况即 W_A 达到极大值的条件为 $\cos\theta=1$，亦即 $\theta=0$，表明液体全部铺平在固体上，同时 $\sigma_{s-g}=\sigma_{s-l}$ 和 $\sigma_{s-g}=\sigma_{l-g}$。

这里着重提一下长期以来被人们接受的模糊概念，即认为复合材料中增强物表面越粗糙，界面结合越好。对于这个问题必须进行仔细分析。可以想象表面积随着粗糙度值增加而增大，同时表面孔槽亦有机械结合的效果。但是，实际上尽管测定出的比表面积很大，但其中有相当多的孔穴，粘稠的基体是无法流入的。如下列经验式

$$Z^2 = (K\gamma\cos\theta t\delta)/\eta \tag{9-5}$$

该式表明流入量 Z 与液体表面张力 γ、接触角 θ、时间 t 和孔径 δ 成正比，而与粘度 η 成反比。K 为比例常数。一般常用增强纤维表面上能被树脂基体浸入的孔占总孔的比例很小，多数孔是无效的。例如碳纤维表面上有 80%孔径在 30nm 以下的孔，而树脂基体分子约在 100nm 左右，同时粘度也大，浸渍固化的时间也不可能很长，因此这些无效的孔不仅造成界面脱粘的缺陷，而且也形成了应力集中点。所以过去认为碳纤维经氧化表面处理后，由于增大了表面积而提高了层间抗剪强度的说法是不妥的。经大量实验证明，之所以能提高抗剪

强度主要是由于氧化形成的活性基团的贡献。

2）化学键理论。化学键理论的主要观点是，处理增强剂表面的偶联剂应既含有能与增强剂起化学作用的官能团，又含有能与树脂基体起化学作用的官能团。由此在界面上形成共价键结合，如能满足这一要求，则在理论上可获最强的界面粘结能（210～220J/mol）。例如使用乙基三氯硅烷和烯丙基烷氧基硅烷作偶联剂用于玻璃纤维增强不饱和聚酯树脂复合材料中，结果表明含不饱和双键的硅烷的制品的强度比含饱和键的强度高出几乎两倍，明显地改善了树脂、玻璃两相间的界面粘结状态。在无偶联剂存在时，如果基体与纤维表面可以发生化学反应，那么它们也能够形成牢固的界面。这种理论的实质，即强调增加界面的化学作用是改进复合材料性能的关键。化学键理论在偶联剂选择方面有一定指导意义。但是化学键理论不能解释为什么有的偶联剂官能团不能与树脂反应却仍有较好的处理效果。

3）物理吸附理论。这种理论认为，增强纤维与树脂基体之间的结合是属于机械铰合和基于次价键作用的物理吸附，偶联剂的作用主要是促进基体与增强纤维表面完全浸润。一些试验表明，偶联剂未必一定促进树脂对玻璃纤维的浸润，甚至适得其反。这种理论可作为化学键理论的一种补充。

4）变形层理论。如果纤维与基体的热膨胀系数相差较大，固化成型后在界面会产生残余应力，将损伤界面和影响复合材料性能。另外，在载荷作用下，界面上会出现应力集中，若界面化学键破坏，产生微裂纹，同样也要导致复合材料性能变差。增强纤维经表面处理后，在界面上形成一层塑性层，可以松弛并减小界面应力。这种理论称为变形层理论。在这一理论的基础上又有经过修正的优先吸附理论和柔性层理论，即认为偶联剂会导致生成不同厚度的柔性基体界面层，而柔性层厚度与偶联剂本身在界面区的数量无关。此理论对聚合物基的石墨碳纤维复合材料较为适用。

5）拘束层理论。该理论认为界面区（包括偶联剂部分）的模量介于树脂基体与增强材料中间时，则可最均匀地传递应力。这时吸附在硬质增强剂或填料颗粒上的聚合物基体聚集得比本体更为紧密，且聚集密度随离界面区距离的增大而减弱，并认为硅烷偶联剂的作用在于一端拉紧界面上的聚合物分子结构，一端以硅醇基团与玻璃纤维等无机材料粘结。这一理论缺乏必要的实验根据，因此接受者不多。

6）扩散层理论。按照这一理论，偶联剂形成的界面区应该是带有能与树脂基体相互扩散的聚合链活性硅氧烷层或其他的偶联剂层。它是建立在高分子材料相互粘结时形成表面扩散层的基础上，但不能解释聚合物基的玻璃纤维或碳纤维增强的复合材料的界面现象，因当时还无法解释聚合物分子如何向玻璃纤维、碳纤维等固体表面进行扩散的过程。后来由于偶联剂的使用及偶联剂机理研究的深入，如偶联剂多分子层的存在等，使这一理论在复合材料领域也得到了很多学者的承认。近年来提出的互穿网络理论，实际上就是扩散层理论和化学键理论在某种程度上的结合。

7）减弱界面局部应力作用理论。该理论认为，基体与增强纤维之间的偶联剂，提供了一种具有“自愈能力”的化学键。在载荷作用下，它处于不断形成与断裂的动态平衡状态。低分子物质（主要为水）的应力浸蚀使界面化学键断裂，而在应力作用下偶联剂能沿增强纤维表面滑移，使已断裂的键重新结合。与此同时，应力得以松弛，减缓了界面处的应力集中。

2. 金属基复合材料的界面

在金属基复合材料中往往由于基体与增强物发生相互作用生成化合物，基体与增强物的互扩散而形成扩散层，增强物的表面预处理涂层，使界面的形状、尺寸、成分、结构等变得非常复杂。近 20 年来人们对界面在金属基复合材料中的重要性的认识越来越深刻，进行了比较系统详细的研究，得到了不少非常有益的信息。

（1）界面的类型与结合形式　对于金属基纤维复合材料，其界面比聚合物基复合材料复杂得多。表 9-25 列出了金属基纤维复合材料界面的几种类型。其中，Ⅰ类界面是平整的，厚度仅为分子层的程度，除原组成成分外，界面上基本不含其他物质；Ⅱ类界面是由原组成成分构成的犬牙交错的溶解扩散型界面；Ⅲ类界面则含有亚微级左右的界面反应物质（界面反应层）。界面类型还与复合方法有关。

表 9-25　金属基纤维复合材料界面的类型

类　型　Ⅰ	类　型　Ⅱ	类　型　Ⅲ
纤维与基体互不反应亦不溶解	纤维与基体不反应但相互溶解	纤维与基体相互反应形成界面反应层
钨丝/铜	镀铬的钨丝/铜	钨丝/铜-钛合金
Al_2O_3 纤维/铜	碳纤维/镍	碳纤维/铝（>580℃）
Al_2O_3 纤维/银	钨丝/镍	Al_2O_3 纤维/钛
硼纤维（表面涂 BN）/铝	合金共晶体丝/同一合金	B 纤维/Ti
不锈钢丝/铝		B 纤维/Ti-Al
SiC 纤维/铝		SiC 纤维/Al
硼纤维/铝		SiO_2 纤维/Al
硼纤维/镁		

金属基纤维复合材料的界面结合可以分成以下几点形式：

1）物理结合。物理结合是指借助材料表面的粗糙形态而产生的机械铰合，以及借助收缩应力包紧纤维时产生的摩擦结合。这种结合与化学作用无关，纯属物理作用，结合强度的大小与纤维表面的粗糙程度有很大关系。例如用经过表面刻蚀处理的纤维制成的复合材料，其结合强度比具有光滑表面的纤维复合材料约高 2～3 倍。但这种结合只有当载荷应力平行于界面时才能显示较强的作用，而当应力垂直于界面时承载能力很小。

2）溶解和浸润结合。这种结合与表 9-25 中的Ⅱ类界面对应。纤维与基体的相互作用力是极短程的，只有若干原子间距。由于纤维表面常存在氧化物膜，阻碍液态金属的浸润，这时就需要对纤维表面进行处理，如利用超声波法通过机械摩擦力破坏氧化物膜，使纤维与基体的接触角小于 90°，发生浸润或局部互溶以提高界面结合力。当然，液态金属对纤维的浸润性也与温度有关，如液态铝在较低温度下不能浸润碳纤维，在 1000℃以上时，接触角小于 90°，液态铝就可浸润碳纤维。

3）反应结合。反应结合与表 9-25 中的Ⅲ类界面对应。其特征是在纤维与基体之间形成新的化合物层，即界面反应层。界面反应层往往不是单一的化合物，如硼纤维增强钛铝合金，在界面反应层内有多种反应产物。在一般情况下，随反应程度增加，界面结合强度亦增大，但由于界面反应产物多为脆性物质，所以当界面层达到一定厚度时界面上的残余应力可使界面破坏，反而降低界面结合强度。此外，某些纤维表面吸附空气发生氧化作用也能形成某种形式的反应结合。例如，用硼纤维增强铝时，首先使硼纤维与氧作用生成 BO_2，由于铝的反应性很强，它与 BO_2 接触时可使 BO_2 还原而生成 Al_2O_3 形成氧化结合。但有时氧化作用也会降低纤维强度而无益于界面结合，这时就应当尽量避免发生氧化反应。

在实际情况中，界面的结合方式往往不是单纯的一种类型。例如，将硼纤维增强铝

500℃进行热处理，可以发现在原来物理结合的界面上出现了 AlB_2，表明热处理过程中界面上发生了化学反应。

（2）影响界面稳定性的因素　与聚合物基复合材料相比，耐高温是金属基复合材料的主要特点。因此，金属基复合材料的界面能否在所允许的高温环境下长时间保持稳定是非常重要的。影响界面稳定的因素包括物理的和化学的两个方面。

物理方面的不稳定因素主要指在高温条件下增强纤维与基体之间的熔融。例如，用粉末冶金法制成的钨丝增强镍合金材料，由于成型温度较低，钨丝未溶入合金，故其强度基本不变；但若在 1100℃左右使用 50h，则钨丝直径仅为原来的 60%，强度明显降低，表明钨丝已溶入镍合金基体中。在某些场合，这种互溶现象不一定产生不良的效果。例如钨铼合金丝增强铌合金时，钨也会溶入铌中，但由于形成很强的钨铌合金，对钨丝的强度损失起到补偿作用，使强度不变或还有所提高。对于碳纤维增强镍材料，在界面上还会出现先溶解再析出的现象。例如，在 600℃以上复合材料中碳纤维会溶入镍基体中，而后析出具有石墨结构的碳，由于碳变石墨使密度增大留下空隙，为镍渗入碳纤维扩散聚集提供了位置，致使碳纤维强度降低。随着温度升高，镍渗入量增加，碳纤维强度进一步急剧降低。

化学方面的不稳定因素主要与复合材料在加工和使用过程中发生的界面化学作用有关。它包括连续界面反应、交换式界面反应和暂稳态界面变化等几种现象，其中连续界面反应对复合材料力学性能的影响最大。这种反应有两种可能：发生在增强纤维一侧，或发生在基体一侧。前者是基体原子通过界面层向纤维扩散；后者则相反。观察发生深度界面反应后碳纤维/铝材料的断口时发现，虽然碳纤维表面受到刻蚀，但内部并无明显变化，即反应是发生在碳纤维一侧。在硼纤维/钛材料中，则可以观察到硼向外扩散以致在纤维内部产生空隙的现象，表明反应是发生在靠近基体一侧。

交换式界面反应导致界面的不稳定因素主要出现在含有两种或两种以上合金的基体中。增强纤维优先与合金基体中某一元素反应，使含有该元素的化合物在界面层富集，而在界面层附近的基体中则缺少这种元素，导致非界面化合物的其他元素在界面附近富集。同时，化合物的元素与基体中的元素不断发生交换反应，直至达到平衡。例如，在碳纤维/铝钛铜复合金材料中，由于碳与钛反应的吉布斯自由能低，优先生成碳化钛，使得界面附近的铝、铜富集。暂稳态界面变化是由于增强纤维表面局部存在氧化层所致。对于硼纤维/铝材料，若采用固态扩散法成型工艺，界面上将产生氧化层，但它的稳定性差，在长时间热环境下氧化层容易发生球化而影响复合材料性能。

界面结合状态对金属基复合材料沿纤维方向的抗拉强度有很大影响。对抗剪强度、疲劳性能等也有不同程度的影响。表 9-26 为碳纤维增强铝材料的界面结合状态与抗拉强度、断口形貌的关系。显然，界面结合强度过高或过低都不利，适当的界面结合强度才能保证复合材料具有最佳的抗拉强度。在一般情况下，界面结合强度越高、沿纤维方向的抗剪强度越大。在交变载荷作用下，复合材料界面的松脱会导致纤维与基体之间摩擦生热而加剧破坏过程。因此就改善复合材料的疲劳性能而言，界面强度稍强一些为好。

（3）残余应力　在金属基复合材料结构设计中，除了要考虑化学方面的因素外，还应注意增强纤维与金属基体的物理相容性。物理相容性要求金属基体有足够的韧性和强度，以便能够更好地通过界面将载荷传递给增强纤维；还要求在材料中出现裂纹或位错（金属晶体中的一种缺陷，其特征是两维尺度很小而第三维尺度很大、金属发生塑性形变时伴随着位错的移动）移动时基体上产生的局部应力不在增强纤维上形成高应力。物理相容性中最重要的是要求纤维与基体的热膨胀系数匹配。如果基体的韧性较强，热膨胀系数也较大，复合后容易产生拉伸残余应力，而增强纤维多为脆性材料，复合后容易出现压缩残余应力。因而，不能选用模量很低的基体与模量很高的纤维复合，否则纤维容易发生屈曲。

表 9-26 碳纤维增强铝的抗张强度和断口形貌

界 面	抗拉强度/MPa	断 口 形 貌
结合不良	206	纤维大量拔出，很长，呈刷子状
结合适中	612	有纤维拔出，有一定长度，铝基体发生缩颈，可观察到劈裂状
结合稍强	470	出现不规则断面，可观察到很短的拔出纤维
结合过强	224	典型的脆性断裂，平断口

3. 陶瓷基复合材料的界面

在陶瓷基复合材料中，增强纤维与基体之间形成的反应层质地比较均匀，对纤维和基体都能很好地结合，但通常它是脆性的。因增强纤维的横截面多为圆形，故界面反应层常为空心圆筒状，其厚度可以控制。当反应层达到某一厚度时，复合材料的抗拉强度开始降低，此时反应层的厚度可定义为第一临界厚度。如果反应层厚度继续增大，材料强度亦随之降低，直至达某一强度时不再降低，这时反应层厚度称为第二临界厚度。例如，利用 CVD (Chemical Vapor Deposition) 技术制造碳纤维/硅材料时，第一临界厚度为 0.05μm，此时出现 SiC 反应层，复合材料的抗拉强度为 1.8GPa；第二临界厚度为 0.58μm，抗拉强度降至 0.6GPa。相比之下，碳纤维/铝材料的抗拉强度较低，第一临界厚度 0.1μm 时，形成 Al_4C_3 反应层，抗拉强度为 1.15GPa；第二临界厚度为 0.76μm，抗拉强度降至 0.2GPa。

氮化硅具有强度高、硬度大、耐腐蚀、抗氧化和抗热震性能好等特点，但断裂韧性较差，使其特点发挥受到艰制。如果在氮化硅中加入纤维或晶须，可有效地改进其断裂韧性。由于氮化硅具有共价键结构，不易烧结，所以在复合材料制造时需添加助烧结剂，如 6% Y_2O 和 2% Al_2O_3 等。在氮化硅基碳纤维复合材料的制造过程中，成型工艺对界面结构影响甚大。例如，采用无压烧结工艺时，碳与硅之间的反应十分剧烈，用扫描电子显微镜可观察到非常粗糙的纤维表面，在纤维周围还存在许多空隙；若采用高温等静压工艺时，则由于压力较高和温度较低，使得反应

$$Si_3N_4+3C \longrightarrow 3SiC+2N_2$$

$$SiO_2+C \longrightarrow SiO+CO$$

受到抑制，在碳纤维与氮化硅之间的界面上不发生化学反应，无裂纹或空隙，是比较理想的物理结合。在以 SiC 晶须作增强材料、氮化硅作基体的复合材料体系中，若采用反应烧结、无压烧结或高温等静压工艺也可获得无界面反应层的复合材料。但在反应烧结和无压烧结制成的复合材料中，随着 SiC 晶须含量增加，材料密度下降，导致强度降低；若采用高温等静压工艺时则不出现这种情况。

三、增强材料的表面处理

通常，增强纤维的表面比较光滑，比表面积小，表面能较低，具有活性的表面一般不超

过总表面的10％，呈现憎液性，所以这类纤维较难通过化学的或物理的作用与基体形成牢固的结合。为了改进纤维与基体之间的界面结构，改善二者的复合性能，需要对增强纤维进行适当的表面处理。所谓表面处理就是在增强材料表面涂覆上一种称为表面处理剂的物质。这种表面处理剂包括浸润剂及一系列偶联剂和助剂等物质，以利于增强材料与基体间形成一个良好的粘结界面，从而达到提高复合材料各种性能的目的。

1. 玻璃纤维

20世纪40年代初期发展起来的玻璃纤维增强塑料即玻璃钢。由于它具有质轻、高强、耐腐蚀、绝缘性好等优良性能，已被广泛应用于航空、汽车、机械、造船、建材和体育器材等方面。玻璃纤维的表面状态及其与基体之间的界面状况对玻璃纤维复合材料的性能有很大影响。玻璃纤维的主要成分是硅酸盐，通常与树脂的界面粘结性不好，故常采用偶联剂涂层的方法对玻璃纤维表面进行处理。

(1) 有机铬类化合物表面偶联剂　它是有机酸与氯化铬的络合物。该类处理剂在无水条件下的结构式为A。有机铬络合物的品种较多，其中以甲基丙烯酸氯化铬配合物（Volan，沃兰）应用最为广泛，其结构式为B。用它作偶联剂时，水解使配合物中的氯原子被羟基取代，并与吸水的玻璃纤维表面的硅羟基形成氢键，干燥脱水后配合物之间以及配合物与玻璃纤维之间发生醚化反应，形成共价键结合。

```
             Cl    Cl                                 Cl    Cl
               \  /                        CH3          \  /
               O—Cr                         |           O—Cr
              /     \                       |          /     \
A：    R—C          OH       B：    CH2═C—C           OH
              \\     /                                  \\     /
               O→Cr                                      O→Cr
               /  \                                      /  \
             Cl    Cl                                 Cl    Cl
```

沃兰对玻璃纤维表面的处理机理如下：

1) 沃兰水解

```
      Cl    Cl                                  HO    OH
        \  /                          CH3         \  /
        O—Cr                           |          O—Cr
       /     \         +H2O            |         /     \
R—C          OH   ————————→   CH2═C—C           OH   +HCl
       \\     /                                  \\     /
        O→Cr                                      O→Cr
        /  \                                      /  \
      Cl    Cl                                  OH    OH
```

2) 玻璃纤维表面吸水，生成羟基

```
        OH       OH
        |        |
   —Si—O—Si—O—
        |        |
```

3) 沃兰与吸水的玻璃纤维表面反应

① 沃兰之间及沃兰与玻璃纤维表面间形成氢键

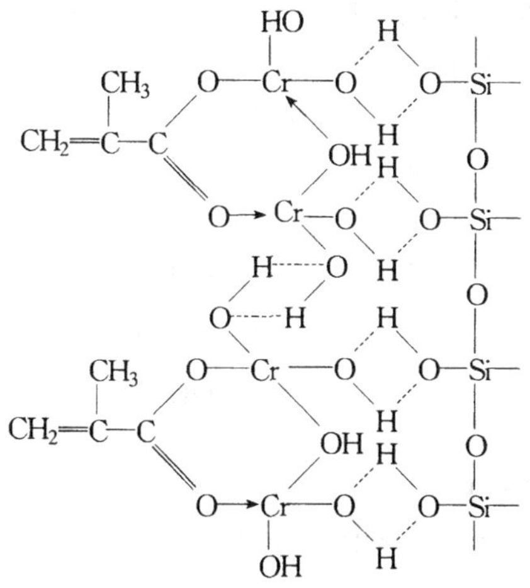

② 在加热到一定的温度进行干燥的过程中，沃兰分子之间及沃兰与玻璃纤维表面间的羟基发生脱水缩合反应，生成醚式结构；沃兰的 R 基团（ $CH_3—C═CH_2$ ）及 Cr—OH(Cr—Cl) 将与基体树脂反应。实验证明，纤维与树脂粘附强度随玻璃纤维表面上铬含量的提高而提高。开始时，铬只与玻璃纤维表面的负电位置接触；随着时间延长，铬的聚集量逐渐增多，在聚集的铬的总量中，与玻璃纤维产生化学键合的不超过 35%，但它所起的作用超过其余的铬。因为化学键合的铬比物理吸附的铬处理效果约高 10 倍。此外，铬络合物本身之间脱水程度越高，聚合度越大，处理效果越好。

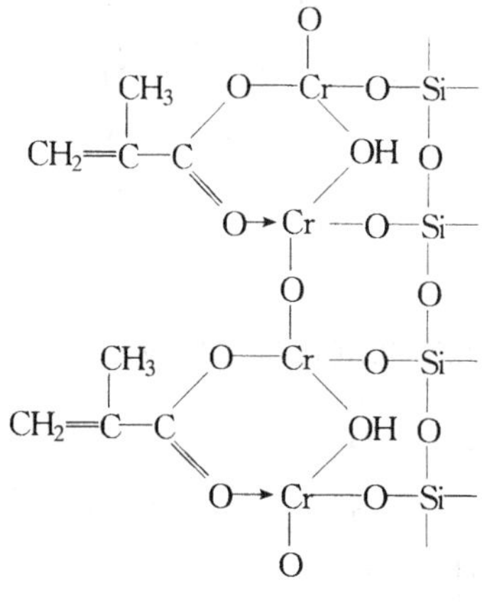

(2) 有机硅烷偶联剂　它通常含有两类功能性基团，其通式为 R_nSiX_{4-n}。其中 X 指可与玻璃纤维（或无机颗粒填充剂）表面发生反应的基团；R 代表能与树脂反应或可与树脂相互溶解的有机基团，不同的 R 基团适用于不同类型的树脂。例如含有乙烯基或甲基丙烯酰基的硅烷偶联剂适用于不饱和聚酯树脂和丙烯酸树脂基体，因为偶联剂中的不饱和双键可与树脂中的不饱和双键发生反应，形成化学键。若 R 基团中含有环氧基，则由于环氧基既能与不饱和聚酯中的羟基反应，又能与不饱和双键加成，而且还能与酚羟基发生化学作用，因此这种偶联剂对环氧树脂、不饱和聚酯树脂和酚醛树脂都适用。玻璃纤维表面含有极性较强

的硅羟基，用硅烷偶联剂处理时，玻璃纤维表面的硅羟基与硅烷的水解产物缩合，同时硅烷之间缩聚，使纤维表面极性较强的羟基转变为极性较弱的醚键，纤维表面为 R 基覆盖。这时 R 基团所带的极性基的特性将影响偶联剂处理后玻璃纤维的表面性能以及树脂对纤维的浸润性。有机硅烷偶联剂的处理机理如下：

1）有机硅烷水解生成硅醇

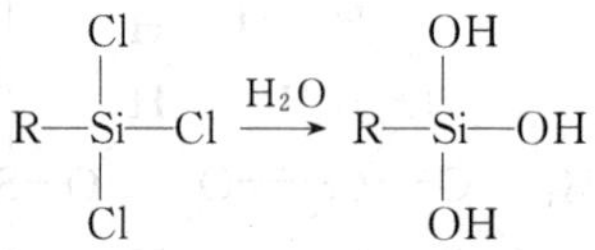

```
      Cl                  OH
      |       H2O         |
   R—Si—Cl  ———→    R—Si—OH
      |                   |
      Cl                  OH
```

2）玻璃纤维表面吸水生成羟基

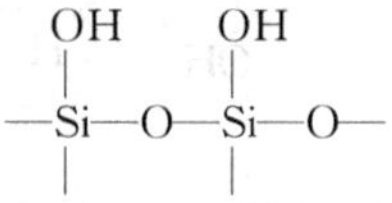

```
    OH     OH
    |      |
  —Si—O—Si—O—
    |      |
```

3）硅醇与吸水的玻璃纤维表面反应

① 硅醇与吸水的玻璃纤维表面生成的氢键

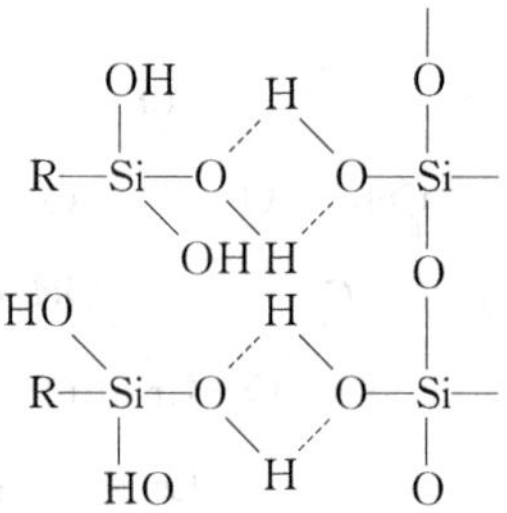

```
                         |
     OH      H           O
     |     ⋰   \         |
  R—Si—O        O—Si—
       \    \  ⋰       |
        OH  H          O
  HO         H          |
    \      ⋰  \         |
  R—Si—O        O—Si—
     |    \   ⋰        |
    HO      H          O
```

② 低温干燥（水分蒸发），硅醇间进行醚化反应

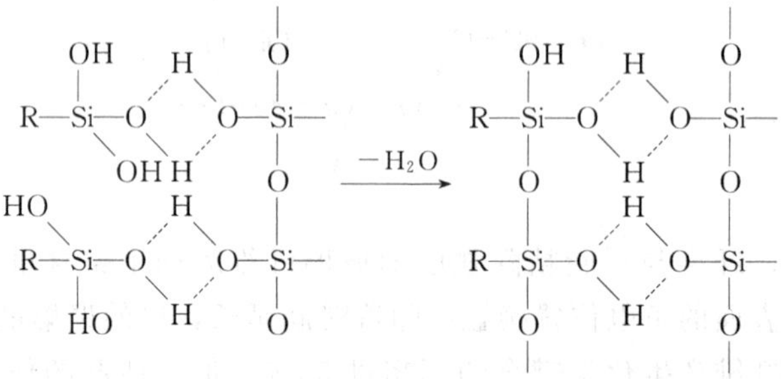

```
                      |                                    |
  OH      H           O            OH      H               O
  |     ⋰   \         |            |     ⋰   \             |
R—Si—O        O—Si—             R—Si—O        O—Si—
    \    \  ⋰        |   −H2O      |   \   ⋰       |
    OH   H           O  ———→      O     H         O
HO        H          |             |     H         |
  \     ⋰   \        |             |   ⋰   \       |
R—Si—O        O—Si—             R—Si—O        O—Si—
  |    \   ⋰         |             |   \   ⋰       |
 HO      H           O            O      H         O
                                   |                 
```

③ 高温干燥（水分蒸发），硅醇与吸水玻璃纤维进行醚化反应

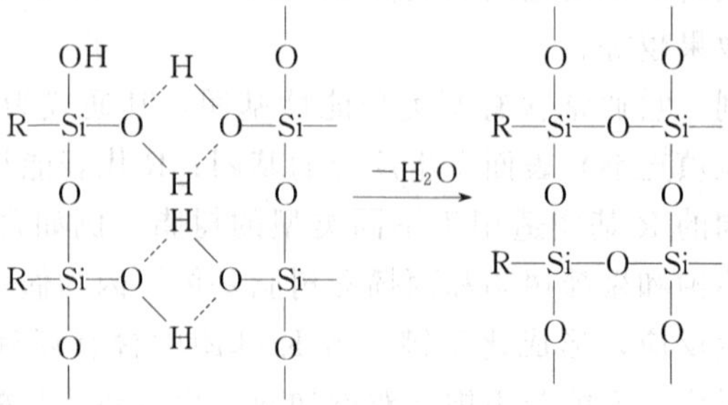

```
                       |                   |       |
   OH      H           O                   O       O
   |     ⋰   \         |                   |       |
R—Si—O        O—Si—              R—Si—O—Si—
   |    \   ⋰         |    −H2O            |       |
   O      H           O   ———→            O       O
   |     H            |                   |       |
   |   ⋰   \          |                   |       |
R—Si—O        O—Si—              R—Si—O—Si—
   |    \   ⋰         |                   |       |
   O      H           O                   O       O
   |                  |                   |       |
```

在有机硅烷偶联剂中，X 基团的种类和数量对偶联剂的水解、缩合速率、与玻璃纤维的偶联效果和纤维与基体的界面结合特性等都有很大影响。例如，X 基团为氯离子时，三氯硅

烷能很快水解生成硅醇，在过量水存在下，硅醇快速自缩合，很难再与玻璃纤维反应形成牢固的表面结合。最常采用的X基团是甲氧基（OCH_3）或乙氧基（OC_2H_5），这种有机硅烷偶联剂的水解速率比较缓慢，生成的硅醇比较稳定，可在水存在与玻璃纤维表面发生反应。X基团的数目也是一个很重要的参数。带有三个可水解基团（X=3）的典型硅烷偶联剂一般可使纤维与基体之间形成硬度较大和亲水性较强的界面区域；含有一个可水解基团硅烷偶联剂形成的界面区域，往往显示出较强的憎水性；当可水解基团为两个时，所得界面区域的硬度较小，这种偶联剂更适用于玻璃纤维增强弹性体或低模量热塑性树脂体系。

（3）用表面剂处理玻璃纤维的方法　目前采用的有以下三种：

1）前处理法。这种方法是将既能满足抽丝和纺织工序要求，又能促使纤维和树脂浸润，用粘接的处理剂代替纺织型浸润剂，在玻璃纤维抽丝过程中将处理剂涂覆到玻璃纤维上。所以这种处理剂又叫做“增强型浸润剂”。经增强型浸润剂处理过的玻璃纤维，织成的布叫前处理布。这种纤维和布在制成复合材料时，可直接使用，不需再经处理。前处理法工艺及设备简单，纤维的强度保持较好，是比较理想的处理方法。其缺点是目前尚没有理想的增强型浸润剂。

2）后处理法。这是目前国内外普遍采用的处理方法。处理过程分两步进行：第一步，先除去抽丝过程涂覆在玻璃纤维表面的纺织浸润剂；第二步，纤维经处理剂浸渍、水洗、烘干，使玻璃纤维表面覆上一层处理剂。

除去纺织型浸润剂的方法，主要有洗涤法和热处理法两种，常用的是热处理法。热处理法是用加热方法，使涂覆在玻璃纤维表面上的浸润剂组分经挥发、烘烧、碳化而除去。热处理温度一般为350～450℃，通常是连续进行，处理时间为几十秒钟到几分钟，视处理温度高低而定。热处理后纤维上浸润剂的残留量应为0.1%～0.3%之间。热处理会使纤维强度下降，如在500℃条件下处理一分钟，玻璃纤维的强度下降约40%～50%。但由于经热处理后纤维与树脂间的粘接强度提高，使复合材料的强度提高，所以热处理虽使纤维强度下降，但仍较普遍地采用。热处理后的纤维，因其表面完全裸露在空气中，很容易吸附空气中的水，所以应及时用处理剂处理或直接用于成型。

洗涤法是根据浸润剂的组成，采用碱液、肥皂水、有机溶剂等，分解和洗去浸润剂。经洗涤后，纤维上浸润剂的残留量为0.3%～0.5%。

用处理剂处理纤维表面的关键是处理剂浓度的控制、配制及使用，以及处理后的烘干程度。处理剂在玻璃纤维表面的最理想状态是单分子层，但实际上做不到。为了防止处理剂层过厚，影响处理效果，处理剂的浓度不宜过大，经验上处理剂浓度配制为百分之几到千分之几浓度。处理剂溶液配制过程应适当调节和控制其pH值。因为处理剂水解过程有时会生成酸性物质（如HCl、CH_3COOH），而酸性物质是处理剂水解产物的强缩合催化剂，使水解产物自行缩合成高分子物，而失去“偶联”作用，因此，控制处理剂的pH值，对处理效果影响很大。必要时可用NH_4OH、NaOH或KOH进行调节，将处理剂溶液控制在弱酸性或略呈碱性，如沃兰处理剂的pH值一般控制在5～6。处理剂溶液在配制好后应立即使用，并在规定的时间内用完。否则处理剂因水解、缩合，失去“偶联”作用。玻璃纤维经处理剂处理后，烘干的温度与时间也应严格控制，烘干温度过低，起不到应有的“偶联”效果；过高又易引起处理剂分解，失去作用。在一定烘干温度条件下，需经过一定时间才能产生偶联效果。随着时间的延长，处理后的纤维憎水性有所提高，但时间延长会影响生产效率。后处理法设备要求多，成本高。但一般处理剂都可用此方法对纤维进行处理。

3）迁移法。此方法是将化学处理剂加入到树脂胶粘剂中，在纤维浸胶过程中处理剂与经过热处理后的纤维接触，当树脂固化时产生偶联作用。这种方法处理的效果比以上两种方法差，但工艺简便，适用于这种方法的处理剂有：KH550（A-1100）和 B201 等。表 9-27 给出了常用的用于玻璃纤维表面处理的偶联剂。

表 9-27 常用玻璃纤维表面处理的偶联剂

种类	牌号		化学名称	结构式	适用基体类型	
	国内	国外			热固性	热塑性
有机化合物	沃兰	Volan	甲基丙烯酸氯化铬	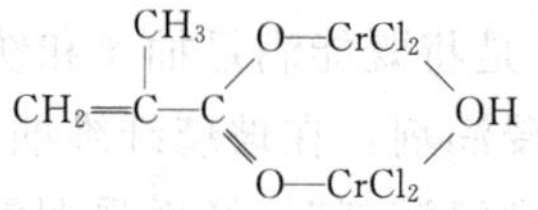 $CH_2{=}C(CH_3){-}C$ 与 $O{-}CrCl_2$、OH、$O{-}CrCl_2$ 形成的螯合结构	酚醛 聚酯 环氧	PE PMMA
硅烷偶联剂	KH550	A-1100 3100W ATM-9	γ-胺基丙基三乙氧基硅烷	$H_2N(CH_2)_3Si(OC_2H_5)_3$	酚醛 环氧 三聚氰胺	PA、PC PVC、PE、 PP
	KH560	A-187 Y-4087 Z-6040 KBM403	γ-缩水甘油醚丙基三甲氧基硅烷	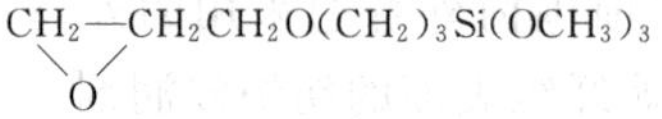 $CH_2{-}CH{-}CH_2O(CH_2)_3Si(OCH_3)_3$（$CH_2$ 与 CH 之间为环氧 O）	酚醛 聚酯 环氧 三聚氰胺	PA PC PS PP
	KH570	A-174 Z-6030 KBM503	γ-甲基丙烯酸丙酯基三甲氧基硅烷	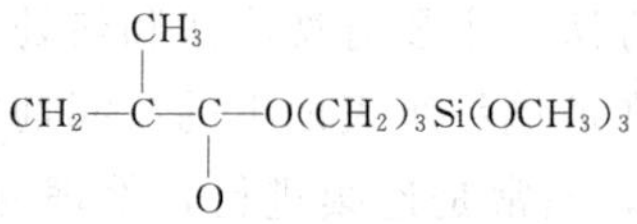 $CH_2{=}C(CH_3){-}C({=}O){-}O(CH_2)_3Si(OCH_3)_3$	聚酯 环氧	PS、PE PMMA PP、ABS
	KH590	A-189 Z-6060 Y-5712 KBM803	γ-巯基丙基三甲氧基硅烷	$HS(CH_2)_3Si(OCH_3)_3$	主要用于天然橡胶和丁苯橡胶	PVC PS PU

通过调节偶联剂的化学组成和结构，不仅可提高玻璃纤维与树脂基体的界面粘结力，而且可以设计理想的界面层，从而制得综合性能优良的玻璃纤维增强复合材料。除用偶联剂处理外，也可采用接枝、等离子体（Plasma）等方法对玻璃纤维进行表面处理，但研究报道的不多，这也许正是用偶联剂处理玻璃纤维比较成功的缘故。

2. 碳纤维

由于碳纤维本身的结构特征（沿纤维轴择优取向的同质多晶）使其与树脂的界面粘结力不大（特别是石墨碳纤维），因此用未经表面处理的碳纤维制成的复合材料其层间抗剪强度较低。可用于碳纤维表面处理的方法较多，如氧化、沉积、电聚合与电沉积、等离子体处理等方法。

（1）氧化法　该方法较早采用的碳纤维表面处理技术，目的在于增加纤维表面粗糙度和极性基含量。氧化法有液相氧化和气相氧化之分。液相氧化法又可分成介质直接氧化和阳极氧化两种方式。前者使用的氧化剂有浓硝酸、次氯酸钠、磷酸、$KMnO_4/H_2SO_4$ 等，处理时将碳纤维浸入氧化剂溶液中一定时间，然后充分洗涤即可。这种方法的处理效果比较缓和，对纤维力学性能影响较小，可增加碳纤维表面粗糙程度和羧基含量，提高碳纤维复合材料的层间抗剪强度，但工艺过程比较复杂，公害严重，工业上已很少采用。阳极氧化是目前工业上较普遍采用的一种碳纤维表面处理方法。其基本原理是将碳纤维作为阳极，镍板或石墨电极作为阴极，在含有 NaOH、NH_4HCO_3、HNO_3、H_2SO_4 等电解质溶液中通电处理，用初生态氧对纤维表面进行氧化刻蚀。纤维的处理时间从数秒到数十分钟不等，处理后应尽快洗去表面的电解质。气相氧化法中使用的氧化剂为空气、氧气、臭氧、二氧化碳等，通过改变氧化剂种类、处理温度及时间等可以改变纤维的氧化程度。该方法所用设备简单，操作简便，而且容易连续化生产，但氧化程度的控制难度较大，常常因过度氧化而严重影响纤维的力学性能。

（2）沉积法　该方法一般指在高温或还原性气氛中，使烃类、金属卤化物等，以碳、碳化物的形式在纤维表面形成沉积膜或生长晶须，从而实现对纤维表面进行改性的目的。例如，使低分子碳化物（如 CH_4、C_2H_2、C_2H_4）在通电的碳纤维表面沉积，形成碳氢化合物涂层；在纤维表面涂覆二茂铁、乙酰丙酮铬等金属有机配合物溶液，使之与纤维表面的碳原子结合，起到连接基体的偶联作用；使纤维在氧化性气氛中进行短时间热处理，然后用适当的树脂涂覆纤维表面等。一般沉积法对纤维力学性能影响不大，主要是利用涂层来增加纤维与基体之间的界面结合力。由于涂层往往具有一定厚度和韧性，可以减缓界面内应力，起到保护界面的作用。

（3）电聚合法　该方法是将碳纤维作为阳极，在电解液中加入带不饱和键的丙烯酸酯、苯乙烯、醋酸乙烯、丙烯腈等单体，通过电极反应产生自由基，在纤维表面发生聚合而形成含有大分子支链的碳纤维。电聚合反应速率很快，只需数秒到数分钟，对纤维几乎没有损伤。经电聚合处理后，碳纤维复合材料的层间剪切强度和冲击强度都有一定程度的提高。

（4）电沉积法　该方法与电聚合法类似，利用电化学的方法使聚合物沉积和覆盖于纤维表面，改进纤维表面对基体的粘附作用。若使含有羧基的单体在纤维表面沉积，则碳纤维与环氧树脂之间可形成化学键，有利于改进复合材料的抗剪性能、抗冲击性能等。电沉积或电聚合处理碳纤维的技术，不仅能够改进碳纤维复合材料的力学性能，而且还有可能减少碳纤维复合材料燃烧破坏时纤维碎片所引起的电公害。例如，通过电聚合或电沉积在石墨碳纤维表面形成磷化物或有机磷钛化合物覆盖层，可起到阻燃作用。因为，磷酸盐、磷酸酯和有机磷钛酸酯的电化学覆盖层不仅可以起到偶联树脂基体的作用，还能在燃烧时因阻燃性而促进树脂形成导电性差的焦炭覆盖在碳纤维碎片上。特别是有机磷钛酸酯的电化覆盖层，可在燃烧时残存不燃的 TiO_2 残渣，使纤维碎片成为导电性差的残渣或碎片。

（5）等离子体技术　近年来等离子体技术在处理碳纤维表面方面得到应用。等离子体是含有离子、电子、自由基、激发的分子和原子的电离气体，它们都是发光的和电中性的，可由电学放电、高频电磁振荡、激波、高能辐射（如 α 和 β 射线）等方法产生。通常，等离子体可分为三种：热等离子体、低温（冷）等离子体和混合等离子体。热等离子体是由大气电弧、电火花和火焰产生的，气体的分子、离子和电子都处于热平衡状态，温度高达数千度；低温等离子体是在减压（1.3～1333Pa）条件下利用辉光放电产生的；而混合等离子体则是在常压或略低的压力下由电晕放电、臭氧发生器等产生的。目前，用于处理增强纤维表面的等离子体主要为低温等离子体。

低温等离子体的纤维表面处理是一种气-固相反应，可以使用活性气体（如氧）或非活性气体（如氮），也可以使用各种饱和或不饱和的单体蒸气。等离子体处理时所需能量远低于热化学反应，改性只发生在纤维表面，处理时间短而效率高。等离子体处理可除去纤维的弱表面层、改变纤维表面形态（刻蚀或氧化）、引入一些活性位置（反应官能团）等，从而改善纤维表面浸润性和与树脂基体的反应性。例如，用 O_2 低温等离子体处理石墨碳纤维表面后，可使复合材料的抗剪强度提高一倍以上；通过等离子体处理，在碳纤维表面接技丙烯酸甲酯、顺丁烯二酸酐等能有效地改进碳纤维复合材料的层间剪切性能等。

3. Kevlar 纤维

与碳纤维相比，适于 Kevlar 纤维表面处理的方法不多，目前主要是基于化学键理论，通过有机化学反应和等离子体处理在纤维表面引进或产生活性基团，从而改善纤维与基体之间的界面粘结性能。前者常常因使用强酸、强碱等试剂，容易给纤维力学性能带来不良影响。尽管等离子体处理纤维表面的机理尚不十分清楚，但就效果而言，既不明显损害纤维性能，又能较有效地改进纤维与基体的界面状况，所以应用较多。

经等离子体处理后的 PPTF 纤维表面可产生多种活性基团，如—COOH、OH、OOH、$>C=O$、NH_2 等，有利于改进纤维与基体之间的界面结合力，改善复合材料的层间剪切性能。若用可聚合的单体气体等离子体处理 Kevlar 纤维表面，则可在纤维表面或内部发生接枝反应，不仅提高了纤维与基体的界面结合力，而且可使纤维在复合材料发生断裂破坏时不易被劈裂。通过控制接枝聚合物的结构，还可设计具有不同性质的界面区域，使复合材料显示出更佳的综合性能。等离子体接枝改性 Kevlar 纤维的表面处理时间短，耗能少，如能解决好密封等技术问题还可实现连续化处理。研究发现，等离子体处理后，纤维应尽快与基体复合，否则，表面活性会发生退化。等离子体处理过程中还应严格控制温度、时间等，防止纤维大分子因过度处理而裂解。

4. 超高相对分子质量聚乙烯纤维

超高相对分子质量聚乙烯纤维是继碳纤维、Kevlar 纤维之后又一种力学性能优异的高强高模纤维。由于聚乙烯大分子中只含有 C 和 H 两种元素，无任何极性基因团，所以这种纤维很难与基体形成良好的界面结合，影响了复合材料的整体力学性能。目前，较常用的改性方法为等离子体处理。在 He、Ar、H_2、N_2、CO_2 和 NH_3 等离子体中处理时，聚乙烯主要是被热腐蚀，交联很少，但经 O_2 等离子体处理后交联深度可达 30mm 左右，并伴随发生氧化反应，引入许多羟基和羧基。用频率 40MHz 的氧等离子体处理装置，在功率 70～100W、压力 13～26Pa 条件下处理超高相对分子质量聚乙烯纤维 300s 后，纤维与环氧树脂的界面粘结强度可提高 4 倍以上。但随着等离子体处理深度的增加，纤维力学性能亦受到较大损伤。利用高分子共混技术，在超高相对分子质量聚乙烯冻胶纺丝溶液中混入乙烯-醋酸乙烯共聚物，可制成共混改性超高相对分子质量聚乙烯纤维。这种纤维与环氧树脂具有较好的粘结性能，而纤维原有的优异力学性能变化很小，制造工艺亦比较简单。

5. 金属纤维

对于金属基复合材料，表面处理的目的主要是改善纤维的浸润性和抑制纤维与金属基体之间界面反应层的生成。

钛的比强度高，它在中等温度下的强度高于铝合金，但钛的刚性差。如果用硼纤维增强钛，就可以得到强度和刚度都很高的复合材料。硼纤维与钛复合时容易在界面处发生反应形成界面层，由于界面层的脆性，受到外力作用时界面层将成为新的裂纹源，并与纤维中原有的裂纹源一起作用。如果界面层诱发产生的裂纹尺寸小于原有裂纹，复合材料的强度不会因界面层裂纹源而受到损害，此时的破坏仍由纤维中原有的裂纹所决定；否则，因界面层断裂伸长小而产生的裂纹大于原有裂纹，裂纹形成后将向周围纤维扩展，使纤维断裂，并最终导致复合材料整体破坏。通常，脆性界面层必将在某一形变量下发生破裂，而破断形变量的大小取决于脆性界面层的模量和强度。界面层开裂后产生的裂纹对材料强度的影响取决于这种裂纹的长度，裂纹的大小又依赖于脆性界面层的厚度。如果脆性界面层裂纹所引起的应力集中程度小于纤维原有缺陷的应力集中，这种界面层不会影响材料的强度；当这种裂纹长度超过临界尺寸时，复合材料的强度逐渐减小；超过某一临界长度后，界面层的破裂立即引起纤维断裂，导致复合材料破坏。因此，为改善界面性能必须控制界面层的厚度，如采取快速制造工艺以减少反应时间或低温工艺以降低反应速率；或者采用可减小反应活性的纤维涂层等，在硼纤维表面形成碳化硅或碳化硼涂层，可以抑制热压成型时硼与钛之间的界面反应。

氧化铝纤维是一种较理想的金属基复合材料的增强纤维。但它与液态金属的浸润性差，一般常采用金属涂层的方法改进其浸润性。例如，为使铝或银能够浸润，在氧化铝纤维表面涂覆镍或镍合金层。为了尽量提高复合材料中纤维的体积含量，涂层厚度必须很薄；而极薄的涂层又容易在液态金属中溶解掉，所以对制造工艺过程要严格控制。

将硼纤维的强度、刚度等与铝合金的加工性能结合起来，制成的硼纤维增强铝合金材料用于制造蜗轮发动机风扇叶片、飞机或空间飞行器的蒙皮、翼梁等。在硼纤维/铝合金材料的制造过程中，以下反应对硼纤维表面有损害作用，即

$$Al+2B \longrightarrow AlB_2$$

$$2B+O_2 \longrightarrow B_2O_3 \text{（熔点 577℃）}$$

利用 CVD 技术在硼纤维表面涂覆碳化硅有助于改善浸润性和抑制界面反应。虽然氮化硼涂层对抑制界面反应有比较好的效果，但却给纤维与基体的界面结合带来不良影响。另外，为防止硼纤维和铝发生氧化反应，复合材料的成型与固化应在惰性气氛中进行。

参 考 文 献

[1] 傅献彩，沈文霞，姚天扬．物理化学［M］．北京：高等教育出版社，1990．

[2] 盛宗淇．物理化学［M］．西安：西北工业大学出版社，1995．

[3] 金日光，华幼卿．高分子物理［M］．2版．北京：化学工业出版社，2000．

[4] 刘韩星，袁润章．金属-陶瓷界面结构的研究［J］．化学通报，1994（6）：20-28．

[5] 沈致隆．—FOOH 制备方法改进［J］．化学通报，1994（7）：56-58．

[6] 郭景坤．对材料研究的一些看法［J］．化学通报，1992（8）：10-13．

[7] 严东生．无机材料在迎接未来的挑战［J］．化学通报，1984（10）：1-3．

[8] 张留城．高分子材料导论［M］．北京：化学工业出版社，1993．

[9] 闻获江．复合材料原理［M］．武汉：武汉工业大学出版社，1998．

[10] 郑明新．工程塑料［M］．北京：清华大学出版社，1991．

[11] 杜宗寿．无机非金属材料工学［M］．武汉：武汉工业大学出版社，1999．

[12] 蔡少华，黄坤耀．元素无机化学［M］．广州：中山大学出版社，1998．

[13] 周玉．陶瓷材料学［M］．哈尔滨：哈尔滨工业大学出版社，1995．

[14] 余保龙．半导体纳米材料的非线性光学性质［M］．开封：河南大学出版社，1999．

[15] 朱相荣，王相润．金属材料的海洋腐蚀与防护［M］．北京：国防工业出版社，1999．

[16] 现代科技综述大辞典编委会．现代科技综述大辞典［M］．北京：北京出版社，1998．

[17] 陈国良，林均品．有序金属间化合物结构材料物理金属学基础［M］．北京：冶金工业出版社，1999．

[18] 师昌绪．材料大词典［M］．北京：化学工业出版社，1994．

[19] 谢希德，陆栋．固体能带理论［M］．上海：复旦大学出版社，1998．

[20] 何天白，胡汉杰．海外高分子材料的新进展［M］．北京：化学工业出版社，1997．

[21] 李葵英．界面与胶体的物理化学［M］．哈尔滨：哈尔滨工业大学出版社，1998．

[22] 谢建新，朱强．材料组织性能与先进制备加工技术［M］．北京：化学工业出版社，1999．

[23] 中国材料研究会．98 材料研究与应用新进展［M］．北京：化学工业出版社，1999．

[24] 王本民．先进陶瓷材料的研究现状［J］．化学进展，2000，12（3）：357-359．

[25] 征茂平，金燕萍，等．sol-gel 法制备有机改性硅酸盐及其掺杂复合光学材料的研究进展［J］．功能材料，2000，31（2）：127-129．

[26] 唐建国，胡克鳌．聚合物-金属离子共溶液的制备与梯度复合材料的合成［J］．高分子材料科学与工程，1999，15（5）：66-69．

[27] Tang J，Hu K．Relationship between structures of polyacrylonitrile（PAN）-copper gradient composite film and electrochemical-reaction conditions［J］．J. of Appl. Polym. Sci.，1998，69（6）：1159-1165．

[28] Ishida H．Controlled Interphases in Composite Materials［M］．New York：Elsevier，1990．

[29] 吴人洁，等．高聚物的表面与界面［M］．北京：科学出版社，1996．

[30] 张开．高分子界面科学［M］．北京：中国石化出版社，1997．

[31] 侯万国，孙德军．应用胶体化学［M］．北京：科学出版社，1998．

[32] 王佛松，王夔，等．展望 21 世纪的化学［M］．北京：化学工业出版社，2000．

[33] 唐有祺，王夔．化学与社会［M］．北京：高等教育出版社，1997．

[34] 张小苹，周祝林．不饱和聚酯树脂在复合材料中的应用［J］．纤维复合材料，2008（1）：28-31．

[35] 郑春满，朱冰，李效东，等．聚碳硅烷纤维的热交联研究［J］．高分子学报，2004（2）：246-250．

[36] 刘雄军，佘万能，何晓东．芳纶纤维的合成方法及纺丝工艺的研究进展［J］．化工技术与开发，

2006，35（7）：14-18.

[37] Yang H H. Kevlar Aramide Fiber [M]. New York：Wiley，1992.

[38] 高田忠彦，毕鸿章. 对位芳纶的性能和应用 [J]. 高科技纤维与应用，1998 ，26（6）：40-48.

[39] 赵钰，关文隆. 对位芳香族聚酰胺纤维的性质、裁减加工及应用 [J]. 高科技纤维与应用，2002，27（1）：22-27.

[40] Chatz E G，Koeinigs J L. Polym Plast [J]. Technol Eng，1987，28（3）：229-270.

[41] 陈文萍，王署中，李灵. 芳纶浆粕型纤维的性能与应用开发 [J]. 合成纤维，1990（15）：41-45.

[42] 罗益峰. 芳纶的研究与发展动向探讨 [J]. 化工新型材料，1989，（5）：1281.

[43] 马晓光，刘越. 先进复合材料用高性能纤维发展概述 [J]. 合成纤维，2001，30（2）：212-241.

[44] 洪定一，等. 溶致液晶聚对苯二甲酰对苯二胺的合成及性能 [J]. 合成树脂及塑料，1994（4）：9-15.

[45] 王署中，刘兆峰. 高科技纤维概论 [M]. 上海：中国纺织大学出版社，2002.

[46] 杨华明，宋晓岚，金胜明. 新型无机材料 [M]. 北京：化学工业出版社，2005.

[47] 赵玉庭，姚希曾. 复合材料树脂基体 [M]. 武汉：武汉理工大学出版社，1992.

[48] 尹洪峰，任耘，罗发. 复合材料及其应用 [M]. 西安：陕西科学技术出版社，2003.

[49] 黄玉松，陈跃如，邵军，等. 超高分子量聚乙烯纤维复合材料的研究进展 [J]. 工程塑料应用，2005，33（11）：69-73.